21世纪高等学校规划教材 | 计算机科学与技术

操作系统实践

——基于Linux的应用与内核编程

房胜 李旭健 黄玲 李哲 编著

清華大學出版社
北 京

内容简介

本书结合多年操作系统课程理论与实践教学经验，基于当前流行的开源操作系统 Ubuntu14.04LTS (Linux 内核 3.13.0)设计了一组操作系统课程实验。全书可分为两大部分，第一部分是 Linux 操作与应用编程，包括 Linux 常用命令、C 语言编程工具和典型的 Linux 应用开发，如多进程、进程通信等，并提供一个基于开源的 Qt 框架和 MySQL 数据库的综合实训案例；第二部分是 Linux 内核编程，这一部分紧密结合操作系统课程的教学内容，包含进程管理、内存管理、设备驱动程序和虚拟文件系统等。实验安排循序渐进，每个实验都有相应的原理性内容作为铺垫。配套电子资源提供所有实验的源代码及其他相关资料，可从清华大学出版社网站下载。本书特点是实验环境新、内容结构层次分明、经典与前沿兼顾，并与理论教学内容相呼应。

本书既可作为高等院校计算机、电子信息类等专业的操作系统实验课程教材，也可作为 Linux 编程相关课程的教材。另外，致力于转向最新 Linux 开源开发环境的读者也可以将其作为快速入门教程。

图书在版编目(CIP)数据

操作系统实践：基于 Linux 的应用与内核编程/房胜等编著. --北京：清华大学出版社，2015 (2024.8 重印)
21 世纪高等学校规划教材·计算机科学与技术
ISBN 978-7-302-40527-6

Ⅰ. ①操… Ⅱ. ①房… Ⅲ. ①Linux 操作系统－程序设计 Ⅳ. ①TP316.89

中国版本图书馆 CIP 数据核字(2015)第 136886 号

责任编辑：刘 星 王冰飞
封面设计：傅瑞学
责任校对：焦丽丽
责任印制：丛怀宇

出版发行：清华大学出版社
网　址：https://www.tup.com.cn，https://www.wqxuetang.com
地　址：北京清华大学学研大厦 A 座　**邮　编**：100084
社 总 机：010-83470000　**邮　购**：010-62786544
投稿与读者服务：010-62776969，c-service@tup.tsinghua.edu.cn
质量反馈：010-62772015，zhiliang@tup.tsinghua.edu.cn
印 装 者：三河市龙大印装有限公司
经　销：全国新华书店
开　本：185mm×260mm　**印　张**：20.75　**字　数**：495 千字
版　次：2015 年 8 月第 1 版　**印　次**：2024 年 8 月第 9 次印刷
印　数：6801～7100
定　价：59.00元

产品编号：063626-03

出版说明

随着我国改革开放的进一步深化，高等教育也得到了快速发展，各地高校紧密结合地方经济建设发展需要，科学运用市场调节机制，加大了使用信息科学等现代科学技术提升、改造传统学科专业的投入力度，通过教育改革合理调整和配置了教育资源，优化了传统学科专业，积极为地方经济建设输送人才，为我国经济社会的快速、健康和可持续发展以及高等教育自身的改革发展做出了巨大贡献。但是，高等教育质量还需要进一步提高以适应经济社会发展的需要，不少高校的专业设置和结构不尽合理，教师队伍整体素质亟待提高，人才培养模式、教学内容和方法需要进一步转变，学生的实践能力和创新精神亟待加强。

教育部一直十分重视高等教育质量工作。2007 年 1 月，教育部下发了《关于实施高等学校本科教学质量与教学改革工程的意见》，计划实施"高等学校本科教学质量与教学改革工程"（简称"质量工程"），通过专业结构调整、课程教材建设、实践教学改革、教学团队建设等多项内容，进一步深化高等学校教学改革，提高人才培养的能力和水平，更好地满足经济社会发展对高素质人才的需要。在贯彻和落实教育部"质量工程"的过程中，各地高校发挥师资力量强、办学经验丰富、教学资源充裕等优势，对其特色专业及特色课程（群）加以规划、整理和总结，更新教学内容、改革课程体系，建设了一大批内容新、体系新、方法新、手段新的特色课程。在此基础上，经教育部相关教学指导委员会专家的指导和建议，清华大学出版社在多个领域精选各高校的特色课程，分别规划出版系列教材，以配合"质量工程"的实施，满足各高校教学质量和教学改革的需要。

为了深入贯彻落实教育部《关于加强高等学校本科教学工作，提高教学质量的若干意见》精神，紧密配合教育部已经启动的"高等学校教学质量与教学改革工程精品课程建设工作"，在有关专家、教授的倡议和有关部门的大力支持下，我们组织并成立了"清华大学出版社教材编审委员会"（以下简称"编委会"），旨在配合教育部制定精品课程教材的出版规划，讨论并实施精品课程教材的编写与出版工作。"编委会"成员皆来自全国各类高等学校教学与科研第一线的骨干教师，其中许多教师为各校相关院、系主管教学的院长或系主任。

按照教育部的要求，"编委会"一致认为，精品课程的建设工作从开始就要坚持高标准、严要求，处于一个比较高的起点上。精品课程教材应该能够反映各高校教学改革与课程建设的需要，要有特色风格、有创新性（新体系、新内容、新手段、新思路，教材的内容体系有较高的科学创新、技术创新和理念创新的含量）、先进性（对原有的学科体系有实质性的改革和发展，顺应并符合 21 世纪教学发展的规律，代表并引领课程发展的趋势和方向）、示范性（教材所体现的课程体系具有较广泛的辐射性和示范性）和一定的前瞻性。教材由个人申报或各校推荐（通过所在高校的"编委会"成员推荐），经"编委会"认真评审，最后由清华大学出版社审定出版。

目前，针对计算机类和电子信息类相关专业成立了两个“编委会”，即“清华大学出版社计算机教材编审委员会”和“清华大学出版社电子信息教材编审委员会”。推出的特色精品教材包括：

(1) 21世纪高等学校规划教材·计算机应用——高等学校各类专业，特别是非计算机专业的计算机应用类教材。

(2) 21世纪高等学校规划教材·计算机科学与技术——高等学校计算机相关专业的教材。

(3) 21世纪高等学校规划教材·电子信息——高等学校电子信息相关专业的教材。

(4) 21世纪高等学校规划教材·软件工程——高等学校软件工程相关专业的教材。

(5) 21世纪高等学校规划教材·信息管理与信息系统。

(6) 21世纪高等学校规划教材·财经管理与应用。

(7) 21世纪高等学校规划教材·电子商务。

(8) 21世纪高等学校规划教材·物联网。

清华大学出版社经过三十多年的努力，在教材尤其是计算机和电子信息类专业教材出版方面树立了权威品牌，为我国的高等教育事业做出了重要贡献。清华版教材形成了技术准确、内容严谨的独特风格，这种风格将延续并反映在特色精品教材的建设中。

清华大学出版社教材编审委员会
联系人：魏江江
E-mail:weijj@tup.tsinghua.edu.cn

前　言

作为计算机学科的核心专业基础课程，操作系统的教学面临很大的挑战。

首先，在理论教学上操作系统描述的对象是微观的、隐蔽的、抽象的。操作系统讲述的模型、算法来自于与日常认识差别极大、以 ns 或 ms 秒为单位计时的计算空间(Cyberspace)，这些模型、算法很难被直接观察、真实演示。

其次，在实践教学上操作系统往往面对的是具体的、整体的实际操作系统，而几乎每一个实际操作系统都是让人望而生畏的庞然大物，都有各自的一套复杂规定和实现方法。

因此，无论是理论教学还是实践教学，往往只能针对抽象后的操作系统普遍原理、方法及其模拟来进行。也因此，一些同学在学习操作系统课程后会有一个感慨：操作系统理论就像一门哲学，感觉学了很多，却又什么也没掌握；操作系统实践就像仰望高山，看到了其大其雄，但又无从攀登。

实践方能出真知。没有实践的支撑，操作系统的教学就是空中楼阁。在过去的十多年中，编者曾经尝试了多种实践教学方法来提升教学效果，但结果都不太令人满意，原因主要有两个：要么太简单，无法真正揭示操作系统的内涵；要么难度太高，很多同学难以完成。在尝试的过程中，编者发现了一个现象：目前操作系统的教材非常多，关于 Windows、Linux 等实际操作系统内核分析与编程的书籍也非常多，但与操作系统课程内容紧密结合、适于实践教学的书却很少。因此我们萌生了一个想法，能不能编写一本以实际操作系统为素材、以操作系统授课内容为主线、以验证实验为主要手段的实践教学用书，来帮助学生理解操作系统抽象的概念和原理呢？于是编写了本书。

1. 本书内容

本书可分为两部分：第一部分是 Linux 操作和应用编程；第二部分是 Linux 内核编程。

(1) 第一部分为第 1～10 章，主要是为学习过 C 语言、但未接触过 Linux 编程的读者提供一个快速上手的途径。Linux 应用，包括操作与编程，不光在实践中有广泛应用，而且对于理解 Linux 内核也有重要帮助。

第 1、2 章主要介绍 Linux 的基本操作和常用的 Shell 命令。

第 3～7 章是与 Linux 应用编程相关的内容，包含 Linux 平台上的 C 语言开发环境、Makefile、系统时间、多进程程序开发、进程通信等。

第 8、9 章介绍目前 Linux 上流行的 Qt 框架和 MySQL 数据库。

第 10 章综合前面各章知识，设计了一个 Linux 综合实训案例，并给出了相应的实训题目。

(2) 第二部分为第 11～19 章，基本上是按操作系统课程的内容结构进行编排的，目的是配合操作系统理论教学，使读者对操作系统课程中的重要概念、理论和方法有一个直观、具体、生动的认识。

第 11 章是 Linux 内核的配置与构建，第 12 章介绍 Linux 内核模块编程基本流程。

第 13～16 章对应进程管理，包括 Linux 进程控制块、多线(进)程、同步机制、进程间通信等。

第 17 章对应内存管理，包括 Linux 物理内存、段页式寻址和虚拟地址空间管理等。

第 18 章对应设备管理，包括 Linux 设备文件、驱动程序等。

第 19 章对应文件系统，包括 Linux 虚拟文件系统、文件系统的加载等。

另外，与本书配套的电子资源中还给出了 Ubuntu 系统的安装方法、Linux 内核常用的系统调用以及 Shell 编程等内容。

本书各章节均有数量不等的配套实验，相应代码均在本书的配套素材中。由于实验较多，读者可以根据具体情况来组合使用；各章节包含的实验请读者参考本书实验目录。

2. 本书使用建议

读者在使用本书时，可以根据具体情况来进行组合安排。

第一部分内容可以作为 Linux 应用与编程课程的相关教材和实验用书。其中，第 2 章可以用于 Linux 基本应用实验，第 3～9 章可以作为 Linux 应用开发实验，其中的第 3、4 章是基础，不可跳过。另外，第 10 章给出了一个可以用于综合实训的基本框架，并且在 10.5 节给出了部分实训题目。

第二部分内容可以作为操作系统课程的配套实验用书。如果读者有 C 语言编程经验，但没有 Linux 编程经验，那么可以选学第一部分的基础内容，然后把重点放在第二部分；如果读者有较多 Linux 应用编程经验，可以直接从第二部分开始。第二部分各章具有较强的独立性，但第 12、13 章是后续各章的基础，请不要跳过。

本书内容以验证性实验为主，课后练习则是以验证实验为基础的设计实验，要求读者自己完成。虽然是以验证性实验为主，但其涉及的内容远不止实验本身，例如在第 17 章的实验 3 中，要把一个变量的物理地址计算出来，就需要把分页机制完整地梳理一遍。强烈建议读者阅读本书时一定要运行、分析电子资源中的源代码，结合操作系统教材理解其原理和机制。电子资源的网址为清华大学出版社(www. tup. tsinghua. edu. cn)本书页面或 http://os. sdust. edu. cn/linux/。

另外需要强调的是，本书不是系统讲解 Linux 的书籍，而主要是通过实验来帮助读者更好地掌握操作系统的原理、方法和概念。因此，考虑到教学的方便性和适用性，有些内容并未包含在本书中。例如，本书并未给出系统调用的实验，原因就在于添加一个新的系统调用必须重新编译内核，而这个过程短则半个小时，长则 1 个小时以上，不适于实践教学；类似的原因导致进程调度实验也未出现在本书中。当然读者可以把本书作为一个台阶，进一步深入学习 Linux，到那时你会发现 Linux 原来并非那么让人望而生畏。

本书分工如下：黄玲编写第 1～3 章，李哲编写第 4～6 章、11 章和 19 章，李旭健编写第

7～10 章，房胜编写第 12～18 章。全书由房胜和李旭健统稿。本书编写和出版过程中，得到了清华大学出版社工作人员的大力支持。此外，本书参考了很多文献，既有操作系统的教材，也有 Linux 内核的书籍和网上资料，感谢这些作者。另外，张征亮、孙楠楠、高秀洋、张丛静、李秀丽参与了本书的编写、审校和代码测试工作，在此一并表示感谢。

由于本书涉及内容广泛，且 Linux 内核日渐庞大，不断更新、演变，限于编者的水平，书中难免有不当甚至谬误之处，请各位读者不吝指正，您的支持是我们进一步努力的源动力。

作 者

2015 年 6 月

目 录

实验目录

第1章 Linux概述

随着计算机和通信技术的发展，各种相关的设备大量涌入人们的视线，并与生活息息相关，如手机、PC、各种智能家电，在这些设备中都需要安装相关的操作系统才能实现它们相应的功能。Linux 就是这些操作系统中非常重要的一员。Linux 存在很多不同的版本，常见的有 Ubuntu 系列、RedHat 系列等，使用的都是 Linux 内核。当然，Linux 也广泛安装在工作站、服务器和大型机上。那么 Linux 是如何成长起来的？核心是如何架构的？版本是如何分类的呢？本章将介绍 Linux 的发展历史、Linux 的内核架构以及 Linux 的版本分类。

本章学习目标

- 了解 Linux 的发展历史
- 熟练掌握 Linux 的核心架构
- 掌握 Linux 版本分类

1.1 Linux 的发展

1.1.1 Linux 概念

关于 Linux 的定义有很多，在此引用百度百科的说法，"Linux 是一套免费使用和自由传播的类 UNIX 操作系统，是一个基于 POSIX 标准和 UNIX 系统的多用户、多任务、支持多线程和多 CPU 的操作系统。它能运行主要的 UNIX 工具软件、应用程序和网络协议。它支持 32 位和 64 位 CPU。Linux 继承了 UNIX 以网络为核心的设计思想，是一个性能稳定的多用户网络操作系统。"该说法主要强调 Linux 是一个操作系统，作用等同于读者常用的 Windows 系列操作系统，它们都是用于管理计算机的资源、组织计算机的工作流程、为用户提供方便的接口。与 Windows 不同的是，Linux 具有免费使用、自由传播、源码公开等重要特性。

1.1.2 Linux 和 UNIX 的渊源

Linux 的核心思想来自 UNIX，UNIX 的出现和 Multics 计划有着紧密的联系。20 世纪 60 年代出现了美苏冷战，随着冷战状态的加剧，出现了"实验室冷战"，人们普遍认为领先的科学技术将决定战争的胜利，而计算机的发展是科技进步的重要力量。在这个历史背景下麻省理工学院(MIT)于 1964 年联合 AT&T 的贝尔实验室(BELL)以及美国通用电气公司

(GE)开始合作,共同研发一种“公用计算机服务系统”,即 Multics(MULTiplexed Information and Computing System),Multics 是一个商用分时操作系统,其目的是开发出一套安装在大型主机上的分时操作系统,让大型主机可以提供 300 个以上的终端机联机工作,更充分地体现昂贵的大型机的价值。

Multics 提出了一些操作系统领域中有关的新概念和新技术,如分时、结构化设计、动态链接库和分层文件等。1969 年贝尔实验室退出该计划,同年,通用电器公司把包括 Multics 在内的计算机业务卖给了霍尼韦尔(HoneyWell)公司,霍尼韦尔公司将 Multics 推向了市场,但收效甚微,最终于 1987 年放弃对 Multics 的维护,随着 2000 年最后一台 Multics 的关机,Multics 最终退出了历史舞台。Multics 计划虽然因理念超前、设计复杂、技术不足、资金短缺等原因最终夭折,但它的主要思想孕育了 UNIX。

1969 年,UNIX 诞生了,UNIX 的发明者是 AT&T 贝尔实验室的软件工程师肯尼思·汤普森(Kenneth Lane Thompson)。汤普森是贝尔实验室的一名工程师,参与 Multics 系统的研发,他在工作的闲暇时间里编写了一个运行于 Multics 上的游戏——“星际旅行”(Space Travel)——以供自乐。随着贝尔实验室退出 Multics 计划,他的“星际旅游”没有地方运行了,当时,为了能继续“星际旅行”,他使用汇编语言在实验室已淘汰的 DECPDP-7 计算机上开发了一个操作系统来继续运行这款游戏。该系统的设计结合了 Multics 的一些新概念,包括进程、树状目录、命令解释器和对设备的一般化访问等,同时摒弃了一些复杂的思想,如对内存和文件的统一访问等,并且提出了一切都是文件的思想。但该操作系统当时并没有被看好,被戏称为 Unics,这就是最早期的 UNIX。

1970 年,汤普森对剑桥大学 Martin Richards 发明的 BCPL 语言进行改进,设计出简单且接近硬件的 B 语言(取 BCPL 首字母),并且用 B 语言重写了最早期的 UNIX 操作系统的解释程序。汤普森的同事 Dennis M. Ritchie 也非常喜欢 Space Travel 这个游戏,共同的爱好促使里奇于 1971 年加入了汤普森的 UNIX 开发项目,他对 B 语言进行了改造,1972—1973 年发明了新的语言——C 语言(BCPL 的第二个字母),接着汤普森和里奇在 PDP-11 机上用 C 语言重新改写了 UNIX 的内核,正式命名为 UNIX。UNIX 和 C 语言的结合外加网络的发展使得 UNIX 凭借自身的开放性和可移植性在业界大受欢迎。

1979 年,AT&T 由于商业和现实的种种原因,将 UNIX 的版权回收回去,所以在发行的第七版 UNIX 中,特别提到了“不可对学生提供源代码”的严格限制。AT&T 的这一举动给荷兰 Vrije 大学计算机科学教授 Andrew Tanenbaum 的教学活动带来了麻烦,无法引导学生认识系统的内核工作细节,所以教授决定自己编写一个与 UNIX 兼容的操作系统,避免版权问题。

1987 年,Andrew S. Tanenbaum 教授的 Minix 操作系统发布了,Minix 是小型 UNIX(mini-unix)的缩写,该系统开放全部源代码供大学教学和研究工作。全套 Minix 除了启动部分以汇编语言编写以外,其他大部分都是纯粹用 C 语言编写。Minix 操作系统分为内核、内存管理及档案管理三部分。

1991 年,致力于自由软件的 GNU 项目已经推出了很多工具和 GUN C 编译器。但自由的操作系统还是空白的,Minix 的版权也是受限的。就在 8 月 25 日,在 Minix 的新闻组里出现了一个帖子“Hello everybody out there using minix, I'm doing a (free) operation system (just a hobby, won't be big and professional like gnu) for 386(486) AT clones.”开

启了 Linux 时代，这个帖子的发布者是芬兰人李纳斯·托瓦兹(Linus Torvalds)，赫尔辛基大学的一名在校生，他对 Minix 操作系统不满意，出于爱好，根据可在低档机上使用的 Minix 设计了一个系统核心 Linux 0.01，此时，互联网已经得到迅速的发展，Linus 将 Linux 0.01 放到了 Internet 上，很快引起了黑客们的关注，很多高水平的黑客加入了 Linux 的改进中，源代码不停地被下载、测试、修改，最终被反馈给 Linus，就这样 Linux 得到了迅速的发展，版本从 0.02 到 0.12 又直接到 0.95。虽说 Linux 曾经不被 Minix 创始者 Tanenbaum 教授看好，但在 Linux 社区的强力支持下，经过多次改进，最终被选为 GNU 项目的操作系统，集成了 GNU 项目的众多软件，在 GPL 的推动下开始步入市场，从而保证它的源代码可以被自由获取、自由复制、学习和修改。Linux 对网络协议和高级语言有着天生的良好支持，再加上它的小而精巧，本着自由传播的信仰在业界得到广泛的推广。

1.1.3 与 Linux 相关的协议和标准

Linux 诞生于自由软件正在发展的环境下，它的发展围绕着几个重要的开源协议和标准，其中有必要了解的有 GUN 计划、GPL 协议、LGPL 协议和 POSIX 标准等，下面简要地介绍这几个概念。

(1) FSF。FSF(Free Software Foundation，自由软件基金会)是一个致力于推广自由软件的美国民间非营利性组织。创建于 1985 年 10 月，创始人是理查德·斯托曼。它的主要工作是执行 GNU 计划，开发更多的自由软件。

(2) GNU 计划。GNU(GNU's Not UNIX)是一种与 UNIX 兼容的软件系统，该计划的目标是创建一套完全自由的操作系统和应用软件，GNU 软件都是自由软件。Linux 是常见的 GNU 计划软件的运行平台。

(3) 自由软件。自由软件(Free Software)强调的是软件可以不受限制地被自由使用、复制、研究、修改和传播，也就是说用户对自由软件具有下列权限。

① 自由使用的权限。任何用户都有使用任何自由软件的权限。

② 自由研究的权限。可以对自由软件进行复制、研究，这就暗含了软件源代码必须公开。

③ 自由传播的权限。自由软件可以被不受限制地重新传播。

④ 自由再利用的权限。用户可以对自由软件进行修改后再传播。

这里要注意自由软件不等同于免费软件，用户可以对自由软件收取合理的传播费用。

软件有授权协议，任何人要想使用某软件，必须先接受它的"软件授权"，自由软件最常见的授权方式就是 GPL 开源协议。

(4) GPL 协议。GPL(GNU General Public License，GNU 通用公共许可证)主要目标是保证软件的自由性，是 GUN 计划的重要保障，所有 GNU 软件都附有一份 GPL 协议，该协议禁止为软件添加限制地将其授予他人。Linux 使用的软件授权协议是 GPL 协议，Linux 系统把 GPL 的文本保存在不同目录内命名为 COPYING 的文件里。

GPL 协议主要可以理解为以下几方面：

① GPL 的软件要以源代码的形式发布，并规定任何用户能够以源代码的形式将软件复制或发布给别的用户。

② GPL 软件不提供任何形式的担保。

③ 若某软件采用 GPL 软件的全部或者一部分，则该软件就自动成为了 GPL 软件且必

须随它一起发布源代码。

④ GPL 允许对自由软件进行商业性质的包装和发行，允许在自由软件的基础上打包发行其他非自由软件。

(5) LGPL 协议。LGPL(Library General Public License，程序库公共许可证)主要为 GPL 类库使用设计的开源协议，LGPL 协议允许软件使用类库引用(Link)的方式使用 LGPL 类库而无须公开源代码。所以，软件开发商可以将引用 LGPL 协议类库的商业软件进行发布和销售而不需要将其源代码公开。但若修改或者衍生了 LGPL 协议的代码，则涉及的修改或涉及修改或衍生的代码都必须采用 LGPL 协议。LGPL 的内容包括在命名为 COPYING. LIB 的文件中。如果安装了内核的源程序，在任意一个源程序的目录下都可以找到 COPYING. LIB 文件的一个副本。

(6) POSIX 标准。POSIX(Portable Operating System Interface，可移植性操作系统接口)标准定义了操作系统应该为应用程序提供的接口标准，是 IEEE 为要在各种 UNIX 操作系统上运行的软件而定义的一系列 API 标准的总称，Linux 操作系统上运行软件需要遵循此标准。

用一句话简单描述上述术语的关系就是：GNU 项目的资助来自 FSF，它开发的软件及其衍生的工具都是自由软件，都均遵循 GPL 协议，其中，Linux 是 GNU 系统，该系统上的软件开发支持 POSIX 标准。

1.2 Linux 的内核架构

1.2.1 Linux 操作系统结构

Linux 内核是 Linux 操作系统的重要组成部分，等同于 Linux 操作系统的心脏。Linux 内核和所需的软件集合，构成一个完整的 Linux 操作系统，Linux 操作系统的结构如图 1.1 所示，最上层(第一层)是应用程序，严格地说应用程序是运行在操作系统之上的、不属于操作系统的组成部分，用户通过该层获得操作系统提供的功能；第二层是系统调用接口，该层是应用程序或者用户与内核之间的一个接口。通过该层调用内核中特定的过程完成相应的功能；第三层为内核层，是整个系统的关键所在，该层负责管理系统中程序的运行、内存和外存的使用、网络数据收发以及外部设备请求等；第四层是与特定硬件相关的驱动程序层，依赖于具体的硬件，该层屏蔽掉各个硬件的特性，为内核层提供一个统一的接口。每一层之间都存在依赖关系，都是利用底层提供的服务、完成本层的功能、为上层提供服务。

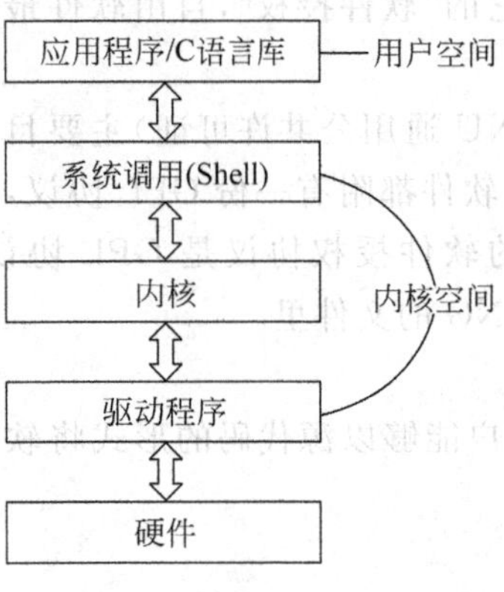

图 1.1 Linux 操作系统结构

为了系统的安全性考虑，操作系统空间被分为用户空间和内核空间两部分，用户空间是指用户程序所在的空间，主要是用户程序运行所在的地方，如浏览器、办公软件等位于用户空间，用户空间以下是属于内核空间，内核空间包括系统调用接口、内核以及与硬件相关的一些驱动程序等。一些会引起危险操作的命令或者行为只允许在内核空间执行。通常为了完成用户的一个服务请求，系统会在用户空间和内核空间转换多次。

1.2.2 Linux 内核体系结构

Linux 内核是 Linux 操作系统的核心部分，它是计算机系统的资源管理器，管理着系统中所有的硬件和软件资源。一个完整的 Linux 内核主要包括六大模块，分别是内存管理、进程管理、虚拟文件系统、网络协议栈、驱动程序和与体系结构相关的代码。Linux 内核的体系结构如图 1.2 所示，下面简要说明每个模块的功能。

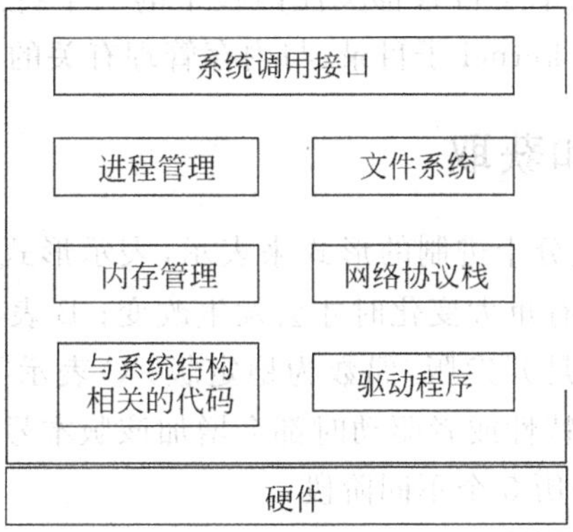

图 1.2 内核结构

1. 进程管理

进程管理的主要任务是协调各个进程对 CPU 的使用权，包括进程的创建(fork，exec)、进程的终止(kill，exit)以及进程间的通信(signal/POSIX 机制)、调度。进程管理的相关源代码在源代码所在目录的 kernel 子目录下。

2. 内存管理

内存管理的主要任务是让多个进程在内存中和谐相处，包括内存的分配回收、内存保护、内存映射和内存共享。内存管理的相关源代码在源代码所在目录的/mm 子目录下。

3. 虚拟文件系统

虚拟文件系统的主要任务是隐藏各种文件系统的具体实现细节，为其他模块或者用户提供一个对文件操作的统一接口。文件系统的源代码在源代码所在目录的 fs 子目录下。

4. 网络协议栈

网络协议栈的主要任务是实现每一种可能的网络传输协议的支持，为用户提供网络访问接口。内核中网络源代码在源代码所在目录的 net 子目录下。

5. 设备驱动程序

设备驱动程序的主要任务是把内核其他子模块的服务请求转化为特定设备控制器能够理解的语言、完成服务功能。这一层把设备的具体特性给掩盖掉，为其他子层提供统一的设备操作接口。Linux 驱动程序在源代码所在目录的 drivers 子目录下，这个目录又分为各种支持的设备的子目录，如 bluetooth、serial 等。

6. 与系统结构相关的代码

该层主要任务是处理与系统结构相关的内容，从而更好地发挥每个结构的个性效率。源代码目录中的 arch 子目录内是与系统结构相关的代码，该目录下每个子目录对应着一种体系结构的代码，如 arch/x86 存放的是 Intel x86 体系结构的代码。每个体系结构子目录都包含了很多其他子目录，每个子目录都关注内核中的一个特定方面，如与引导有关的是 boot 子目录、与内核有关的是 kernel 子目录、与内存管理有关的是 mm 子目录等。

1.2.3 内核版本和获取

Linux 内核版本号采用点分十进制的形式来表示，表示形式为 A. B. C：A 表示主版本号，该号码只有在内核的概念有重大变化时才会发生改变；B 表示次版本号，该版本号是按照奇偶版本来编号，通常奇数是开发版，偶数为稳定版；C 表示补丁号，该号码在增加安全补丁、修复错误以及增加新的特性或者驱动时都会增加该版本号。

Linux 内核版本号发展经历 3 个不同阶段：

(1) 从 0.01 到 1.0 分别经历 0.02、0.03、0.10、0.11、0.12（第一个 GPL 版本）、0.95、0.96、0.97、0.98、0.99、1.0。

(2) 从 1.0 到 2.6。1994 年发布 1.0 版，1996 年发布 2.0 版，命名格式定义为 A.B.C 形式。

(3) 3.0。2011 年 5 月 29 号，为了纪念 Linux 发布 20 周年，在 2.6.39 版本发布之后，将内核版本升到 3.0。

Linux 内核源代码获取途径有很多种，这里主要介绍两种。

(1) 安装 Linux 操作系统。一般内核源代码会在目录/usr/src/linux 下。

(2) 官网获取最新内核源码。http://www.kernel.org/。

登录官方网站会看到图 1.3 所示界面，可以下载相关版本。

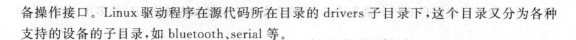

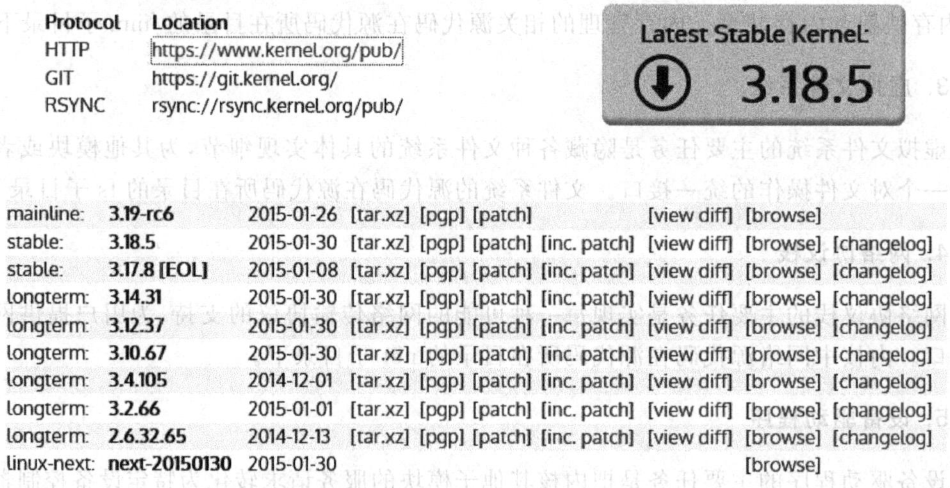
Protocol Location
HTTP https://www.kernel.org/pub/
GIT https://git.kernel.org/
RSYNC rsync://rsync.kernel.org/pub/
Latest Stable Kernel:
3.18.5
mainline: 3.19-rc6 2015-01-26 [tar.xz] [pgp] [patch] [view diff] [browse]
stable: 3.18.5 2015-01-30 [tar.xz] [pgp] [patch] [inc. patch] [view diff] [browse] [changelog]
stable: 3.17.8 [EOL] 2015-01-08 [tar.xz] [pgp] [patch] [inc. patch] [view diff] [browse] [changelog]
longterm: 3.14.31 2015-01-30 [tar.xz] [pgp] [patch] [inc. patch] [view diff] [browse] [changelog]
longterm: 3.12.37 2015-01-30 [tar.xz] [pgp] [patch] [inc. patch] [view diff] [browse] [changelog]
longterm: 3.10.67 2015-01-30 [tar.xz] [pgp] [patch] [inc. patch] [view diff] [browse] [changelog]
longterm: 3.4.105 2014-12-01 [tar.xz] [pgp] [patch] [inc. patch] [view diff] [browse] [changelog]
longterm: 3.2.66 2015-01-01 [tar.xz] [pgp] [patch] [inc. patch] [view diff] [browse] [changelog]
longterm: 2.6.32.65 2014-12-13 [tar.xz] [pgp] [patch] [inc. patch] [view diff] [browse] [changelog]
linux-next: next-20150130 2015-01-30 [browse]

图 1.3 Linux 官网下载

下面对图 1.3 中的关键词进行说明。

(1) mainline 表示正在开发的主要版本，也被称为主线版本，目前为 3.19-rc6。

(2) stable 是最新稳定版本，由 mainline 版本在时机成熟时发布，稳定版也会在相应版本号的 mainline 上提供升级，但较老版本会因人力限制而停止维护。

(3) EOL (End of Life)标记的版本表示不再支持的版本。

(4) longterm 是长期支持版。长期支持版的内核等到不再支持时，也会标记为 EOL。

(5) Linux-Next 下一周期合并进内核主支的补丁。

若安装了不同的 Linux 发行版，可以登录到 Linux 操作系统，在终端中执行 cat /etc/issue 命令来查看发行版本信息，可以使用命令 uname-r 来查看 Linux 内核版本号。例如，Ctrl+Alt+T 调出终端，输入 cat /etc/issue 和 uname-r 两个命令回车执行查看，读者可以执行下列命令：

```
$ uname -r
```

1.2.4 内核源代码目录结构

Ubuntu 14.04 默认安装完毕是不带源代码的，获取源代码有多种方式，常用的方式是在终端中通过 apt-get install linux-source 命令安装源代码。本章采用浏览器官网下载的方法。从官网获取了 Linux 的内核源代码是 linux-A. B. C. tar. xz 形式的文件名，tar 和 xz 都是 Linux 操作系统的压缩文件形式，该文件是打包后再压缩，外面的 xz 是一种压缩形式，里层的 tar 是一种打包方式。下面以 linux-3.12.37 内核包为例说明具体的解压命令。

解压方式可以采用先解压后解包的方式，在终端执行下列命令：

```
$ xz -d linux-3.12.37.tar.xz
$ tar -xvf  linux-3.12.37.tar
```

或者直接解压解包命令，这里 J 要大写：

```
$ tar -xvJf  linux-3.12.37.tar.xz
```

解压解包后源代码存放在 linux-3.12.37 目录下，内核源代码通常都会安装到/usr/src/linux 下，但在开发的时候最好不要使用这个目录，因为 C 库编译的内核版本通常也链接到这里的。假设 Linux 内核源代码位于/usr/src/linux 目录下，源代码的目录结构如图 1.4 所示，下面分别介绍图 1.4 中每个目录的作用。

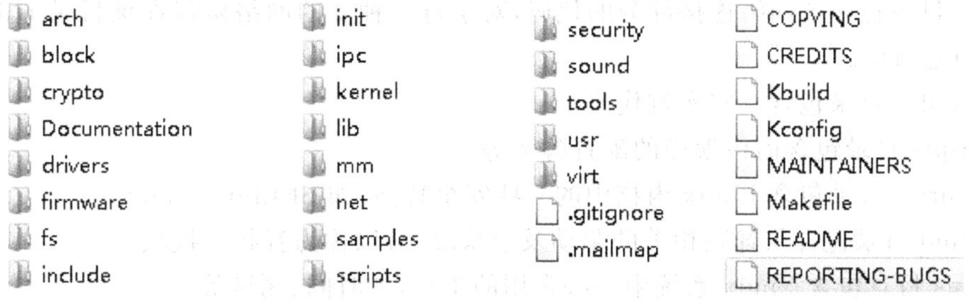

图 1.4　Linux 内核目录结构

/arch 目录包含了与硬件的体系结构相关的代码。内核能支持的每一种体系结构在该目录下都有一个相应的子目录，如 x86、arm、alpha 等，x86 子目录内是关于 x86 或者与它兼容的平台下的各种芯片的相关代码，arm 子目录是关于 ARM 平台下与各种芯片兼容的相关代码，PC 一般都基于 x86 目录，每个体系结构子目录下主要有 3 个子目录，分别是 kernel、mm 和 lib。其中，/arch/ x86/kernel：x86 平台下的内核代码；/arch/ x86/mm：x86 平台下的内存管理代码；/arch/ x86/lib：x86 平台下相关的库代码。另外，在 arm 平台下还有一个子目录/arch/arm/mach-xxx：基于某 xxx 硬件平台相关的代码。

/block 目录包含与 I/O 调度有关的代码。

/crypto 目录包含了 crypto 接口的实现，如加密、压缩、CRC 校验算法等。

/Documentation 目录包含内核文档，没有内核代码。

/drivers 目录包含了系统中所有的设备驱动程序，有些驱动是与硬件平台无关的，而有些驱动是与硬件平台相关，每类设备在该目录下又有一个子目录，如子目录/char 对应字符设备驱动程序、子目录/block 对应块设备驱动程序。

/firmware 目录保存用于驱动第三方设备的固件。

/fs 目录包含了系统中所有的文件系统代码。每一种支持的文件系统都在该目录下有个子目录，如 ext2、vfat 等。目前 Linux 支持 ext2、vfat、yaffs2 和 romfs 等多种文件系统。

/include 目录包含编译内核代码时所需的大部分头文件。例如，与平台无关的头文件在 include/linux 子目录下，include/scsi 目录存放的是有关 scsi 设备的头文件目录。

/init 目录包含内核的初始化代码，注意不是系统的引导代码，该目录包含的两个文件 main. c 和 version. c，是内核工作的起点，可以从这里查看内核是如何开始工作的。

/ipc 目录包含进程间通信的代码，Linux 系统中进程之间的通信方式主要有消息、信号量、管道、共享内存和套接字等。

/kernel 目录包含了主要的内核代码，该目录下的文件实现了大多数 Linux 系统的内核函数，其中最重要的文件是 sched. c，该文件是内核中有关进程调度管理的程序，其中有关调度的基本函数如 sleep_on()、wakeup()、schedule()函数等。同样，和体系结构相关的内核代码在 arch/ * /kernel 中，* 代表相应的体系结构目录。

/lib 目录包含内核中使用的库函数，存放系统最基本的动态链接共享库，如 crc、md5 等。

/mm 子目录包含所有与体系结构无关的内存管理方面的代码。例如，某种内存管理方案的分配和回收，与体系结构有关的内存管理代码放在 arch 下。

/net 目录包含了网络连接部分的代码，对于每一种支的网络协议在该目录下都有一个子目录与它对应。

/samples 目录包含一些实例代码。

/scripts 目录包含内核编译的配置脚本等。

/security 目录包含 Linux 内核中的一些安全特性，如 SELinux、yama 等。

/sound 目录包含与音频相关的驱动及子系统，可以称为音频子模块。

/tools 目录包含 Linux 系统中一些常用的工具，如时间、测试等。

/usr 目录包含用于生成用户空间的代码。

/virt 目录包含了虚拟机技术(KVM)的代码。

图 1.4 中的关键文件的说明如下。

COPYING 文件：GPL 版权声明。再次强调，对具有 GPL 版权的源代码改动而形成的程序，或使用 GPL 工具产生的程序，具有使用 GPL 发表的义务，如公开源代码。

CREDITS 文件：光荣榜，对 Linux 做出过很大贡献的一些人的信息。

MAINTAINERS 文件：维护人员列表，对当前版本的内核各部分都由谁负责。

Makefile 文件：第一个 Makefile 文件。用来组织内核的各模块，记录了各模块相互之间的联系和依托关系，编译时使用；各子目录下都有一个 Makefile 文件记录各个文件之间的联系和依托关系。

README 文件：内核及其编译配置方法进行简单介绍。

REPORTING-BUGS 文件：有关报告 Bug 的一些内容。

Kconfig、Kbuild 文件：内核配置、编译有关的文件。

Linux 内核的源代码主要分为三部分。

(1) 关键代码。与内核组成部分相关的各个模块及支撑子系统，如 Linux 初始化。

(2) 非关键代码。如库文件、KVM(虚拟机技术)。

(3) 编译脚本、配置文件、帮助文档、版权说明等辅助性文件。

1.3 Linux 的主要版本

Linux 一词的含义有两种：一种是指 Linux 内核；另一种是指含有 Linux 内核的操作系统。内核主要负责管理系统中的硬件和软件资源，是用户使用计算机系统的一个接口；而 Linux 操作系统指在 Linux 内核的平台上添加各种应用，形成的各个 Linux 发行版本，推向市场。本节中 Linux 是指后者。

1.3.1 Linux 版本介绍

Linux 操作系统在服务器领域应用很广泛。可以通过 http://www.netcraft.com 网站来查看当今大型网站的服务器操作系统，如 Google、网易、淘宝等都采用 Linux 作为服务器的操作系统平台。可见，Linux 操作系统在业界重要的地位，它因为开源、免费、安全等优点受到金融和政府部门的青睐。

Linux 版本主要来自两大阵营。一个是商业软件公司推出的版本，如 RedHat，尽管 Linux 内核和 GUN 软件都是免费的，但是系统仍然需要安装、编译，商业软件公司主要做的工作就是系统的安装、编译以及第三方商用软件的开发，并提供技术支持和后续的服务，这是厂商收益的来源。另一个是非商业的编程专家志愿组织的 Linux 社区推出的版本，如 Debian。下面介绍几种主流的 Linux 版本。

1. RedHat 系列

RedHat 被称为世界上应用最广泛的 Linux，都是红帽公司的产品，来自美国。产品分支主要有以下几个。

(1) RedHat Linux。2004 年 4 月 30 日止步于 RedHat 9.0，该版本被终止技术支持，并

在此基础上衍生出下面的版本。

(2) RedHat Enterprise Linux 版。统称为 RHEL,是面向企业级别服务器的商业版本,属于主流产品,技术服务和相关软件都较好,详见网站 http:// www.redhat.com。

(3) Fedora Core。RedHat Linux 终止后,桌面版的 RedHat Linux 发行包与来自民间的 Fedora 计划合并,去掉了其中的商业软件,成为 Fedora Core 发行版,该版本由 Linux 社区维护,红帽赞助该项目,以此作为技术测试平台,该版本稳定性相对不足,详见网站 https://getfedora.org/。

(4) CentOS。CentOS(Community Enterprise Operating System,社区企业操作系统)是 RHEL 免费源代码公开的克隆版本,由社区维护,版本号升级较慢,但有持续的技术支持,详见网站 http://www.centos.org。

2. Debian 及衍生版

(1) Debian。名字来自发明者和女友名字的结合,是一个桌面操作系统,由社区维护的免费版本,在 Linux 的桌面系统占有重要地位,技术支持都可以到社区网站找到,参见网站 http://www.debian.org。

(2) Ubuntu。这是 Debian 的衍生版本,名字来自非洲,有"仁爱"之意,是一个免费开源桌面 PC 操作系统。Ubuntu 是最重要的 Linux 桌面发行版,易于使用,本书就是采用此发行版本进行讲解的。Ubuntu 每 6 个月发布一个新版本,而每个版本都有代号和版本号,其中有 LTS 标志的是长期支持版。版本号基于发布日期,如第一个版本 4.10 代表是在 2004 年 10 月发行的。本书采用的版本是 14.04 LTS。

(3) Mint Linux。基于 Ubuntu 的桌面版本,免费易用且界面漂亮,是专为 PC 设计的 Linux 桌面操作系统。

3. 其他版本

(1) SUSE Linux Enterprise 被称为是最漂亮的 Linux 发行版本,窗口界面漂亮,但是也比较耗费资源的。

(2) RedFlag。中国科学院开发的 Linux 版本,主要面向政府用户,其个人桌面版免费,这个版界面与 Windows 非常接近,使使用者的入门难度降低。

另外还有很多版本,如 Gentoo、ArchLinux、Mandriva、Slackware 等,在此不一一介绍。本教材采用 Ubuntu14.04LTS 版本进行讲解。Ubuntu 的详细安装步骤请参考本书配套电子资源"Ubuntu 双系统安装"。

1.3.2 Ubuntu 的首次使用

假设读者的 Ubuntu 已经安装完毕,如果没有安装,可以参考本书配套素材中提供的安装方法。本书采用的是 Windows 7 和 Ubuntu14.04LTS 双系统。首次进入 Ubuntu 系统需要进行一系列设置,尤其是初学者,在 Ubuntu 中的字符是区分大小写的,本节主要说明以下几个相关内容:界面风格介绍;网络配置问题;Ubuntu 软件源;驱动程序安装;中文输入法;Ubuntu 软件管理:安装和卸载。

1. 界面风格介绍

不同的 Linux 操作系统的发行版都是采用的 Linux 内核，但是其界面是与内核独立的一个子系统，将其命名为 X-Window，不同厂商在 X-Window 方面选用的图形驱动也是不一样的。目前主要的桌面风格有 Unity、GNOME 和 KDE 等，Ubuntu14.04LTS 默认的界面是 Unity 风格，本书就以此风格讲解，有需要其他风格的读者可以自行去下载、设置。默认的界面如图 1.5 所示。界面最上面的黑色面板是系统的主菜单栏，窗口左侧是启动器，剩下的是桌面工作区，默认是大片空白的，可以在桌面放置常用的文件和程序快捷方式，Ubuntu 系统会为每个登录用户以登录的名字在 home 目录下设置一个子目录，该子目录称为当前用户的 home 目录（家目录），建议用户把所有的资料都存在该目录下，不同用户之间的 home 目录是不可见的，这是支持多用户的一个体现。系统默认的桌面是 4 个。桌面对应着 home 目录中的 Desktop 目录。

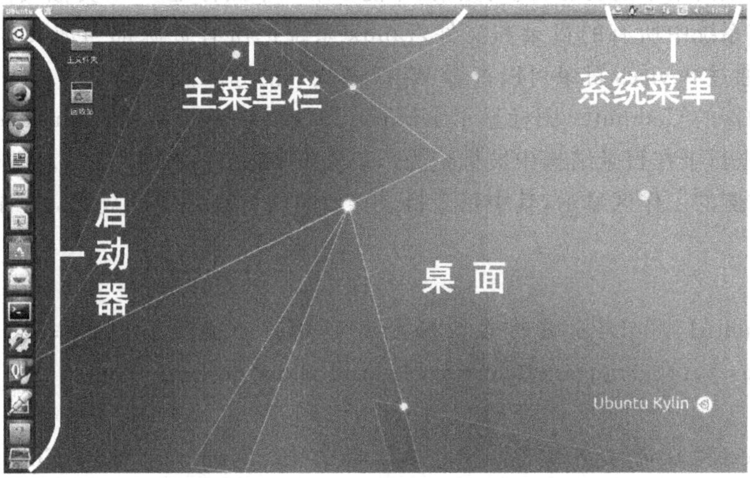

图 1.5 Ubuntu 桌面

图 1.5 中主菜单栏右侧是系统相关菜单，称之为系统菜单，详细内容如图 1.6 所示。

图 1.6 中从右向左依次包含的内容有齿轮状按钮、系统的日期时间、音量、输入法及网络，所有功能都可以直接单击对其更改设置或者查看状态。其中齿轮状按钮包含内容如下。

(1) 系统设置(System Seting)。包含系统所有的管理工作，类似 Windows 系统的控制面板，像屏幕外观、输入法、电源管理等用户、硬件和软件的管理工作都可以在此找到，读者可以自行探索，在此不详细叙述。

图 1.6 系统菜单

(2) 开机、关机、用户等信息。

(3) Ubuntu 操作系统的帮助信息。

图 1.6 中的主菜单栏的选项会随着打开程序的不同而变为被打开程序的程序菜单，如图 1.7 所示，系统现在打开的是 LibreOffcie Writer 菜单，主菜单栏变为 LibreOffcie Writer 的菜单。注意，只有把光标移动到该菜单所在处，菜单才会出现；否则只显示当前应用程序的名字。

图 1.7 系统菜单处的程序菜单

图 1.5 中的启动器(Launcher)类似 Windows 下的任务栏。通过单击上面的图标可以快速启动该任务，最小化的任务也是安放在启动器相应的图标上，单击它即可恢复。启动器上的图标可以添加或删除，只要右击相应的图标，选择快捷菜单中的 unlock form launcher 命令即可从启动器中将该图标删除；打开某个应用程序时图标会自动出现在启动器上，此时，右击图标，选择快捷菜单中的 lock to launcher 命令，即可将该应用程序图标锁定在启动器上。

启动器上的图标可以随意调整顺序，默认的第一个资源是 dash，它是一个搜索器，可以用来搜索系统或网络中的资源，使用频繁、方便。第二个图标是 File，类似文件资源管理器，从中显示当前系统中所有的目录和文件，Linux 系统把所有资源都当成文件来处理，如设备、目录等。通过 devices 目录可以查看 Win7 系统下的分区信息。

单击启动器的 Computer 图标显示 Ubuntu 系统内的目录结构，Computer 对应的是系统的根目录，根目录在目录结构中被标记为/，单击 Computer 图标，根目录下的所有子目录和文件会在右侧的工作区显示，其中每个目录存放的内容有一定的规则，详细介绍在 2.3.1 小节。

小技巧：

- 在 Ubuntu14.04LTS 版的启动器中添加桌面的快捷键。方法是：选择 System Settings→Appearance→Behavior，将 Add show desktop icon to the lanucher 选项选中。
- 恢复系统默认的 4 个工作桌面。在上面的 Behavior 面板里将 Enable workspaces 选中。
- 在桌面添加应用程序的快捷方式。所有系统安装的应用都存在目录/usr/share/applications 中。首先进入该目录找到需要设置桌面快捷启动方式的图标，将其复制到桌面，图标名称增加.desktop，然后在桌面上右击该图标，在弹出的快捷菜单中选择 Properties 命令，单击 Permissions，将 Allow Executing File as Program 前面的复选框打上对勾，单击 Close 按钮。

2. 更新软件源

Ubuntu 系统安装完成后需要及时地更新系统库以及安装一些需要的软件，更新和安装的程序就是从软件源上下载来的，软件源是系统安装软件时获取软件包的服务器，该服务器一般是互联网上的网站，也可以是某光盘或硬盘的目录，所以软件源看上去就是一些地址的集合，这些地址对应的存储介质上存放着各种各样的软件。用户可以通过一些工具自动地从这些地址下载自己需要的软件并自动安装完成，常用的自动安装软件的工具有新立得(synaptic)、apt-get 等工具，系统有默认的软件源，但是一般都下载速度比较慢，所以最好将源中的地址更改成一个下载速度比较快的服务器地址，这就是更新软件源的概念。更新软件源的方法有命令方式、图形化界面方式。本书采用图形化的方法。

(1) 备份原来的源配置文件。

Ubuntu 的软件源配置文件是/etc/apt/sources. list,只要将此文件通过右键菜单复制一份到别处即可,以免配置过程有错误,再把备份的文件复制回来覆盖即可。

小技巧:可以按 Ctrl+Alt+T 键调出 Termial 程序,输入 sudo nautilus 命令打开一个根目录窗口,在该窗口中对文件进行复制、修改等。sudo nautilus 的作用是以 root 权限打开一个窗口,来管理文件可以具有修改的权限,如果直接单击文件夹进入该目录,只能查看权限。

(2) 利用 Software &updates(软件与更新)更改软件源。

选择 System Settings→Software &updates,打开对话框选中 Ubuntu Software 选项卡,单击 Download From(下载自)右边的菜单,选择 Others 命令,弹出 Choose a Download Server 对话框,在该对话框先选中 China,然后单击右侧的 Select Best Server(选择最佳服务器),接着系统会自动 ping 官方服务器列表中的服务器,并把最快的推荐出来!如果选用该服务器,单击 Choose Server(选择服务器);如果已经有自己满意的源则在左侧的列表中直接选中即可,然后单击 Choose Server(选择服务器),弹出授权窗口,输入系统密码,授权即可。至此系统软件源更新完毕,此时可以在最后的对话框中单击 Reload 按钮用新源来更新系统和已安装的软件,更新的过程中可以单击 Details 按钮查看详细过程或者更新完毕单击 Details 按钮查看最终详细结果。

如果更改源以后没有更新系统,可以通过启动器的 Dash 按钮搜索 software updater(软件更新器)来更新系统,或者通过在 Terminal(终端)里输入命令 sudo apt-ge updater 来更新系统,如果系统自动发现有需要更新的内容,会在启动器内出现 software updater 图标提示系统有更新可用,可以单击按照提示地操作即可。

更新时校园网用户容易出现的错误:Hash Sum mismatch。这是与当时的网络连接有关,用户可以不用处理该错误,或者参考网上一些方法加以解决。

3. 驱动程序安装

对于主流的设备,Linux 操作系统内核都有相关驱动,系统安装过程中该驱动已经被安装了,如果系统设备在安装过程中没有自动安装上匹配的驱动,需要读者自行安装,可以通过 software&updater(软件与更新)来进行安装。该步骤必须在软件源设置后才能进行。

操作:选择启动器上的 System Settings→Software&Updater,单击 Additonal Drivers(附加驱动)",会自动刷新找出系统内没有安装驱动的设备列表,会在设备列表下方看到类似 1proprietary Driver in Use 的提示,说明该设备没有专有的驱动,单击为设备选择合适的驱动,然后单击右下角 Apply Changes 按钮,输入管理员密码,授权,选择"自动安装"命令,安装完毕会显示该设备已有驱动 1proprietary Driver in Use。可以重复该操作步骤为其他的设备安装驱动。

4. 中文输入法

如果安装的 Ubuntu 是中文版的就不存在这个问题。本系统安装英文版。在 Linux 操作系统中输入法的安装大体可分 3 步:安装语言包、安装选择输入法框架和添加某框架下特定的输入法。以安装 IBus 框架下的 SunPinYin 输入法为例介绍如下。

(1) 安装语言包(中文语言包)。

这一步主要是从软件源下载某种特定语言的语言包和字体帮助之类的文件,一般系统安装完毕,语言支持不是完整的,所以需要对语言支持进行更新,并安装自己需要的语言包。

操作:选择 System Settings→Language Support,此时系统会自动更新不完全的语言包,更新完毕进入 Language Support 窗口,单击 Install/Remove Languages,选中 Chinese (simplied)复选框(如果不要某些语言包可以将其去掉)单击 Apply 按钮,安装完毕系统自动回到 Language Support 窗口,会看到刚刚安装的"简体汉语",可以把它调整到"英语"的前面。

(2) 在 Language Support 窗口选取输入法框架 IBus。

Ubuntu 常用的输入法框架有 IBus、fcitx、scim 等,输入法框架可以理解是输入法平台,一种输入法平台可以支持多种输入法,如 IBus 输入法可以支持 pingyin 输入法、SunPinYin 输入法等,由于 Ubuntu14.04LTS 默认的输入法框架是 IBus,已经安装了,所以不需要再重新安装,只需要在 Language Support 窗口的 Language 页面的 keyboard input method system 处选择 IBus 即可,然后单击 Close 按钮。

(3) 添加 IBus 框架下的 SunPinYin 输入法。

操作:选择 System Settings→Text Entry,单击左下角的+号来添加某种输入法。在弹出的对话框中选取 Chinese(SunPinYin),然后单击 Add 按钮,回到 TextEntry 窗口,可以继续单击+号添加其他输入法或者通过一号删除某种输入法,窗口右边可以设置不同的输入法切换的快捷键等,Super 键指键盘上的 Win 键。设置完毕后关闭窗口即可。

在桌面右上角系统的主菜单处就可以看到刚添加的输入法,可以通过该菜单对某种输入法进行更详细的设置,如拼音模式、中英文切换、全半角转换等。

提示:SunPinYin 输入法存在一些 Bug,有 3 个发音没有办法输出来,对应关系为 que => qiong、jue => jiong、xue => xiong。读者可以自行安装 fcitx 框架,中文名称为"小企鹅输入法",方法可以参考后面的软件安装。

5. Ubuntu 软件管理:安装和卸载

Linux 操作系统中属于管理员权限的操作都会要求输入密码来验证用户的管理权限,是一种安全机制的表现。

Ubuntu14.04LTS 版本中安装软件可以采用两种方式:一种是使用软件管理工具安装,类似一些应用商店之类的,可以对软件进行自动安装,工具主要有系统自带的 Ubuntu Software Center(软件中心);第二种是通过终端输入命令系统自动安装,此处首先介绍第一种方式的典型工具,命令方式在第 2 章介绍。

在启动器上单击 Ubuntu Software Center 图标(有个类似 A 的图标),或者通过 Dash 输入 Software 搜索到该程序,进入 Ubuntu software center 窗口,通过窗口上端的菜单按钮可以看到系统可以安装的软件有哪些(All Software 按钮)、已经安装的(Installed)和历史安装情况(History)。在左侧是所有软件的分类,可以选择要安装的软件,或者通过右上方的"搜索"按钮输入要安装的软件名称进行查找。下面以软件中心安装新立得包管理为例进行讲解。

操作：在窗口下方的 Top Rated 处找到 Synaptic Package Manager，单击进入（可以拖拉滚动条查找），可以浏览该软件的一些信息，如是否免费、功能等，浏览完毕可以单击右侧的 Install 按钮，在弹出的对话框中输入密码并授权，该软件会自动安装。安装完毕会发现 Install 按钮变为 Remove 按钮，可以通过此按钮对该软件进行卸载。安装完毕会在启动器上添加一个相应的图标，以后通过单击它可以打开这个软件。如果没有自动添加到启动器，可以通过 Dash 搜索查找。

1.4　本章小结

本章主要讲解 Linux 的发展历史、内核、发行版以及 Ubuntu 首次使用的图形操作界面等知识点，重点要掌握内核版本和发行版之间的关系。建议读者根据 1.3.2 节"Ubuntu 的首次使用"对系统进行设置，熟练掌握 Ubuntu 图形界面的操作方法。本章提到的很多技巧，如软件安装、桌面设置等，可能读者一开始不会用到，但可以在以后慢慢学习、掌握。

习题

1-1　说明自己对 Linux 内核和各发行版的理解。

1-2　查看/etc/NetworkManager/system-connections 目录下一个文件的内容。

1-3　什么是用户的 home 目录？

第2章 Linux基本命令与应用

第1章介绍了Ubuntu14.04LTS的界面操作，不同的Linux发行版的界面操作风格不同，但它们采用的内核是一致的。使用内核服务的一种常见方法就是Linux命令行操作，不同内核版本的命令行操作方式基本是一致的。本章主要介绍在Ubuntu14.04LTS发行版环境下如何使用命令行方式完成各种基本任务操作。与图形界面相比，命令行方式能以更快的速度、更灵活的方式使用内核提供的服务进行各种操作，是在Linux环境下从事管理和开发工作必须掌握的重要技能。

本章学习目标

- 掌握Linux系统中对用户和用户组进行管理的相关命令
- 掌握Linux系统中文件的组织结构以及权限的相关知识点
- 掌握Linux系统中对文本文件的管理命令
- 掌握Linux系统中如何使用命令行方式对软件进行安装和卸载
- 了解Linux系统中外接存储设备的命令行操作方式
- 了解命令行方式下对系统的一些基本设置方法

2.1 认识命令行

Ubuntu系统的图形界面与Windows的操作基本一致，利用鼠标就可以方便地完成文件及目录的创建、删除和修改，随意进出各级子目录、运行程序等各种操作和管理。此外，Ubuntu还提供命令行方式的操作接口，这也是Linux系统的精华所在。用户使用相关命令与Linux内核交互，完成相关操作，效率高、功能全。

2.1.1 Terminal

Terminal是Linux系统中的一个图形化的虚拟终端(Terminal)程序，通过它可以使用命令对系统进行操作。

1. 启动终端程序

启动Ubuntu系统后，按下Ctrl+Alt+T这三个键，调出“终端”应用程序，界面如图2.1所示。终端应用程序的默认界面是黑底白字，图2.1中的界面为已经修改过的白底黑字，其他的设置与此相同。

2. 颜色的设置

选中终端程序，将光标移到桌面左上角应用程序菜单处，会显示出该程序的应用菜单，单击“编辑”→“配置文件首选项”→“颜色”命令，进入“颜色”面板，可以在“内置方案”处选择内定的配色方案，或者选择“自定义”，然后在“文本颜色”、“背景颜色”中等设置自己喜欢的颜色，进行相应的修改。可以通过应用程序的不同菜单对终端做其他设置。

3. 命令体验

图 2.1 中的终端工作区有字符串 os@Ubuntu：~ $，被称为命令提示符。在提示符后面输入相关命令后按回车键，会给出命令的执行结果，操作如图 2.2 所示。请读者结合图 2.2 的操作，在自己的终端程序中输入 pwd 并按回车键，观察命令执行结果，然后输入 ls 按回车键，观察结果。

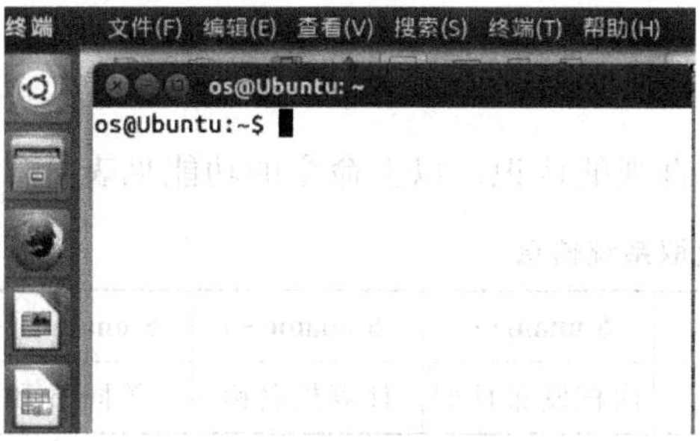

图 2.1　终端界面

```
os@Ubuntu:~$ pwd
/home/os
os@Ubuntu:~$ ls
a.out                                guifan.c
coreutils-8.21                       guifan.c~
coreutils_8.21-1ubuntu5.1.diff.gz    hello
coreutils_8.21-1ubuntu5.1.dsc        hello.c
coreutils_8.21.orig.tar.gz           ma
csource                              pictures
Desktop                              Pictures
Downloads                            shell
examples.desktop                     shell~
```

图 2.2　命令体验

在 Linux 系统中字母是区分大小写的。在命令提示符后输入命令字符 pwd 后按回车键，出现的/home/os 是一个目录，在 Linux 系统中目录的分隔符为/，最顶级的目录是根目录，也用“/”表示，/home/os 表示根目录下的 home 目录下的 os 目录。输入命令字符 ls 后按回车键输出用户当前目录下的所有文件，不同颜色代表不同的文件类型。

命令提示符 os@Ubuntu：~ $ 由四部分组成，形式为“用户名@主机名：当前目录 $”。命令提示符“os@Ubuntu：~ $”表示当前用户为 os，当前计算机系统的主机名是 Ubuntu，用户 os 目前正处于目录~下，~表示当前用户的 home 目录，即/home/os 目录。$ 是普通用户的角色提示符，root 用户的角色提示符是 #。

Linux 系统中的命令都遵循一定的语法结构规则，该结构可以归纳为下列形式：

```
$ command [[ - ]option(s)] [option argument(s)] [command argument(s)]
```

在上述格式中，$ 代表 Linux 系统提示符，该提示符会跟随系统或当前操作用户的权限不同而发生变化；command 是命令的名字；[[—]option(s)]是改变命令行为的一个或多个修饰符，被称为选项，方括号表示该选项可以有也可以没有，具体依据用户的功能需求来确定；[option argument(s)]是选项的参数，有的选项有参数，有的没有；[command argument(s)]是命令的参数，有的命令有该项，有的没有该项。该格式的应用在学习后面命令的过程中慢慢体会，读者可以先不必追究细节。

声明：以后本书出现的命令都从 $ 开始，默认前面部分，截取的图片除外（root 用户的命令以＃开始)。

2.1.2 命令用法初体验

1. 获取系统信息

使用 uname 命令可以获取系统的相关信息，如操作系统的名字、内核名字、版本、计算机系统的名字等。请读者执行以下命令：

```
$ uname
$ uname  -s
$ uname  -o
$ uname  -r
$ uname  -v
$ uname  -n
$ uname  -n
$ uname  -a
$ uname  -nv
```

读者对照自己的实验结果，对这些命令会有直观的认识。以上命令的功能见表 2.1。

表 2.1 uname 获取系统信息

$ uname	$ uname -s	$ uname -o	$ uname -r	$ uname -v	$ uname -n	$ uname -nv
内核	内核	操作系统	内核版本	内核发布日期	计算机名称	等同-n 和-v

在上述命令中，uname 是命令的名字，-s、-o 等以短横线(—)引导的字符就是命令语法结构中的选项，这些选项都是不带参数的选项，不同的选项代表不同的含义。选项-a 表示显示当前系统的所有信息，其中包括 CPU 信息，也可用-p 指示显示系统的 CPU 信息。不带选项和-s 的功能是一致的。不带参数的选项可以组合在一起，如-nv 是-n 和-v 的组合，表示同时获取计算机名称和内核的发布日期。

2. 帮助的用法

Linux 系统提供了查询命令使用方法的帮助，有 man 命令、--help 选项和 whatis 命令。

1) man 命令

读者可以通过 man 命令查询系统中某个命令的使用方法，形式为："man 查询的命令"。下面以查询 pwd 命令的使用方法为例学习 man 命令的用法。操作步骤如下：

① 执行＄ man pwd 命令。

② 查阅 man 手册。

③ 按键盘上的 Q 键退出。

上述操作过程中，第①步 man 命令用来调取 pwd 命令的帮助手册，会自动进入 man 手册界面，在这里 man 是命令的名字，pwd 是 man 的命令参数。第②步在 man 手册界面里可以看到对 pwd 指令的用法描述，如图 2.3 所示，man 页中 NAME 项简单描述命令的功能(print name of current/working directory)，SYNOPSIS 项描述命令的格式："pwd [OPTION]"。其中，pwd 是命令的名字，[OPTION]是可选项，在 DESCRIPTION 项目中详细描述了该命令的可选项有哪些，分别表示什么含义，可以上下翻动着看，查阅完毕可以看到手册界面最下端给出退出提示。第③步操作按下 Q 键退出 man 手册，返回到“终端”界面。pwd 的功能是列出用户当前工作目录，一般不带选项使用，用法如图 2.2 所示。

```
PWD(1)                          User Commands                          PWD(1)

NAME
       pwd - print name of current/working directory

SYNOPSIS
       pwd [OPTION]...

DESCRIPTION
       Print the full filename of the current working directory.

       -L, --logical
              use PWD from environment, even if it contains symlinks

       -P, --physical
 Manual page pwd(1) line 1 (press h for help or q to quit)
```

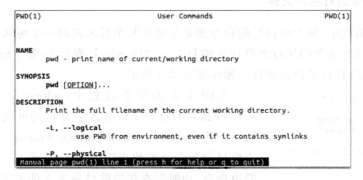

图 2.3　执行 man pwd 命令

2）--help 参数

在 Linux 系统中命令语法结构中的选项信息有两种表示形式：一种是一条短横线加单个字符的形式；另一种是两条短横线加完整单词的形式。--help 参数是采用后一种选项表示形式，作用等同于-h。

任何一个命令后面添加参数--help 后执行，系统会显示出该命令的用法。例如，通过--help 参数查找 ls 命令的帮助，可以执行下列命令：

```
$ ls -- help
```

命令执行结果如图 2.4 所示，该图只截取了一部分，其中，Usage 是命令的使用格式，接着是命令的功能描述和选项信息，从帮助信息可以看出 ls 的作用是列出给定目录(也称文件夹)下的所有文件，如果不指定目录(也就是默认目录)即指当前目录。ls 命令常用的参数有-a、-l，读者可自行练习该命令。Linux 系统中把所有的资源都当作文件来管理，目录也是一种文件。

```
os@Ubuntu:~$ ls --help
Usage: ls [OPTION]... [FILE]...
List information about the FILEs (the current directory by default).
Sort entries alphabetically if none of -cftuvSUX nor --sort is specified.

Mandatory arguments to long options are mandatory for short options too.
  -a, --all                  do not ignore entries starting with .
  -A, --almost-all           do not list implied . and ..
      --author               with -l, print the author of each file
  -b, --escape               print C-style escapes for nongraphic characters
      --block-size=SIZE      scale sizes by SIZE before printing them.  E.g.,
                               '--block-size=M' prints sizes in units of
                               1,048,576 bytes.  See SIZE format below.
```

图 2.4　执行 ls--help 命令结果

3）whatis 命令

利用 whatis 可以查询某个命令的功能描述，语法结构是：“$ whatis 命令参数”。读者可以使用 whatis 查询 ls 命令的功能，执行命令如下：

```
$ whatis ls
```

上述操作中系统会显示出 ls 命令的简单功能描述，读者对照自己的操作结果体会 whatis 的用法。

3. 查找命令的可执行文件

在 Linux 系统中，每个可执行的命令都是存放在某个目录内的一个可执行文件，可以使用 which 命令找到命令的执行文件所在的目录。利用 which 查找 ls 命令的可执行文件所在目录，并进入所在目录找到文件。操作如图 2.5 所示。

```
os@Ubuntu:~$ which ls
/bin/ls
os@Ubuntu:~$ cd /bin/
os@Ubuntu:/bin$ pwd
/bin
os@Ubuntu:/bin$ ls |grep ls
false
ls
lsblk
lsmod
ntfsls
```

图 2.5 which 命令执行结果

在图 2.5 的操作过程中，which 命令在环境变量 PATH 指定的目录中搜索名字为 ls 的可执行文件，并返回第一个搜索到的位置；cd(change directory)命令改变当前工作目录为命令参数指定的/bin/目录；ls|grep ls 是一个管道命令，功能是查找当前目录下文件名字包含 ls 字符串的所有文件。|(竖线)被称为管道命令，常用语法结构为"$ A|B"，其中 A 和 B 都是某条命令，功能是把 A 的执行结果传递给 B 作命令参数。grep 命令常用语法结构是："$ grep 子串被查找字符串"，功能是在被查找字符串中查找包含指定子串的所有字符串，故 ls|grep ls 的功能是把 ls 的执行结果传递给 grep，grep 再在传递过来的结果中查找含有 ls 的字符串。

4. 退出当前终端

若当前用户不再使用终端程序，可以使用 exit 命令退出当前的终端程序。命令如下：

```
$ exit
```

2.1.3 其他虚拟终端

Ubuntu14.04LTS 中自带的图形化程序有 Terminal、UXTerm 和 XTerm，它们都是虚拟终端程序，功能相似，只是在配置上有所不同。

1. UXTerm 和 XTerm

单击启动栏的 Dash Home(或者按下 Win 键)，在搜索栏中输入 term，下方自动出现名字符合匹配规则的各种终端应用程序，如图 2.6 所示，选中相应的终端应用程序，单击打开即可，它们的命令用法一致。

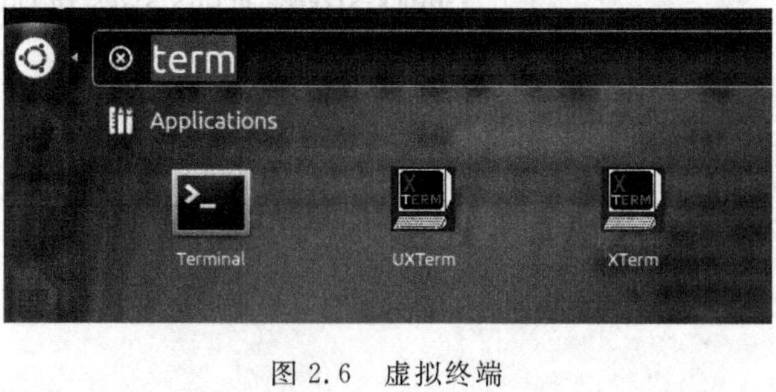

图 2.6 虚拟终端

2. 获取用户信息

Linux 提供了获取系统用户登录信息的相关命令，可以帮助管理者了解当前正在使用系统的用户有哪些以及他们的登录时间和登录 IP 等信息。请读者执行下列命令：

```
$ whoami
$ who am  i
$ who
$ who - aH
```

上述操作命令中，第一条和第二条查找当前登录用户名；第三条显示正在使用 Linux 系统的用户以及登录线路、计算出它们的使用时间、登录 IP；第四条选项-aH 表示以带有头标题的形式显示所有正在使用系统的用户登录信息。执行第四条命令的显示信息如下：

```
$ who - aH
名称        线路              时间                空闲     进程号      备注    退出
系统引导  2015 - 03 - 12 13:23
运行级别  2 2015 - 03 - 12 13:23
登录      tty4               2015 - 03 - 12 13:23            1065 id = 4
登录      tty5               2015 - 03 - 12 13:23            1069 id = 5
os        ?:0                2015 - 03 - 12 13:23    ?       1929 (:0)
os         + pts/0           2015 - 03 - 12 13:45    .       3090 (:0)
```

命令 $ who-aH 的输出数据是行列显示的，每行代表一个用户，每列带有表头信息，名称列是用户名，其中，“登录”按钮表示用户可以使用该终端登录。线路列是用户登录系统使用的终端进程，该名字可以在/dev 目录中找到对应的设备文件名。在名称列和线路列中间有?、＋等字样，代表的是用户写入终端的能力，用[状态]表示，其中＋表示允许写信息，-表示不允许写信息，? 表示不能找到对应的终端设备。时间列显示登录的时间，空闲列表示用户最后一次操作结束后空闲的时间段。进程号列表示用户登录的进程号及 IP 地址信息，其中 id 表示登录 shell 的 id，(：0.0)形式表示登录 IP。备注列是注释信息。退出列表示已经结束的进程。

3. $ who-aH 命令中的线路 tty/pts

在图形界面下，读者可以使用 Ctrl＋Alt＋F1、Ctrl＋Alt＋F2、Ctrl＋Alt＋F3、…、Ctrl＋Alt＋F7 这 7 组快捷键来回切换，观察出现的不同界面，并在其中出现的一个界面中用自己的账号密码登录，命令使用方法和 Terminal 一样，不同的是呈现的界面风格不一样。可以使用 $ exit 或者 $ logout 命令退出终端。

按 Ctrl＋Alt＋F1、Ctrl＋Alt＋F2、…、Ctrl＋Alt＋F6 键分别打开的是字符界面的终端，它们都是字符界面的控制台；Ctrl＋Alt＋F7 键打开的是图形化的终端，这些都是使用 Linux 系统的终端。按 Ctrl＋Alt＋F1、Ctrl＋Alt＋F2、…、Ctrl＋Alt＋F6 键打开的终端对应的“$ who-aH”命令中的线路是 tty1、tty2、…、tty6，使用图形化终端打开的线路是 pts/n(n 代表数字)，读者可以打开多个图形化终端验证一下，也可以到/dev 目录下查找这些虚拟终端设备对应的设备文件。

通过上面的操作可知，系统中存在两种形式的终端，即图形化界面的和字符界面的。图形界面的有 Terminal、XUTerm、XTterm，字符界面的有 tty1～tty6。图形界面的终端一个可以被打开多次。

2.1.4 相关概念

1. 终端

这里的终端是虚拟终端，不是真实存在的终端设备，作用是接收用户的输入命令，把命令执行结果反馈给用户，它并不帮助用户执行命令，执行命令的另有其人，就是 Shell。

2. Shell

Shell 位于内核的上层，被称为 Linux 内核的壳，是上层用户或者程序与内核交互的接口程序。它的功能主要表现为两方面。

(1) 命令解释器。接收用户从界面输入的命令，将命令解析成 Linux 内核认识的形式交给它执行，最后把内核的执行结果再解析成用户可以理解的形式反馈给用户。

(2) 解释性的编程语言。可以编写 Shell 程序，如同 C 语言编写程序一般。

Linux 常用的 Shell 环境有 sh(Bourne Shell)、csh(C Shell)、ksh(Korn Shell)、tcsh(TENEX/TOPS-20 type C Shell)和 bash(Bourne Again Shell)等，每种都有不同特性。Ubuntu 中默认使用的是 bash，不同 Shell 环境之间可以切换。具体操作如图 2.7 所示。

```
os@Ubuntu:~$ echo $SHELL
/bin/bash
os@Ubuntu:~$ sh
$ pwd
/home/os
$ tcsh
Ubuntu:~> pwd
/home/os
Ubuntu:~> bash
os@Ubuntu:~$ csh
Ubuntu:~% pwd
/home/os
Ubuntu:~% tcsh
Ubuntu:~> chsh
Password:
Changing the login shell for os
Enter the new value, or press ENTER for the default
        Login Shell [/bin/bash]:
Ubuntu:~> bash
```

图 2.7 Shell 环境

在图 2.7 所示的操作过程中，第 1 条命令 $echo $SHELL 用于显示变量 SHELL 的值，即系统的默认 Shell，其中，echo 命令的功能是显示后面的变量值，变量以 $ 开头。第 2 条命令 $sh 的功能是把当前的 Shell 环境切换成 sh，通过输入 Shell 环境的名字就可以实现不同 Shell 环境的切换。不同 Shell 环境的功能基本一样，只是有些有自己的特色，如命令提示符不同。第 3 条命令>pwd 显示用户的当前目录。第 4 条命令>bash 切换当前的 Shell 环境为 bash。第 5 条命令 $csh 切换当前的 Shell 环境为 csh。第 6 条命令%pwd 显示用户的当前目录。第 7 条命令>chsh 切换用户登录系统的默认 SHELL，可以使用 $which 命令查找各种 Shell 环境所在的目录，然后通过 $chsh 命令更改默认的 Shell 环境。Linux 系统一般都会自带 sh 和 bash，假设系统没有安装 tcsh，则在使用命令 $ tcsh 切换时，终端中的命令行会提示使用 apt 安装 tcsh 的方法，按照提示操作即可安装成功，其他的 Shell 环境安装方法与此相同。退出当前的 Shell 环境使用 $ exit 命令。

3. command not found

读者在使用命令行的过程中经常会遇到系统提示 command not found 的错误提示，这是为什么呢？

解决这个问题首先要看系统执行命令的过程。在 Linux 系统中存在环境变量 PATH，PATH 中存储了一组目录，当系统要运行一个命令而没有指出命令所在的目录时，系统就会到 PATH 存储的目录组中去查找，如果能找到该命令的可执行文件，命令就会被执行；否则就会出现 command not found 的错误提示。注意，Linux 系统不会在用户的当前工作目录中查找。所以，当系统出现 command not found 错误提示时，读者首先要检查命令的拼写是否正确，其次是命令文件的目录是否存储在 PATH 里，如果没有存储在 PATH 里，则需要将该目录添加到 PATH 里，或者将命令文件复制到 PATH 包含的目录里。

4. 环境变量 PATH

可以对系统的环境变量值进行查看和修改，具体操作如图 2.8 所示。

```
os@Ubuntu:~$ echo $PATH
/usr/local/sbin:/usr/local/bin:/usr/sbin:/usr/bin:/sbin:/bin:/usr/games:/usr/loc
al/games
os@Ubuntu:~$ export PATH=.:$PATH
os@Ubuntu:~$ !echo
echo $PATH
.:/usr/local/sbin:/usr/local/bin:/usr/sbin:/usr/bin:/sbin:/bin:/usr/games:/usr/l
ocal/games
_
```

图 2.8 环境变量

在图 2.8 所示的操作过程中，第一条命令显示 PATH 的值，它是一个目录的集合，不同的目录之间用冒号分隔；第二条命令 $ export 的功能是将当前目录(.)添加到 PATH 变量的目录集合里；第三条命令功能是回显修改完的 PATH 变量的值。用 export 方法设置的变量值在退出当前的终端后就会失效，若想修改永久有效，需要更改用户的环境配置文件～/bash.rc，只要把第二条命令添加到该文件的最后一行就可以了。

实验 1：认识命令行的相关实验

本节主要学习了如何在终端程序中使用命令行进行操作，主要包括命令的语法结构、帮助查询方法以及终端、Shell 等基本概念。实验主要目的是帮助读者灵活地使用各种 Linux 帮助手段来查询命令的使用方法。请读者对照相应内容完成以下实验：

(1) 使用 ls 命令显示目录/usr/loca/bin 中的所有内容以及使用 passwd 命令修改登录密码。

(2) 利用 3 种方法查询命令 free、du、df、hostname、w 的用法并应用。

(3) 使用 tty2 登录 Linux 系统，并使用 uptime 命令判断系统已启动运行的时间和当前系统中有多少登录用户。

(4) 将当前的 Shell 环境切换为 csh，并在其中运行几个已经掌握的命令，如果系统没有安装 csh，先将其安装后再使用。

(5) 在 Shell 提示符后,输入 echo $PS1 并按回车键,系统怎样回答。

(6) 在 Shell 提示符后,输入 PS1=%并按回车键,显示屏有什么变化。

(7) 通过命令 uname -a 获取系统所有的信息并给出来。

(8) 结合 cd 和 pwd 命令,观察下列命令的功能。

```
$ cd.
$ cd..
$ cd
$ cd~
```

小技巧:若要运行前面执行过的命令,可以使用上翻键和下翻键查找,然后按回车键执行;在终端连续按 5 次 Esc 键可以显示支持的所有命令;利用 Tab 键可以实现参数的自动补全;要退出某个界面通常使用 Ctrl+C 键或者 Q 命令、Exit 命令等。

2.2 使用文本文件

Linux 系统中的配置文件都是以文本文件的形式存在的,文本文件的使用在 Linux 系统中占有重要地位,本节主要介绍文本文件的相关操作。

2.2.1 创建文本文件

1. 使用 gedit 创建文本文件

gedit 是 Ubuntu 系统中一个图形界面的文本编辑器,使用方法和 Windows 系统中的记事本程序类似,操作简单。现以用 gedit 创建文本文件~/test/csource/hello.c 为例学习 gedit 的使用。请读者按照以下步骤操作:

① 调出终端。

② 执行 $ mkdir -p test/csource 命令。

③ 执行 $ tree test 命令。

④ 执行 $ cd test/csource 命令。

⑤ 执行 $ gedit hello.c 命令。

⑥ 编辑 hello.c 内容。

在上述操作过程中,第①步中终端的当前工作目录自动处于当前用户的 home 目录;第②步使用 mkdir 命令在用户的当前目录下创建两级子目录 test/csource,选项-p 表示在创建多级目录时,若某个目录不存在则创建它;第③步使用 tree 命令显示 test 为根的树形目录结构,通过该命令查看新创建的目录结构;第④步使用 cd 命令进入刚创建的子目录 test/csource;第⑤步使用 gedit 编写文件 hello.c,系统会自动打开 gedit 程序并加载 hello.c 文件,界面如图 2.9 所示。如果 hello.c 已经存在,则 gedit 打开该文件,如果 hello.c 不存在,则创建空白的 hello.c 并打开它。第⑥步在 gedit 打开的 hello.c 文件

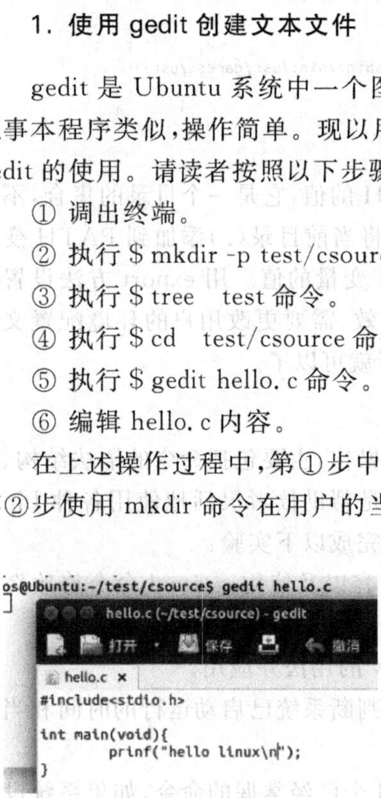

图 2.9 编辑 gedit

中输入图 2.9 中的文本内容，保存、关闭即可回到终端界面。

在第③步操作中目录 test/csource 是采用相对目录的形式，若采用绝对目录形式则是～/test/csource。相对目录是指从用户当前所处目录走到目标点所经过的各级目录的一个组合，绝对目录是从根目录开始走到目标点的目录组合，如/etc/、/usr/local/sbin 等都是绝对目录的表示形式。用户当前所处目录被称为当前目录或者工作目录。路径和目录的概念是等同的，相对目录也被称为相对路径，绝对目录也被称为绝对目录，在本书中两个概念会交替出现。系统中经常会用.（点号）表示当前目录，..（两个点号）表示当前目录的上层目录，～表示当前用户的 home 目录。

2. 使用 vim 创建文本文件

vim 是 Linux 系统中一个字符界面的文本编辑器，它的功能强大，可以进行很多个性的定制，是许多 Linux 程序员推崇的源代码编写工具（图 2.10）。对于初学者，只要掌握它的基本功能就可以了。现以用 vim 创建文本文件～test/resume/linux_resum 为例讲解 vim 的基本使用方法。假设读者当前目录为～/test/csource，可以自己确定文本文件 linux_resum 的内容。请读者按照以下步骤操作：

① 执行 $ cd ..命令。
② 执行 $ mkdir　resume 命令。
③ 执行 $ cd　resume 命令。
④ 执行 $ vim　linux_resum 命令。
⑤ 按 i 键或者 Insert 键。
⑥ 用汉语输入任意一段文字。
⑦ 按 Esc 键，然后输入：（冒号），在底端冒号后输入“wq!”。

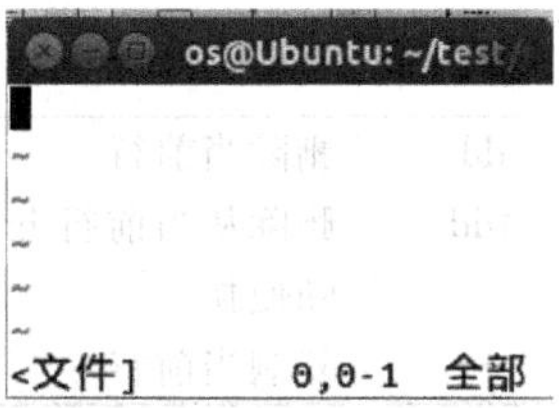

图 2.10　vim 一般模式界面

在上述操作过程中，第①步利用 cd 命令返回到上层目录～/test/；第②步利用 mkdir 命令在当前目录～/test/下创建子目录 resume；第③步进入 resume 子目录中；第④步调用 vim 编辑器编写 linux_resum 文件，系统会运行 vim 程序，自动打开 linux_resum 文本文件，若该文件已经存在则直接打开，若该文件不存在则创建它并打开。初始进入的 vim 界面如图 2.10 所示，此时 vim 所在的模式为一般模式，无法向文件中输入内容；第⑤步中按 i 键或者 Insert 键，进入 vim 的编辑模式，此时 vim 的界面如图 2.11 所示，底部有“--插入--”字样，用户可以向文件里输入内容，如输入“名称：linux…..”等字样；第⑦步中输入完毕，按 Esc 键，退到一般模式，然后输入：（冒号），进入命令行模式，界面底端出现：字样，图 2.12 所示的是 vim 的命令行模式，用户可以在此输入各种命令，输入 wq! 表示保存强制退出，按回车键即可回到终端程序界面。

图 2.11　vim 编辑模式界面

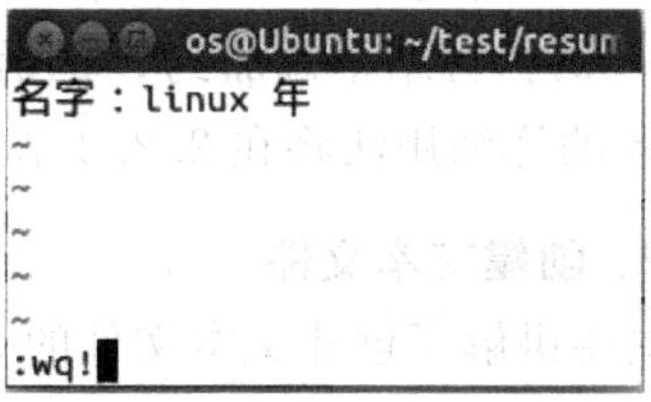

图 2.12　vim 命令模式界面

vim 能够根据文件名自动判断编程语言,并按照相应的编程语言的语法格式将代码进行高亮显示,在 vim 界面里鼠标是无效的,只能使用键盘操作,熟练使用后编码效率很高。vim 有 3 种模式,每种模式的特点如下:

(1) 一般模式。进入 vim 的默认模式,能使用快捷命令进行复制、粘贴、删除等操作。

(2) 编辑模式。可自由地编辑文本内容。

(3) 命令行模式。可从工作区底端输入命令;在一般模式下按“:”、“?”、“/”等键进入。

初学者往往会被 vim 的 3 种模式所困扰。vim 的 3 种模式可以相互转化。一般模式是初次进入 vim 时的默认模式,通常对文本进行按行编辑时需要在一般模式下进行操作;一般模式下按下键盘的 i 键或者 Insert 键进入编辑模式。编辑模式往往是对文本内容进行字符级别的操作,包括输入、删除等。从编辑模式按 Esc 键进入一般模式,一般模式下再按冒号“:”进入命令行模式。命令行模式往往是执行文件管理命令,如保存、不保存、退出等。命令行模式的常用命令有:w 命令表示保存,q 命令表示退出,! 命令表示强制退出。一般模式下的常用命令如表 2.2 所示。

表 2.2 一般模式下常用命令

命令	作　用	命令	作　用
dd	删除当前行	4yy	复制从当前行开始的 4 行
4dd	删除从当前行开始的 4 行;数字可以随便换	p	粘贴到光标的下一行
yy	复制当前行	x	向后删除一个字符

3. 使用重定向符号创建文件

Linux 系统中可以使用重定向符号(>或>>)把终端窗口中的某条命令的执行结果重定向(输出)到指定的文本文件中去。重定向符号>会覆盖指定文件里的内容,重定向符号>>会把前面命令的执行结果添加到指定文件的最后。现以重定向符号>生成新文件~/test/a.txt 为例学习重定向符号的用法,要求文件 a.txt 保存的内容是家目录下 test 为根的目录结构。请读者执行下列命令:

```
$ tree ~/test/>~/a.txt
$ cat ~/a.txt
```

在上述的操作过程中,第一条的功能是用 tree 命令的执行结果覆盖文件 a.txt 的内容,如果 a.txt 不存在,则创建该文本文件,重定向符号的基本语法结构为 $A>B$,其中,A 是命令,B 是已存在或准备创建的文本文件,功能是用 A 的执行结果覆盖 B 的内容,如果是 $A>>B$,则是把 A 的执行结果添加到 B 的后面;第二条是利用 cat 命令显示文本文件 a.txt 的内容,命令 cat 的详细用法将在 2.2.2 节讲解。

实验 2:创建文本文件

本节主要讲解了创建文本文件的 3 种方法,分别是使用图形界面的 gedit 程序、字符界面的 vim 程序和重定向符号,请读者对照相应内容完成以下实验,体会不同工具的特点,并选择适合自己的文本编辑工具。

(1) 在home目录下创建子目录test/document，分别使用gedit和vim创建相应的文本文件linux_learn，记录自己学习本节的体会。

(2) 使用重定向符号>>将man ls的结果重定向到文件～/test/a.txt，查看a.txt文件的内容，体会重定向符号>和>>的区别。

(3) 通过man查看touch命令用法，并使用touch命令创建一个新的空白文件，存储目录和文件名自定。

2.2.2　查看文本文件内容

Linux系统中经常需要在终端内查看文本文件的内容。例如，查看配置文件的内容和一些脚本程序，在终端下查看文本文件有各种不同的命令，使用方法都很简单。这里主要介绍下面几种方式。

1. cat命令

cat命令可以在终端窗口一次性地显示指定的文本文件的内容，在此以使用cat命令查看2.2.1节中创建的文本文件hello.c的内容为例学习cat命令的用法。

① 执行$ locate hello.c命令。

② 在第①步的输出结果中确定要显示的文本文件。

③ 执行$ cat ～/test/csource/hello.c命令。

上述操作过程中，第①步locate命令用来查找系统中文件名含有hello.c字符的所有文件；第②步读者选择要查看的文件，hello.c所在目录为～/test/csource；第③步cat命令显示指定文件的内容，文件内容一次性地全部从终端显示出来，如果查看的文本文件内容太多，看起来会不方便，这种方式适合看行数比较少的文本文件。

2. nl、more、less、head和tail命令

在命令行界面查看文本文件的内容通常会根据具体情况有不同的需求，有时会要求在显示的内容中添加行号。例如，查看程序源代码文件，有时会只需要查看文本内容的头部或者尾部信息，如日志文件，有的文本文件内容太大，需要分屏显示该文本文件的内容。针对不同的需求Linux系统都提供了对应的文本文件内容查看命令。

/etc/apt/sources.list是Linux系统的软件源配置文件，就是第1章中更新软件源操作所对应的文件，直接更改该文件的内容也可以做到更新软件源。在此以使用nl、more、less、head和tail命令查看/etc/apt/sources.list文件内容为例学习各个命令的用法。请读者执行下列命令并观察结果：

```
$ nl /etc/apt/sources.list
$ more  /etc/apt/sources.list
$ head -n 4  /etc/apt/sources.list
$ tail -4  /etc/apt/sources.list
$ less  /etc/apt/sources.list
```

读者对照自己的执行结果，对这些命令会有一个直观的认识。其中，命令nl可以在显示的文本文件内容中添加行号。命令more和less可以分屏显示文本文件的内容，可以通

过选项参数设置每屏显示的行数。命令 head 和 tail 可以按照选项参数指定行数只显示文件的开始或者结尾信息，其中，-n 为选项，表示要显示的行数，4 是选项-n 的参数，表示显示 4 行。命令 less 会进入类似 vim 的界面显示文件内容，按 q 键可以退出该界面返回到终端，可以在 less 的底端查找字符串，如要查找 sohu. com，则输入/sohu. com 并按回车键，即可找到匹配内容并高亮显示。如果一个文件特别庞大，读者只想查看它的头几行或者尾部几行，这时候可以使用 head 和 tail 命令来查看，利用这种方式比把整个文本文件全部打开来查看能节省系统资源。

常用文本浏览命令汇总如表 2.3 所示。

表 2.3 文本文件浏览命令汇总表

命 令	作 用	命 令	作 用
cat	显示文本文件	head	显示指定文件前若干行
tac	逆序显示文本文件	tail	显示指定文件末尾若干行
nl	带行号显示文本文件	tail -f	读取日志文件并实时更新读取的内容
more	分页显示文本文件	diff	逐行比较两个文本文件，列出其不同之处
less	回卷显示文本文件		

more 的常用参数：+n 表示从第 n 行开始显示；-n 表示分屏显示时每个屏幕 n 行。

实验 3：查看文本文件

本节主要讲解了在命令行下查看文本文件内容的几个命令，请读者对照相应内容完成以下实验：

(1) 使用 tac 命令查看 hello. c 内容。

(2) 使用 man 查看 find 命令的使用方法，通过 find 命令查找文件 passwd，并比较 find 命令和 locate 命令的差异。提示：/etc/passwd 为系统中所有用户的信息列表。

(3) 将 man bash 的结果分别用 nl、more、less、head 和 tail 命令显示。

2.2.3 查找及统计

1. 文件及内容的查找

在浏览文本文件时，经常需要从中查找指定的字符串，有时还需要查找某些特定名称的文件。Linux 系统的 grep 命令功能是在文本文件内查找指定的字符串。find 命令可以按照要求查找某些文件。通过下面的例子学习这两个命令的基本用法。

请读者完成后面的要求：利用 grep 命令在/etc/passwd 里查找用户 os 的信息；利用 find 命令查找用户密码配置文件 shadow 所在目录；查找家目录下所有的 mp3 文件；查找 2.2 节中的 test 目录里的 C 语言源文件。具体操作如图 2.13 所示。

在图 2.13 所示的操作过程中，第一条命令 grep 在文本文件/etc/passwd 中查找含有 os 的字符串，显示出来的是一行信息，关于用户 os 的账号信息；第二条命令 find 在目录/etc/下查找名字含有 shadow 的所有文件，系统所有的配置文件都放在/etc/目录下，所以指定从该目录开始查，也可指定从根目录开始查，-name 选项表示名字要严格匹配大小写，如果是-iname 选项则表示匹配时忽略大小写；第三条命令 find 从～目录开始查找名字后缀是

.mp3的所有文件，*是通配符，代表若干个任意字符，此外通配符还有多种形式，如[A-Z]表示任意单个大写字母、[a-c]表示a～c的某个小写字母、[4-9]表示4～9的某个数字；也可用正则表达式。find命令的查找速度相比前面学习的locate命令来说较慢，它会以指定的目录为根开始递归查找，locate是从系统的数据库中查找而非按照目录查找。

```
os@Ubuntu:~/test/resume$ grep os /etc/passwd
os:x:1000:1000:os,,,:/home/os:/bin/bash
os@Ubuntu:~/test/resume$ sudo find /etc/ -name "shadow"
/etc/shadow
os@Ubuntu:~/test/resume$ sudo find ~ -name "*.mp3"
os@Ubuntu:~/test/resume$ sudo find .. -name "*.c"
../csource/hello.c
```

图2.13 查找

2. 文件内容的统计

可以使用wc命令对文本文件的字数、行数等信息进行统计，方便用户对文件的一些信息进行汇总管理。现以统计系统中用户的数量以及某个目录下文件数目为例来学习wc的基本用法。/etc/passwd中记录系统所有的用户信息，每个用户信息占有一行，所以只需要利用wc命令统计/etc/passwd文件中行数即可。请读者执行下列命令：

```
$ wc -l /etc/passwd
$ wc /etc/passwd
```

在上述操作中，第一条命令用-l选项表明使用wc统计/etc/passwd的行数，命令执行的结果就是系统中的用户总数；第二条命令执行结果中会依次输出行数、单词数、字节数、文件名，也可用-c选项表示统计指定文本文件的字节数，-w选项表示统计指定文本文件的单词(word)数。

另外，用wc命令统计～/test/目录下的所有文件总数的操作如图2.14所示。在图2.14的操作中，命令ls -l是长列表形式显示当前目录下的所有文件(提示：Linux系统中目录也是一种文件)，在显示结果中每个文件信息占一行，所以只要统计显示结果中的行数就可以了；第二条命令ll等同于命令ls -alF，ll是ls -alF的别名，表示为alias ll='ls -alF'，在ll命令的结果中有两个特殊的目录.和..，每个目录下都存在这两个目录，分别表示当前目录和上层目录，从结果中还可以看到～/test/目录实际有两个目录，统计数字是3，所以实际数字应该是wc统计出来的数字减1。

```
os@Ubuntu:~/test$ ls -l |wc -l
3
os@Ubuntu:~/test$ ll
总用量 16
drwxrwxr-x  4 os os 4096  3月  8 13:52 ./
drwxr-xr-x 35 os os 4096  3月  8 17:56 ../
drwxrwxr-x  2 os os 4096  3月  8 13:42 csource/
drwxrwxr-x  2 os os 4096  3月  8 17:59 resume/
```

图2.14 wc

实验4：文本文件查找及统计

本节主要讲解利用grep命令查找文本内容、find命令查找文件以及wc命令统计字数和行数等信息。请读者对照相应内容完成以下实验：

组配置文件 group 里存放系统中所有用户组的信息，一个用户组的信息在文本中占一行，请使用相关命令找到该文件所在目录，找到当前用户所在的组信息(提示组名和用户名相同)，统计系统有多少个用户组。

2.3 目录和文件

2.3.1 目录及文件的基本操作

1. 系统的目录组织结构

Linux 系统采用树状结构组织目录，根目录是最上层的目录，是目录树的入口点，读者可以输入下列命令查看系统的一级目录结构：

```
$ tree -L 1
```

在上述命令的执行结果中，可以看到根目录下的所有一级子目录，下面对该结构中的每个目录的功能做简短介绍。

/：根目录，每个系统有且只有一个根目录，是所有其他目录的父目录，可以看成是树状目录的起点。

/bin：存放系统中所有用户都可以执行的命令文件，如 ls 命令文件等，这些命令文件是以二进制形式存在的可执行文件，bin 为 binary 的缩写，默认该目录已添加到 PATH 系统环境变量里。

/sbin：存放系统中只有 root 用户才能执行的系统命令文件，如系统启动、修复等。

/boot：存放 Linux 内核镜像文件和启动相关文件，其中内核文件形式为 VMLIUZ-XXX，XXX 是版本号。如果启动使用的是 GRUB 规范，则有/grub 子目录。

/dev：系统所有外部设备对应的设备结点文件，因为 Linux 系统把设备当作文件处理，每个设备结点文件实际上是一个访问相应的外部设备的端口，只起到连接作用，通过该端口可以把对应的设备操作映射到具体的驱动程序代码上，真正的访问硬件的工作是由驱动程序完成的。该文件有自己的命名规范，如/dev/sda1 文件代表第一块硬盘下的第一个分区。通过该目录可以找到外部设备映射到系统内的名称。

/etc：系统内相关的配置文件，包括系统设置和一些软件的配置文件，如用户账户、密码、网络配置等，配置文件会在系统启动过程中被读取。

/home：home 目录，也称为主目录或者家目录，比如说有个用户名是 os，对应的家目录就是/home/os，该目录为该用户私有，别的用户是无法访问到的。系统为每个登录的用户都在 home 目录下以登录名设置了该用户的 home 目录。

/lib：系统启动时需要的动态链接共享库，多被/bin 和/sbin 中程序共享。

在 Linux 系统中，使用外接设备时，首先需要用户使用挂载命令 mount 手动将该设备挂载到系统目录树中才可以被使用。但是，Ubuntu14.04LTS 支持外接设备的自动挂载，即当外部设备连接到系统时，系统会自动将该设备的内容挂载到系统的目录树中，用户无须使用挂载命令手动挂载即可使用外接设备。其中,/media 目录是系统自动挂载外接设备的目录,即外接设备的内容都包含在该目录里,比如光驱、USB 设备等与系统连接后会自动挂载在此目录下,读者可以到该目录下访问光驱或者 USB 设备的内容。/mnt 目录是系统手动挂载的建议挂载目录,手动挂载成功后挂载设备的内容都被包含在该目录下,当然,读者也可以挂载到别的目录。

/opt:存放可选程序,可以理解为第三方软件的安装目录,第三方软件在安装时通常默认会找该目录,若没有安装此类软件它就是空的,但不能删除,否则以后安装第三方软件时可能遇到问题,安装到/opt 目录下的程序,它所有的东西包括数据、库文件等都放在同一个目录下面,方便第三方软件的管理。例如,如果想尝试某个第三方软件 x,把它装到/opt/x 目录,删除该软件只需要删除/opt/x 目录即可。

/proc:这是一个虚拟文件系统,存在内存中,不占外存,它保存了当前系统所有的详细信息,包括进程、文件系统、硬件等,以文件系统的形式为用户提供了访问系统内核数据的操作接口,可以通过/proc 目录获取系统的信息以及即时修改系统中的某些参数。

/root:root 用户的 home 目录,Ubuntu 默认是不开启 root 用户的,非 root 的管理员可以使用 sudo 命令执行 root 权限的命令。

/ srv:提供系统一些特定的服务,是 server 的缩写,一般是系统服务器的安装目录,如 ftp 服务等。

/sys:这是一个真实的文件系统,功能与/proc 类似,可以向用户程序提供详细的内核数据信息及设备的信息,不同的是 sys 对计算机上的所有设备进行统一表示和操作,包括设备本身和设备之间的连接关系。

/tmp:存放一些临时文件,如程序安装时一些临时文件就放在该目录下,所有用户对此目录都有读、写权限,该目录的内容会被系统定期清理。

/usr:利用软件安装工具安装的一些官方软件的安装目录,该目录可以由软件自动安装工具来管理(如新立得等),它有很多子目录,其中,/usr/bin 用于存放一些应用层面的程序;/usr/sbin 用于存放一些具有 root 权限可以使用的系统管理层面的程序;/usr/include 用于存放 Linux 下开发和编译应用程序所需要的头文件,如 C 或者 C++;/usr/lib 用于存放应用程序和程序包的连接库;/usr/local 用于存放一些手动安装的官方软件,即不是通过"新立得"或 apt-get 安装的软件。它和/usr 目录具有相似的目录结构,可以把编译的软件放到/usr/local,这样做的好处是,卸载时如果 make uninstall 不成功,不会把系统/bin 等目录里的东西删除。/usr/src 用于存放 Linux 开放的源代码;/usr/share 用于存放共享的数据。

/var:用于存放系统中经常需要变化的一些文件,尤其是记录数据类的,如系统日志文件等,该目录对每个系统是特定的,不通过网络与其他计算机共享。例如,/var/log 用于存放各种程序的 Log 文件,如系统的登录和注销等,/var/log 里的文件经常不确定地增长,应该定期清除。

/lost+found:存放因为文件系统错误而丢失的数据,如非法关机而丢失的文件。不是所有的文件系统都有该目录,文件系统 ext2、ext3 和 ext4 中有此目录,此目录存在每个分区的根目录上。

2. 使用相对路径创建目录树

相对路径是从当前路径开始算起的目录组合,也称为相对目录。利用 mkdir 命令使用相对路径建立图 2.15 所示的目录树，假设用户当前目录为 home。请读者依次执行下列命令：

```
$ mkdir -p private/learning/linux/homework
$ mkdir -p private/learning/linux/ppt
$ mkdir -p private/learning/network
$ mkdir -p private/learning/os
$ tree private
```

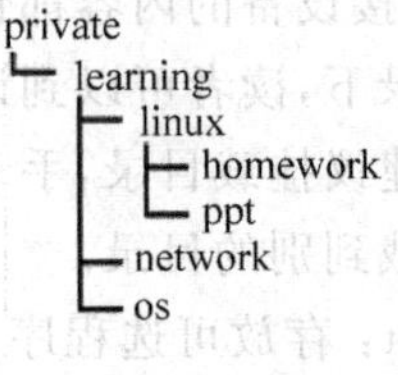

图 2.15 ~/private 目录结构

在上述操作过程中，利用 mkdir 命令依次创建了图 2.15 目录树中的每个分支，每个分支都采用相对路径的形式。其中，选项-p 表示创建多级目录时，若某一级目录存在则不创建，若不存在则创建它，private/learning/linux/homework 是采用相对路径表示的多级目录分支，该目录的上层目录是当前目录。第一个命令的功能就是在当前目录下创建 private 子目录，然后在 private 目录下创建 learning 子目录。以此类推直到创建完 homework 子目录；命令 tree private 显示新创建的以 private 目录为根的树状目录结构。

3. 使用绝对路径创建目录

绝对路径是指从根目录开始的目录组合，也称为绝对目录。利用 mkdir 命令使用绝对路径建立图 2.16 所示的目录树。请读者依次执行下列命令：

```
$ sudo mkdir -p /test/music/adult/female
$ sudo mkdir -p /test/music/adult/male
$ sudo mkdir -p /test/music/child
$ tree /test
```

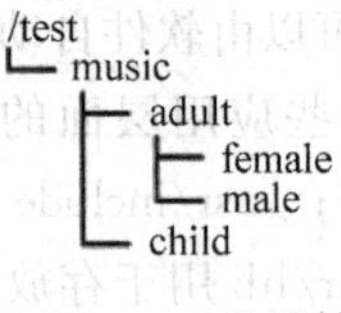

图 2.16 test 目录结构

在上述操作过程中，利用 mkdir 命令依次创建了图 2.16 目录树中的每个分支，每个分支都采用绝对路径的形式，Linux 系统中每个文件都是有权限的，只有 root 权限才可以在根目录中创建新目录，管理员通过 sudo 命令可以临时被赋予 root 权限，需要输入管理员密码验证，密码不回显。第一条命令中的/test/music/adult/female 是采用绝对路径表示的多级目录分支，该目录是从根目录出发的，功能是在根目录下创建 test 子目录，然后在 test 目录下创建 music 子目录，以此类推直到创建完 female 子目录；命令 tree 显示新创建的目录结构。

4. 查看文件属性信息

Linux 系统中把所有的资源都看作是文件，如设备、目录等都是文件。所有文件分成 4 种类型：普通文件、目录文件、链接文件和特殊文件。不同类型的文件通过文件属性区分，而不是通过扩展名区分。可以使用 file 命令查看文件属性信息从而判断它的类型，现以 file 命令查看源列表文件/etc/apt/sources.list 的类型和观察/dev 目录下的文件类型为例学习 file 命令的用法。操作如图 2.17 所示。

在图 2.17 所示的操作过程中，第一条命令 file 可以查看文件的类型，sources.list 是一个 ASCII 的文件，第二条命令是分页显示/dev 目录下的所有文件类型，从截图中可以看出，有目录文件(directory)、字符设备文件(character special)、符号链接文件(symbolic link to)等。Linux系统把目录当成一种文件,称为目录文件,字符设备文件是字符设备对应的文件,可以归到特殊文件一类,其中,特殊文件还包括块设备文件、管道文件和套接字文件。符号链接文件可以理解为另一个文件的快捷方式,符号链接也被称为软链接,另外还有硬链接,区分就是软链接会在选定的位置产生一个新的链接文件,该链接文件的内容是指向原文件的位置,硬链接就相当于在选定的位置给原来的文件起了一个别名。ASCII文件、Shell脚本文件等这些由相关的应用程序创建的文件都属于普通文件。

```
os@Ubuntu:~/test$ file /etc/apt/sources.list
/etc/apt/sources.list: ASCII text
os@Ubuntu:~/test$ file /dev/* |more
/dev/ati:                directory
/dev/autofs:             character special
/dev/block:              directory
/dev/bsg:                directory
/dev/btrfs-control:      character special
/dev/bus:                directory
/dev/cdrom:              symbolic link to `sr0'
```

图2.17 file应用

5. 文件和目录的复制、移动和删除

在Linux系统中,cp命令可以完成文件或目录的复制(copy),mv命令可以完成文件或目录的移动(move),rm命令可以完成文件或目录的删除(remove),rmdir命令可以删除空目录。每个命令的语法结构读者可以通过man手册查阅,现以例子学习这些命令。

要求利用命令mkdir -vp在家目录下创建工程helloworld的目录结构helloworld/{lib,src,bin,res/{music,docs}},并利用cp -r将在"3.使用绝对路径创建目录"中创建的/music/目录里的内容全部复制到helloworld的music子目录里。然后将指定目录删除,假设用户当前目录在家目录下。请按顺序执行下列命令:

```
$ mkdir -vp helloworld/{lib,src,bin,res/{music,docs}}
$ tree helloworld
$ cp -r /test/music helloworld/res/music
$ cp -r /test/music helloworld/res/music1
$ tree helloworld
$ rm -rf helloworld/res/music
$ mv helloworld/res/music1 helloworld/res/music
```

在上述操作过程中,第一条创建helloworld工程目录结构helloworld/{lib,src,bin,res/{music,docs}},该目录结构中处于同一层次的目录放在对等的花括号里,上层目录的花括号包含下层目录的花括号,选项-v表示每次创建新目录时都显示创建的目录信息;第二条利用tree命令查看刚才创建的目录结构,读者对照自己的实验结果更好地理解花括号的应用;第三条和第四条使用cp命令复制目录,选项-r表示递归复制,即把要复制的目录和该目录下的所有内容都一起复制,当复制目录时都需要使用-r选项,复制文件时则不需该选项,这两条命令的差别就是第三条命令中的子目录music是存在的而第四条命令中的子目录music1是不存在的。第五条命令观察第三和第四条命令的区别:当目标目录存在时,完成复制,且名字保持不变,如果目标目录不存在时,则完成复制并且改名;第六条命令利

用 rm 把第三条命令复制的目录 music 及其子目录删除；第七条命令移动 helloworld/res/music1 目录到 helloworld/res/music 目录，实际上就是将 music1 换名为 music；rmdir 可以删除空目录，若下级目录变空则连同上级目录也一起删除。对目录进行复制和删除时都需要选项-r。

6. 压缩文件

Linux 系统中常见的压缩文件后缀名有.tar、.gz、.tar.gz 和.tar.bz2 等。*.tar 文件只是将文件打包组成一个单一的文件，文件的大小没有变化，称为打包。*.gz 文件是被 gzip 工具压缩过的文件，大小有所变化，称为压缩文件，由于 gzip 只能对单个文件进行压缩，所以需要将多个文件先打包再压缩，形成*.tar.gz。*.bz2 文件是被 bzip2 工具压缩过的文件，大小有所变化，称为压缩文件。现以几个实例学习相关的压缩和解压缩方法。

(1) 使用 tar -cvf 命令创建 tar 包。将 home 目录下的 helloworld 文件打包，包名不变，存放目录不变，并观察打包前后文件大小的变化。请读者执行下列命令：

```
$ man bash > ~/helloworld
$ tar -cvf ~/helloworld.tar ~/helloworld
$ ls -lh ~/helloworld.tar ~/helloworld
```

在上面的操作过程中，第一条命令利用重定向符号>在 home 目录下创建文本文件 helloworld，第二条命令是将 home 目录下的 helloworld 文件创建成同名的 tar 包，存放在 home 目录下，选项-c 表示创建，-v 表示显示详细过程，-f 表示文件名，-f 后面的命令参数必须是打包要输出的文件名；第三条命令是长列表显示文件的信息，可以从中比较两个文件打包前后的大小是否有变化。

(2) 使用 tar -cvzf 命令创建 tar.gz 包。将~/helloworld 文件创建成 tar.gz 的压缩包，包名不变，存放目录不变，并观察打包前后文件大小的变化。请读者执行下列命令：

```
$ tar -cvzf ~/helloworld.tar.gz ~/helloworld
$ ls -lh ~/helloworld.tar.gz  ~/helloworld
```

在上述操作过程中，第一条命令打包压缩成 helloworld.tar.gz 包，选项-z 表示用 gzip 压缩 tar 包。

(3) 使用命令 tar -cvjf 创建 tar.bz2 包。将~/helloworld 文件创建成 tar.bz2 的压缩包，包名不变，存放目录不变，并观察打包前后文件大小的变化。请读者执行下列命令：

```
$ tar -cvjf ~/helloworld.tar.bz2 ~/helloworld
$ ls -lh ~/helloworld.tar.bz2  ~/helloworld
```

在上述操作过程中，第一条命令将打包成相应的 tar.bz2 包，选项-j 表示使用 bzip2 工具对 tar 包压缩。

(4) 使用 tar -xvf 命令对 tar 包文件进行解包。将 helloworld.tar 利用 mv 命令移动到另外的目录，进入该目录解包，将解包后的文件名和打包前的文件名进行对比。解包命令如下：

```
$ tar -xvf helloworld.tar
```

上述命令选项-x表示解包，-f后面紧跟解包输入的文件名，功能是将helloworld.tar包解压到当前目录。

(5) 使用tar -xvzf命令对tar.gz包进行解压解包。将helloworld.tar.gz利用mv命令移动到另外的目录，进入该目录进行解压解包，观察解压解包后的文件名。解压解包命令如下：

```
$ tar - xvzf  helloworld.tar.gz
```

上述命令选项-z表示用gzip工具解压，功能是将helloworld.tar.gz包解压到当前目录。

(6) 使用tar -xvjf命令对tar.bz2包进行解压解包。将helloworld.tar.bz2利用mv命令移动到另外的目录，进入该目录进行解压解包，观察解压解包后的文件名。解压包命令如下：

```
$ tar - xvjf helloworld.tar.bz2
```

上述命令选项-j表示用bzip2工具解压，功能是将helloworld.tar.gz包解压到当前目录。

实验5：目录及文件基本操作

本节主要讲解了Linux系统中目录和文件的相关操作，如复制、删除和移动等操作，要会灵活使用相对路径和绝对路径，了解压缩和打包的概念。请读者对照相应内容完成以下实验：

① 在home目录下创建两个子目录directory1和directory2，然后将directory1目录移动到directory2目录下，再将directory1目录删除。

② 将/etc/passwd文件复制到directory1目录下并改名为passwd.bak，把passwd.bak文件复制到directory2目录，并将directory1目录删除。

③ 在home目录下利用man bash＞ bigfile、man cat＞smallfile生成两个文件，将bigfile和smallfile打包成file.tar、file.tar.gz和file.tar.bz2。并将这3个文件包放在不同的目录下进行解压缩。

2.3.2 文件权限

1. 文件的长列表显示

使用$ll -h命令长列表方式显示用户home目录下所有文件的详细信息，一行是一个文件的详细信息，基本形式如下：

```
- rw - r -- r --   1  os  os  220   2月 4 14:40  .bash_logout
drwxrwxr - x       5  os  os  4.0K  3月 9 17:08  csource/
- rw - rw - r --   1  os  os  215   3月 8 17:59  a.txt
```

上述详细信息以行列式的方式排列，每行被分成8段，每段代表不同的含义。第一段是10个字符，其中，第一个字符代表文件类型，剩下9个字符代表文件权限，第二段是文件的链接数，第三段是文件的属主(owner)，第四段是文件的属组，第五段是文件的大小，第六段是文件最后的修改时间，第七段是文件的名字。

(1) 文件类型用不同的符号表示，其中，d代表目录文件，l代表链接文件，-代表普通文件，b代表块设备文件，c代表字符设备文件，s代表套接字文件，p代表管道文件。

(2) 对于文件，链接数表示它的硬链接数，对于目录，该数字是子目录数目加2。

(3) 在Linux系统中每个文件都有它的owner和group，一个文件的owner称为该文件的属主，文件所属的用户组称为该文件的属组，用户组是具有相同权限的用户组成的逻辑单元。默认情况下一个文件的创建用户是该文件的属主，创建者所在的主属组就称为该文件的默认属组。一个文件的属主和属组是可以更改的，文件的属主不一定属于文件属组的用户，两者是分开管理的，没有从属关系。

(4) 点号开头的文件是隐藏文件，如果想把某个文件设成隐藏文件只要将名字以点号开始即可。

2. 文件的权限

文件的长列表显示信息中的权限由9位字符组成，将其平均分成3组分别代表文件属主对文件的操作权限、文件的属组对文件的操作权限和其他人对文件的操作权限。每组3位的操作权限又顺序地表示为该组对文件是否具有读权限的标志位、该组对文件是否具有写权限的标志位、该组对文件是否具有执行权限的标志位。如果对该文件有读权限，则读权限标志位记为r(1)，如果没有读权限则标志位记为-(0)，同样，如果具有写权限则对应的标志位记为w(1)，如果没有写权限则标志位记为-(0)，有执行权限则标志位记为x(0)，若没有执行权限则标志位记为-(0)。如果这9个标志位都是用字符形式称为权限的字符表示形式，如果采用数字形式则需将9个二进制数换成3个八进制数来表示，称其为权限的数字表示形式，如777＝rwxrwxrwx、666＝rw-rw-rw-。具体数据如表2.4所示。

表2.4 权限的表示

用户类型	owner			group			others		
权限字符表示	r/-	w/-	x/-	r/-	w/-	x/-	r/-	w/-	x/-
数字的对应位	1/0	1/0	1/0	1/0	1/0	1/0	1/0	1/0	1/0
八进制表示：3个一组转换成八进制	0～7			0～7			0～7		

读、写和执行的权限对于目录和文件具有不同的解释，详情如表2.5所示。

表2.5 读写执行权限解释

权　　限	文　　件	目　　录
r(Read，读取)	读文件内容	浏览目录
w(Write，写入)	增、改、删文件内容	增加、删除、移动目录内文件及修改文件属性，同时需要x权限
x(eXecute，执行)	执行文件	进入目录，同时需要rw权限

若对目录只有读的权限，则不允许使用cd命令进入该目录，必须要有执行的权限才能进入该目录。若对目录只有执行权限则能进入该目录，但不能看到该目录下的内容，要想看

到该目录下的文件名和子目录名，则需要对该目录具有读权限。一个文件能不能被删除，主要看操作者是否对该文件所在的目录具有写权限，如果用户对目录没有写权限，则该目录下的所有文件都不能被该操作者删除。

3. 文件和目录的默认权限

新建的文件或目录会自动获得一个初始权限，将这个初始权限称为默认权限，读者在home目录下创建文件或目录的初始权限是由系统的权限掩码umask值确定的，创建目录的默认权限值＝777-umask；创建文件的默认权限值＝666-umask，此处权限采用数字形式描述。请读者执行下列命令，查看umask的值：

```
$ umask
$ umask - S
```

上述操作过程中，第一条命令显示umask的数值，形式类似0002，是4位八进制数，分别代表gid/uid、属主权限、属组组权、其他用户的权限，其中gid/uid本书不讨论，只用到后3个；第二条命令选项-S表示以字符的形式显示真实的权限。也可以通过命令umask修改umask的值，从而改变文件和目录的默认权限。例如，umask的值改为022，可以执行下列命令：

```
$ umask 022
```

4. 修改文件的属主、属组

文件的属主和属组可以通过命令进行修改，修改文件属主(change owner)的命令是chown，修改文件属组(change group)的命令是chgrp，现通过例子来学习这两个命令的基本用法。要求使用sudo mkdir命令创建/exercise目录，并在/exercise目录下创建文本文件right，观察新建文件和目录的属主和属组，利用命令chown和chgrp将/exercise的属主改为当前操作用户(os)，属组改为mail组，并查看该目录及目录内所有内容的属主和属组。请执行下列操作：

① 执行$ sudo mkdir /exercise命令。
② 执行$ sudo touch /exercise/right命令。
③ 执行$ ls -l /|grep exercise命令。
④ 执行$ ls -l /exercise/right命令。
⑤ 执行$ sudo chown os /exercise命令。
⑥ 执行$ sudo chgrp mail //exercise命令。
⑦ 执行$ ls -l /|grep exercise命令。
⑧ 执行$ ls -l /exercise命令。

在上述操作过程中，第⑤步利用chown命令将/exercise目录的属主改为os；第⑥步将目录属组改为mail。注意查看第③、④步和第⑦、⑧步文件的属主和属组变化。

5. 修改文件权限

文件权限是可以被修改的，只有对文件具有修改权限的用户才可以修改，但是Ubuntu

系统中利用sudo命令可以临时提升管理者的权限，给操作带了很大的方便性，修改文件权限(change mod)的命令是chmod，该命令有字符模式和数字模式两种语法结构，现以例子来学习两种结构的应用。要求利用命令 whereis ls 查找 ls 文件所在的目录，利用命令 cp 将其复制到当前用户的 home 目录，观察复制前后的长列表显示的属性变化，尤其是权限和属主、属组的变化；运行复制到 home 目录下的 ls 文件。假设当前目录为 home 目录，请读者执行下列操作：

① 执行$whereis ls命令。

② 执行确定 ls 的目录/bin/ls 命令。

③ 执行$cp ls.命令。

④ 执行 ll ls命令。

⑤ 执行$ chmod u-x ls命令。

⑥ 执行$./ls命令。

在上述操作过程中，第④步通过命令 ll 查看当前用户对复制过来的 ls 文件是否有可执行的权利，如果没有需要使用第⑤步的方法修改权限；第⑤步的功能是将 ls 文件的属主权限增加上可执行权限；第⑥步执行当前目录下的 ls 文件，要运行一个不在 PATH 环境变量包含的可执行文件的方法是进入可执行文件所在的目录，然后./可执行文件名就可以执行了。

在第⑤步修改文件权限用的结构为字符模式的，基本格式为：

```
chmod[who][+|-|=][mode]文件名
```

其中，who 可以取 u|g|o|a，分别代表属主(user)|属组(group)|其他用户(others)|所有用户(all)；mode 可以取 r/w/x；+|—|=表示增加|减少|等于(相应的权利)。例如，命令$chmod o+x,g+w file2 表示将 file2 的 others 组权限增加可执行，group 组权限增加写权限；命令$chmod a—x file2 表示将 file2 文件的属主权限、属组权限和 oterhs 的权限都去掉可执行的权利。

也可以采用短格式的数字模式，基本语法结构可以表示为："chmod[mode]文件名"，其中 mode 是文件权限的3位八进制数字形式，如$ sudo chmod 777 file1 表示将 file1 的文件权限设置为777。

实验6：文件权限

本节主要讲解了与文件权限有关的内容，要掌握文件权限的两种表示方法，会修改文件的权限，能够区分读、写和执行权限对于文件和目录有不同的要求。请读者对照相应内容完成以下实验：

① 请读者使用长列表方式显示/dev 目录下的文件信息，并对列表的信息进行观察和理解，将前5个文件的权限用数字形式表示出来。

② 请读者使用 cp、mv 命令将根目录下某个文件复制到 home 目录中，并观察操作前后涉及的原文件和目标文件的文件权限和属主及属组有何变化。

③ 在用户家目录下创建 tmp 子目录，在该目录下创建一个 right1 的空文件，并将此文件的属主改为 root，给该文件设置不可删除的属性。

④ 在用户家目录下创建 tmp/right 子目录，将其属组改为 root，将该文件权限设置为属主可读可写可执行、属组可读可执行、其他用户可读。

⑤ 修改 umask =022,然后在 home 目录下利用 mkdir 建立子目录 rightd,子目录内利用 touch 新建一个文本文件 rightf,利用 ll 查看目录 rightd 和文件 rightf 的属主和属组以及权限设置,给出权限的数字表示形式。

2.4 管理用户和用户组

Linux 系统管理员为每个要使用系统资源的用户分配一个唯一的账号和密码,每个用户使用自己的账号和密码登录系统,通过系统验证成功登录的用户就可以使用系统资源,系统也可以利用这个账号控制用户对资源的访问程度。同时,系统为了方便管理用户,把某些具有相同权限的用户组成一个用户组,同一组内的用户都具有该组所具有的权限。

2.4.1 相关配置文件

与用户和组相关的文件有 4 个,分别是用户配置文件/etc/passwd、用户密码配置文件/etc/shadow、用户组配置文件/etc/group 和组密码配置文件/etc/group。用户配置文件存放的是系统内所有用户的属性,如用户的账号名称、用户 UID、用户登录的 Shell 等信息,用户密码文件存放的是关于用户密码的信息,如加密后的密码、密码有效期等信息。用户组配置文件存放的是系统内所有用户组的信息,如组名、组内成员等信息,用户组密码配置信息存放的是关于组的密码信息。这些文件内容的组织形式是相似的,都是按行组织,一行是一个用户或者组的信息,每行用冒号分隔成多段。桌面版的 Linux 对用户组的概念用得不多,在此只介绍与用户相关的两个文件。对用户组感兴趣的读者可以参阅其他资料。

1. 用户配置文件/etc/passwd

与用户相关的配置文件有/etc/passwd 和/etc/shadow,通过查看/etc/passwd 可以获得系统所有用户的信息,可以使用文本查看命令查看该文件,如 $ cat /etc/passwd 命令,显示结果截取部分内容如下:

```
os:x:1000:1000:os,,,:/home/os:/bin/bash
huangling:x:1001:1001:huangling,,,:/home/huangling:/bin/bash
guest:x:1002:1002:guest,,,:/home/guest:/bin/bash
```

上述内容一行是一个用户的相关信息,信息段间用冒号(:)分隔,分别表示账号:密码:UID:GID:用户描述信息:home 目录:默认 Shell。其中,账号长度不能超过 8 个字符,通常由大小写字母或数字组成,不能有冒号,为了兼容不要包含点字符(.),不使用连字符(—)和加号(+)开头;密码都用 x 表示,此处仅是一个占位符,因为所有的用户都可以读此文件的内容,为了密码的安全性,将密码加密后存放在只有 root 用户有权读的/etc/shadow 用户密码配置文件里;UID 是 Linux 系统给每个账号分配的数值型的用户标识号;GID 是 Linux 系统给每个用户组分配的数值型的组标识号;描述信息包含姓名、电话、单位等,多个信息之间用逗号(,)分隔;home 目录是用户登录系统的主目录,用户对该目录的内容具有完全操作权;默认 Shell 是设置用户登录 Linux 系统时启动的 Shell,一般设置为 bash。

系统通过 UID 区分不同的用户而不是靠账号来区分,原则上每个用户账号最好有唯一的UID,如果两个不同的用户账号具有相同的UID,则系统认为两个账号是同一个用户。UID的分配遵循一定的规律,root用户的UID=0,1~499是系统用户的UID,500~65 535给admin用户或者guest用户。root用户是系统的超级管理员,拥有最高的权限;admin用户是系统的管理员,该类型的用户可以启动/停止系统、安装/删除新软件、添加/删除新用户等,安装系统时设置的初始用户就是管理员用户;guest用户具有登录系统的权限,但是默认情况下只能对其家目录的内容进行改写操作,对其他目录基本上只有读的权限或者被拒绝,该类用户是admin用户添加的;系统用户也被称为虚拟用户、伪用户,该用户不是指某个人,而是运行应用程序所用的特殊用户,一般没有相应的/home目录和密码、不允许登录到系统,该类用户主要是为了系统管理而存在的,满足Linux中规定的系统进程对文件属主的要求,用来管理系统的日常服务,如bin、daemon、mail、www-data等这类用户都是系统创建时自身就已经默认存在的用户,也可以添加系统用户。系统通过GID来区分不同的组,相同组的GID是一样的,GID的范围是0~32 767之间的整数。

2. 用户密码配置文件/etc/shadow

用户密码信息存放在密码配置文件/etc/shadow,文件内容如图2.18所示。

```
os@Ubuntu:~$ cat  /etc/passwd
root:x:0:0:root:/root:/bin/bash
daemon:x:1:1:daemon:/usr/sbin:/usr/sbin/nologin
bin:x:2:2:bin:/bin:/usr/sbin/nologin
sys:x:3:3:sys:/dev:/usr/sbin/nologin
sync:x:4:65534:sync:/bin:/bin/sync
games:x:5:60:games:/usr/games:/usr/sbin/nologin
man:x:6:12:man:/var/cache/man:/usr/sbin/nologin
lp:x:7:7:lp:/var/spool/lpd:/usr/sbin/nologin
mail:x:8:8:mail:/var/mail:/usr/sbin/nologin
```

图2.18 用户密码配置文件

在图2.18显示的内容中,一个用户的密码信息占一行,每行有多段,段和段之间用冒号分隔。其中,第一个字段是用户账号,对应/etc/passwd文件中的账号;第二个字段是密码,显示的是加密后的密码,如果用户没有设置密码,则该字段为空,如果用户被禁止登录,密码首字符显示为星号(*),如果用户被锁定密码首字符显示是感叹号(!),如新创建用户是被锁定的、禁止登录系统,必须将账号开启后才可以登录系统;第3个字段是密码最后一次的修改日期,该时间是指从1970年1月1日到最后修改日期的天数;第4个字段是最小时间间隔,是指两次修改密码的最小间隔天数,0表示随意更改;第5个字段是最大时间间隔,即密码的最大有效天数,必须在该有效期内重新修改密码,过期用户账号将会临时失效,如果设置为99999表示永久有效;第6个字段是警告时间,密码失效前多少天给用户发出警告信息,也就是密码失效日期提前提醒天数;第7个字段是不活动时间,用户没有登录活动但账号仍能保持有效的最大天数;第8个字段是失效时间,用户账号在该时间之后将失效,不再使用,数值算法同第4个字段;第9个字段为保留字段。

2.4.2 相关操作

用户和组涉及的操作主要有添加用户、修改用户信息、删除用户、添加组、修改组信息和删除组,读者可以手动修改4个相关的配置文件,也可以通过命令完成所需的功能,用户执行命令时系统自动对应着命令修改相关的配置文件。本节主要讲解通过命令完成有关的用户操作。

1. 用户与用户组管理基本命令

请读者分别执行下面3个命令：

```
$ whoami
$ id
$ cat /etc/group|grep os
```

读者对照自己的实验结果，对这些命令会有一个直观的认识。上述3个命令分别用来查询当前用户账号，当前用户的UID、GID等信息以及查找os组的相关信息。

2. 创建用户

在Linux系统中可以通过命令添加新用户，添加新用户要做两部分工作。首先，利用useradd命令添加新用户；其次是利用passwd命令为新创建的用户设置密码。只有设置密码用户账号才会被启用。下面以创建普通用户账号guest为例说明添加用户的过程，操作步骤如下：

① 执行$ sudo useradd -u 600 -g os guest-m 命令。

② 执行$ sudo passwd guest 命令。

③ 根据提示输入新密码。

④ 执行$ su guest 命令。

⑤ 输入guest的密码。

⑥ 执行$ whoami 命令。

⑦ 执行$ tail -n 1 /etc/passwd /etc/shadow 命令。

在上述操作过程中，第①步利用useradd添加用户guest，同时利用选项-u指定新添加用户的UID是600，选项-g指定新添加用户的所属组为os，选项-m表示如果新创建用户的home目录不存在，则创建该目录；第②步利用passwd给用户guest设置新密码；第③步如果用户没有设置密码则直接提示用户输入密码，如果用户已经有密码要修改密码，则需要先输入旧密码然后再设置新密码，输入的密码在屏幕上是不回显的；第④步用命令su切换登录用户为guest；第⑤步密码验证；第⑥步查看当前用户；第⑦步观察相应的配置文件。命令useradd和adduser功能一样；创建用户时若没有指定UID、GID、家目录和登录Shell等资源，系统默认的值可以通过命令$ useradd -D查看。

3. 修改用户账号信息

可以根据实际情况利用usermod命令修改用户账号属性，如用户名、用户的home目录、用户所属组、登录Shell等信息。现以两个实例学习usermod命令基本用法。

(1) 将用户guest的家目录改为/home/guest1，并观察相应变化，请读者执行下列命令：

```
$ sudo usermod guest  -d /home/guest1 -m
$ grep guest /etc/passwd
```

在上述操作过程中，第一条将用户 guest 的家目录改为/home/guest1，选项-d 用于指定新的 home 目录，选项-m 表示指定新的 home 目录若不存在则创建它；第二条的操作是验证用户配置文件内相应的内容是否做过修改。

(2) 锁定账号 guest，禁止其登录。请读者执行下列命令：

```
$ sudo usermod - L guest
$ grep guest /etc/shadow
$ su  guest
```

在上述操作过程中，第一条选项-L 表示将 guest 锁定；第二条查看/etc/shadow 中密码的变化，会在原来的密码字段前面添加感叹符号(!)，表示该用户被锁定，禁止登录；第三条切换登录用户为 guest，观察系统给出的信息。

4. 删除用户账号

当某个账号不再使用时，可以使用命令 userdel 将其删除。例如，删除用户账号 guest，但不删除其 home 目录，并观察该用户家目录及与用户关联的配置文件的变化。请读者执行下列操作：

```
$ sudo userdel guest
$ sudo grep guest  /etc/passwd /etc/shadow /etc/group /etc/gshadow
$ ls-l|grep guest
```

在上述操作过程中，第一条删除用户 guest，但不删除其家目录，如果使用选项-r 就会把用户的家目录一起删除；第二条观察相关文件的变化，用户和同名的用户组都被删除了；第三条观察用户的 home 目录仍然存在。

用户组的添加、修改和删除分别使用命令 groupadd、groupmod 和 groupdel，用法和用户的相关操作类似，感兴趣的读者请查阅其他文档自行练习。

实验 7：管理用户和用户组

本节主要学习了关于用户管理的有关内容，包括用户相关的配置文件和添加、删除、修改用户账号的操作，要求重点掌握用户信息的修改命令。请读者对照相应内容完成以下实验：

① 使用选项-r 创建一个 admin 类型的用户 bigwa，指定 UID＝789，创建家目录，并查看创建成功后相关文件的变化，以及切换 Shell 的当前用户为 bigwa。

② 使用 groupadd 命令创建用户组 students，创建组内成员 stu1、stu2 和 stu3，用户家目录下创建目录 tests(请注意组名和文件夹名都是 students)，该目录里有 3 个子目录，分别是 test1、test2、test3。现要求只有 students 组的成员能够访问 tests 目录，stu1 对 test1 目录有完全权限，对 test2、test3 可以访问，但不能修改，同理对于 stu2、stu3 用户要求也一样。

2.5 其他常见命令

2.5.1 挂载和卸载设备

早期的 Linux 系统中外接设备要想正常使用，首先要被挂载到本机，文件系统的挂载是指将外部移动存储设备连接到系统时，需要将该设备存储的文件系统挂载到当前目录树的某个分支上，挂载以后设备中的文件就可以像本机普通文件一样使用，系统推荐的挂载目录是/mnt，Ubuntu系统外部设备连接到系统时系统会把设备自动挂载在/media目录下。当外接设备不再使用时，将其卸载后可以从系统中移出。

1. 设备文件介绍

Linux系统把外部设备当成文件来处理，连接到系统的外部设备可以在/dev目录找到对应的文件，这里主要介绍存储设备的对应文件规律。磁盘设备命名规律是系统内，第一块磁盘对应的设备文件名为/dev/sda，第二块磁盘对应的设备文件名为/dev/sdb，第三块磁盘对应的设备文件名为/dev/sdc，其他磁盘类推。第一块磁盘的第一个分区对应的设备文件名为/dev/sda1，第一块磁盘的第二个分区对应的设备文件名为/dev/sda2，其他分区类推。第二块磁盘的第一个分区对应的设备文件名为dev/sdb1，第二块磁盘的第二个分区对应的设备文件名为/dev/sdb2，其他分区类推。另外，比较老式的计算机上磁盘的编号是/dev/hda、/dev/hdb、…，分区的编号是/dev/hda1、/dev/hda2、…，在这里sd表示SATA接口的磁盘，hd表示是IDE接口的磁盘。读者可以查看自己的系统内/dev/目录下磁盘的设备文件名。可以使用命令fdisk -l查看系统磁盘及分区信息，请读者执行下列命令：

```
$ sudo fdisk -l
```

执行上述命令后，会显示系统的磁盘信息以及每个磁盘的分区信息，包括名称、大小及文件系统等信息。光驱映射的设备文件名字里有cdrom或者dvdrom字符，可以利用grep命令在/dev/目录下查找，U盘的设备文件名有的是按照磁盘的规律来对应，有的设备文件名含有usb字符，也可以使用grep命令搜索，读者可以执行下列命令：

```
$ ls /dev|grep rom
$ ls /dev|grep usb
```

在上述操作过程中，第一条命令查询光驱对应的设备文件名；第二条命令查找USB设备(如U盘)对应的设备文件名。

2. 挂载和卸载存储设备

读者可以使用mount命令挂载设备，使用umount命令卸载设备。现以挂载一个U盘为例学习这两个命令的基本用法。请读者依次执行以下操作步骤：

① 执行$ sudo fdisk -l命令。

② 确定U盘的设备文件名为/dev/sdb1。

③ 执行$ sudo mkdir /mnt/upan命令。

④ 执行$ sudo mount /dev/sdb1 /mnt/upan命令。

⑤ 执行$ sudo cd /mnt/upan命令。

⑥ 执行$ sudo umount /mnt/upan命令。

在上述操作过程中，第①步查找挂载设备，即在/dev/目录里映射的设备文件名，由于该U盘被系统当成磁盘处理，所以使用sudo fdisk -l命令查找设备文件名；第②步根据fdisk -l的显示信息结合文件系统类型以及分区的大小、空闲空间的大小等信息确定需要挂载的外接设备的设备文件名；第③步选取挂载点，利用 mkdir 命令创建挂载点，此处的挂载点最好是/mnt 的子目录；第④步使用挂载命令 mount 将设备/dev/sdb1 挂载到目录/mnt/upan 下；第⑤步进入挂载后的目录，随意使用 U 盘里的信息；第⑥步如果不再使用 U 盘时，使用卸载命令 umount 将其卸载。卸载时，当前目录最好不要处于要卸载的目录中。

2.5.2 安装和卸载软件

Linux 系统中软件安装的时候经常会有依赖关系，软件包的依赖关系是指安装一个软件，该软件运行需要依赖其他的软件包，安装该软件需要把它依赖的软件包一起安装到本系统，很多是依赖的共享库。如果要用户自己解决依赖关系是非常麻烦的一件事情，现在的 Linux 系统的软件安装方式基本上都会自动解决依赖关系。

Ubuntu 版的 Linux 系统中软件安装的方式可以分为两大类：一类是系统软件源里支持的软件，可以利用 apt 在终端下直接安装；另一种就是软件源里没有而需要自己手动下载安装包。

1. apt 安装方式

apt 是 Ubuntu 系统的包管理工具，与第 1 章中介绍的新立得包安装软件的原理是一样的，它是新立得软件的命令界面，在后台使用 dpkg 管理。用到的命令主要有："$ apt-cache search 软件名称"，表示从软件源数据库中搜索是否有该软件；"$ apt-get install 软件名称"，表示安装软件；"$ apt-get unistall 软件名称"，表示卸载该软件。现以安装 32 位的 Flash Player 为例了解 apt-get 安装软件的一般过程。命令如下：

```
$ sudo apt - get update
$ apt - cache   search   flashplugin - installer
$ sudo apt - get install flashplugin - installer
```

在上述操作过程中，第一条命令更新源；第二条命令查看源中是否有要安装的软件；第三条命令使用 $ sudo apt-get install flashplugin-installer 安装 flashplugin-installer 程序。如果不再使用该软件，利用 $ apt-get unistall flashplugin-installer 命令卸载该软件即可。

2. 手动下载安装包

如果需要安装官方软件源里没有的第三方软件，读者可以找到该软件的非官方源地址 ppa:user/ppa-name，利用命令 $ sudo add-apt-repository ppa:user/ppa-name 将该地址添加到源里，然后使用命令 $ apt-get install 去安装，或者需要用户手动去下载相应的安装包。本节主要介绍下载软件包的安装方式。下载后的安装软件包形式一般有源代码包、二进制文件和 deb 软件包。这里重点介绍源代码包的安装方法。

编程语言编写的最初的代码文件，需要被编译成二进制代码才能被系统执行，由于 Linux 系统是开源的，几乎所有的软件都可以找到源代码。源代码文件被打包压缩成格式如 *. tar, gz，*. tar. bz2 等形式，需要先解压解包，看看里面是否有 configure 或者 autogen. sh 文件以及 make 文件，如果有则安装步骤如下：

① 解压源代码包，使用的命令形式为 $ tar -xvzf XXX. tar. gz。

② $cd 命令进入解压后的目录，查找是否有 configure 或者 autogen. sh 文件。

③ 运行 configure 文件，使用命令 $./configure；如果文件是 autogen. sh 则使用命令 $./autogen. h。

④ 自动编译，执行命令 $make。

⑤ 安装，执行命令 $sudo make install。

若软件不再使用，可使用卸载命令卸载软件，命令为"$sudo make uninstall 软件名称"。也可以通过手动删除安装文件的方式删除安装的软件。

实验8：其他常见操作

本节主要讲解存储设备的挂载、网络配置以及软件的安装3个问题，请读者对照相应内容完成以下实验：

① 将自己的U盘挂载到系统内，并将其中一个文件复制到自己的home目录。

② 使用命令行方式配置自己的网络。

③ 使用 apt-get 方式在本机安装 fetion。

④ 到相应网站下载QQ安装包并安装(提示：腾讯公司不提供QQ的更新，只是体会安装过程)。

⑤ 利用 apt 方式安装源代码包。

小技巧：命令行模式下显示带有空格字符的文件名显示使用\空格，或者 Tab 键补齐。

2.6 本章小结

本章主要讲解在Linux系统中如何使用Shell命令来完成日常的基本工作，主要包括命令行的使用、文本文件的使用以及目录和文件的常见操作等。

在命令行的使用方法中，重点介绍了命令的基本语法结构、虚拟终端的使用以及终端、Shell和环境变量等概念，读者要掌握使用man或者help选项查阅命令帮助的方法。

在文本的使用方法中重点介绍了使用gedit和vim创建文本文件、使用cat等命令浏览文本文件、使用grep命令进行内容查找以及统计命令wc。建议读者至少掌握一种文本编辑器的使用方法，能高效地查找到自己需要的文本内容。

在文件和目录一节中主要介绍了目录和文件的创建、复制、删除、移动、查找操作以及文件权限的设置，要求读者熟练掌握文件和目录的相关操作，能够根据实际需要对文件设置合适的权限。

在用户和组的管理中介绍了用户的添加、删除及信息修改，读者要理解用户和组的相关配置文件内容，能完成用户的添加、修改和删除工作。最后，介绍了设备挂载、网络配置和软件安装等方面的内容。

本章的内容是使用Linux的基础，建议读者认真完成每个实验。Linux系统中的命令还有很多，请感兴趣的读者自行学习，本书不一一讲解。

习题

2-1 把一个非 root 的用户账号的 UID 改为 0，该账号的权限有什么变化？

2-2 建立用户 user1、user2、user3，想让这些用户对文件 file1 具有 rw-权限，该怎么做？

2-3 写出以下权限的八进制表示：rwx-wxr-x；rwxr—r--； rwx------。

2-4 /etc/passwod 中默认 Shell 设置为/usr/sbin/nologin 和/bin/false 表示什么含义？

2-5 如果创建新用户时，没有为其指定 UID 或者 GID，则系统默认的分配规律是什么？

练习

2-1 在 home 目录下运行命令 ls、pwd、top、free，并分析实验结果。

2-2 利用相关命令查看/etc/apt/sources. list 文件内容。

2-3 新建一个以自己名字拼音命名的文本文件。

2-4 通过 man 命令查看进程相关命令 ps 和 kill 的使用方法。

2-5 自己创建目录 a，在该目录下创建文件 a1. txt、a2. txt、a3. txt，完成以下操作：

① 把目录 a 的访问权限设置为 r--r--r--。

② 将文件 a1. txt 的所有者改为 mail，所属组改为 mail，访问权限为 760。

③ 修改文件 a2. txt 的访问权限为“对所有者有全部权限，对所属组只能读权限，对其他用户只有执行权限”。

④ 修改文件 a3. txt 的所有者为 ftp3，访问权限设为 r-x-w---x。

第3章 从Hello Linux程序开始

Linux 内核主要是基于C语言开发的，很多Linux系统的主流服务软件也是采用C语言开发的，所以在Linux平台上C语言是最重要的一种开发语言。本章主要介绍在Linux平台上使用C语言进行开发的环境配置、开发过程、语言规范以及相关开发工具的基本用法。

本章学习目标

- 掌握gcc工具的使用方法
- 掌握gdb工具的使用方法，熟练使用相关的调试命令
- 了解Linux系统中C语言编程规范

3.1 Hello Linux

Hello Linux 程序是本章要写的第一个C语言程序，功能是在屏幕上输出“Hello Linux”字符串，通过这个程序了解Linux平台开发C语言的流程、规范及开发工具。

3.1.1 hello_linux 的诞生

1. 编写源文件 hello_linux.c

源代码文件是文本文件，使用gedit创建该文件即可，假设当前目录为读者的home目录，请读者执行下列操作：

```
$ mkdir csource
$ cd csource
$ gedit hello_linux.c
```

在hello_linux.c中输入该文件的代码，保存并退出。代码内容如下：

```
#include "stdio.h"
#define  LEN  5
int main(void){
    printf("Hello Linux + %d\n",LEN);
   return 0;
}
```

上述命令在读者home目录下创建子目录csource，用于存放相关的源文件，使用工具gedit在目录csource中编写hello_linux.c源文件，文件名后缀为小写c，大写C是C++源代

码文件。用户文件放在home目录下,保证用户对文件具有最大的操作权限。可以输入下列命令查看刚才编写的源文件权限:

```
$ ll|grep hello
```

2. 编译源文件hello_linux.c,生成可执行文件hello_linux

源代码文件是不能直接执行的,需要将其编译成计算机认识的二进制可执行文件才能执行,请读者执行下列命令:

```
$ gcc -o hello_linux  hello_linux.c
$ ls  |grep hello
```

上述操作命令中,第一条命令是使用编译器gcc对hello_linux.c编译,将源代码文件转换成可执行文件,选项-o指定编译生成的可执行文件名,如果不指定默认名字为a.out,生成的可执行文件位于当前目录;第二条命令是显示生成的可执行文件。

3. 运行可执行文件

使用$./命令运行生成的可执行文件hello_linux,请读者执行下列命令运行该文件:

```
$ ./hello_linux
```

上述操作中,./表示运行当前目录下的某个可执行文件。终端中会显示程序的运行结果,hello_linux诞生了。这就是在Linux系统中进行C语言开发流程:编写、编译、运行。后面分别介绍在Linux平台下编写源代码的基本规范以及gcc运行的相关工具。

3.1.2 Linux平台C语言编码风格

每个编程语言都有自己的编码风格,或者说是编码习惯,风格保持良好的源代码会方便他人理解,提高维护效率,Linux平台上的C语言开发也有自己的编码风格,通常有GNU风格和K&R风格,GNU风格是Linux平台上的应用程序源代码遵循的风格,K&R风格是Linux内核的编码风格,宗旨在于使代码尽量显得短小,尤其是在花括号的使用方面。本节主要介绍使用GNU风格要注意的问题。

1. 命名规则

变量、函数名等标识符尽量采用小写字母,大写字母留给宏定义或者常量,若标识符由多个单词组成,单词之间尽量用下划线连接,如hello_world。

2. 函数头

函数开头的左花括号单独放到一行的最左边,函数内部的起始字符另起一行;如果函数名比较长或者函数的参数太多,一行写不完,可以将函数返回值和函数名分两行写,形式如下:

```
int
main(void)
{
```

```
/*  函数功能,需要的入口参数,重要的返回值 */
  ⋮
return 0;
}
```

3. 注释

要保持添加注释的好习惯,一般要求函数内注释的行数不少于代码总行数的 1/3,比如,每个函数都应该在开始处添加注释来简单说明它的功能以及需要的入口参数,要对重要的返回值进行说明。

4. 操作符优先级

尽量用括号或者缩进表现出操作符的优先级,不要让两个不同优先级的操作符出现在相同的对齐方式中。

5. 变量声明

声明时最好不要有续行,如果太多要占用多行,则另起一行再添加新的声明。

6. 嵌套语句

不要在 if 语句里使用赋值语句,在 if 或者 do-while 语句嵌套时要使用花括号。

7. 先定义后使用

所有要使用的变量要在函数的最前面声明定义、后面使用。

8. Tab 键缩进

默认缩进 8 个字符。

3.1.3 开发工具

1. gcc

在编译 hello_linux. c 时用到的 gcc 是一个编译工具,它是 GNU gcc 家族的一分子,负责对 C 语言源文件进行编译。而 GNU gcc 是 GNU 开发的一个编译器套件集合,全称为 GNU Compiler Collection,可以对多种高级语言的源代码文件进行编译,是 Linux 平台上的开发工具包,最初它只支持 C 语言的编译,发展到如今已支持很多编程语言的编译工作,如常用的 Java、Object C、C++ 等。gcc 还可以进行交叉编译,在嵌入式开发中应用很广泛。所谓的交叉编译是指在某个主机平台上(如 PC 上)用交叉编译器编译出可在其他平台上(如 ARM 上)运行的代码。gcc 不是集成开发环境(IDE),需要在 Shell 下使用,其效率极高,符合 Linux 软件"功能单一、效率极高"的特色。

gcc 对 hello_linux. c 进行编译的过程中实际做了 4 步工作,分别是预处理、编译、汇编、链接,每一步的功能列举如下:

(1) 预处理过程。gcc 工具调用预处理工具 cpp 将源代码中的宏定义、头文件包含及条件编译进行替换，替换过的文件仍然是C语言形式的文件，扩展名为.i。

(2) 编译过程。gcc把.i文件翻译成汇编语言描述的.s文件，.s文件是类似汇编语言的语法格式，可用文本编辑器打开。

(3) 汇编过程。gcc调用汇编工具as把.s文件翻译成.o的二进制文件，也就是机器代码，称其为目标文件或者目标模块。

(4) 链接过程。gcc调用链接工具ld把一个或多个目标.o文件以及它们需要的一些函数库链接成一个完整的可执行文件。

2. 开发工具的安装

Ubuntu系统在安装过程中自带了gcc，无须再安装，可以直接使用，只是缺少一些库的手册和make工具等，如果需要这些内容可以安装软件包build-essential，它提供了gcc需要的软件包的列表信息，有了build-essential，gcc就知道到哪里下载它依赖的软件包，从而组成一个完整的开发环境。首先来安装build-essential及查看本机gcc版本信息，命令如下：

```
$ sudo apt - cache search build - essential
$ sudo apt - get install build - essential
$ gcc  - v
```

上述操作中，前两条命令使用apt安装build-essential包；第三条命令查看本机gcc版本相关信息，输出结果的最后两行信息是关于gcc版本号的。

3. 开发工具的查找

在Linux系统中使用C语言进行软件开发需要用到一系列工具和共享库，如gcc、cpp、libc6等，如何验证本机是否安装了这些工具呢？需要使用命令 $ dpkg -l 查找这些工具。下面简单介绍使用的工具以及如何查找。

1) 编译工具gcc

利用命令dpkg查找本机是否安装了gcc工具，具体操作如图3.1所示。

```
os@Ubuntu:~$ dpkg -l | grep gcc
ii  gcc                                          4:4.8.2-1ubuntu6
                              i386         GNU C compiler
ii  gcc-4.8                                      4.8.2-19ubuntu1
                              i386         GNU C compiler
ii  gcc-4.8-base:i386                            4.8.2-19ubuntu1
                              i386         GCC, the GNU Compiler Collection
(base package)
ii  gcc-4.9-base:i386                            4.9.1-0ubuntu1
                              i386         GCC, the GNU Compiler Collection
(base package)
ii  libgcc-4.8-dev:i386                          4.8.2-19ubuntu1
                              i386         GCC support library (development
files)
ii  libgcc1:i386                                 1:4.9.1-0ubuntu1
                              i386         GCC support library
```

图3.1 查找gcc

在图3.1所示的操作中，命令dpkg -l的作用是显示所有本机的deb软件包，包括已安装的、没有安装的和已卸载的，在该命令的显示结果里一行代表一个软件包的信息，如果显示窗口宽度有限会自动换行显示，如本截图中一个软件包的信息占了两行。每行信息开头

ii 标志说明 gcc 安装成功，其中，第一个 i 表示软件包是用户请求安装的，第二个 i 表示软件包安装成功并完成配置，如果有错误会紧跟第 3 个字符，若第 3 个字符为空表明没有错误，这 3 个字段不同符号表示不同含义，详情可以参考手册，后边依此跟着软件包名称、版本号和简单描述信息。第一行的 gcc 不是编译器，只是个链接，第二个 gcc-4.8 带版本号是真正的编译器。从图 3.1 的标志为 ii 可以看出，gcc 已经被安装在本机了，读者可以使用 $ which gcc 命令查找 gcc 所在目录，利用 $ ll 命令查看其详细信息。若 $ dpkg -l 查找结果行首标志位不为 ii，则表明 gcc 没有安装或者有其他问题，则采用下列命令进行安装：

```
$ sudo apt - get  install gcc
$ sudo apt - get  install gcc - 4.8
```

上述操作命令中的软件包名字与图 3.1 中显示的包名一致。

2）预处理工具 cpp

利用命令 dpkg 查找本机是否安装了 cpp 工具，命令如图 3.2 所示。

```
os@Ubuntu:~$ dpkg -l|grep cpp
ii  cpp                                                    4:4.8.2-1ubuntu6
                                    i386        GNU C preprocessor (cpp)
ii  cpp-4.8                                                4.8.2-19ubuntu1
                                    i386        GNU C preprocessor
```

图 3.2 查找 cpp

若没有需要安装，采用下列命令安装：

```
$ sudo  apt - get install  cpp
$ sudo  apt - get install  cpp - 4.8
```

3）库文件 libgcc1 和 libc6

与上面利用命令 dpkg 确定 cpp 工具相同，也可以利用 dpkg 命令检查库文件 libgcc1 和 libc6 是否在本机安装。一般情况下，这两个库文件是系统自动安装的，所有 C 程序的运行都需要这两个库文件。

4）其他包的说明

手册、文档等资料不是开发必需的工具，只是供开发者查阅用的。locales 提供本地支持，如语言方面的支持；glibc-doc 是关于库的文档，如果需要可自己安装；glibc-doc.reference 是参考手册，库里没有，自己安装通常安装在/usr/share/doc/glade 目录下，是一些 html 的文档；make 是自动编译工具，调用 makefile 文件对源代码编译，尤其在一些大型软件编译工作中很方便，如果一个源代码变了，利用它方便编译，自动帮助维护，makefile 在本书第 4 章中将会讲解到；make-doc 是 make 工具的文档；gdb 是调试工具，3.3 节将讲解；gdb-doc 是调试相关的文档，在目录/usr/share/doc/gdb 下；manpages.dev 是开发中使用 man 查阅函数用法的帮助手册，可以在 Shell 中通过 man 方法直接查看函数的用法。例如，查找函数 write()的用法，请执行下列命令：

```
$ man  - a write;
```

上述操作中选项-a 表示查找所有匹配的 write，包含函数，读者可以在终端里体验该操作。至此，环境搭建和验证成功。

4. 相关文件及读取工具介绍

1）文件类型

gcc 可以通过文件的后缀来区分文件类型，从而判断采用什么语言的工具来进行编译，主要类型如表 3.1 所示。

表 3.1 文件类型介绍

后缀名	文件类型	后缀名	文件类型
.c	C 语言源代码文件	.s	汇编语言的源代码文件
.C 或.cc 或.cpp	C++源代码文件	.o 或.so 或.out	二进制文件
.i	预处理过的文件		

2）ELF 文件

使用 file 命令查看 hello_linux 文件类型，操作如图 3.3 所示。

```
os@Ubuntu:~/csource$ ./hello_linux
Hello Linux+5
os@Ubuntu:~/csource$ file hello_linux
hello_linux: ELF 32-bit LSB  executable, Intel 80386, version 1 (SYSV), dynamically
linked (uses shared libs), for GNU/Linux 2.6.24, BuildID[sha1]=779815b1326fbc7c7572a
2bc651e5e67c82dc86a, not stripped
```

图 3.3 ELF 文件

在图 3.3 所示的操作中，file 命令读取 hello_linux 文件的头部信息（ELF Header），该部分内容包含文件的各种信息，如类型、处理器、共享库使用等信息。file 命令显示 gcc 编译生成的可执行文件就是 ELF 格式，什么是 ELF 文件呢？

ELF 是 Linux 中的一种可执行文件格式，该格式在 Linux 系统中应用很广泛。例如，make 工具产生的所有文件都是 ELF 格式，.so|.o|.out 后缀的文件是 ELF 格式，根据文件的用途不同 ELF 文件有两种不同的结构，一种是应用于链接方面的格式，另一种是应用于程序运行方面的格式，file 信息显示该文件是运行的程序。可以使用 binutils 工具集中的工具对 ELF 格式的文件做一些操作。

实验 1：简单程序开发

① 请读者编写并执行本节的 hello_linux 程序，源代码参考电子资源“源代码/ch03/1/hello_linux.c”。

② 编写一个字母大小写转换的程序，并验证 gcc 编译源文件时若没有-o 参数，生成的可执行文件名是否为 a.out（源代码参考电子资源“源代码/ch03/1/ char_change.c”）。

3.2 gcc 编译

3.2.1 单文件的编译

1. 单步编译与多步编译

通过 3.1 节的学习，读者了解了使用命令 $ gcc -o hello_linux hello_linux.c 编译 hello_ linux. c 时 gcc 在后台调用了不同的工具，按顺序完成了 4 个工作：对源代码进行预处理、编译、汇编和链接。其实，可以在编译过程中通过参数指定 gcc 一步步地做这 4 个工作，该方式被称为分步编译方式。与此相对，3.1 节的编译方式被称为单步编译方式。

2. 分步编译方式

分步编译是指用 gcc 编译时通过相关的选项指定它只做预处理、编译、汇编和链接中的一步，至最终生成可执行文件的过程。gcc 的语法格式为：

```
gcc [options] file…
```

选项信息如表 3.3 所示。

表 3.2 gcc 参数表

选　　项	作　　用
-o ＜file＞	指定编译后生成的目标文件名为＜file＞
-E	只做预编译，不汇编、编译和链接
-S	只编译，不汇编和链接
-c	编译和汇编，不链接
-g	添加调试信息供 gdb 调试使用

现以 3.1 节的 hello_linux. c 的分步编译为例，学习分步编译的过程，操作过程如下：

① 预处理，操作如图 3.4 所示。

```
os@Ubuntu:~/csource$ gcc -E -o hello_liunux.i hello_linux.c
os@Ubuntu:~/csource$ ll |grep hello_linux.i
-rw-r--r--  1 os os 17581  3月  1 17:11 hello_linux.i
os@Ubuntu:~/csource$ tail -9 hello_linux.i
# 943 "/usr/include/stdio.h" 3 4

# 2 "hello_linux.c" 2

int main(void)
{
 printf("Hello Linux+%d\n",5);
 return 0;
}
```

图 3.4 预处理操作

在图 3.4 所示的操作命令中，第一条命令使用 gcc 调用 cpp 工具对 hello_linux. c 进行预编译，生成 hello_linux. i 文件，它仍是文本文件，其中，选项-E 指定 gcc 只进行预编译，选项-o 指定预编译后生成文件 hello_linux. i；第二条命令使用 tail -n 9 查看 hello_linux. i 文件的后 9 行，可以看到头文件和宏定义已经被替换。

② 编译为汇编代码，操作如图 3.5 所示。第一条命令使用选项-S 指定 gcc 将 hello_linux. i 编译成 hello_linux. s 文件；第二条命令查看生成的汇编代码文件 hello_linux. s。

③ 汇编成目标文件，操作如图 3.6 所示。

在图 3.6 所示的操作过程中，第一条命令使用选项-c 指定 gcc 调用汇编工具 as 将 hello_linux. s 汇编成目标文件 hello_linux. o；第二条命令查找生成的 hello_linux. o，该文件名是自动命名的；第三条命令利用文本查看命令 tail 查看 hello_linux. o 的文件，可以发现不是文本文件；第四条命令利用 file 查看 hello_linux. o 的文件类型，是 ELF 可重定位文件，可以使用 binutils 二进制工具查看该文件的信息。

```
os@Ubuntu:~/csource$ gcc -S -o hello_linux.s hello_linux.i
os@Ubuntu:~/csource$ tail -10 hello_linux.s
        movl    $0, %eax
        leave
        .cfi_restore 5
        .cfi_def_cfa 4, 4
        ret
        .cfi_endproc
.LFE0:
        .size   main, .-main
        .ident  "GCC: (Ubuntu 4.8.2-19ubuntu1) 4.8.2"
        .section        .note.GNU-stack,"",@progbits
```

图 3.5　编译为汇编代码

```
os@Ubuntu:~/csource$ gcc -c  hello_linux.s
os@Ubuntu:~/csource$ ll |grep hello_linux.o
-rw-rw-r--  1 os os  1044  3月  5 13:51 hello_linux.o
os@Ubuntu:~/csource$ tail -5 hello_linux.o
ELF(
U◆◆◆◆◆◆◆D$◆◆◆◆◆◆◆◆◆Hello Linux+%d
GCC: (Ubuntu 4.8.2-19ubuntu1) 4.8.2R
`◆                                               ◆
  .symtab.strtab.shstrtab.rel.text.data.bss.rodata.comment.note.GNU-stack.rel.eh_f
rame$     ◆
          %  X  X  0  X  8  0h%  A◆  U  ◆8  Q

                                                       _   ◆
◆◆                  $   hello_linux.cmainprintf
   os@Ubuntu:~/csource$ file hello_linux.o
hello_linux.o: ELF 32-bit LSB  relocatable, Intel 80386, version 1 (SYSV), not strip
ped
os@Ubuntu:~/csource$ readelf -h hello_linux.o
ELF 头：
  Magic：   7f 45 4c 46 01 01 01 00 00 00 00 00 00 00 00 00
  Class:                             ELF32
  Data:                              2's complement, little endian
  Version:                           1 (current)
```

图 3.6　汇编

④ 链接并运行，操作如图 3.7 所示。

```
os@Ubuntu:~/csource$ gcc -o hello_linux hello_linux.o
os@Ubuntu:~/csource$ ./hello_linux
Hello Linux+5
```

图 3.7　链接运行

在图 3.7 所示的操作中，第一条命令 gcc 调用链接工具 ld 把 hello_linux.o 及需要的共享库链接成可执行文件 hello_linux；第二条命令运行 hello_linux 文件，至此，分步编译完成，可以使用 ll 命令查看这些分步过程中生成的所有文件列表，操作如图 3.8 所示。

```
os@Ubuntu:~/csource$ ll |grep hello_linux
-rwxrwxr-x  1 os os  7300  3月  5 14:16 hello_linux*
-rw-r--r--  1 os os   105  3月  1 18:26 hello_linux.c
-rw-r--r--  1 os os 17581  3月  1 17:11 hello_linux.i
-rwxrwxrwx  1 os os  1044  3月  5 13:51 hello_linux.o*
-rw-r--r--  1 os os   515  3月  5 13:40 hello_linux.s
```

图 3.8　最终文件列表

小技巧：

➢ 尽可能使用 Tab 键补全命令，尤其是文件名。

➢ 感叹号后加一个以前执行过的命令，不要带参数，会把原来的命令重新执行一次。

3.2.2 多个源文件的编译

1. 问题

在实际的程序开发过程中，一个程序可能由多个源文件组成，开发者如何编译这些程序呢？假设一个游戏有 3 个源文件，即 begin. c、play. c、end. c，可以使用单步编译方法和分步编译方法对这些源文件进行编译。单步编译的执行命令如下：

```
$ gcc -o game  begin.c  play.c  end.c
```

在上述操作命令中，多个源文件用空格分开，使用选项-o 指定生成可执行文件 game。分步编译的命令如下：

```
$ gcc -c begin.c;
$ gcc -c play.c
$ gcc -c end.c
$ gcc -o game  begin.o  play.o  end.o
```

上述操作命令中，利用 gcc -c 分别生成单个文件的目标模块，生成的目标模块名字分别为 begin. o、play. o 和 end. o，最后使用 gcc 命令将所有目标模块和需要的库函数链接生成可执行文件 game。

2. 操作

请读者在 home 目录的某个子目录创建 3 个文件 main. c、hello_fc. c、hello. h，3 个文件的源代码如图 3.9 所示（或参见电子资源"源代码/ch03/2/"）。分别采用单步编译和分步编译的方法对这些源文件进行编译。源代码编写及单步编译的操作步骤如图 3.10 所示。分步编译的操作步骤如图 3.11 所示。

```
os@Ubuntu:~/csource/ch03/2$ cat main.c
#include "hello.h"
int main(void){
        hello("Linux");
        return 0;
}

os@Ubuntu:~/csource/ch03/2$ cat hello_fc.c
#include <stdio.h>
#include"hello.h"
void hello(char* name){
        printf("hello %s\n",name);
}

os@Ubuntu:~/csource/ch03/2$ cat hello.h
#ifndef _HELLO_H
#define _HELLO_H
void hello(char *name);
#endif
```

图 3.9 源代码

```
os@Ubuntu:~/csource/ch03/2$ gedit main.c
os@Ubuntu:~/csource/ch03/2$ gedit hello_fc.c
os@Ubuntu:~/csource/ch03/2$ gedit hello.h
os@Ubuntu:~/csource/ch03/2$ gcc -o hello_linux main.c hello_fc.c
os@Ubuntu:~/csource/ch03/2$ ls
hello_fc.c  hello_fc.c~  hello.h  hello_linux  main.c
os@Ubuntu:~/csource/ch03/2$ ./hello_linux
hello Linux
```

图 3.10 源代码编写及单步编译

```
os@Ubuntu:~/csource/ch03/2$ ls
hello_fc.c hello.h  main.c
os@Ubuntu:~/csource/ch03/2$ gcc -c main.c
os@Ubuntu:~/csource/ch03/2$ gcc -c hello_fc.c
os@Ubuntu:~/csource/ch03/2$ ls
hello_fc.c  hello_fc.o  hello.h  main.c  main.o
os@Ubuntu:~/csource/ch03/2$ gcc -o hello_linux main.o hello_fc.o
os@Ubuntu:~/csource/ch03/2$ ls
hello_fc.c  hello_fc.o  hello.h  hello_linux  main.c  main.o
os@Ubuntu:~/csource/ch03/2$ ./hello_linux
hello Linux
```

图 3.11 分步编译

3.2.3 其他介绍

1. #include"stdio.h" 和 include <stdio.h>的区别

当头文件的引用符号是尖括号(<>)时，gcc 在查找该头文件时，会到默认头文件目录/usr/include下搜索该头文件；若头文件的引用符号使双引号("")时，gcc 会先在当前路径搜索该头文件，若找不到再到默认目录搜索。建议把自定义头文件放在当前路径下，并用双引号括起。

2. 代码格式化工具 indent

indent 工具可以将代码优化成需要的风格，默认风格是 GNU 风格，选项-kr 格式化成 K&R 风格，首次使用indent 工具时需要使用 apt 安装，用法如图 3.12 所示。在图 3.12 所示的操作过程中，第一条命令查看 main.c 内容，程序体的源代码都放在一行；第二条命令将代码 indent 化成 GNU 风格，第三条命令!cat 重复执行上一次的 cat 命令并且命令参数保持不变；第四条命令把代码 indent 化成 K&R 风格。请读者比较两种风格代码的差异。

```
os@Ubuntu:~/csource/ch03/2$ cat main.c
#include "hello.h"
int main (void){hello ("Linux");return 0;}
os@Ubuntu:~/csource/ch03/2$ indent main.c
os@Ubuntu:~/csource/ch03/2$ !cat
cat main.c
#include "hello.h"
int
main (void)
{
  hello ("Linux");
  return 0;
}
os@Ubuntu:~/csource/ch03/2$ indent -kr main.c
os@Ubuntu:~/csource/ch03/2$ !cat
cat main.c
#include "hello.h"
int main(void)
{
    hello("Linux");
    return 0;
}
```

图 3.12 indent 示例

3. gcc 参数-Wall

对于初学者使用 gcc 命令编译时，尽量加上-Wall 选项，该选项开启所有的警告，会把所有的问题都提示出来，如变量没有赋值、指针没有初始化等，从而帮助初学者弄清楚编程规范，命令语法格式为：

```
gcc -Wall [options] source-file
```

4. gcc 参数-g 选项

使用 gcc 编译源代码文件时,加上选项-g 会在生成的可执行文件里加上相关的调试信息,为下一步的调试工作做准备。语法格式为:

```
gcc - Wall - g - o out - file [options] source - file source - file
```

5. 头文件的多次引用

在一个大的软件工程里,可能会有多个文件同时引用(#include)一个头文件,当这些文件被编译链接成一个可执行文件时,就会出现大量重定义的错误。在头文件中使用#ifndef #define #endif 能避免头文件的重定义。例如,要编写头文件 example.h,在头文件开头写上两行:

```
#ifndef _EXAMPLE_H      //_EXAMPLE_H 是头文件名的大写,位于头文件开头
#definfe _EXAMPLE_H
//函数的定义之类的
#endif                  //位于头文件结尾
```

这样一个工程文件里同时有多个文件引用了头文件 example.h 时,就不会出现重定义错误。当第一次引用 example.h 时,由于没有定义_EXAMPLE_H,条件为真,这样就会执行#ifndef 和#endif 之间的代码,当第二次引用 example.h 时,由于第一次已经定义了_TEST_H,条件为假,#ifndef 和#endif 之间的代码不会被执行了,这样就避免了重定义。

实验 2:单步编译和多步编译

创建 3 个文件:sum.c、sub.c 和 main.c。sum.c 文件定义一个完成两个数相加的函数,sub.c 文件定义一个完成两个数相减的函数,main.c 是定义主函数并调用前面定义的加法和减法函数,采用单步编译和多步编译分别生成可执行文件 main1 和 main2(源代码参见电子资源"源代码/ch03/2/")。

小技巧:

- C 语言中字符串的分开合并如"abc"" def"="abcdef",在宏定义中常用。
- 续行符\:如果函数一行写不开加\。

3.3 gdb 调试

源程序的编写中总会出现各种错误,这时就需要对源代码进行排错,可以把这些错误分为两大类:一类是语法错误;另一类是逻辑错误。语法错误是指 gcc 编译不通过,不符合 C 语言的语法规范,如变量未定义、库函数找不到,这些错误会由编译器反馈给程序员,一条条对应着修改就可以了。逻辑错误是指编译通过可以运行,但是结果不是期望值,这时候就需要程序员一步步地观察代码的运行过程,通过查看中间变量的输出与期望值是否相同,如果不同,产生的原因是什么,这样一步步分析从而找出源代码中的逻辑处理不当的地方,这就是逻辑错误。借助相关的调试工具能帮助开发者观察到一个程序的内部执行过程,能够探测到程序每一步都做了什么事情,从而可以帮助开发者更快地发现逻辑错误,提高开发

效率。

3.3.1 gdb 介绍

gdb 属于 GNU 组织的，是 Linux 系统中一个强大调试工具，可以对 C 和 C++语言开发的可执行文件进行调试，它的使用原理和 Windows 下的 vs 调试原理一样，只不过 vs 的调试是 IDE 的，gdb 是和 shell 类似的命令行界面。gdb 启动之后在 gdb 自己的命令行下使用 gdb 内置的命令来执行相关操作。gdb 的基本功能可以理解为 3 点：

(1) 单步执行程序。

(2) 设置断点使程序连续运行到断点处暂停。

(3) 在程序暂停时查看变量、断点、表达式等信息。

启动 gdb 的操作如图 3.13 所示。

```
os@Ubuntu:~/csource/ch03/3$ gdb
GNU gdb (Ubuntu 7.7.1-0ubuntu5~14.04.2) 7.7.1
Copyright (C) 2014 Free Software Foundation, Inc.
License GPLv3+: GNU GPL version 3 or later <http://gnu.org/licenses/gpl.html>
This is free software: you are free to change and redistribute it.
There is NO WARRANTY, to the extent permitted by law.  Type "show copying"
and "show warranty" for details.
This GDB was configured as "i686-linux-gnu".
Type "show configuration" for configuration details.
For bug reporting instructions, please see:
<http://www.gnu.org/software/gdb/bugs/>.
Find the GDB manual and other documentation resources online at:
<http://www.gnu.org/software/gdb/documentation/>.
For help, type "help".
Type "apropos word" to search for commands related to "word".
(gdb) █
```

图 3.13 启动 gdb

在图 3.13 中，在终端中通过命令 gdb 启动 gdb 工具，首先给出欢迎信息，包括版权、版本号及相关的帮助信息，最后进入 gdb 工作环境，有(gdb)字样的命令提示符，可以在此输入 gdb 的内置命令。根据 gdb 欢迎界面提示，输入 help 可查看帮助，如图 3.14 所示。

```
(gdb) help
List of classes of commands:

aliases -- Aliases of other commands
breakpoints -- Making program stop at certain points
data -- Examining data
files -- Specifying and examining files
internals -- Maintenance commands
obscure -- Obscure features
running -- Running the program
stack -- Examining the stack
status -- Status inquiries
support -- Support facilities
tracepoints -- Tracing of program execution without stopping the program
user-defined -- User-defined commands

Type "help" followed by a class name for a list of commands in that class.
Type "help all" for the list of all commands.
Type "help" followed by command name for full documentation.
Type "apropos word" to search for commands related to "word".
Command name abbreviations are allowed if unambiguous.
(gdb) █
```

图 3.14 gdb help

在图 3.14 中，输入 help 给出在 gdb 工具内可以使用的命令集合以及查看相关命令的帮助方法，读者可以根据提示通过 help 命令大体浏览 gdb 中命令的丰富性。在 gdb 环境中可以利用 file 命令加载要调试的可执行文件。

实验 3：浏览 gdb 内置命令

请读者按图 3.13 在 gdb 程序启动后，输入 help all 命令浏览 gdb 所有的内置命令，查看总体分类。

3.3.2 使用 gdb 调试 C 语言文件

要使用 gdb 工具调试某个可执行文件，需要在对该可执行文件进行编译的时候添加选项-g，告诉 gcc 在可执行文件中加入源代码信息，这样开发者在调试时才能找到源文件；否则只能看到汇编语言形式的代码。

1. 一个使用 gdb 调试的例子

使用 gdb 观察 gdb_sample.c 的运行过程，读懂源代码，了解 gdb 的内置基本命令用法。gdb_sample.c 源码如下（或参见电子资源"源代码/ch03/3/hello_sample.c"）：

```
/ *** gdb_sample.c *** /
#include <stdio.h>
intcnt = 0;
void my_print();
int main(void) {
inti,j;
for(i = 1;i <= 5;i++) {
for(j = 1;j <= 5;j++)
my_print(i,j); }
return 0;
}
void my_print(int a, int b){
cnt++;
printf("本次操作外层循环为 %d,内层循环为 %d,总次数 %d\n",a,b,cnt);
}
```

2. 操作

使用 gdb 对 gdb_sample.c 的可执行文件进行调试的操作过程如图 3.15 所示。

在图 3.15 所示的操作命令中，第一步是使用 gcc 对 gdb_sample.c 进行编译生成可执行文件时要使用选项-g，这样才会在可执行文件中填加源代码信息；第二步是启动 gdb 准备调试，选项-q 表示启动 gdb 时不用显示欢迎信息；第 3 步进入了 gdb 环境中，使用命令 file 加载调试的可执行文件 gdb_sample，提示"….done"表示加载完毕，可以调试了；第 4 步使用相关命令进行调试，常用的命令有列出源代码（list）、设置断点（break）、运行到断点（run）、输出变量（print）、设置观察点（watch）、观察周围信息（info）。图 3.15 中使用 list 命令列出源代码信息；第 4 步按回车键后继续执行前一次的命令（list）。

gdb 内置命令可以简写首字母，只要首字母可以唯一对应一个命令。常用的相关命令介绍如表 3.3 所示。

```
os@Ubuntu:~/csource/ch03/3$ gcc -g -o gdb_sample gdb_sample.c
os@Ubuntu:~/csource/ch03/3$ gdb -q
(gdb) file gdb_sample
Reading symbols from gdb_sample...done.
(gdb) list
1       #include <stdio.h>
2       int cnt=0;
3       void my_print();
4       int main(void)
5       {
6               int i,j;
7               for(i=1;i<=5;i++)
8               {
9                       for(j=1;j<=5;j++)
10                              my_print(i,j);
(gdb)
11              }
12              return 0;
13      }
14      void  my_print(int a, int b){
15
16              cnt++;
17              printf("本次操作外层循环为%d，内层循环为%d,总次数%d\n",a,b,cnt);
18      }
(gdb)
Line number 19 out of range; gdb_sample.c has 18 lines.
(gdb) █
```

图 3.15　编译与 gdb 启动

表 3.3　gdb 命令介绍表一

命　　令	作　　用	例　　子
gcc -g	gcc 时添加调试信息，供 gdb 使用	gcc -g -o a b. c
gdb［文件名］-q	-q 表示 gdb 启动时不显示欢迎信息（quiet），若指定文件名则启动 gdb 的同时加载调试文件。如果要调试的文件不在当前路径，需要指定目录	gdb -q gdb a -q
file　＜文件名＞	加载指定的调试文件	file a
list|l list 行号 list 启行，终行	列出 10 行源代码，从上次显示处继续显示，首次从开头显示 列出行号周围的 10 行源代码 列出从启行到终行的代码	l l 9 list 3，28
直接回车	重复运行上一条命令	
连按两次 Tab 键	列出所有内置命令	
字母连按两 Tab	列出以该字母开头的所有命令	
help［命令］	显示该命令的帮助信息	Help　list
quit|q	退出 gdb，回到 Shell	q

小技巧：打开两个终端，一个显示源代码信息，一个用于调试，或者使用 layout 相关命令。

3. 常用功能演示

1）设置断点、运行程序、观察变量值

可以在 gdb 中给调试的程序添加断点，断点是程序暂停执行的点，当程序暂停时，可以观察表达式或者某个变量的值是否与自己预期值一致，从而查找问题所在。具体操作如图 3.16 所示。

在图 3.16 所示操作中，第一条命令是使用 break 在第 6 行设置断点；第二条命令是使用 b 在函数 my_print( )入口处设置断点；第 3 条命令是使用 info break 查看断点信息，每个断点会自动添加一个唯一的编号，来标识该断点，每次设置断点，断点编号会自动加 1；第

```
(gdb) break 6
Breakpoint 1 at 0x8048426: file gdb_sample.c, line 6.
(gdb) b my_print
Breakpoint 2 at 0x8048473: file gdb_sample.c, line 16.
(gdb) info b
Num     Type           Disp Enb Address    What
1       breakpoint     keep y   0x08048426 in main at gdb_sample.c:6
2       breakpoint     keep y   0x08048473 in my_print at gdb_sample.c:16
(gdb) run
Starting program: /home/os/csource/ch03/3/gdb_sample

Breakpoint 1, main () at gdb_sample.c:7
7               for(i=1;i<=5;i++)
(gdb) █
```

图 3.16　断点设置

4 条命令使用 run 启动程序运行，如果没有断点，程序运行到最后，如果有断点，程序运行到断点处暂停，程序停在设置断点的语句，下一步会执行断点处的语句，run 命令后输出的内容表示现在程序停在 1 号断点处，下一步要运行第 7 行 for(i=1;i<=5;i++)。

这一步用到的相关命令如表 3.4 所示。

表 3.4　gdb 命令介绍表二

命　令	作　用	例　子
break <行号> b <函数名> delete|d[编号]	在行号指定处的行首设置断点 在指定函数名的入口处设置断点 删除指定编号的断点，若无指定则删除所有断点	(gdb)b 6 (gdb)b main (gdb)d
r|run	运行程序直到断点处，若无断点则运行结束	(gdb)r
start	若无断点会在 main 函数入口处设置临时断点，运行到此暂停，若用户设置断点，作用同 run	(gdb)start
i|info<信息>	用于显示各类信息，“help i”查看帮助	(gdb)info break

2）观察变量、单步执行、进入函数

当 gdb 暂停时，可以使用 print 命令输出表示式的值，可以单步执行，可以使用 watch 命令指定某个表达式为观察点，程序运行过程中如果观察点的值发生变化了，程序会自动停下来，并且显示观察点表达式前后的值。具体操作如表 3.5 所示。

在表 3.5 所示的操作命令中，第一行第一列命令 print i 和 p j 分别用来输出变量 i 和 j 的值，输出结果中=左边的 $1 表示第一次用 print 命令，每用一次该命令，相应的数值就会加 1，右边是相应变量的当前值，变量 i、j 的值很奇怪，原因是 i 和 j 只定义没有被初始化，也可以使用 print 命令输出全局变量；命令 list 7 列出第 7 行附近的 10 行代码。第二行第一列命令 watch j 是通过 watch 命令把变量 j 设置成观察点，观察点也是一种断点类型，当运行到某条语句使观察点的值改变时，gdb 自动给出变化前的值和变化后的值；命令 n 是单步执行，继续运行下一条语句，遇到函数不进入函数执行，直接跳过函数，函数当作一条执行语句。第一行第二列利用 info 命令查看断点信息，从显示信息中可以看出 watchpoint 也是一种断点。第二行第二列中 step 命令也是单步执行，但是遇到函数会进入函数内部执行，如果想退出函数使用 finish 命令、程序执行点回到上层调用函数的下一条语句。

3）一步运行到下一个断点

在 gdb 中，可以使用 continue 命令从当前所在语句一步运行到下一个断点，如果没有下一个断点，程序运行到结束。具体操作如图 3.17 所示。

表 3.5 gdb 命令操作

(gdb) print i $ 1 = 134513851 (gdb) p j $ 2 = -1208209408 (gdb) l 7 2 int cnt = 0; 3 void my_print(); 4 int main(void) 5 (s int i,j; 7 for(i = 1;i <= 5;i++) 8 (9 for(j = l;j <= 5;j++) 10 my_print(i,j); 11)	(gdb) info b Num Type Disp Enb Address What 1 breakpoint keep y 0x08048426 in main at gdb_sample,c:6 breakpoint already hit 1 time 2 breakpoint keep y 0x08048473 in my_print at gdb_sample.c:16 breakpoint already hit 3 tims 3 hw watchpoint keep y j breakpoint already hit 3 times 4 hw watchpoint keep y cnt breakpoint already hit 3 times
(gdb) watch j Hardware watchpoint 3:j (gdb) n 9 for(j = i;j <= s;j++) (gdb) Hardware watchpoint 3:j old value = -1208209408 New value = 1 0x08048438 in main () at gdb_sample.c:9 9 for(j = 1;j <= 5;j++)	(gdb) 10 my_print(t,j); (gdb) s Breakpoint 2, my_print (a = 1, b = 1) at gdb_sample.c:16 16 cnt++; (gdb) print t,j No symbol "i" to current context. (gdb) print t No symbol "i" in current context. (gdb) l 16

```
(gdb) n
main () at gdb_sample.c:9
9                       for(j=1;j<=5;j++)
(gdb) c
Continuing.
Hardware watchpoint 3: j

Old value = 3
New value = 4
0x08048453 in main () at gdb_sample.c:9
9                       for(j=1;j<=5;j++)
(gdb) c
Continuing.

Breakpoint 2, my_print (a=1, b=4) at gdb_sample.c:16
16          cnt++;
(gdb) c
Continuing.
Hardware watchpoint 4: cnt

Old value = 3
New value = 4
my_print (a=1, b=4) at gdb_sample.c:17
17              printf("本次操作外层循环为%d，内层循环为
(gdb) c
Continuing.
本次操作外层循环为1，内层循环为4,总次数4
Hardware watchpoint 3: j

Old value = 4
New value = 5
0x08048453 in main () at gdb_sample.c:9
9                       for(j=1;j<=5;j++)
(gdb) ▌
```

图 3.17 continue 命令

在图 3.17 中可以看到，一直使用 c 命令，程序会从上一个断点快速运行到下一个断点处，在调试程序的过程中，如果某一部分代码没有问题，可以在有问题的代码处设置断点，使用 continue 命令快速执行完没有问题的代码。

上面介绍的两部分内容用到的相关命令汇总如表 3.6 所示。

表 3.6 gdb 命令介绍表三

命　　令	作　　用	例　　子
print|p<变量名>	输出一个全局变量或者局部变量的值	(gdb)print i
watch<表达式> delete|d [编号]	设置一个 watchpoint，表达式也可以是单个变量 删除 watchpoint	(gdb)whatchi (gdb)d
next|n step|s continue|c	单步执行下一条语句，不进入函数 单步执行下一条语句，进入函数 运行到一个断点处	(gdb)n (gdb)s (gdb)c
finish until|u	跳出当前函数体到上层函数调用处的下一条语句 退出本层循环体，到循环体后面的一条语句	(gdb)finish (gdb)u
break x [条件表达式]	条件断点，当条件为真，该断点成立	(gdb)break 3 if (x==5)
setvar	设置变量的值	(gdb)set var n=5
set args showargs run -ag1 -ag2	设置 main 入口参数，在 run 之前设置 显示入口参数 用 run 传递入口参数	(gdb)setargs 2 4 (gdb)show args
whatis<变量名>	显示变量的类型	(gdb)whatisi

若程序有入口参数，可以在启动 gdb 时利用参数-args 传入，形如：

```
gdb-argsprogram_name ARG1_VALUE ARG2_VALUE
```

至此，gdb 常用命令介绍完毕，请读者单步运行给出的例子，体验程序的运行步骤。

实验 4：利用 gdb 调试程序

现有一程序要求打印两个字符串，其中一个按正序打印，一个按逆序打印，源代码如图 3.18 所示(或参见电子资源“源代码/ch03/3/hello_gdb. c”)，但是运行结果不能满足上述要求，请读者按照图中步骤生成可调试的执行文件，并利用 gdb 进行调试，找到问题并修改，让程序最终完成上述要求。

```
os@Ubuntu:~/csource/ch03/3$ gedit hello_gdb.c
os@Ubuntu:~/csource/ch03/3$ cat hello_gdb.c
#include <stdio.h>
#include <string.h>
//#include <stdlib.h>
#include <malloc.h>
void my_print(); //原样输出字符串
void my_print2();//逆序输出字符串
int
main (void){
  char hello_string[] = "Hello Linux";
  my_print(hello_string);
  my_print2(hello_string);
}
void my_print(char *string){
  printf ("the fisrt is %s\n", string);
}
void my_print2(char *string){
  char *string2;
  int size, i;
  size = strlen (string);
  string2 = (char *) malloc (size + 1);
  for (i = 0; i < size; i++)
  string2[size - i] = string[i];
  string2[size + 1] = '0';
  printf ("the second is $%s\n", string2);
  free(string2);
}
os@Ubuntu:~/csource/ch03/3$ gcc -g -o hello_gdb hello_gdb.c
os@Ubuntu:~/csource/ch03/3$ ls
hello_gdb  hello_gdb.c  hello_gdb.c~
os@Ubuntu:~/csource/ch03/3$ gdb hello_gdb -q
Reading symbols from hello_gdb...done.
(gdb) █
```

图 3.18　验证实验

3.4 本章小结

本章重点如下：

(1) 程序的编译。编译可以一步成功，也可以分步编译成功，每一步所做的工作是不同的，尤其是多个源文件的编译。

(2) 程序的调试。程序的语法错误由 gcc 直接给出，逻辑错误可以借助 gdb 进行调试，发现错误，掌握 gdb 调试的基本原则和内置常用调试命令。

本章包括 4 个实验。

习题

3-1 请写出 gcc 搜索头文件<stdio. h>和 testio. h 的顺序。

3-2 gcc 编译时做了什么工作？

3-3 gdb 的作用是什么？

练习

3-1 编写程序快速统计给定整数二进制形式中 1 的个数。

3-2 交换两个变量（整型）的值，且不允许使用中间值。

第4章 利用 Makefile 管理一个工程

在 Linux 中，一段 C 语言程序代码要经过编译、汇编、链接得到可执行文件后才能够运行。第 3 章介绍了如何利用 GNU 开发的编程语言编译器 gcc 来编译、汇编、链接一个或多个程序文件。对于只有几个程序文件的小型程序而言，仅使用 gcc 就可以方便地将程序代码编译链接成可执行文件。而一些大型应用程序通常都有几十至上百成千个程序文件组成，如果这种情况下还仅使用 gcc 编译器，而没有其他的管理工具辅助，就必须使用多个复杂的命令行维护程序代码以及生成的目标文件，给程序开发带来了不便。

为了解决大型应用程序开发中的代码维护问题，Linux 提供了一种工程管理工具 make。本章将学习 make 工程管理工具及其工程描述文件 Makefile，如何利用它们来维护程序代码，为大型应用程序开发提供方便。

本章学习目标

- 熟悉 make 工程管理工具
- 掌握 Makefile 的基本概念与规则

4.1 第一个 Makefile

什么是 Makefile？在 Windows 环境下开发程序时，读者可能没有关心过这个东西，因为那些 Windows 下的 IDE 集成开发环境已经做了这个工作。若要做一个好的程序员，还是要理解 Makefile，特别是在 UNIX 或 Linux 下的软件编译，大多数情况下不得不自己写 Makefile。为了让读者更好地理解 Makefile，本节以两个例子说明 Makefile 在程序开发中的作用。

4.1.1 利用 make 编译一个程序文件

首先以一个程序文件为例，来看看直接通过命令行和 make 编译程序的过程。程序文件 firstmake.c 存储在电子资源中的"源代码/ch04/exp1"目录下，主要程序代码如下：

```
#include <stdio.h>
int main(){
    printf("Hello, the first makefile.\n");
    return 0;
}
```

在命令行中，直接利用 gcc 命令对该文件编译，就可以很容易地得到该程序文件的可执行文件，运行输出相应的语句，如图 4.1 所示。

```
lizhe@lizhe-Lenovo:~$ cd os/ch04/exp1
lizhe@lizhe-Lenovo:~/os/ch04/exp1$ ls
firstmake.c  Makefile
lizhe@lizhe-Lenovo:~/os/ch04/exp1$ gcc -c firstmake.c
lizhe@lizhe-Lenovo:~/os/ch04/exp1$ ls
firstmake.c  firstmake.o  Makefile
lizhe@lizhe-Lenovo:~/os/ch04/exp1$ gcc -o firstmake_com firstmake.o
lizhe@lizhe-Lenovo:~/os/ch04/exp1$ ls
firstmake.c  firstmake_com  firstmake.o  Makefile
lizhe@lizhe-Lenovo:~/os/ch04/exp1$ ./firstmake_com
Hello, the first makefile.
lizhe@lizhe-Lenovo:~/os/ch04/exp1$ 
```

图 4.1 通过 gcc 命令行编译一个程序文件

除了直接通过命令行完成程序文件的编译，还可以利用 make 编译程序。首先针对上面的程序，写一个 Makefile 文件，如下所示。这里先不关心 Makefile 的书写规则，将在下一节具体介绍如何来写一个 Makefile 文件。

```
main:firstmake.o
    gcc -o firstmake_make firstmake.o
```

在命令行中，输入 make 命令，系统将按照 Makefile 文件中的内容编译程序，如图 4.2 所示。对比以上两种编译程序的方式，显然对于一个程序文件来说，直接使用命令行更加方便，因为从 Makefile 文件的内容可以看出，Makefile 包含了一条 gcc 的命令。在这里，两种方式的区别就是编译命令的调用形式有所不同。

```
lizhe@lizhe-Lenovo:~$ cd os/ch04/exp1
lizhe@lizhe-Lenovo:~/os/ch04/exp1$ ls
firstmake.c  Makefile
lizhe@lizhe-Lenovo:~/os/ch04/exp1$ make
cc    -c -o firstmake.o firstmake.c
gcc -o firstmake_make firstmake.o
lizhe@lizhe-Lenovo:~/os/ch04/exp1$ ./firstmake_make
Hello, the first makefile.
lizhe@lizhe-Lenovo:~/os/ch04/exp1$ 
```

图 4.2 通过 Makefile 编译一个程序文件

4.1.2 利用 make 编译多个程序文件

对于只有一个程序文件的情形，并没有体现出 make 工具的优势，反而还不如直接使用命令行简单。下面在这一小节中看看编译多个程序文件的情况。首先定义一个包含多个程序文件的程序，程序文件 display.c 和 test_multiFiles.c 存储在电子资源中的"源代码/ch04/exp2"目录下。主要程序代码如下：

```
//display.c
#include <stdio.h>
#include "display.h"
void display( const char * str )
{
    printf( "The string is: '%s'\n", str );
}
```

```
//test_multiFiles.c
#include <stdio.h>
#include "display.h"
int main()
{
    display( "Hello Makefile, this is a multi - files program" );
    return 0;
}
```

首先来看第一种编译方式，在命令行窗口直接利用 gcc 命令编译、链接的过程，如图 4.3 所示。利用 gcc -c 命令对两个程序文件进行编译生成 *.o 目标文件，再利用 gcc -o 命令将两个目标文件链接生成可执行文件。

```
lizhe@lizhe-Lenovo:~$ cd os/ch04/exp2
lizhe@lizhe-Lenovo:~/os/ch04/exp2$ ls
display.c  display.h  Makefile  test_multiFiles.c
lizhe@lizhe-Lenovo:~/os/ch04/exp2$ gcc -c display.c test_multiFiles.c
lizhe@lizhe-Lenovo:~/os/ch04/exp2$ ls
display.c  display.h  display.o  Makefile  test_multiFiles.c  test_multiFiles.o
lizhe@lizhe-Lenovo:~/os/ch04/exp2$ gcc -o test_multi display.o test_multiFiles.o
lizhe@lizhe-Lenovo:~/os/ch04/exp2$ ls
display.c  display.o  test_multi         test_multiFiles.o
display.h  Makefile   test_multiFiles.c
lizhe@lizhe-Lenovo:~/os/ch04/exp2$ ./test_multi
The string is: 'Hello Makefile, this is a multi-files program'
lizhe@lizhe-Lenovo:~/os/ch04/exp2$
```

图 4.3　通过 gcc 命令行编译多个文件

下面再看看通过 Makefile 是如何实现多个程序文件编译的。Makefile 文件的内容如下，读者可以在电子资源中的“源代码/ch04/exp2”目录下找到该文件。与编译单一文件的方式相同，直接在命令行中利用 make 命令即可编译生成可执行文件，如图 4.4 所示。

```
main:display.o test_multiFiles.o
    gcc -o test_multi display.o test_multiFiles.o
```

```
lizhe@lizhe-Lenovo:~$ cd os/ch04/exp2
lizhe@lizhe-Lenovo:~/os/ch04/exp2$ ls
display.c  display.h  Makefile  test_multiFiles.c
lizhe@lizhe-Lenovo:~/os/ch04/exp2$ make
cc    -c -o display.o display.c
cc    -c -o test_multiFiles.o test_multiFiles.c
gcc -o test_multi display.o test_multiFiles.o
lizhe@lizhe-Lenovo:~/os/ch04/exp2$ ./test_multi
The string is: 'Hello Makefile, this is a multi-files program'
lizhe@lizhe-Lenovo:~/os/ch04/exp2$
```

图 4.4　通过 Makefile 编译多个文件

由于以上两个例子比较简单，单纯从这里很难看出 Makefile 在代码维护方面的优越性。如果一个程序涉及很多文件，gcc 命令行这种编译方式很直观，但是需要把每个文件都写下来，会非常麻烦。Makefile 却要简洁得多。Makefile 文件写好后，编译时直接执行 make 命令就可以了。

此外，Makefile 还有一个优点，如果源程序文件没有改动，就不需要再对其编译了，即每次只会编译改动的文件。这对于大型项目来说，将节约大量的程序编译时间。读者可以利用 ls -l 命令替代上面的 ls 命令，查看第二次执行 make 命令后各文件的修改日期，验证

make 的编译过程。

本节通过对比 gcc 命令行和 Makefile 两种编译程序的方式，说明了 Makefile 在程序管理方面的优越性。下节将具体介绍 Makefile 的基本概念和书写规则。

实验 1：Makefile 与命令行编译的比较

请读者按照上述示例体会 Makefile 文件在程序编译和代码维护方面的应用（单文件和多文件程序代码分别存储在"源代码/ch04/exp1"和"源代码/ch04/exp2"目录下）。

4.2 Makefile 的基本概念与规则

4.2.1 Makefile 的基本概念

1. Makefile 的三要素：目标、条件和命令

Makefile 带来的好处就是自动化编译，一旦写好，只需要一个 make 命令，整个程序完全自动编译，提高了软件开发的效率。make 的主要任务是根据 Makefile 中定义的规则和步骤，根据各个模块的更新情况，自动完成整个工程项目的维护和代码生成工作。

Makefile 文件告诉 make 命令该做什么，如何来做。对于一个 Makefile 来说，最主要的就是目标、条件和命令三大要素。目标是 make 要产生的东西或要做的事情，条件是用于产生目标所需要的文件，命令就是由条件转化为目标的方法。这三大要素构成了 Makefile 的基本规则。例如 4.1.1 节中的 Makefile：

```
main:firstmake.o
    gcc -o firstmake_make firstmake.o
```

main 就是目标，firstmake.o 就是条件，下面的 gcc -o firstmake_make firstmake.o 就是命令。这个命令将目标文件链接为可执行文件。make 命令执行时，会以后面的参数作为要生成的目标，按照生成该目标的命令去执行。但是在利用 make 命令编译该程序文件时只使用了 make 命令，并没有在 make 后添加任何参数，这里 main 是作为 Makefile 的默认目标。另外，在源程序目录中并不存在 *.o 文件，然而若要实现 main 目标就需要 firstmake.o 这个条件，因此会自动编译 firstmake.c 文件生成 firstmake.o 目标文件。这是依赖所产生的效果。什么是依赖呢？依赖就是一个目标的条件是另外一个目标。由此可见，依赖是 make 进行连续工作的动力之源，利用依赖可以将整个工程的所有程序文件按照顺序编译完成。

2. make 工作流程

总结前文所讲 make 编译程序的执行过程和 Makefile 的基本概念，make 的工作方式可以归纳为以下几条：

(1) 当目标不具备时，根据条件生成目标。

(2) 当目标具备但条件发生改变时，重新生成目标。

(3) 当目标的条件不具备时，按照(1)的方法创造条件。

3. Makefile基本语法

通过前面的示例和分析，读者对 Makefile 有了大致的了解，下面系统介绍 Makefile 的基本语法。Makefile 可以认为是一种解释型语言，一般设计解释型语言都是采用“自上而下”的解释逻辑，Makefile 也是一样。优先更新最上层的目标，下层目标为上层目标提供条件。目标并不一定是文件，任何名称都可以，但是条件一定是具体的文件。

Makefile 的基本语法可以描述如下：

```
目标 1 目标 2 目标 3 …: 条件 1 条件 2 条件 3 …
<Tab>命令 1
<Tab>命令 2
<Tab>命令 3
…
```

冒号的左边至少要有一个目标，而冒号的右边可以有零个或任意多个条件。如果没有给目标指定条件，就只有在工作目录下目标所代表的文件不存在时才会执行相应的命令去生成目标。

这本质上是一个文件的依赖关系，也就是说，一个或多个的目标文件依赖于条件中的文件，其生成规则定义在命令中。

这里需要特别注意的一个问题是，每个命令必须以制表符 Tab 开头，不能使用空格；否则将会提示该行命令缺失操作符。如果一定要用空格，但空格不能出现在开头，在制表符后有多少空格都可以。更要注意的是，制表符 Tab 只能出现在命令开头，在非命令行不慎输入了制表符的话，它之后的内容多数情况下会被当作命令来解释，如果这段命令是有意义的命令，有可能会造成很大损失，如源代码被改写或删除。

另外，Makefile 文件中以 # 开头的内容被视作注释，make 不对这些内容做解释。不过要切记制表符的问题，制表符后的内容就会被当作命令解释，包括 # 以后的内容。Makefile 利用反斜杠\表示换行，它可以出现在条件或命令行的末尾，表明接下来的一行是本行的延续。

4.2.2 规则

为了更好地说明 Makefile 的规则，这里以 GNU 的 make 使用手册中的一个示例进行说明，在这个示例中，工程中有 8 个 C 文件和 3 个头文件，需要写一个 Makefile 来告诉 make 命令如何编译和链接这几个文件。

在这个例子中，所有的 C 语言源文件都包含 defs. h 头文件，但仅仅定义编辑命令的源文件包含 command. h 头文件，仅仅改变编辑器缓冲区的低层文件包含 buffer. h 头文件。

```
edit : main.o kbd.o command.o display.o \
    insert.o search.o files.o utils.o
     cc -o edit main.o kbd.o command.o display.o \
                insert.o search.o files.o utils.o
main.o : main.c defs.h
     cc -c main.c
kbd.o : kbd.c defs.h command.h
     cc -c kbd.c
command.o : command.c defs.h command.h
```

```
    cc -c command.c
display.o : display.c defs.h buffer.h
    cc -c display.c
insert.o : insert.c defs.h buffer.h
    cc -c insert.c
search.o : search.c defs.h buffer.h
    cc -c search.c
files.o : files.c defs.h buffer.h command.h
    cc -c files.c
utils.o : utils.c defs.h
    cc -c utils.c
clean :
    rm edit main.o kbd.o command.o display.o \
       insert.o search.o files.o utils.o
```

把每一个长行使用反斜杠-新行法分裂为两行或多行，实际上它们相当于一行，这样做的意图仅仅是为了阅读方便。

使用 Makefile 文件创建可执行的称为 edit 的文件，输入 make。

使用 Makefile 文件从目录中删除可执行文件和目标，输入 make clean。

在这个 Makefile 文件例子中，目标包括可执行文件 edit 和 OBJ 文件 main.o 及 kdb.o。依赖是 C 语言源文件和 C 语言头文件如 main.c 和 def.h 等。事实上，每一个 OBJ 文件既是目标也是依赖。所以命令行包括 cc -c main.c 和 cc -c kbd.c。

当目标是一个文件时，如果它的任一个依赖发生变化，目标必须重新编译和连接。任何命令行的第一个字符必须是 Tab 字符，这样可以把 Makefile 文件中的命令行与其他行分别开来(一定要牢记：Make 并不知道命令是如何工作的，它仅仅能提供保证目标的合适更新的命令。Make 的全部工作是当目标需要更新时，按照制定的具体规则执行命令)。

目标 clean 不是一个文件，仅仅是一个动作的名称。正常情况下，在规则中 clean 这个动作并不执行，目标 clean 也不需要任何依赖。一般情况下，除非特意告诉 make 执行 clean 命令，否则 clean 命令永远不会执行。注意这样的规则不需要任何依赖，它们存在的目的仅仅是执行一些特殊的命令。

下面分别就 Makefile 中的几项主要规则进行说明。

1. 显式规则

显式规则说明了如何生成一个或多个目标文件。这是由 Makefile 的书写者明显指出要生成的文件、文件的依赖文件、生成的命令。4.1 节中定义的 Makefile 就是显式规则。

2. 隐式规则

由于 make 具有自动推导的功能，所以隐式规则可以让程序员们比较简略地书写 Makefile，这是由 make 所支持的。例如，利用隐式规则前面的 Makefile 可以简写为：

```
edit : main.o kbd.o command.o display.o \
   insert.o search.o files.o utils.o
    cc -o edit main.o kbd.o command.o display.o insert.o search.o files.o utils.o
main.o : main.c defs.h
kbd.o : kbd.c defs.h command.h
```

```
command.o : command.c defs.h command.h
display.o : display.c defs.h buffer.h
insert.o : insert.c defs.h buffer.h
search.o : search.c defs.h buffer.h
files.o : files.c defs.h buffer.h command.h
utils.o : utils.c defs.h
clean :
    rm edit main.o kbd.o command.o display.o insert.o search.o files.o utils.o
```

即使删除了下面一些目标的命令，make也知道如何从条件中生成目标的命令。make提供了一个命令行选项-p(或--print-data-base)，用于查看它所支持的全部隐式规则。

3. 变量

隐式规则有效地减少了Makefile的长度，但是缺乏一种灵活性。比如需要给生成的程序加入调试信息，以便在发现bug的时候可以联机调试。这显然很容易，方法就是在每条命令中加入-g选项，但是对于本节中的示例所涉及的程序数量，需要修改很多地方。Makefile的变量为此提供了方便。变量一般都是字符串，这个有点像C语言中的宏，当Makefile被执行时，其中的变量都会被扩展到相应的引用位置上。这里可以定义变量CC := gcc -g，变量名称为CC，变量的值为gcc -g。当make在解析Makefile遇到$(CC)或${CC}时，会将它替换为gcc -g。Makefile中的变量值可以是任意字符串，这里的$()或${}称为变量展开语句。

4. 自动变量

Makefile中有一种特殊的变量，不用定义而且会随着上下文的不同而发生改变，将这种变量称为自动变量。它们可以自动取用一条规则中目标和条件中的元素，减少一些目标文件名和条件文件名的输入。表4.1列出了常用的6个自动变量。

表4.1 Makefile中常用的6个自动变量

变量名	作用
$@	目标的文件名
$<	第一个条件的文件名
$?	时间戳在目标之后的所有条件，并以空格隔开这些条件
$^	所有条件的文件名，并以空格隔开，且排除了重复的条件
$+	与$^类似，只是没有排除重复的条件
$*	目标的主文件名，不包含扩展名

需要注意的是，普通变量要展开变量的值需要使用$()或${}，而自动变量则不需要这样。make只会在目标与条件能够进行匹配的时候才会设置自动变量，所以自动变量只能应用在命令中。

利用本节所讲的变量和自动变量，对本节示例中的Makefile文件简化处理，具体如下：

```
CC        := gcc
LD        := gcc
CFLAGS    := -g -W -std=c99 -c
LDFLAGS   := -lcurses
```

```
edit : main.o kbd.o command.o display.o insert.o search.o files.o utils.o
 $(LD) $(LDFLAGS) $^ -o $@
main.o : main.c defs.h
 $(CC) $(CFLAGS) $<
kbd.o : kbd.c defs.h command.h
 $(CC) $(CFLAGS) $<
command.o : command.c defs.h command.h
 $(CC) $(CFLAGS) $<
display.o : display.c defs.h buffer.h
 $(CC) $(CFLAGS) $<
insert.o : insert.c defs.h buffer.h
 $(CC) $(CFLAGS) $<
search.o : search.c defs.h buffer.h
 $(CC) $(CFLAGS) $<
files.o : files.c defs.h buffer.h command.h
 $(CC) $(CFLAGS) $<
utils.o : utils.c defs.h
 $(CC) $(CFLAGS) $<
clean :
    rm $@ $^
```

实验 2：编写 Makefile

利用本节所讲的 Makefile 规则对示例中的程序进行编译，示例程序存储在电子资源的"源代码/ch04/exp3"目录下。要求：对照编译过程中的屏幕输出信息体会 make 工作流程，以及理解 Makefile 的编写规则和方法。

4.3 本章小结

本章重点学习了利用 make 编译程序的过程，通过 Makefile 告诉 make 做什么及怎么做；并学习了 Makefile 的基本概念和规则，目标、条件和命令构成了 Makefile 的基本规则，介绍了 Makefile 的语法，特别注意命令所在行务必以制表符开头，并介绍了 Makefile 中的显式规则、隐式规则、变量和自动变量等几种常用规则。关于 Makefile 的更多内容，可以参考 GNU 的 Makefile 使用手册。

习题

4-1 与命令行相比，Makefile 的优点有哪些？

4-2 Makefile 中自动变量和变量展开的区别是什么？

练习

自己编写一个具有多个程序文件的程序，然后编写一个与之相对应的 Makefile 文件对其进行编译。

第5章 Linux 系统中的时间

实时应用系统，如飞机控制系统或导弹发射系统，通常需要具备较高的响应速度；否则将会导致严重的事故。对于应用系统设计者和程序员来说，就需要在开发过程中准确统计程序的运行时间，以优化系统的响应速度。另外，Linux 系统是一种多任务的分时操作系统，能够支持多个任务并发执行，然而通常运行中的任务数量远远大于系统中的 CPU 数量或核数，因此它也需要一种时间机制控制多个任务的并发执行，使得用户觉察不到任务的等待过程。那么，Linux 系统是如何统计时间的呢？

除了统计程序运行时间，对于程序员来说确定时间和日期也是十分重要的。例如，计算机管理系统中记录每次计算机开机的时间、每个文件的创建时间和更新时间，控制计算机的定时开机和关机等。对于普通用户来说，也会经常使用操作系统提供的时间。那么，Linux 系统又是如何来管理时间的呢？

通过本章的学习，读者将会找到以上两个问题的答案。本章首先从普通用户看到的系统时间入手，解析 Linux 系统中的时间表示，然后从程序员的角度，解析如何利用 Linux 系统提供的时钟进行时间测量和计时。

本章学习目标

- 理解 Linux 系统中时间的内部表示方式
- 掌握测量时间和计时的方法
- 掌握时间相关函数和命令的使用方法

5.1 时间表示

在日常生活中，通常用年、月、日、时、分、秒、毫秒、微秒、纳秒等来表示时间，如 2014 年 12 月 10 日 8 时 10 分 36 秒，这也是经常在计算机桌面系统上看到的时间形式。那么在 Linux 系统内部，时间也是这样表示的吗？答案是否定的。下面本节将从熟悉的时间形式开始，揭开 Linux 系统内部时间表示的谜底。

5.1.1 Linux 系统时间

在 Ubuntu 桌面系统上，桌面右上角显示了图 5.1 所示的时间和日期。利用 Linux 系统提供的 date 命令，也可以在终端上显示系统时间和命令，如图 5.2 所示。图中 CST 表示中国标准时间，利用-u 参数可以得到世界协调时间。

图 5.1　Ubuntu 桌面系统中的时间和日期

```
lizhe@lizhe-Lenovo:~$ date
2015年 03月 13日 星期五 13:19:13 CST
lizhe@lizhe-Lenovo:~$ date -u
2015年 03月 13日 星期五 05:19:18 UTC
lizhe@lizhe-Lenovo:~$ █
```

图 5.2　date 命令显示系统时间和日期

除了系统时间，还可以通过 hwclock 命令查看硬件时间。与系统时间不同，Linux 系统查看硬件时间需要管理员权限。利用 hwclock 中的--show 参数可以查看硬件时间，从图 5.3 中可以看出，默认情况下，显示的 utc 时间，加上参数--localtime 可以显示系统真正的硬件时间。

```
lizhe@lizhe-Lenovo:~$ hwclock --show
hwclock: Cannot access the Hardware Clock via any known method.
hwclock: Use the --debug option to see the details of our search for an access m
ethod.
lizhe@lizhe-Lenovo:~$ sudo hwclock --show
[sudo] password for lizhe:
2015年03月13日 星期五 21时20分21秒  -0.984799 秒
lizhe@lizhe-Lenovo:~$ sudo hwclock --show --utc
2015年03月13日 星期五 21时20分34秒  -0.859922 秒
lizhe@lizhe-Lenovo:~$ sudo hwclock --show --localtime
2015年03月13日 星期五 13时20分43秒  -0.141052 秒
lizhe@lizhe-Lenovo:~$ █
```

图 5.3　hwclock 命令显示硬件的世界协调时间和本地时间

这里需要说明几个时间的概念。一般来说，系统时间就是执行 date 命令看到的时间，Linux 系统下所有的时间调用(除了直接访问硬件时间的命令)都是使用的这个时间。硬件时间是指主板上 BIOS 中的时间，由主板电池供电维持运行，系统开机时根据硬件时间和时区有关的系统设置来设定系统时间。

5.1.2　Linux 应用程序时间函数

尽管可以利用 date 和 hwclock 命令分别获取系统时间和硬件时间，然而在 Linux 系统内部，时间表示却不是桌面系统上显示的形式。

GNU/Linux 提供了 3 个标准的 API 用来获取当前时间，分别是 time()、gettimeofday()、clock_gettime()，它们的区别仅在于获取的时间精度不同，可以根据需要选取合适的调用。时间函数的具体细节如表 5.1 所示。

表 5.1　时间函数

函数定义	含　义	返回值	精度
time()	获得从 1970 年 1 月 1 日 0 时到当前的秒数，存储在 time_t 结构中	time_t	秒
gettimeofday()	返回从 1970 年 1 月 1 日 0 时到现在的时间，用 timeval 数据结构表示	sturct timeval	微秒
clock_gettime()	返回从 1970 年 1 月 1 日 0 时到现在的时间，用 timespec 数据结构表示。支持不广泛，属于实时扩展	strut timespec	纳秒
ftime()	返回从 1970 年 1 月 1 日 0 时到现在的时间，用 timeb 数据结构表示。已经过时，被 time()替代	sturct timeb	毫秒

提示：最早出现的 UNIX 操作系统考虑到计算机产生的年代和应用的时限，取 1970 年 1 月 1 日作为 UNIX Time 的纪元时间。在 Linux 操作系统初期，time_t 类型以 32 位整数表示，所以最大时间支持到 2038 年 1 月 1 日，称为 UNIX 2038 Bug。在 Linux 内核 3.13 版本中，time_t 类型已扩展到 64 位整数表示。

从 Linux 内核提供的标准 API 可以看出，无论精度如何变化，得到的时间都是一个差值。例如，精度为秒的 time()函数，返回一个 time_t 类型的整数。假设当前时间为 2014 年 12 月 15 日 16 时 09 分 48 秒，那么 time_t 的值为 1418659788，即距离 1970 年 1 月 1 日 0 时，已经过去了 1418659788 秒(注意：这里的 1970 年 1 月 1 日 0 时是 UTC 时间，而不是北京时间)。通过 hwclock 命令查看当前距离 1970 年 1 月 1 日 0 时已过去的时间，如图 5.4 所示。

```
lizhe@lizhe-Lenovo:~$ sudo hwclock --debug
[sudo] password for lizhe:
hwclock，来自 util-linux 2.20.1
将使用 /dev interface to clock。
将假设硬件时钟保持为 UTC 时间。
正在等等时钟滴答...
...已获取时钟滴答
从硬件时钟读取的时间：2015/03/13 13:21:23
硬件时钟时间：2015/03/13 13:21:23 = 1969(年)后 1426252883 秒
2015年03月13日 星期五 21时21分23秒  -0.406762 秒
lizhe@lizhe-Lenovo:~$ ▌
```

图 5.4　hwclock 命令查看时钟滴答

显然，字符串"1418659788"对于大多数人是没有意义的，相比较而言，多数人更愿意看到"2014 年 12 月 15 日"这样的显示形式。因此，在 Linux 系统得到秒、毫秒、微秒、纳秒等当前时间之后，还需要将这些数字转换为人们熟悉的时间表示。

为了方便说明，图 5.5 所示的时间转换关系图描述 Linux 系统内部时间是如何转换为人们所熟悉的时间表示。从图中可以看到，Linux 提供的标准 APItime()/gettimeofday()从内核得到当前时间后，当前时间值可以被两大类函数转换为固定格式的时间字符串和用户指定格式的时间字符串。

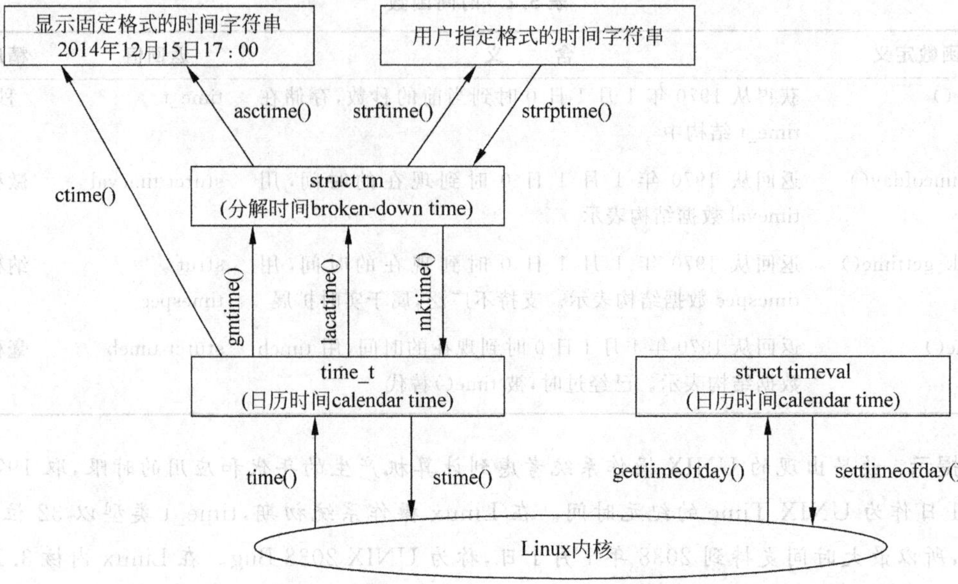

图 5.5 Linux 内核中的时间与显示时间之间的转换关系

5.2 利用程序显示系统时间

正如前一节所述，时间的显示有两种方式，一是固定格式的时间显示，另一种是自定义格式的时间显示。无论采用哪一种方式显示时间，都需要调用系统调用获取系统时间。因此，本节首先介绍系统调用函数的使用。

5.2.1 常用时间函数

1. 相关系统调用

1）time 提供秒级时间精度

函数原型：time_t time(time_t * timer);

头文件：time.h

功能：获取当前的系统时间，返回的结果是一个 time_t 类型，其实就是一个 64 位的长整数，其值表示从世界协调时间 1970 年 1 月 1 日 0 时到当前时刻的秒数。

2）gettimeofday 提供微秒级时间精度

函数原型：int gettimeofday(struct timeval * tv, struct timezone * tz);

头文件：time.h

功能：获取当前系统时间，以 tv 所指的结构返回，当地时区的信息则放到 tz 所指的结构中(可用 NULL)，成功返回 0，否则返回－1。在 Linux 内核 3.13.10 中，timeval 结构体和 timezone 结构体定义在 include\uapi\linux\Time.h 文件中，具体如下：

```
struct timeval {
    __kernel_time_t     tv_sec;             /* 秒 */
```

```
    __kernel_suseconds_t      tv_usec;          /* 微秒 */
};
stuct timezone {
    int     tz_minuteswest;                     /* minutes west of Greenwich */
    int     tz_dsttime;                         /* type of dst correction */
};
```

获取系统时间后，就可以以某种形式显示时间了。若要获得固定格式的时间字符串，可以利用 ctime()函数转换时间格式。ctime()函数的声明为：

```
char *ctime( const time_t *clock);
```

该函数将秒数转化为字符串，样式为"Thu Dec 15 16:09:48 2014"，这个字符串的长度和显示格式是固定的。

2. 示例程序

读者利用上面提到的函数可以很容易地以字符串显示系统时间，示例代码如下。源代码文件 fixedFormatTime.c 可以在电子资源的“源代码/ch05/exp1”目录下找到。

```
#include <stdio.h>
#include <time.h>
int main()
{
    time_t time_raw_format;
    time( &time_raw_format);                    // Get the current time
    printf( "Time is [%ld]\n", (long)time_raw_format );
    // Convert the integer time to the fixed-format string
    printf( "The current local time is: %s\n", ctime(&time_raw_format) );
    return 0;
}
```

利用 gcc 编译、链接、运行后可以得到图 5.6 所示的显示结果。

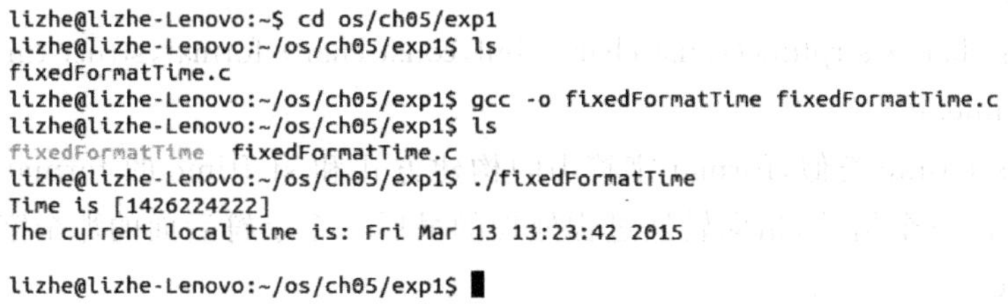
lizhe@lizhe-Lenovo:~$ cd os/ch05/exp1
lizhe@lizhe-Lenovo:~/os/ch05/exp1$ ls
fixedFormatTime.c
lizhe@lizhe-Lenovo:~/os/ch05/exp1$ gcc -o fixedFormatTime fixedFormatTime.c
lizhe@lizhe-Lenovo:~/os/ch05/exp1$ ls
fixedFormatTime fixedFormatTime.c
lizhe@lizhe-Lenovo:~/os/ch05/exp1$ ./fixedFormatTime
Time is [1426224222]
The current local time is: Fri Mar 13 13:23:42 2015
lizhe@lizhe-Lenovo:~/os/ch05/exp1$

图 5.6 以固定形式显示时间字符串

但是若要以某种个性化的格式显示系统时间，如 2014-12-15 16:09。这种情况下就需要进行自定义的时间格式转换。具体步骤为：先把从内核得到的时间转换为 struct tm 类型的值，然后调用时间格式化函数 strftime()等输出自定义的时间格式字符串。tm 数据结构将时间分别保存到代表年、月、日、时、分、秒等变量中，不再是一个令人费解的 64 位整数了，这样程序员就可以方便地将时间按照自定义的格式输出了。在图 5.5 中，有两种函数将从内核得到的时间转换为 struct tm 类型，其中 gmtime()把时间转换为世界协调时间，

localtime()则转换为当地时间。

5.2.2 高级时间函数

为了使读者更方便地实现格式化控制时间显示，下面简要介绍这几种函数的使用。

1) strftime

函数原型：size_t strftime(char * s,size_t maxsize,char * format,conststruct tm * timeptr);

头文件：time.h

功能：对 timeptr 指向的 tm 结构所代表的时间和日期进行格式编排，其结果放在字符串 s 中。该字符串的长度被设置为(最少)maxsize 个字符。格式字符串 format 用来对写入字符串的字符进行控制，它包含着将被传送到字符串里去的普通字符以及编排时间和日期格式的转换控制符。转换控制符如表 5.2 所示。

表 5.2 时间格式控制函数的转换控制符

转换控制符	说　明	转换控制符	说　明
%a	星期几的简写形式	%M	分,00～59
%A	星期几的全称	%p	上午或下午
%b	月份的简写形式	%S	秒,00～59
%B	月份的全称	%u	星期几,1～7
%c	日期和时间	%w	星期几,0～6
%d	月份中的日期,0～31	%x	当地格式的日期
%H	小时,00～23	%X	当地格式的时间
%I	12 小时进制钟点	%y	年份中的最后两位数,00～99
%j	年份中的日期 001～366	%Y	年
%m	年份中的月份	%Z	地理时区名称

2) strptime

函数原型：char * strptime(const char * buf,const char* format,struct tm * timeptr);

头文件：time.h

功能：与 strftime 类似，format 字符串的构建方式和 strftime 的 format 字符串完全一样，strptime 返回一个指针，指向转换过程处理的最后一个字符后面的那个字符。

3) gmtime

函数原型：struct tm * gmtime(const time_t * timep);

头文件：time.h

功能：将参数 timep 指向的 time_t 时间信息转换成以 tm 结构体表示的 GMT 时间信息，并以 struct tm* 指针返回。

4) localtime

函数原型：struct tm * localtime(const time_t * timep);

头文件：time.h

功能：将参数 timep 指向的 time_t 时间信息转换成以 tm 结构体表示的本地时区时间。

实验 1：编程显示系统时间

本实验的目标是掌握 Linux 中时间的表示方法和 Linux 提供的时间函数，请读者验证实现本节的示例程序，以字符串形式显示系统时间。

5.3 时间的测量与计时

5.3.1 时间测量

对于程序员来说，经常需要计算某段程序执行的时间，比如需要对算法进行时间复杂度分析。基本的实现思路是在被测试代码的开始和结束位置获取当前时间，两个时间相减后得到的相对值即所需的统计时间。一种简单的方式是利用 C 标准库提供的 clock()函数，但是该函数获取的时间精度不高。为了实现高精度的时间测量，就必须使用高精度的时间获取方式，一种常用的方法是利用 Linux 提供的系统调用 gettimeofday。

gettimeofday 函数获取的时间精度在微秒级，可以用做一般的时间复杂度分析。下面举例说明如何利用该函数进行时间复杂度分析，读者可以自行编写一个待测函数，比如 1 亿次正弦函数运算，将其函数定义为 testFun()，也可以在电子资源的"源代码/ch05/exp2"目录下 statTime. c 文件中找到该函数的定义。那么测量时间的函数可以描述如下：

```
struct timeval tpstart, tpend;
float  timeused;
gettimeofday( &tpstart, NULL );                //record the start timestamp
testFun();
gettimeofday( &tpend, NULL );                  //record the end timestamp
// compute the used time
timeused = 1000000 * ( tpend.tv_sec - tpstart.tv_sec) + (tpend.tv_usec - tpstart.tv_usec);
timeused / = 1000000;
printf( "Used Time: % f\n", timeused );
```

编译、链接、运行后，可以得到 testFun 函数的耗时。需要说明的是，由于这里用到了数学函数，在编译、链接时需要在 gcc 后添加链接参数-lm。上述源代码文件 statTime. c 可以在电子资源的"源代码/ch05/exp2"目录下找到。

尽管 gettimeofday 可以很好地应用于一般的时间复杂度分析，但是该函数是一个系统调用，由于 Linux 操作系统的特性，在使用该函数时需要在用户态和内核态之间来回切换，开销较大，因此在某些场合下频繁调用该函数不太合适，尤其是对性能要求很高的代码内。

提示： Linux 操作系统将程序执行的状态分为两种：用户态和内核态。用户程序只能工作在用户态；内核程序工作在内核态。用户程序可以通过系统调用进入内核态访问所需的系统资源。

实验 2：Linux 中的时间测量

本实验的目标是掌握 Linux 程序中测量时间的方法，请读者自行编写一个待测函数，利用本节示例程序中的方法测试待测函数的耗时。

5.3.2 计时器

除了测量时间外，有时也需要定时完成一些任务。一种简单的方法是使用 while 循环加 sleep 函数，比如每隔 1 分钟更新一次网络连接状态等，这可以满足很多程序的定时需要，但是这样在 sleep 时程序会一直处于空闲状态。为了使程序在空闲时能够做些其他有用的工作，就必须使用定时器了。Linux 系统上最常用的定时器是 setitimer 计时器。

Linux 为每一个进程(程序)提供了 3 个 setitimer 间隔计时器。

ITIMER_REAL：减少实际时间，到期的时候发出 SIGALRM 信号。

ITIMER_VIRTUAL：减少有效时间(进程执行的时间)，产生 SIGVTALRM 信号。

ITIMER_PROF：减少进程的有效时间和系统时间(为进程调度用的时间)。这个经常和上面一个联合使用计算系统内核时间和用户时间，产生 SIGPROF 信号。

REAL 时间是指人们自然感受的时间，即通常所说的时间，比如现在是上午 11 点 19 分，那么一分钟的 REAL 时间之后就是上午 11 点 20 分。

VIRTUAL 时间是进程执行的时间，Linux 作为一个多用户、多任务操作系统，在过去的 1 分钟内，指定进程实际在 CPU 上的执行时间往往并没有 1 分钟，因为其他进程也会被 Linux 调度执行，在那些时间内，虽然自然时间在流逝，但指定进程并没有真正运行。VIRTUAL 时间就是指定进程真正的有效执行时间。比如 11 点 19 分开始的 1 分钟内，进程 P1 被 Linux 调度并占用 CPU 的执行时间为 30 秒，那么 VIRTUAL 时间对于进程 P1 来讲就是 30 秒。此时自然时间已经到了 11 点 20 分，但从进程 P1 的眼中看来，时间只过了 30 秒。

PROF 时间比较独特，对进程 P1 来说从 5 点 10 分开始的 1 分钟内，虽然自己的执行时间为 30 秒，但实际上还有 10 秒钟内核是在执行 P1 发起的系统调用，那么这 10 秒钟也被加入到 PROF 时间。这种时间定义主要用于全面衡量进程的性能，因为在统计程序性能的时候，10 秒的系统调用时间也应该算到 P1 的头上。

setitimer 计时器的 API 接口函数有两个，即 getitimer 和 setitimer。getitimer 函数用于得到间隔计时器的时间值存放在 value 中，setitimer 函数用于设置间隔计时器的时间值为 newval，并将旧值保存在 oldval 中，参数 which 用于表示选择哪一个计时器，其定义分别描述如下。

```
int getitimer(int which, struct itimerval * value);
int setitimer(int which, struct itimerval * newval, struct itimerval * oldval);
```

其中，itimerval 结构体的定义在 include/uapi/linux/time.h 中，结构体主要包含两个成员，it_value 是第一次调用后触发定时器的时间，当这个值递减为 0 时，系统会向进程发出相应的信号。此后将以 it_internval 为周期定时触发定时器。

```
struct itimerval {
    struct timeval it_interval;               /* timer interval */
    struct timeval it_value;                  /* current value */
};
```

下面以一个示例说明计时器的使用，要求每两秒打印一个固定的字符串，源代码可以在电子资源的"源代码/ch05/exp3"目录下找到。需要说明的是，在引用 itimerval 结构体时需要包含头文件<sys/time. h>，在设置计时器触发的动作时需要使用到 sigaction 结构体，该结构体需要包含头文件<signal. h>，感兴趣的读者可以查阅相关资料或电子资源示例了解该结构体的使用。

实验 3：Linux 中的计时器

本实验的目标是掌握 Linux 提供的标准计时函数，请读者根据本节示例程序中 PROF 计时器的使用方法，利用其他两种计时器实现该示例程序的功能，体会比较它们的计时特性。

5.4 本章小结

本章重点学习了应用程序中获取系统时间的方法，在 Linux 系统内部，利用一个整数表示时间，通过格式转换将该整数展现为用户熟悉的格式。另外，本章学习了在工程实践中经常用到的 Linux 中衡量时间复杂度的方法和计时器的使用方法。由于调用时间测量函数需要转换到内核态，导致了额外负载的增加，有可能使得测量时间不精确，但是对于一般的复杂度测算，其精度足以满足用户使用。

习题

5-1 在 Linux 内核 3.13 中，利用一个 64 位的整数表示时间，请计算这种情况下，系统可以描述的最远时间。

5-2 为什么会出现 UNIX 2038 Bug？Linux 如何解决这一问题？

练习

5-1 设计一个倒计时器。用户输入初始秒数，计时器计时完毕后，显示当前系统时间。并要求在倒计时过程中每隔 1 秒打印剩余秒数。

5-2 编写一个程序，获取上周任意一天的日期，并以"xxxx 年 xx 月 xx 日星期几"的格式显示日期。

5-3 编写程序测试表 5.1 中 4 种时间函数的时间精度。

第6章 多进程程序开发

自从 1969 年 UNIX 系统诞生以来，一直以多任务而著称，且独领风骚几十年。从操作系统层面讲，实现多任务的方式主要有两种：一种是以进程为主的强调任务独立性的观点；另一种是以线程为主的强调任务协同性的观点。其中，UNIX 系统主要侧重于进程，虽然在 20 世纪 80 年代中期引入了线程机制，但进程还是要比线程应用更加广泛；而 Windows 系统则主要侧重于线程。本章将介绍进程的基本概念以及在 Linux 环境下如何开发多进程的程序。

本章学习目标

- 了解进程的概念
- 掌握多进程程序的设计方法
- 掌握 fork 函数和 execve 函数的特性和使用方法

6.1 进程概念

在前面的章节中，学习了如何在 Linux 环境下编写调试一个应用程序。它通常是在给定的输入下，实现一项或多项连贯的处理，得到一个输出结果。为了充分利用宝贵的计算资源，Linux 同样利用 UNIX 下的进程概念，通过多个程序并发执行，实现操作系统的多任务特性。那么什么是进程呢？

进程这个概念是针对系统而不是针对用户的，对用户来说，他面对的概念是程序。对系统而言，当用户执行一个程序的时候，它将启动一个进程。但和程序不同的是，在这个进程中，系统可能需要再启动一个或多个进程来完成独立的多个任务。

简单来说，进程是程序的一次执行。程序本身不是进程，只是被动实体，如存储在磁盘上的文件内容，而进程是一个动态的概念，是一个活动的实体。它不只是程序代码，还包括通过程序计数器的值和 CPU 寄存器内容表示的当前活动。

虽然程序的"生命"是 CPU 赋予的，但是需要使用另一个进程（或者执行中的程序）才能让该程序执行起来，那么让程序执行的进程称为父进程，新执行起来的进程称为子进程。子进程会继承父进程的一些资源，如同孩子要继承父亲的基因一样。

本章只是从应用程序的视角出发，对进程进行了初步的解释。关于进程概念的详细分析和解释，请见第 13 章和第 14 章。

6.2 进程的创建

进程在执行过程中,可以通过系统调用的方式创建多个新进程。Linux 系统提供了两种创建进程的方式:函数 fork( )用来创建一个新的进程,该进程几乎是当前进程的一个完全副本;函数 exec( )用来启动另外的进程以取代当前运行的进程。在这里,本章主要介绍如何利用 fork 函数创建新进程以及 fork 函数的工作机制。

fork 在英语中有“分叉”的含义。在 UNIX 系统或 Linux 系统中,这个名字比较形象。因为一个进程在运行中,如果使用了 fork,就产生了另一个与之几乎完全相同的进程,于是进程就“分叉”了。下面首先看看 fork 函数的定义和特性,再以一个简单程序说明 fork 函数的工作机制。

1. fork 函数说明

fork 函数原型:pid_t fork(void);

头文件:<unistd.h>

功能:fork 函数通过系统调用创建一个与原来进程几乎完全相同的进程,也就是说两个进程可以做完全相同的事,但如果初始参数或者传入的变量不同,两个进程也可以做不同的事。若成功调用一次则返回两个值,子进程返回 0,父进程返回子进程 ID;否则,出错返回-1。调用失败大多是因为内存不够用了,或者进程太多而系统不允许创建了(受物理内存限制或管理员设定)。

除了 fork 函数外,还有两个在进程相关程序中常用到的函数,分别为 getpid 和 getppid,说明如下。

1) getpid

函数原型:pid_t getpid(void);

头文件:<unistd.h>

功能:返回当前进程的标识。

2) getppid

函数原型:pid_t getppid(void);

头文件:<unistd.h>

功能:返回父进程的标识。

从上面 fork 函数的定义可以看出,这个调用非常简单,简单到连参数都没有,只有一个返回值。

2. fork 函数示例程序

下面以一个简单程序说明 fork 函数的工作机制,源代码文件 process_sfork.c 存储在电子资源的“源代码/ch06/exp1”目录下。

```
#include <unistd.h>
#include <stdio.h>
```

```
int main( int argc, char * argv[] )
{
    pid_t pid;
    int var = 0;
    pid = fork();
    if ( pid<0 )
    {
        printf( "error in fork!\n" );
    }
    else if ( pid == 0 )
    {
        printf( "This is the child process, pid is %d.\n", getpid() );
        var = 100;
    }
    else
    {
        printf( "This is the parent process, pid is %d.\n", getpid() );
        var = 50;
    }
    printf( "var is %d.\n", var );
    return 0;
}
```

上述代码的执行结果如下：

```
This is the parent process, pid is 2694.
var is 50.
This is the child process, pid is 2695.
var is 100.
```

通过 var 的值可以看出，最后一个 printf()的输出是在两个不同的进程中的。从上面实验的结果可以看出，fork 函数不需要额外的参数去传递一个类似线程的那种主函数。另外，fork 函数调用后，执行的就是后续代码，没有任何迹象表明哪些是父进程特有的，哪些是子进程特有的。至于为什么代码能够指向不同的分支，主要是因为 if 语句判断了它的返回值，根据 fork 返回值判断当前进程是父进程还是子进程。

3. fork 函数创建的子进程和父进程的区分

本质来说，fork 函数启动一个新的进程，这个进程几乎是当前进程的一个副本：子进程和父进程使用相同的代码段；子进程复制父进程的堆栈段和数据段。这样，父进程的所有数据都可以留给子进程，但是，子进程一旦开始运行，虽然它继承了父进程的一切数据，但实际上数据却已经分开，相互之间不再有影响了，也就是说，它们之间不再共享任何数据了。它们再交互信息时，只有通过进程间通信来实现，本章将在第 7 章介绍 Linux 系统中进程间是如何通信的。既然它们如此相像，Linux 系统又是如何来区分它们的呢？正如前面所描述的，这是由函数的返回值来决定的。对于父进程，fork 函数返回了子程序的进程号，而对于子程序，fork 函数则返回零。在 Linux 系统中，用 getpid 函数就可以看到不同的进程号，对父进程而言，它的进程号是由比它更低层的系统调用赋予的，而对于子进程而言，它的进程号即是 fork 函数对父进程的返回值。在程序设计中，父进程和子进程都要调用 fork 函数下面的代码，而程序就是利用 fork 函数对父、子进程的不同返回值用 if…else…语句来实现让父子进程完成不同的功能。上面实验中 fork 函数的工作示意图如图 6.1 所示。

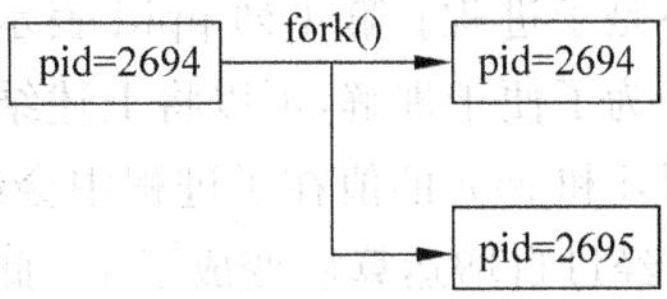

图 6.1 一个 fork 函数的工作示意图

实验 1：利用 fork 创建进程

本实验的目标是掌握 fork 函数的特性和使用方法，请读者实现本节 fork 函数示例程序代码，体会进程的创建过程。

6.3 连续调用多次 fork 函数

为了进一步考察 fork 函数的工作机制，下面给出了利用 for 循环实现连续调用两次 fork 函数的程序，源代码文件 process_mfork.c 存储在电子资源的"源代码/ch06/exp2"目录下。

```
#include <unistd.h>
#include <stdio.h>
int main( int argc, char *argv[] )
{
    int i = 0;
    int root = 0;
    printf( "r\t i\t C/P\t ppid\t pid\n" );
    for( i=0; i<2; i++)
    {
        if( fork()>0 )
        {
            printf( "%d\t %d\t parent\t %d\t %d\n", root, i, getppid(), getpid() );
            sleep(1);
        }
        else
        {
            root++;
            printf( "%d\t %d\t child\t %d\t %d\n", root, i, getppid(), getpid() );
        }
    }
    return 0;
}
```

上述实验的执行结果如下：

```
r  i  C/P     ppid  pid
0  0  parent  2627  3229
1  0  child   3229  3230
1  1  parent  3229  3230
2  1  child   3230  3231
0  1  parent  2627  3229
1  1  child   3229  3232
```

在上面的实验输出结果中，第 1 列表示当前进程是否为根进程，如果为 0 则表示为根进程，否则为由 fork 创建的进程；第 2 列表示 for 循环中 i 的值；第 3 列描述当前进程是父进程还是子进程；第 4 列 ppid 表示当前进程的父进程 ID；第 5 列 pid 表示当前进程 ID。

为了便于理解，可以将上述结果转化为工作示意图，如图 6.2 所示。由于 fork 函数的复制作用，i 和 root 的值在子进程中会继承父进程的值，这样在 pid 为 3230 的进程中，i 值仍为 0，而 root 经过自增运算后变成了 1。此刻由于 i 的值依然为 0，从而使得它可以继续 for 循环创建新的进程。而 pid 为 3231 和 3232 的子进程则没有了这样的机会。也正是因为 fork 函数的复制作用，使得 for 循环在所有进程中都是完整的，可以持续运行。从打印的 root 值可以看出，尽管上述实验的代码与串行代码并没有什么区别，但是父、子进程之间是独立的。

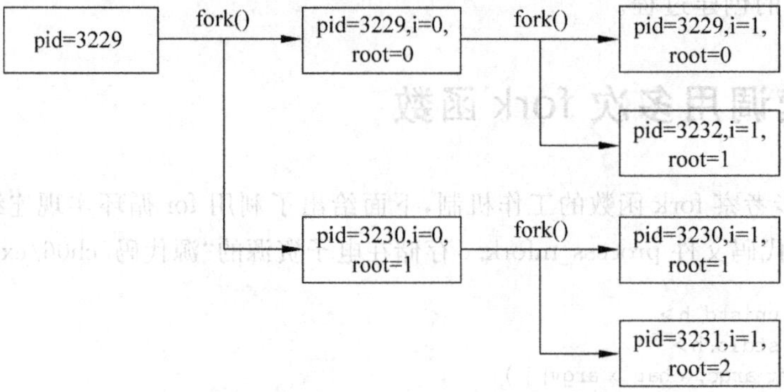

图 6.2 多次调用 fork 函数的工作示意图

多进程程序开发并不是简单的调用一下 fork，产生另一个执行相同任务的进程。多进程程序的目的是创建多个进程协作完成一项任务，以提高计算资源的利用率。本书第 7 章将重点介绍如何实现多个进程的协作。

实验 2：连续调用多次 fork 函数

本实验的目标是理解进程间的创建关系，请读者验证实现本节多次调用 fork 函数的示例程序，体会多进程程序中进程间的父子关系。

6.4 启动外部程序

多进程程序并非仅限于程序本身是多进程的。如果能够启动外部程序而自身依然继续运行，并能够与这个新启动的程序进行合作，也是一种多进程程序开发的思路。这种类型的应用其实更为广泛[2]。

若在程序中启动一个外部程序，需要使用 execve()系统调用，它的完整定义为：

```
int execve( const char * filename, char * const argv[ ], char * const envp[ ] );
```

该系统调用会执行名称为 filename 的二进制程序或脚本程序。需要注意的是，filename 必须是程序的完整路径。后面两个参数 argv 和 envp 分别表示传递给执行文件的指针数组和新环境变量数组，argv 和 envp 两个数组必须以 NULL 作为最后一个数组元素。

与 fork 函数不同的是，execve 只有在调用失败的时候才有返回值。在调用成功后，新启动的程序与当前进程融为一体了。新启动的外部程序退出，当前进程也退出。也就是说，在 execve()后面的代码不会被执行。下面以一个示例代码进行说明，源代码 process_execve.c 存储在电子资源的"源代码/ch06/exp3"目录中。

```
#include <unistd.h>
#include <stdio.h>
int main( int argc, char *argv[], char *envp[] )
{
    char *newargv[] = {"ls", "-l", NULL};
    execve( "/bin/ls", newargv, envp );
    printf( "execve called!\n" );
    return 0;
}
```

这段代码编译执行后，执行结果与直接执行 ls -l 命令的结果是一样的，而且也不会输出"execve called!"字样。

execve()这种将其启动的程序与当前进程合并的现象，在绝大多数情况下都不是所期望的结果。最起码在执行完外部程序之后，还希望程序能够继续执行下去。要解决这个问题，可以借助 fork()函数，在新建的子进程中执行 execve()，然后程序就可以继续做别的事情了。

这样简单地执行一下外部程序，显然没有什么实际用途。但是当引进进程间通信后，这种方式就变得有用多了。第 7 章将学习 Linux 进程间通信的方式。

实验 3：启动外部程序

本实验的目标是掌握 execve 函数的使用方法，理解 execve 函数启动外部程序的特性，请读者验证实现 execve 函数的示例程序，体会 execve 函数的执行特性。

6.5 本章小结

本章重点学习了 Linux 环境下多进程程序的概念，以及创建多进程程序的两个函数 fork()和 execve()。fork 函数是一种复制自身程序的多进程创建方式，新进程从创建点后开始执行，并与父进程共享数据，同时父进程继续执行。execve 是一种启动外部程序的多进程创建方式，新进程启动后，父进程结束运行。

习题

6-1 进程与程序的区别是什么？

6-2 描述 fork 函数的原理和工作流程。

6-3 如何解决 execve 函数启动外部程序后原进程结束的问题？

练习

在启动外部程序示例代码基础上，修改代码使得它在启动外部程序的同时能够正常输出后续的语句。

第7章 进程间通信

第6章介绍了多进程程序开发，在应用程序开发中尽量实现多进（线）程。进程之间是相对独立的，不能直接访问彼此的资源，然而在逻辑上进程往往不是孤立的，彼此间需要进行数据交换——进程间通信。本章介绍进程通信的意义及进程间通信的机制。

本章学习目标

- 理解进程间通信的机制
- 了解进程间通信的各种方式
- 掌握管道通信和套接字通信的实现方法

7.1 概述

进程间通信（Inter Process Communication，IPC）包括以下几种方式：

（1）管道（Pipeline）。

管道是Linux最初支持的IPC方式，可分为无名管道，命名管道。在管道通信中，发送进程以字符流形式将大量数据送入管道，接收进程可从管道接收数据，从而实现通信。

（2）信号量（Semaphore）。

信号量是一种被保护的变量，只能通过初始化和两个标准的原子操作即P、V操作（也称为wait、signal操作）来访问。信号量用来实现进程（线程）间的同步。

（3）信号（Signal）。

信号是UNIX系统最早的IPC方式之一。操作系统通过信号通知某一进程发生了某种预定义的事件；接收到信号的进程可以选择不同的方式处理该信号，一是可以采用默认处理机制——进程中断或退出，二是忽略该信号，也可以自定义该信号的处理函数。

内核为进程生产信号以响应不同的事件，这些事件就是信号源。信号源可以是异常、其他进程、终端的中断、CPU超时、文件过大、内核通知等。

（4）消息队列（Message Queue）。

消息队列就是消息的一个链表，它允许一个或者多个进程向它写消息，一个或多个进程从中读消息。Linux维护了一个消息队列向量表——msgqueue，来表示系统中所有的消息队列。消息队列通信克服了信号传递信息少的弱点。

（5）共享内存（Shared Memory）。

共享内存是一个可被多个进程访问的内存区域，由一个进程所创建，其他进程可以挂载到该共享内存中，从而实现进程间通信。

共享内存是最快的 IPC 机制，但由于 Linux 本身不能实现对其同步控制，需要用户程序进行并发访问控制（如信号量机制）。

（6）套接字（socket）。

套接字可以实现不同主机间的进程通信。一个套接字是进程间通信的端点（Endpoint），其他进程可以访问、连接和进行数据通信。

在上述通信方式中，信号量和信号属于低级通信，适用于少量数据交换。共享内存涉及内存管理、进程同步知识，将在第 16 章讲解。本章重点讲述管道和套接字通信。

7.2 管道通信

在 Linux 中，管道是一种使用非常频繁的通信机制。从本质上说，管道也是一种文件，但它又和一般的文件有所不同。Linux 中使用的管道分为两大类，即无名管道和命名管道。

7.2.1 管道概述

管道是 Linux 进程间通信的主要手段之一。从本质上看，一个管道是一个只存在于内存中的文件，但是这个文件与一般文件的属性不同，它不能以读写方式打开，对这个文件的操作要通过两个分别以只读和只写方式打开的文件进行，它们分别代表管道的两端，即读端、写端。通过写端和读端，管道实现了两个进程间进行单向通信的机制。因为管道传递数据的单向性，管道通信又被称为**半双工通信**。根据适用范围的不同，管道可以分为无名管道和命名管道。

无名管道主要用于父、子进程或兄弟进程等相关进程之间的通信。在 Linux 系统中可以通过系统调用建立起一个单向的通信管道，这种关系一般都是由父进程建立。当需要双向通信时需要建立两个管道，各自实现一个方向上的通信。管道两端的进程均将该管道看做一个文件，一个进程负责往管道中写数据，而另一个从管道中读取数据。

命名管道是为了解决无名管道的应用范围限制而设计的。因为“无名”，所以不相关进程难以找到该管道，为此引入了命名管道，不相关的进程可以通过管道的名称来查找该管道。为了实现命名管道，引入了一种新的文件类型——FIFO（First In First Out）文件。实现一个命名管道实际上就是实现一个 FIFO 文件，该文件建立在实际的文件系统上，拥有自己的文件名称，任何进程可以在任何时间通过文件名或路径名与该文件建立联系。命名管道一旦建立，之后它的读、写以及关闭操作都与无名管道完全相同。虽然与命名管道对应的 FIFO 文件 inode 结点是建立在文件系统中，但是仅是一个结点而已，文件的数据还是存在于内存缓冲页面中，这一点和无名管道相同。

管道技术在 Linux 中应用非常广泛。读者此前已经学习了 Linux 的一些常用命令，如 ls 和 grep，这两个命令使用|进行组合实际上就构成了一个完整的管道，具体如下：

```
$ ls -l|grep rwx
```

从管道的实现角度来看，ls -l 进程构成了管道的写端，而 grep rwx 进程则构成了管道的读端。ls -l 命令执行的结果被写入到管道中，而 grep rwx 进程从管道中读出 ls -l 命令的执行结果，并对其进行过滤查找。另外，Linux 命令中经常使用的重定向操作符＞实际上也是一种管道的实现方式，具体如下：

```
$ ls -l > test.txt
```

其中 ls -l 进程构成了管道的写端，经过重定向后其输出被写入到了文件 test.txt 中，而不是输出到标准输出设备上。文件 test.txt 实际上构成了管道的读端。

上述命令中的|和＞实际上是 Linux 对管道技术的一种封装实现。下面看一下无名管道的使用。

7.2.2 无名管道

1. 无名管道的使用方法 1

无名管道的第一种方法是使用标准函数库提供的 popen 和 pclose 函数，函数原型如下：

```
#include <stdio.h>
FILE *popen(const char *command, const char *type);
int pclose(FILE *stream);
```

其中 popen 函数通过创建一个管道、创建子进程、启动并调用 Shell 等步骤实现一个子进程的执行。popen 函数的第一个参数 command 表示生成的子进程启动 Shell 后要指明的命令。popen 的第二个参数 type 指明文件的属性，type 只有两种选择，要么是读要么是写，这是因为管道是单向的，不能读写兼具。popen 函数的返回值是一个 FILE 类型的文件流指针。由于 Linux 把一切都视为文件，也就是说，可以使用 stdio I/O 库中的文件处理函数来对其进行操作。如果 type 是 r，主调用程序就可以使用被调用程序的输出，方法是通过函数返回的 FILE 指针，利用标准库函数，如 fread 来读取程序的输出。如果 type 是 w，主调用程序就可以向被调用程序发送数据，方法是通过函数返回的 FILE 指针，利用标准库函数，如 fwrite 向被调用程序写数据，而被调用程序就可以在自己的标准输入中读取这些数据。

pclose 函数用于关闭由 popen 创建的关联文件流。pclose 只在 popen 启动的进程结束后才返回，如果调用 pclose 时被调用进程仍在运行，pclose 调用将等待该进程结束。它返回关闭的文件流所在进程的退出码。

下面看一个具体的例子(省略了头文件包含)：

```
/*popen_test.c*/
int main() {
    FILE *fpr = NULL;
    FILE *fpw = NULL;
    char buf[BUFSIZ + 1];                    //BUFSIZ 8192
    int len = 0;
    memset(buf, '\0', sizeof(buf));          //初始化缓冲区
                                             //打开 ls 和 grep 进程
    fpr = popen("ls -l", "r");
    fpw = popen("grep rwx", "w");
```

```
    if(fpr && fpw) {
                                              //读取数据
        len = fread(buf, sizeof(char), BUFSIZ, fpr);
        while(len > 0) {                      //还有数据可读,循环读取数据,直到读完所有数据
            buf[len] = '\0';
            //把数据写入 grep 进程
            fwrite(buf, sizeof(char), len, fpw);
            len = fread(buf, sizeof(char), BUFSIZ, fpr);
        }
        //关闭文件流
        pclose(fpr);
        pclose(fpw);
        exit(0);                              //0 EXIT_SUCCESS
    }
    exit(1);                                  //1 EXIT_FAILURE
}
```

上述代码中 BUFSIZ 是标准库函数定义的宏,指定缓冲区的大小,默认为 8192 字节。程序首先利用 popen 函数以只读方式创建一个管道,返回文件流描述符 fpr,并启动子进程执行 ls 命令,然后利用 popen 函数以只写方式创建一个管道,返回文件流描述符 fpw,并启动子进程执行 grep 命令。然后,程序利用返回的文件流描述符进行操作。使用 fread 从 fpr 中读数据,并缓存到 buf 中,也就是把 ls 命令的结果从管道中读出,然后写入到 buf 中;使用 fwrite 把 buf 中的数据写入到 fpw 中,fpw 与 grep 进程相关联,也就是把 buf 中的数据交给 grep 去解析。程序执行结果如图 7.1 所示,可以看到程序执行后把 ls -l 结果中唯一具有 rwr 表示的文件 popen_test 过滤并显示出来了。

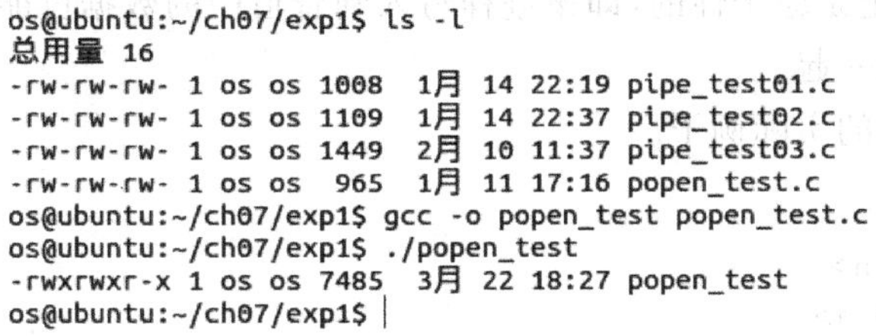
os@ubuntu:~/ch07/exp1$ ls -l
总用量 16
-rw-rw-rw- 1 os os 1008 1月 14 22:19 pipe_test01.c
-rw-rw-rw- 1 os os 1109 1月 14 22:37 pipe_test02.c
-rw-rw-rw- 1 os os 1449 2月 10 11:37 pipe_test03.c
-rw-rw-rw- 1 os os 965 1月 11 17:16 popen_test.c
os@ubuntu:~/ch07/exp1$ gcc -o popen_test popen_test.c
os@ubuntu:~/ch07/exp1$ ./popen_test
-rwxrwxr-x 1 os os 7485 3月 22 18:27 popen_test
os@ubuntu:~/ch07/exp1$

图 7.1 popen_test.c 执行结果

popen 函数包括了至少 3 个步骤:创建一个管道、创建子进程、启动并调用 Shell 执行参数 command 指定的命令。这样就带来了一个优点和一个缺点。优点是在启动 command 命令程序之前,可以先启动 Shell 来分析命令字符串,也就可以使各种 Shell 扩展(如通配符)在程序启动之前就全部完成,这样就可以通过 popen 启动非常复杂的 Shell 命令。而相对应的缺点就是,对于每个 popen 调用不仅要启动一个被请求的程序,还要启动一个 Shell,即每一个 popen 调用事实上将启动两个进程,从效率和资源的角度看,popen 函数显然要差一些。

2. 无名管道的使用方法 2

从上一小节可以看出调用 popen 函数可以创建一个管道,但同时还会创建子进程、启动 Shell,可以说 popen 是对管道的一种封装调用。与此相对,pipe 则是一个底层调用,函数原

型如下：

```
#include <unistd.h>
int pipe(int pipefd[2]);
```

pipe 函数的功能就是创建一个用于进程间通信的管道。数组 pipefd 返回所创建管道的两个文件描述符，其中 pipefd[0]表示管道的读端，而 pipefd[1]表示管道的写端。从写端写入到管道中的数据由内核进行缓存，直到有进程从读端将数据读出。

从函数的原型可以看出，pipe 函数跟 popen 函数的一个重大区别是，popen 函数是基于文件流(FILE)工作的，而 pipe 函数是基于文件描述符工作的，所以在使用 pipe 创建的管道要使用 read 和 write 调用来读取和发送数据。

管道可以看做是一种特殊的文件。其特殊性表现在，首先它只存在于内存中，其次管道中的数据从读端读取后就被移出管道，也就是从管道使用的内核缓冲区中移除。管道的容量是有限制的。在 Linux 内核 2.6.11 版本之前，管道的容量，或者说一个管道使用的内核缓冲区大小，与系统的页面大小相同，在 i386 架构下就是 4096 字节，这与 POSIX 标准一致。在 Linux 内核 3.13.0 版本中管道容量可以根据用户的需求动态增长，最大为 1048576 字节，root 用户可以通过设置/proc/sys/fs/pipe-max-size 参数来改变该值。

另外，管道的读、写行为和一般文件也不相同。当一个进程使用 read 读取一个空管道时，read 将会阻塞，直到管道中有数据被写入；当一个进程试图向一个满的管道写入数据时，write 将会被阻塞，直到足够多的数据被从管道中读取，write 可以将数据全部写入管道中。根据 POSIX.1-2001 标准。当向管道中写入的数据量小于管道容量时，写入过程是原子性的，即写入到管道中的数据是一个连续的流。当向管道中写入的数据量大于管道容量时，写入过程就不一定是原子性的，即该进程写入到管道中的数据可能会与其他进程写入到管道中的数据交织在一起。

下面看一个管道的实际例子。

```
/* pipe_test01.c */
#include <stdio.h>
#include <unistd.h>
#include <sys/types.h>
#include <string.h>
#define BUFFER_SIZE 25
#define READ_END 0
#define WRITE_END 1
int main(void)
{
    char write_msg[BUFFER_SIZE] = "Greetings";
    char read_msg[BUFFER_SIZE];
    pid_t pid;
    int fd[2];
    if (pipe(fd) == -1) {                    /* 创建管道 */
        fprintf(stderr,"Pipe failed");
        return 1;
    }
    pid = fork();                            /* 创建子进程 */
```

```
    if (pid < 0) {
        fprintf(stderr, "Fork failed");
        return 1;
    }
    if (pid > 0) {                          /* 父进程 */
        close(fd[READ_END]);                /* 关闭不使用的读端 */
        /* 向管道中写入数据 */
        write(fd[WRITE_END], write_msg, strlen(write_msg) + 1);
        close(fd[WRITE_END]);               /* 关闭管道的写端 */
        wait(NULL);
    }
    else { /* 子进程 */
        close(fd[WRITE_END]);               /* 关闭不使用的写端 */
        /* 从管道中读取数据 */
        read(fd[READ_END], read_msg, BUFFER_SIZE);
        printf("child read %s\n",read_msg);
        close(fd[READ_END]);                /* 关闭管道的读端 */
    }
    return 0;
}
```

上述程序在父、子进程之间实现了一个无名管道，父进程向管道中写入了一串字符，子进程从管道中将字符读出。请读者注意，在 fork 生成子进程后，父、子进程共享 fd[2]数组，数组中存储的是读端、写端的文件描述符。父进程通过写端写入数据，子进程则通过读端读出数据。其执行结果如图 7.2 所示。

与 pipe 函数经常一起使用的还有 dup、dup2 函数，其原型如下：

```
#include <unistd.h>
int dup(int oldfd);
int dup2(int oldfd, int newfd);
```

两个函数的主要功能都是实现对 oldfd 文件描述符的复制。其中 dup 函数使用所有文件描述符中未使用的最小的编号作为新的描述符，而 dup2 则使用传入的 newfd 作为 oldfd 的副本。

把上述 pipe_test01.c 中的子进程代码替换如下：

```
/* pipe_test02.c */
/* child process */
close(0);                                   //关闭标准输入
dup(fd[READ_END]);                          //以标准输入作为管道的读端
close(fd[WRITE_END]);
close(fd[READ_END]);
execlp("/usr/bin/od", "od", "-c", NULL);    //启动新进程 od
return 0;
```

上述代码中首先调用 close 函数关系标准输出，这样当调用 dup 函数时，能够使用的最小的文件描述符就是 0，因此标准输入就被作为管道读端的一个副本，然后关闭写端和读端，执行程序 od -c。此时父进程向管道写入的数据成为了 od -c 的输入，od -c 命令把输入的数据以 ASCII 码的形式显示在屏幕上，其执行结果如图 7.2 所示。

```
os@ubuntu:~/ch07/exp1$ gcc -o pipe_test01 pipe_test01.c
os@ubuntu:~/ch07/exp1$ gcc -o pipe_test02 pipe_test02.c
os@ubuntu:~/ch07/exp1$ gcc -o pipe_test03 pipe_test03.c
os@ubuntu:~/ch07/exp1$ ./pipe_test01
child read Greetings
os@ubuntu:~/ch07/exp1$ ./pipe_test02
0000000   G   r   e   e   t   i   n   g   s  \0
0000012
os@ubuntu:~/ch07/exp1$ ./pipe_test03
MSG=hello fs
MSG=hello fs
MSG=hello fs
MSG=Goodbye!
the parent 12192 will exit
Child 12193 will exit!
End of conversation
os@ubuntu:~/ch07/exp1$ |
```

图 7.2 popen_test.c 执行结果

另外利用 read 函数的特性,可以实现在父、子进程之间的多次通信。假设子进程分几次向管道中写入数据,父进程循环等待读取管道,父进程的一个典型实现代码如下：

```
/* pipe_test03.c */
for(;;)
{
  nread = read(p[0],buf,MSGSIZE);
  switch(nread){
        case -1:
             if(errno == EAGAIN){
                  printf("pipe empty\n");
                  sleep(1);
                  break;
             }
        case 0:
           printf("End of conversation\n");
           exit(0);
        default:
           printf("MSG = %s\n",buf);
           if (strcmp(buf, msg2) == 0){
                printf("the parent %d will exit\n",getpid());
           }
     }
 }
```

在上述代码中父进程根据 read 返回的字节数判断后续动作。当 read 函数返回为－1 时查看是否是 EAGAIN 错误,即管道空而返回,由于此时 pipe 管道是阻塞的,所以不会出现此种情况,可以看到在图 7.2 的执行结果中没有 pipe empty 的输出；当返回值为 0 时表示读取结束,父进程退出；当返回值为其他时,输出读取的信息。

7.2.3 命名管道

无名管道可以比较方便地在相关进程之间实现数据通信。但是因为无名,所以在不相关进程之间就不能使用无名管道了,而必须使用命名管道。命名管道也被称为 FIFO 文件,它是一种特殊类型的文件。虽然创建方式不同，但命名管道和无名管道的IO行为都是相同的。由于Linux中所有的设备、对象等都可以看做是文件，所以命名管道的使用也就变得与文件操作一致，这也使它的使用变得非常方便。

1. 命名管道相关函数

命名管道在使用之前需要先进行创建，创建函数如下：

```
#include <sys/types.h>
#include <sys/stat.h>
int mkfifo(const char * pathname, mode_t mode);
```

mkfifo函数的功能是创建一个FIFO特殊文件，也就是命名管道，该文件的名称为第一个参数pathname，第二参数mode指明该文件的权限。

与其他文件一样，在使用之前必须先打开文件。命名管道在使用之前，也必须打开。虽然命名管道打开使用的也是open函数，但是其参数与一般文件不同。使用open函数打开命名管道有以下方式：

```
open(const char * pathname, O_RDONLY);
open(const char * pathname, O_RDONLY|O_NONBLOCK);
open(const char * pathname, O_WRONLY);
open(const char * pathname, O_WRONLY|O_NONBLOCK);
```

与普通文件相比，命名管道打开时使用的属性较少。虽然Linux 3.13.0内核支持以O_RDWR模式打开一个命名管道，但是POSIX对此没有明确定义，而且从实践上来看以O_RDWR来使用一个命名管道很容易出现错误。所以建议读者以只读或只写的方式打开命名管道，实现单向数据传输。在open函数第二个参数中有一个特殊选项O_NONBLOCK，该选项表示非阻塞。加上这个选项后，表示该open调用及以后在该管道文件描述符上的操作都是非阻塞的。

最后再次强调，虽然命名管道在使用之前需要创建和打开，但是打开后其IO行为与无名管道是相同的。

2. 命名管道用于无关进程间通信

命名管道可以实现无关进程间的高效数据传输。下面看一个例子。该例子程序中，服务器读取管道中的数据并将其保存到硬盘的一个文件上；客户端则读取一个文件的数据将其写入到管道中。服务器与客户端程序使用的头文件和宏定义都放在comm1.h中。

```
/*comm1.h*/
#include <unistd.h>
#include <stdlib.h>
#include <stdio.h>
#include <fcntl.h>
#include <sys/types.h>
#include <sys/stat.h>
#include <limits.h>
#include <string.h>
```

```
#define NAMEDPIPE "my_fifo"
#define DESTTXT   "dest.txt"
#define SOURTXT   "data.txt"
```

该头文件约定了服务器和客户端使用的命名管道的名称为 NAMEDPIPE，服务器向硬盘上存储数据的文件名称为 DESTTXT，客户端读取数据的文件为 SOURTXT。

服务器关键代码如下：

```
/* fifo_server01.c */
#include "comm1.h"
int main()
{
    int pipe_fd, dest_fd;
    int count = 0, bytes_read = 0, bytes_write ;
    char buffer[PIPE_BUF + 1];
    memset(buffer, '\0', sizeof(buffer));              //清空缓冲数组
    pipe_fd = open(NAMEDPIPE, O_RDONLY);               //以只读、阻塞方式打开管道文件
    if(pipe_fd == -1)
        exit(EXIT_FAILURE);
    printf("Process %d opening FIFO O_RDONLY\n", getpid());
    //以只写方式创建保存数据的文件
    dest_fd = open(DESTTXT, O_WRONLY|O_CREAT, 0644);
    if(dest_fd == -1)
        exit(EXIT_FAILURE);
    printf("Process %d result %d\n",getpid(), pipe_fd);
    do{
        count = read(pipe_fd, buffer, PIPE_BUF);
        //把读取的 FIFO 中数据保存在文件 DESTTXT 中
        bytes_write = write(dest_fd, buffer, count);
        bytes_read += count;
    }while(count > 0) ;
    close(pipe_fd);  close(dest_fd);
    printf("Process %d finished, %d bytes read\n", getpid(), bytes_read);
    exit(EXIT_SUCCESS);
}
```

客户端关键代码如下：

```
/* fifo_client01.c */
#include "comm1.h"
int main()
{
    int pipe_fd, sour_fd;
    int count = 0, bytes_sent = 0, bytes_read = 0;
    char buffer[PIPE_BUF + 1];
    if(access(NAMEDPIPE, F_OK) == -1) {                //管道文件不存在，创建命名管道
        mkfifo(NAMEDPIPE, 0777);
    }
    printf("Process %d opening FIFO O_WRONLY\n", getpid());
    //以只写阻塞方式打开 FIFO 文件，以只读方式打开数据文件
    pipe_fd = open(NAMEDPIPE, O_WRONLY);
```

```
    sour_fd = open(SOURTXT, O_RDONLY);
    printf("Process %d result %d\n", getpid(), pipe_fd);
    //从目标文件读取数据
    bytes_read = read(sour_fd, buffer, PIPE_BUF);
    buffer[bytes_read] = '\0';
    while( bytes_read > 0) {
        //向 FIFO 写数据
        count = write(pipe_fd, buffer, bytes_read);
        //累加写的字节数,并继续读取数据
        bytes_sent += count;
        bytes_read = read(sour_fd, buffer, PIPE_BUF);
        buffer[bytes_read] = '\0';
    }
    close(pipe_fd);  close(sour_fd);
    printf("Process %d finished, %d bytes sent\n", getpid(), bytes_sent);
    exit(EXIT_SUCCESS);
}
```

在上述代码中,由客户端负责创建命名管道。服务器、客户端各自以只读、只写方式打开命名管道。然后客户端和服务器进程通过 while 循环各自实现从文件 data.txt 中读数据并写入到管道中、从管道中读数据并写入到文件 dest.txt 中的操作,直到客户端读取的文件到达尾部、服务器端从管道读取数据返回为 0。两个程序编译后执行结果如图 7.3 所示。

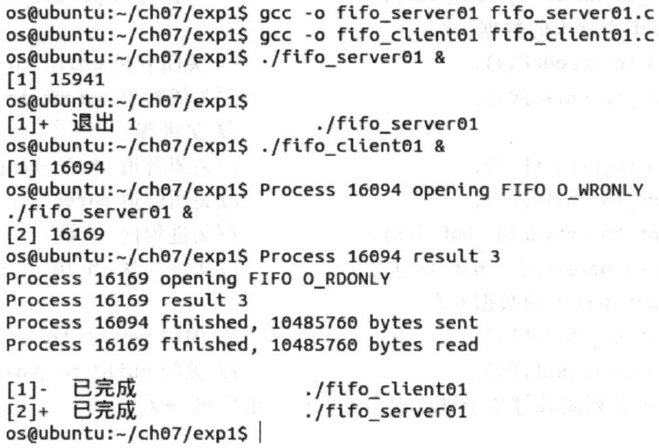
os@ubuntu:~/ch07/exp1$ gcc -o fifo_server01 fifo_server01.c
os@ubuntu:~/ch07/exp1$ gcc -o fifo_client01 fifo_client01.c
os@ubuntu:~/ch07/exp1$ ./fifo_server01 &
[1] 15941
os@ubuntu:~/ch07/exp1$
[1]+ 退出 1 ./fifo_server01
os@ubuntu:~/ch07/exp1$ ./fifo_client01 &
[1] 16094
os@ubuntu:~/ch07/exp1$ Process 16094 opening FIFO O_WRONLY
./fifo_server01 &
[2] 16169
os@ubuntu:~/ch07/exp1$ Process 16094 result 3
Process 16169 opening FIFO O_RDONLY
Process 16169 result 3
Process 16094 finished, 10485760 bytes sent
Process 16169 finished, 10485760 bytes read
[1]- 已完成 ./fifo_client01
[2]+ 已完成 ./fifo_server01
os@ubuntu:~/ch07/exp1$

图 7.3 fifo_server01.c 和 fifo_client01.c 执行结果

在图 7.3 中,如果先执行 fifo_server01 程序会直接运行结束,原因是命名管道是由 fifo_client01 建立的。所以在第一次运行时需要先运行 fifo_client01,再运行 fifo_server01,可以看到两个进程在非常短的时间内完成了 10485760 字节数据的传输。如果程序不是第一次运行,也就是 my_fifo 管道已经存在,则无论先运行 fifo_server01 还是 fifo_client01 都可以。创建的命名管道是随内核持续的,在系统重启后将被删除。另外在执行时,当前目录下需要有存储数据的文件 data.txt。

提示:为了验证管道的传输效率,这里使用的 data.txt 达到了 10MB。可以使用 dd 命令创建指定大小的文件,具体命令如下:

```
dd if = /dev/zero of = data.txt bs = 1M count = 10
```

这样就可以生成一个 10MB 的 data.txt 文件，文件内容为全 0(因从/dev/zero 中读取，/dev/zero 为 0 源)。

3. 基于管道的双向通信

由于管道是单向通信的，所以 fifo_server01 和 fifo_client01 使用一个管道实现了从客户端到服务器的数据单向传输。如果要实现服务器与客户端的双向传输，显然就需要两个管道。一个管道用于从客户端向服务器传送数据，客户端使用管道的写端，服务器使用管道的读端；另一个管道实现从服务器到客户端的数据传送，服务器使用管道的写端，客户端使用管道的读端。使用无名管道实现两个相关进程双向通信的一个简化模型如下：

```
int child_to_parent[2], parent_to_child[2];
pid_t pid;
pipe(&child_to_parent);                          // 创建父进程中用于读取数据的管道
pipe(&parent_to_child);                          // 创建父进程中用于写入数据的管道
if ( (pid = fork()) == 0) {                      // 子进程
    close(child_to_parent[0]);                   // 关闭管道 child_to_parent 的读端
    close(parent_to_child[1]);                   // 关闭管道 parent_to_child 的写端
    write(child_to_parent[1], buf,len);          // 子进程向 child_to_parent 管道写入数据
    read(parent_to_child[0], buf,len);           // 子进程从 parent_to_child 管道读取数据
    …/* 处理 buf 中读入的数据 */
    close(child_to_parent[1]);                   // 关闭管道 child_to_parent 的写端
    close(parent_to_child[0]);                   //关闭管道 parent_to_child 的读端
} else {                                         // 父进程
    close(child_to_parent[1]);                   //关闭管道 child_to_parent 的写端
    close(parent_to_child[0]);                   //关闭管道 parent_to_child 的读端
    write(parent_to_child[1], buf,len);          //父进程向 parent_to_child 管道写入数据
    read(child_to_parent[0], buf,len);           //父进程从 child_to_parent 管道读取数据
    …/* 处理 buf 中读入的数据 */
    close(parent_to_child[1]);                   // 关闭 parent_to_child 管道的写端
    close(child_to_parent[0]);                   // 关闭 child_to_parent 管道的读端
    /* 使用 wait 系列函数等待子进程退出并取得退出代码 */
}
```

上述代码给出了使用两个管道实现父子进程双向通信的简单模型，没有包括错误检测、数据处理等步骤。其中 child_to_parent 表示从子进程向父进程传输数据的管道，parent_to_child 表示从父进程向子进程传输数据的管道。请读者注意，上述代码中父、子进程中的 write 和 read 的顺序并不是固定不变的，可以根据实际应用进行调整。但是，父、子进程不能都是先调用 read、再调用 write，否则会出现死锁。原因是 read 调用是阻塞的，调用后如果管道的写端没有数据写入，则调用进程会一直阻塞，而父、子进程都是先调用 read 后调用 write，则会出现循环等待，进入死锁状态。

使用命名管道实现无关进程双向通信的主要原理和上述模型基本一致，不再赘述。详细实现请参考电子资源中"/源代码/ch07/exp1/"目录下的 fifo_server02.c 和 fifo_client02.c。

实验 1：管道通信

本节实验代码为电子资源中"/源代码/ch07/exp1/"目录下的文件，包括无名管道和命名管道的应用。请读者编译、运行该目录下的程序，观察实验现象，理解并掌握无名管道和命名管道的原理和使用方法。

7.3 套接字通信

管道通信一般用于同一台计算机上的进程间通信，即本地通信，而本节的套接字不仅可用于本地通信，更可以用于网络通信，即不同计算机上的进程间通信。本节将介绍套接字通信的主要概念和基本工作原理，并通过实例来展示如何利用套接字来实现本地进程通信和网络通信。

说得形象点，一个**套接字**(Socket)就类似于一扇门。当门打开，外面的人可以通过门进到房子里来，里面的人也可以通过门出去。当门关闭时，就拒绝了和外界的交往。如果两个人互相朝对方打开了一扇门，那么他们之间就建立了联系(**连接**)，彼此就可以相互交流(通信)。

具体到网络通信，套接字可以看作进程访问系统网络组件的接口，它有相应的一块内存，其中存放了它的各种属性。进程对套接字的各种操作将转换为对网络组件的操作，从而通过网络收发数据。当属于不同进程的两个套接字之间建立了一个连接，那么，这两个进程就可以通过这一对套接字进行通信了。一个进程可以创建多个套接字，分别用于不同的通信目的。一个通信连接关联一对且只能是一对套接字。

7.3.1 用文件套接字实现本地进程通信

首先看一个利用套接字实现本地进程间通信的实例，从而对套接字通信先有个感性认识。

在进行通信的两个进程中，主动发起通信请求的一方称为**客户**，被动响应的一方称为**服务器**。它们既可以是处在同一台计算机上的两个进程，也可以分别处于网络环境下的不同主机上。这种通信模型叫做**客户端/服务器模型**，即 Client/Server 模型(简称 **C/S 模型**)，是所有网络应用的基础。

下面实例的功能是，客户端进程向服务器进程发送一个简单信息，服务器进程收到后对该信息略作加工，再将加工后的信息返回给客户进程。对应于服务器进程和客户进程的程序分别是 sockFileServer. c 和客户程序 sockFileClient. c。完整源代码位于电子资源的"/源代码/ch07/exp2/"目录。

1. 服务器实现

(1) 创建套接字。

```
unlink("server_socket");
int server_sock = socket(AF_UNIX, SOCK_STREAM, 0);
```

这里首先调用 unlink 删除套接字文件 server_socket(如果该文件已经存在)。然后调用 socket 函数创建一个套接字，并返回一个套接字描述符 server_sock，用于将来访问该套接字。socket 函数原型如下：

```
#include <sys/types.h>
#include <sys/socket.h>
int socket(int domain, int type, int protocol);
```

domain 参数是套接字的域（协议簇），最常用的域是 AF_UNIX 和 AF_INET，前者用于通过 Linux 文件系统实现**本地套接字**，后者用于实现**网络套接字**。这个实例创建的就是本地套接字。

type 指定套接字类型，决定了套接字所采用的通信机制。有两种常见类型：流套接字和数据报套接字。**流套接字**维持一个有序、可靠、双向字节流的连接，较大的数据块会被分解、传输、重组。发送数据时不会丢失、重复或乱序到达，其行为是可预见的。流套接字类型由 SOCK_STREAM 指定，在 AF_INET 域中是通过 TCP/IP 连接实现的。**数据报套接字**不建立和维持连接，每个数据报作为一个单独的网络消息来传输，因此，数据报在传输过程中可能会丢失、重复或乱序到达。数据报套接字类型由 SOCK_STREAM 指定，在 AF_INET 域中是通过 UDP/IP 连接实现的。尽管数据报套接字提供的是一种无序的、不可靠的服务，但从资源角度来看，这种套接字开销小、速度快，因为它们无须建立和维持网络连接。因此，数据报套接字适用于对可靠性要求不高、强调通信效率的场合，如网络视频通信。AF_UNIX 域只支持流套接字，而 AF_INET 域支持两种通信机制：流（Stream）和数据报（Datagram）。

protocol 指定通信所用的协议，一般由套接字域和类型来决定，一般将其设为 0，表示使用默认协议。

socket 函数返回的套接字描述符类似于文件描述符，与另一个套接字建立连接后，就可以使用 read 和 write 函数通过该描述符在套接字上收发数据了。当通信完毕，可以用 close 函数来关闭套接字。

（2）为套接字命名。

```
struct sockaddr_un server_address;
server_address.sun_family = AF_UNIX;
strcpy(server_address.sun_path, "server_socket");
int server_len = sizeof(server_address);
bind(server_sock, (struct sockaddr *)&server_address, server_len);
```

上述代码为第（1）步创建的套接字 server_sock 命名。服务器要为客户提供服务，必须使得客户进程能够访问到服务器的套接字。为此，必须为服务套接字命名。命名（Naming）就是将套接字绑定（Binding）到一个特定的地址。对于 AF_UNIX 套接字，就是将套接字关联到文件系统的一个路径名，而对于 AF_INET 套接字是关联到一个 IP 端口号。命名通过 bind 函数来完成，该函数的原型如下：

```
#include <sys/socket.h>
int bind(int socket, const struct sockaddr * address, size_t address_len);
```

socket 是所要命名的套接字的标识符，address 为要绑定的地址，address_len 为地址结构的长度。注意：在这里，需要将一个特定的地址结构指针转换为通用地址类型(struct sockaddr *)。

每个套接字域都有自己的地址格式。尽管如此，它们的结构是类似的，一般都以结构(struct)的形式来定义，并且第一个成员分量都用以指定地址类型。

AF_UNIX 域的地址结构定义在头文件 sys/un.h 中，具体定义如下：

```
struct sockaddr_un{
    sa_family_t       sun_family;          /* AF_UNIX */
    char              sun_path[ ];         /* 路径名 */
};
```

其中，sun_family 是地址类型，应赋值为 AF_UNIX；sun_path 用以指定套接字地址，应赋值为一个路径(文件)名，Linux 规定其长度不超过 108 个字符；sa_family_t 是一个在头文件 sys/un.h 中声明的短整数类型。

AF_INET 域的地址结构定义在头文件 netinet/in.h 中，具体定义如下：

```
struct sockaddr_in{
    short int             sin_family;   /* AF_INET */
    unsigned short int    sin_port;     /* 端口号 */
    struct in_addr        sin_addr;     /* IP 地址 */
};
```

其中 IP 地址结构 in_addr 的定义如下：

```
struct in_addr{
    unsigned long int    s_addr;
}
```

一个 AF_INET 套接字可以由它的域、IP 地址和端口号完全确定。

bind 函数成功时返回 0；失败时返回－1。

(3) 监听连接。

```
listen(server_sock, 5);
```

这里通过调用 listen 函数在服务套接字 server_sock 上监听客户端连接。listen 函数会创建一个队列来缓存未处理的连接，该函数的原型定义如下：

```
#include <sys/socket.h>
int listen(int socket, int backlog);
```

其中，socket 是服务套接字的标识符。backlog 为连接队列的最大长度(因为 Linux 系统通常会对队列中的最大连接数有所限制)，当队列中的连接数超过这个值时，后续的连接将被拒绝。backlog 参数通常设为 5。

listen 函数成功时返回 0，失败时返回－1。

(4) 接受连接。

```
int client_sock, client_len;
struct sockaddr_un client_address;
int a,b,c;
```

```
    while(1) {
        printf("server waiting…\n");
        /* 接受一个连接 */
        client_len = sizeof(client_address);
        client_sock = accept(server_sock, (struct sockaddr *)&client_address, &client_len);
        /* 通过对 client_sock 套节字的读写操作与客户进行通信 */
        read(client_sock, &a, sizeof(int));
        read(client_sock, &b, sizeof(int));
        c = a + b;
        write(client_sock, &c, sizeof(int));
        close(client_sock);
    }
```

这里调用 accept 函数来接受客户的连接。accept 函数的原型定义如下：

```
#include <sys/socket.h>
int accept(int socket, struct sockaddr * address, size_t * address_len);
```

只有当监听队列中第一个未处理的连接试图连接到由 socket 参数指定的服务套接字时，函数才返回。accept 函数会创建一个新套接字来与所接受的客户进行通信，并返回新套接字的描述符。新套接字类型与服务套接字的类型是一样的。

address 参数所指向的 sockaddr 结构用于存放连接客户的地址，如果程序不需要客户地址，也可以将该参数设为空指针。address_len 参数用以指定客户地址结构的长度。如果客户地址长度超过这个值，它将被截断，因此在调用 accept 之前必须将 address_len 设为足够的长度。当函数返回时，address_len 将被置为客户地址结构的实际长度。

如果监听队列中没有未处理的连接，accept 函数将阻塞，程序暂停执行，直到有客户连接为止。当有未处理的客户连接时，accept 函数返回一个新套接字的描述符。发生错误时，返回－1。

2. 客户端实现

(1) 创建无名套接字。

```
int sock = socket(AF_UNIX, SOCK_STREAM, 0);
```

这里创建一个客户端套接字，对客户端套接字来说是无须命名的。

(2) 请求连接服务器。

```
struct sockaddr_un address;
address.sun_family = AF_UNIX;
strcpy(address.sun_path, "server_socket");
int len = sizeof(address);
int result = connect(sock, (struct sockaddr *)&address, len);
```

通过调用 connect 函数连接到服务器进程，该函数在一个未命名的客户套接字和服务器套接字之间建立一个连接。connect 函数原型定义如下：

```
#include <sys/socket.h>
int connect(int socket, const struct sockaddr * address, size_t address_len);
```

socket 为客户套接字描述符，address 指向服务器套接字地址，address_len 是服务器套接字地址结构的长度。connect 函数成功时返回 0，失败时返回－1。

（3）数据通信。

连接一旦建立起来，就可以用连接所关联的一对套接字进行双向数据通信了。代码如下：

```
int a = 100,b = 200,c = 0;
write(sock, &a, sizeof(int));
write(sock, &b, sizeof(int));
read(sock, &c, sizeof(int));
printf("来自服务器的数据为： % d\n", c);
```

（4）关闭套接字。

```
close(sock);
```

通过调用 close 函数关闭客户套接字 sock，与服务器套接字的连接也自然关闭。close 函数原型定义如下：

```
#include <unistd.h>
int close(int socket);
```

其中 socket 是要关闭的套接字标识符。函数成功时返回 0，失败时返回－1。

3. 运行

首先编译并运行服务器程序 socketServer. c，它会显示一条提示信息，等待客户的连接。然后编译并运行客户端程序 client. c，将会看到成功连接到服务器，并与服务器进行通信。整个过程如图 7.4 所示，图中第 3 行的"&"表示后台运行。

```
os@ubuntu:~/ch07/exp2$ gcc -o sockFileServer sockFileServer.c
os@ubuntu:~/ch07/exp2$ gcc -o sockFileClient sockFileClient.c
os@ubuntu:~/ch07/exp2$ ./sockFileServer &
[1] 19025
os@ubuntu:~/ch07/exp2$ server waiting...
./sockFileClient
server waiting...
来自服务器的数据为： 300
os@ubuntu:~/ch07/exp2$ |
```

图 7.4 服务器和客户端的编译运行

实验 2：文件套接字通信

本实验代码为电子资源中"/源代码/ch07/exp2/"目录下的文件。请读者编译、运行该目录下的程序，并尝试将程序中的通信数据类型由字符型改为整型，观察实验结果，理解并掌握本地文件套接字的使用方法。

7.3.2 用网络套接字实现网络进程通信

在 7.3.1 节中，用文件系统套接字实现了进程间通信，这种套接字只能用于同一台计算机上的进程间通信。在本节，将使用网络套接字来实现进程间通信。网络套接字不仅可以实现不同计算机上的进程间通信，也可以用于本地进程通信。

其实，只要在上节的例子基础上稍作修改，就可以实现网络进程通信了。这里只列出与原来的例子不同的地方，完整的程序代码参见电子资源"/源代码/ch07/exp3/"。

1. 服务器程序 sockNetServer.c

该程序创建一个 AF_INET 域的套接字，并在这个套接字上等待客户的连接。需要在原实例的基础上修改以下几个地方。

(1) 头文件。因为要用网络套接字替换文件系统套接字，所以需要添加包含头文件 netinet/in.h 和 arpa/inet.h，取消包含头文件 sys/un.h。

```
#include <netinet/in.h>
#include <arpa/inet.h>
```

(2) 套接字地址的类型。由结构 sockaddr_un 改为结构 sockaddr_in。

```
struct sockaddr_in server_address;
struct sockaddr_in client_address;
```

(3) 套接字的创建。套接字域由 AF_UNIX 改为 AF_INET，并且删除套接字的操作 unlink("server_socket")也不需要了。

```
server_sock = socket(AF_INET, SOCK_STREAM, 0);
```

(4) 套接字命名。套接字域由 AF_UNIX 改为 AF_INET，并将服务套接字的 IP 地址设为 127.0.0.1，端口号设为 7000。

```
server_address.sin_family = AF_INET;
server_address.sin_addr.s_addr = inet_addr("127.0.0.1");  //或 htonl(INADDR_ANY)
server_address.sin_port = htons(7000);
```

基于网络套接字的程序可运行在局域网、Internet 上，也可以运行在单机上，因为 Linux 计算机通常配有一个**回路(Loopback)网络**。回路网络中只有一台计算机，即本地主机(Localhost)，它有一个标准的 IP 地址，即 127.0.0.1。这里采用的就是回路网络，以便于在本机进行调试。如果想允许服务器和运行在其他计算机上的远程客户进行通信，只需要将这里的 IP 地址 127.0.0.1 修改为服务器程序所在主机的网络 IP 地址。

一台计算机可能会同时处于多个网络中，如回路网络、通过一块网卡连接的局域网、通过另一块网卡连接的因特网。该主机在每个网络中可能会有不同的主机名以及相应不同的 IP 地址，这些信息可以在文件/etc/hosts 中查看到。可将 IP 地址用 INADDR_ANY 来表示，这样，服务器将可以接受来自计算机所处的任何网络的连接。INADDR_ANY 是一个 32 位整数，可以用在地址结构的 sin_addr.s_addr 中。

这里采用的端口号是 7000。注意，在进行套接字编程时不要使用小于 1024 的端口号，因为它们是系统保留的。已经被占用的端口号及它们对应的服务往往被列在/etc/services 文件中，编程时不要选择列在其中的端口号。上述代码中的 inet_addr 函数用以将文本方式的 IP 地址转换为套接字地址要求的格式，该函数定义在头文件 netinet/in.h 中。

程序的其余部分与 7.3.1 节中的实例完全一样。

2. 客户程序 sockNetClient.c

该程序通过回路网络连接到一个网络套接字，然后与服务器进行通信。需要在原实例的基础上修改以下几个地方。

（1）头文件。因为要用网络套接字替换文件系统套接字，所以需要添加包含头文件 netinet/in.h 和 arpa/inet.h，移除包含头文件 sys/un.h。

```
#include <netinet/in.h>
#include <arpa/inet.h>
```

（2）套接字地址的类型。由结构 sockaddr_un 改为结构 sockaddr_in。

```
struct sockaddr_in address;
```

（3）套接字的创建。套接字域由 AF_UNIX 改为 AF_INET。

```
sock = socket(AF_INET, SOCK_STREAM, 0);
```

（4）为服务器套接字命名。套接字域由 AF_UNIX 改为 AF_INET，并将服务器 IP 地址设为 127.0.0.1，端口号设为 7000。

```
address.sin_family = AF_INET;
address.sin_addr.s_addr = inet_addr("127.0.0.1");
address.sin_port = 7000;
```

程序的其余部分与 7.3.1 节中的实例完全一样。

分别编译运行服务器程序和客户端程序，其结果如图 7.5 所示。

```
os@ubuntu:~/ch07/exp3$ gcc -o sockNetServer sockNetServer.c
os@ubuntu:~/ch07/exp3$ gcc -o sockNetClient sockNetClient.c
os@ubuntu:~/ch07/exp3$ ./sockNetServer &
[1] 19777
os@ubuntu:~/ch07/exp3$ server waiting
./sockNetClient
server waiting
来自服务器的数据为： 300
os@ubuntu:~/ch07/exp3$ |
```

图 7.5 服务器和客户端的编译运行

3. 主机字节序与网络字节序

也许读者已经留意到，在服务器程序 sockNetServer.c 中用到了函数 htonl 和 htons，下面解释一下它们的功能及必要性。这涉及两个概念：**主机字节序**和**网络字节序**。不同的计算机在表示整数时所采用的字节顺序可能是不同的。例如，Intel 处理将 32 位整数分为 4 个连续的字节，并以字节序 1-2-3-4 来存储，其中 1 对应最高位字节；而 IBM 处理器则以字节序 4-3-2-1 来存储。因此，通过网络传输的多字节整数在不同的计算机上可能会得到不同的值。为了协调这种不一致，就需要定义一个网络字节序。

客户端/服务器程序在传输之前，应将整数的本机表示方式转换为网络字节序。可以用定义在头文件 netinet/in.h 中的下列几个函数来完成这项工作：

```
usigned long int htonl(usigned long int hostlong);
```

```
usigned short int htons(usigned long int hostshort);
usigned long int ntohl(usigned long int netlong);
usigned short int ntohs(usigned long int netshort);
```

这些函数名都体现了相应的函数功能。其中，h 表示 host（主机），n 表示 network（网络），l 表示 long（长），s 代表 short（短），如函数 htonl 的功能是将长整型数由主机字节序转换为网络字节序。另外，如果主机字节序碰巧与网络字节序相同，则这些函数相当于执行空操作。

实验 3：网络套接字通信

本实验代码为电子资源中“/源代码/ch07/exp3/”目录下的文件。请读者编译、运行该目录下的程序，观察实验现象，理解并掌握网络套接字通信的原理和使用方法。

7.4 本章小结

本章介绍了管道通信和套接字通信。管道通信用于本地进程通信，而套接字通信既可以用于本地通信，更可用于网络通信。

套接字通信的应用最为广泛，所以本章用了较大的篇幅来介绍它。尽管如此，关于套接字通信的实例程序仍有一些需要完善的地方。例如，客户端和服务器程序 IP 地址和端口号是写死在程序中的，不够通用；不能同时为多个客户提供服务等。第 10 章“Linux 综合应用”中将弥补这些缺陷。

另外，本章涉及许多概念，如 Client/Server 模型、流、数据报、主机字节序与网络字节序等，如果读者还没有学过软件工程、计算机网络等课程，那么目前只要通过做本章的实验有一个感性认识即可，或者通过网络搜索相关资料进一步了解。

接下来的一章，将介绍具有图形界面的程序开发和一种集成开发环境，以方便地开发出更加友好的应用程序，同时也是为第 10 章的综合应用做好准备。

习题

7-1 什么是管道？无名管道和命名管道有什么区别？

7-2 什么是套接字？

7-3 流套接字和数据报套接字有什么区别？它们分别适用于什么场合？

练习

用网络套接字实现远程进程通信，要求传输结构（struct）类型的数据，且结构包含两个以上不同类型的成员。

第8章 利用Qt开发GUI应用程序

到目前为止，所编写的程序都是运行在命令行终端上的，用户界面都是文本方式的。这一章学习如何在Linux上利用Qt框架开发具有图形用户界面的应用程序。Qt是一个跨平台的C++图形用户界面应用程序框架。使用Qt只需一次性开发应用程序，无须重新编写源代码，便可跨不同桌面和嵌入式操作系统部署这些应用程序。Qt Creator是跨平台Qt IDE(集成开发环境)，可单独使用，也可与Qt库和开发工具组成一套完整的SDK。其中包括：C++代码编辑器，项目和生成管理工具，集成的上下文相关的帮助系统，图形化调试器，代码管理和浏览工具。

本章首先介绍Qt及Qt Creator的使用，然后讲解Qt的信号/槽机制以及Qt图形界面设计。通过本章的学习，使读者对于在Qt框架下进行应用开发的流程有个总体的了解。

本章学习目标

- 掌握在Qt/Qt Creator环境下进行应用开发的流程
- 理解并掌握Qt的信号/槽机制
- 学会用Qt Designer进行界面设计

8.1 Qt及Qt Creator

本节首先对Qt及Qt Creator做一个简单介绍，使得读者对Qt开发环境有个总体的感性认识；然后介绍Qt开发环境的安装、启动和卸载。

8.1.1 Qt简介

Qt是一个跨平台的C++图形用户界面应用程序框架，为应用程序开发者构建艺术级的图形用户界面提供了有力的支持。Qt与Windows平台上的MFC是同类型的东西。

1. Qt功能与特性

(1) 直观的C++类库。模块化Qt C++类库提供了一套丰富的应用程序生成块(Block)，包含了构建跨平台应用程序所需的全部功能。具有直观、易学、易用及生成好理解、易维护的代码等特点。

(2) 跨平台可移植性。使用Qt，只需一次性开发应用程序，就可跨不同操作系统进行部署,而无须重新编写源代码。

(3) 具有跨平台的集成开发环境。Qt Creator 是专为 Qt 开发人员量身定制的跨平台集成开发环境(IDE),它可以在 Windows、Linux/X11 和 Mac OS X 桌面操作系统上运行,供开发人员针对多个桌面和移动设备平台创建应用程序。

2. Qt 类库

模块化 Qt C++类库提供了一套丰富的应用程序生成块,包含了生成高级跨平台应用程序所需的全部功能。

(1) 先进的图形用户界面(GUI)。Qt 使用所支持平台的本地化图形 API,充分利用系统资源并给予应用程序本地化的界面。

(2) 多线程。Qt 的跨平台多线程功能简化了并行编程,它的同步功能可以更加轻松地利用多核架构。另外,基于 Qt 的信号与槽,可实现跨线程类型安全的对象间通信。

(3) 对象间通信。在开发应用程序的过程中,常见的系统崩溃问题的症结根源是如何在不同组件之间进行通信。对于该问题,Qt 提供了信号(Signal)/槽(Slot)机制。

(4) 多媒体框架。Qt 使用 Phonon 多媒体框架为众多的多媒体格式提供跨桌面与嵌入式操作系统的回放功能。Phonon 可以轻松将音频与视频回放功能加入到 Qt 应用程序中,并且在每个目标平台上提取多媒体格式与框架。

(5) 网络连接。Qt 使网络编程更简单,并支持跨平台网络编程。

(6) 数据库。Qt 帮助程序员将数据库与 Qt 应用程序无缝集成。Qt 支持所有主要的数据库驱动,并可将 SQL 发送到数据库服务器,或者让 Qt SQL 类自动生成 SQL 查询。

8.1.2 Qt Creator

Qt Creator 是为 Qt 跨平台开发人员量身定制的、轻量级集成开发环境(IDE),支持包括 Linux、Mac OS X 及 Windows 在内的多种操作系统。Qt Creator 功能和特性如下:

(1) 为 Qt 跨平台开发人员量身定制。集成了特定于 Qt 的功能,如信号与槽(Signals & Slots)图示调试器,对 Qt 类结构可一目了然。集成了 Qt Designer 可视化布局和格式构建器,只需单击就可生成和运行 Qt 项目。

(2) 高级代码编辑器。Qt Creator 的高级代码编辑器支持编辑 C++ 和 QML(JavaScript)、上下文相关帮助、代码完成功能、本机代码转化及其他功能。

(3) 集成用户界面设计器:Qt Creator 提供了两个集成的可视化编辑器,用于通过 Qt Widget 生成用户界面的 Qt Designer,以及用于通过 QML 语言开发动态用户界面的 Qt Quick Designer。

(4) 项目和编译管理。无论是导入现有项目还是创建一个新项目,Qt Creator 都能生成所有必要的文件,包括对 cross-qmake 和 Cmake 的支持。

(5) 桌面和移动平台。Qt Creator 支持在桌面系统和移动设备中编译和运行 Qt 应用程序。通过编译设置,可以在目标平台之间快速切换。

(6) Qt 模拟器。Qt 模拟器可在与目标移动设备相似的环境中对移动设备的 Qt 应用程序进行测试。

8.1.3 Qt 的安装和启动

Qt 的安装有两种方式：一是采用 SDK 安装的方式，SDK 中默认集成了 Qt Creator 和 Qt 库；二是采用 Qt 库与 Qt Creator 分别安装的方式。这里采用第一种方式。

1. 对主机环境的要求

用于 Linux 的 Qt 安装程序假定 C++编译器、调试器(debugger)、make 以及其他开发工具是由主机操作系统提供的。另外，构建图形 Qt 应用(graphical Qt applications)要求安装 OpenGL 库和头文件。多数 Linux 默认情况下不会安装上述内容，不必担心，安装它们其实很简单。在 Ubuntu 下可以用以下命令来安装 Qt 应用开发的基本需求：

```
sudo apt - get install build - essential libgl1 - mesa - dev
```

至于在其他版本的 Linux 下是如何安装的，可以到 Qt 官网(http://www.qt.io/zh-hans/)查询。

2. 下载安装包

Qt 的 SDK 可以到 Qt 官方网站(http://www.qt.io/zh-hans/)下载。安装包分为两种：Qt 在线安装包和 Qt 离线安装包。Qt 在线安装包是一个小型的可执行文件，可以根据您的选择在 Internet 上下载内容，它提供所有 Qt 5.x 的二进制代码、源文件包以及最新的 Qt Creator。Qt 离线安装包是一个独立的二进制代码包，包括 Qt 类库和 Qt Creator。

下载时请注意根据自己的操作系统版本选择正确的安装包。这里选择 Qt 离线安装包，版本是 Qt 5.4.0 for Linux 32-bit，这是一个 run 文件：qt-opensource-linux-x86-5.4.0.run。

3. 安装

在安装文件所在的目录下打开终端，用命令 chmod u+x qt-opensource-linux-x86-5.4.0.run 赋予该文件可执行属性，然后运行该文件，如图 8.1 所示。

```
os@ubuntu:~/下载$ chmod u+x qt-opensource-linux-x86-5.4.0.run
os@ubuntu:~/下载$ ./qt-opensource-linux-x86-5.4.0.run
```

图 8.1 运行安装程序

这时会进入 Qt 安装设置向导界面，单击“下一步”按钮开始安装。安装过程中会要求选择要安装的组件，这里建议全选。其余一律按默认选项设置即可，尤其建议不要修改默认的安装文件夹，以免将来引起不必要的麻烦。

4. 启动

这里给出几种常用的启动 Qt 的方法，当然用桌面快捷方式是最方便的。

(1) 用 dash 搜索

用 dash 搜索 Qt Creator，单击 Qt 图标即可启动 Qt Creator，如图 8.2 所示。

图 8.2 用 dash 搜索启动 Qt Creator

(2) 直接用启动文件。

在 Qt 的安装目录下找到启动文件 qtcreater，双击它即可启动。该文件的具体位置可能因 Qt 版本不同而略有变化，一般是在类似于 Qt5.4/Tools/QtCreater/bin/这样的位置。

(3) 桌面快捷方式。

Qt 安装完成后并不会自动在桌面上建立快捷方式，必须手工创建一个。具体方法如下：在桌面上建立 Qt5.4.desktop 文件，输入以下代码(参见电子资源"源代码/ch08/exp1/Qt5.4.desktop")。

```
[Desktop Entry]
Categories = Development;
Comment[zh_CN] =
Comment =
Exec = /home/os/Qt5.4.0/Tools/QtCreator/bin/qtcreator   //qtcreator 的具体文件路径
GenericName[zh_CN] = IDE
GenericName = IDE
Icon = /home/os/Pictures/qtcreator.png                  //桌面快捷方式的图标路径
MimeType =
Name[zh_CN] = Qt5.4                                     //桌面快捷方式的名称
Name = Qt5.4
Path =
StartupNotify = true
Terminal = false
Type = Application
X - DBUS - ServiceName =
X - DBUS - StartupType =
X - KDE - SubstituteUID = false
X - KDE - Username = os                                 //登录用户名
```

然后，赋予该文件可执行权限，相应的命令为 chmod +x Qt5.4.desktop。完成之后，就会发现桌面上有了 Qt 的快捷方式，如图 8.3 所示。

8.1.4 Qt Creator 的界面组成

启动 Qt Creator，其界面如图 8.4 所示，主要包括主窗口区、菜单栏、模式选择器、常用按钮、定位器和输出面板等。在这里只是简单介绍一下它们的功能，至于它们的具体使用方法，等后面真正用到它们的时候再逐步掌握。

图 8.3 Qt 桌面快捷方式

1. 菜单栏(Menu Bar)

菜单栏有文件、编辑、构建、调试、分析、工具、控件、帮助等，包含常用的功能菜单。

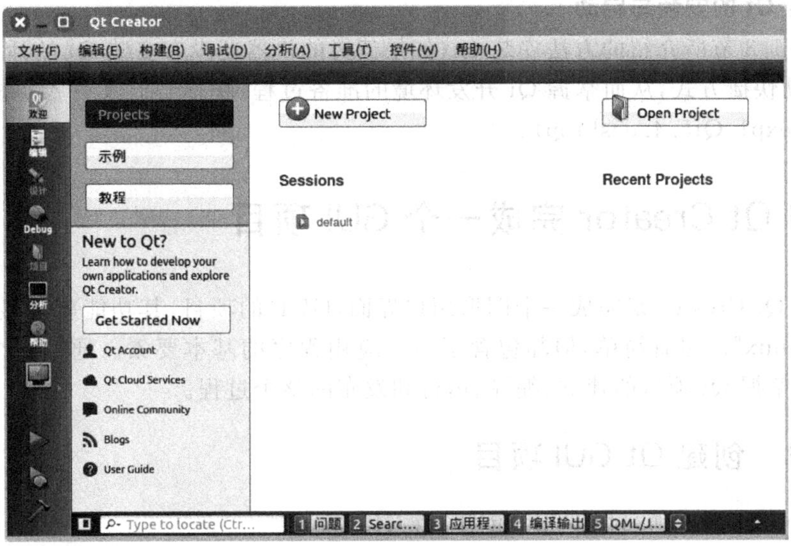

图 8.4 Qt Creator 界面

2. 模式选择器(Mode Selector)

Qt Creator 分为 7 个模式：欢迎、编辑、设计、调试、项目、分析和帮助，分别由左侧的 7 个图标进行切换，对应的快捷键是 Ctrl ＋数字 1～7。

(1) 欢迎模式。在这里可以看到一些入门教程、开发的项目列表、Qt 提供的示例程序，也可以创建或打开一个项目。

(2) 编辑模式。其主要用以管理项目文件、编辑程序代码。

(3) 设计模式。主要是用于设计图形界面，进行部件属性的设置、信号和槽的设置等。

(4) 调试(Debug)模式。用于程序的调试，包括设置断点、单步运行、调试过程监视等。

(5) 项目模式。用于对项目的构建设置、运行设置、编辑器设置等。

(6) 分析模式。用于代码分析。

(7) 帮助模式。其包括 Qt 和 Qt Creator 的各种帮助信息。

3. 常用按钮

其包括目标选择器(Target selector)、运行(Run)、调试(Debug)和构建全部(Build all)等 4 个按钮。其中，目标选择器用以选择平台、编译项目的哪个版本(debug 版本或 release 版本)；"运行"按钮用以项目的构建和运行；"调试"按钮用以进入调试模式；"构建全部"按钮可以构建所有打开的项目。

4. 定位器(Locator)

定位器用于快速定位项目、文件、类、方法、帮助文档及文件系统。

5. 输出面板(Output panes)

其包含了构建问题、搜索结果、应用程序输出和编译输出等。

实验 1：Qt 的安装与启动

按照 8.1.3 节所介绍的方法安装 Qt(如果读者的机器还没有安装 Qt 的话)，并创建 Qt Creator 启动快捷方式，从而掌握 Qt 开发环境的准备过程(快捷方式文件参见电子资源“源代码/ch08/exp1/Qt5.4.desktop)。

8.2 用 Qt Creator 完成一个 GUI 项目

本节用 Qt Creator 来完成一个图形用户界面(GUI)的项目，其功能就是显示一个字符串"Hello Linux"。尽管简单，但却包含了一个应用程序的基本要素。通过这个简单项目，旨在让读者掌握 Qt 项目的建立、编译、运行和发布的整个过程。

8.2.1 创建 Qt GUI 项目

启动 Qt Creator，通过以下步骤创建 Qt GUI 项目。

1. 选择项目模板

单击欢迎模式中的 New Project 按钮(或通过“文件”菜单中的“新建文件或项目”命令，或按 Ctrl＋N 组合键)打开“新项目(New Project)”对话框，首先看到的是项目模板选择，如图 8.5 所示。这里选择“Qt Widgets Application(Qt 部件应用)”选项，然后单击“Choose (选择)”按钮。

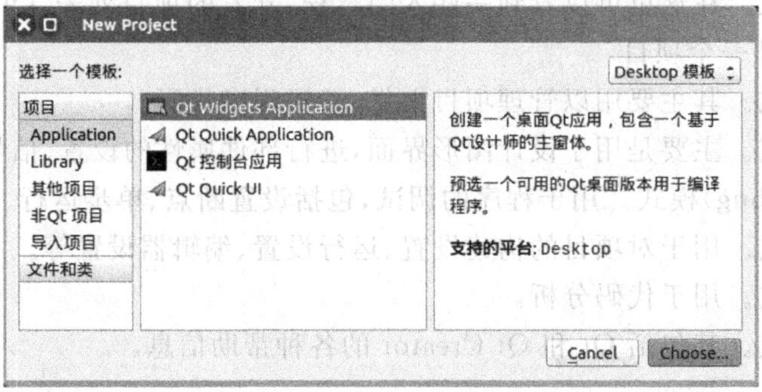

图 8.5　选择项目模板

2. 设置项目信息

接下来是设置项目名称和项目路径，将其分别设为 QtHello 和/home/os/QtProjects (注意：项目名和路径名都不能包含中文)，如图 8.6 所示。

单击“下一步”按钮进入工具选择(Kit Selection)，这里用以指定项目所用的编译器、调试器等工具，同时包含了项目调试(Debug)和发布(Release)的输出路径，这些都不必修改，保持默认设置即可，如图 8.7 所示。

在接下来的类信息中，用以设置要创建的源代码文件的基本类信息。这里将类名改为 WinHello，会发现相应的头文件、源文件和界面文件的文件名都自动生成了，保持默认设置即可，如图 8.8 所示。

图 8.6 设置项目名称和路径

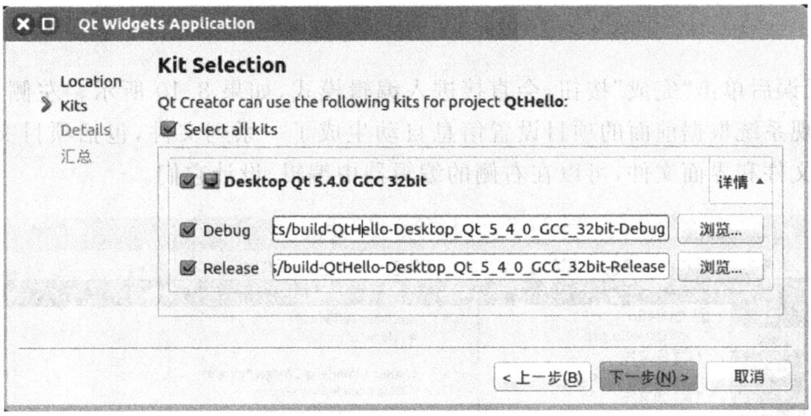

图 8.7 工具选择

图 8.8 设置"类信息"

最后是项目的汇总信息，如图 8.9 所示。

图 8.9　项目汇总信息

确认无误后单击“完成”按钮，会直接进入编辑模式，如果 8.10 所示。左侧是项目文件列表，会发现系统根据前面的项目设置信息自动生成了一系列文件，包括项目文件(.pro)、头文件、源文件和界面文件，可以在右侧的编辑器中编辑、设计它们。

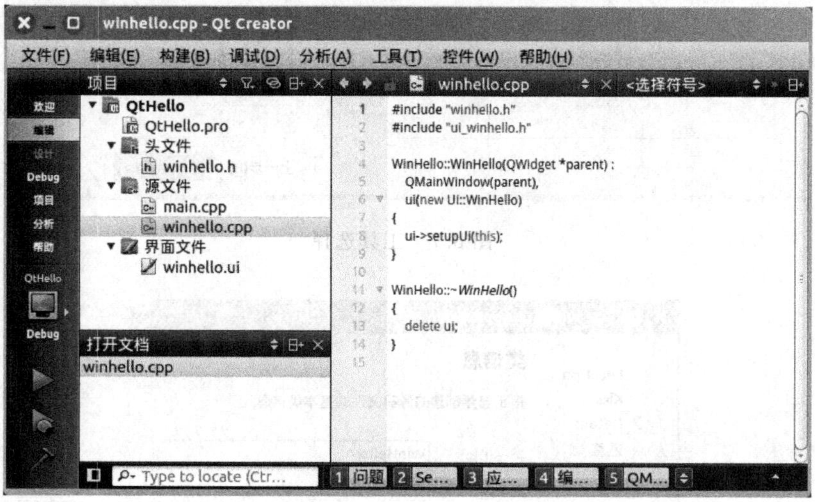

图 8.10　Qt Creator 编辑模式

3. 界面设计

双击项目文件列表中的界面文件 winhello.ui，此时进入了设计模式，如图 8.11 所示。设计模式下的界面包括以下几个部分：

(1) 主设计区。主要用来设计应用程序界面以及设置各部件的属性。

(2) 部件列表窗口(Widget Box)。这里是常用的标准部件，可以直接拖到程序界面上。

(3) 对象查看器(Object Inspector)。这里列出了界面上所有部件的对象名称和父类，其树形结构表示了部件之间的从属关系。

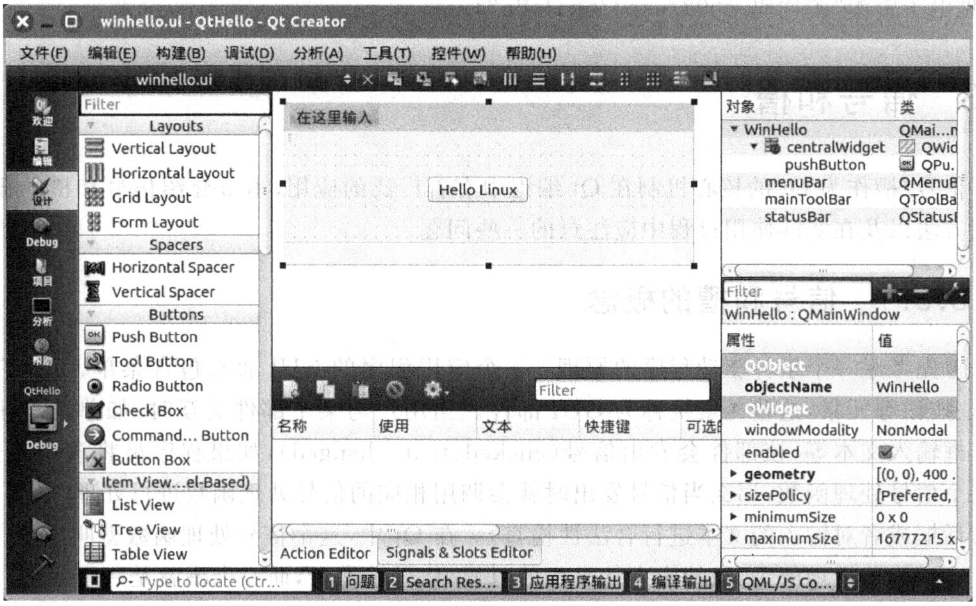

图 8.11　Qt Creator 设计模式

(4) 属性编辑器(Property Editor)。用于显示、编辑当前选中部件的属性,如大小、位置等。

(5) 动作(Action)编辑器和信号/槽编辑器。关于它的作用和使用方法会在讲过信号/槽之后详细介绍。

(6) 快捷按钮区。这里是在设计中常用功能的快捷按钮。

现在,从部件列表窗口将 Push Button(按钮)部件拖到设计区的界面上,双击它进入编辑状态,输入"Hello Linux"。

至此,这个项目的设计工作就算完成了,没有写任何程序代码。

8.2.2　程序的运行

单击左下方的"运行"按钮(或按 Ctrl+R 组合键)即可运行程序,结果如图 8.12 所示。

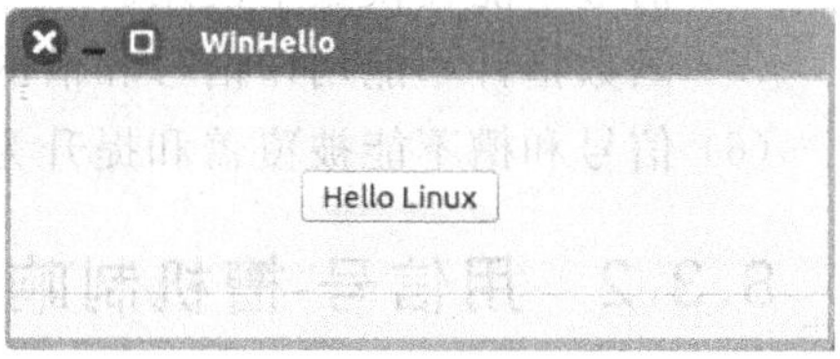

图 8.12　QtHello 项目运行结果

前面运行的其实是 Debug 版本的程序,发布时要使用 Release 版本。打开左下角的目标选择器,将构建目标设为 Release。单击"运行"按钮开始编译、运行。此时会发现工程目录下的 Release 目录中有了可执行文件 QtHello。

实验 2:创建 Qt GUI 项目

按照 8.2.1 节介绍的方法创建一个 Qt GUI 项目(基类选择 QMainWindow)。在编辑模式下,查看自动生成的项目文件并了解它们的作用。打开界面文件,在界面上添加部件盒中 Buttons、Input Widgets 和 Display Widgets 分组下的各种部件,了解它们的用途和属性

(参见电子资源"源代码/ch08/exp2/QtHello")。

8.3 信号和槽

信号/槽作为Qt的核心机制在Qt编程中有着广泛的应用,本节介绍信号和槽的概念、使用方法以及在实际使用过程中应注意的一些问题。

8.3.1 信号和槽的概念

首先考虑一个事件驱动程序的原理:一个应用程序的GUI通常包含菜单、工具栏、文本框、按钮等元素,这些元素统称为GUI部件。当用户与某个部件交互时,如单击按钮、向文本框输入文本等,该部件会发出信号(clicked、text_changed),如果程序员将该信号连接到某个信号处理函数,那么当信号发出时就会调用相应的信号处理函数进行处理(如弹出一个对话框或者对输入的文本进行合法性检查)。在Qt中,这个信号处理函数就叫做槽。

可以简单地理解为,当特定事件发生的时候,信号被发出,而一个槽就是一个函数,用于对特定信号的响应。任意信号都可以连接任意或多个槽,或跨多个线程。

Qt代码并不是真正的C++代码。Qt专门定义了两个伪关键字signals和slots,分别用来标识程序代码中的信号和槽。这有利于程序代码的可读性和可维护性,可以根据需要方便地定义信号和相应的槽,并把二者连接起来,事件驱动处理就算完成了。有标准C++编程经验的人都会有这么一个感受:Qt的信号-槽机制比起标准C++中的消息处理机制更加简单明了。但是,事实上Qt的代码最终会转换为标准C++代码来执行。Qt的代码要经过一个预-预处理(pre-pre processing):搜索这些伪关键字并用标准C++代码替换它们。当然,这个过程对程序员来说是透明的。

在Qt中使用信号和槽有以下一些限制:

(1) 信号和槽所属的类必须是QObject的派生类。

(2) 如果使用多重继承,QObject必须在类列表中第一个出现。

(3) 类的声明中必须出现Q_OBJECT语句。

(4) 信号不能在模板中使用。

(5) 函数指针不能用作信号和槽的参数。

(6) 信号和槽不能被覆盖和提升为public方法。

8.3.2 用信号-槽机制响应GUI事件

在8.2节的QtHello项目中,当用户单击主窗口上的按钮时没有任何反应。现在在这个项目上应用信号-槽机制,使得用户单击按钮时有所响应。

用Qt Creator打开QtHello项目。在编辑模式下双击图形界面文件winhello.ui,此时会自动切换到设计模式。然后在按钮部件上右击并选择快捷菜单中的"转到槽"命令,如图8.13所示。

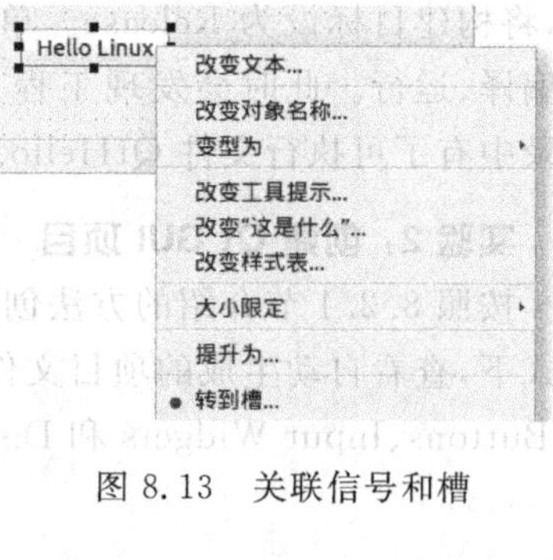

图8.13 关联信号和槽

在弹出的“转到槽”对话框中选择 clicked()信号并单击“确定”按钮。这时会跳转到编辑模式 winhello.cpp 的 on_pushButton_clicked()函数处，这个就是自动生成的槽，它的声明已经在 winhello.h 中自动生成。只需要编写函数体即可，在函数体中添加以下两行代码：

```
QDialog *dlg = new QDialog(this);
dlg->show();
```

这里创建了一个对话框对象 dlg，然后让其显示，这里的 this 参数表明这个对话框的父窗口是 MainWindow。注意：winhello.cpp 中还需要添加头文件包含 #include <QDialog>。

运行这个项目，每当单击按钮时就会弹出一个对话框，如图 8.14 所示。

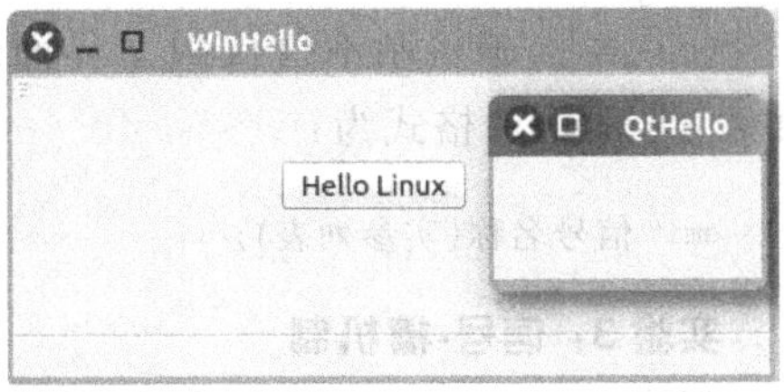

图 8.14 关联信号和槽后的运行结果

这里的信号 clicked 是按钮部件固有的，槽 on_pushButton_clicked 也是自动生成的，另外，背后还有一个信号和槽的关联。在自定义的类中，只要它的基类是 QObject，就可以自定义信号和槽，并需要显式地通过 QObject 类的静态方法 connect 将信号和槽关联起来。一个信号可以关联多个槽，一个槽也可以关联多个信号。一旦关联，就可以在代码的任何地方调用 emit 来发射信号。

8.3.3 关于信号-槽的进一步说明

1. 信号-槽关联方式

1）默认关联

Qt 提供了一种默认信号-槽对应关系。将槽的名称定义为“on_部件名称_信号名称(参数列表)”的形式，如 QtHello 项目中的 on_pushButton_clicked()。当定义了这样的槽之后，Qt 会自动将该槽与界面部件的信号相关联。当部件触发了相关事件后这个槽将会被触发。

2）显式关联

另一种方式是显式地调用 QObject::connect 函数来关联信号和槽。语法格式为：

```
connect(发出信号的对象指针,SIGNAL(信号函数原型),响应信号的对象, SLOT(槽函数原型));
```

2. 信号-槽与普通成员函数的区别

它们只是定义的区域不同而已。信号函数需要声明在头文件的 signals 关键字后面，无须实现。而槽则要定义在 public/private slots 关键字后面。槽的实现与正常函数一样，也像普通函数那样可以被直接调用，当然调用权限与 slots 前面的范围控制关键字(public/private)有关。

3. 几点说明

(1) 一个信号可以多次使用 connect 函数与多个槽关联，信号触发后这些槽不能保证调用顺序，但都会执行一遍。

(2) 多个信号可以关联到同一个槽。

(3) 信号之间可以互相关联。语法格式为：

```
connect(对象1,SIGNAL(信号函数原型),对象2, SIGNAL(信号函数原型))
```

当第一个信号触发时，另一个信号也会触发。

(4) 使用 disconnect 函数移除信号-槽的关联。

(5) 信号与槽的参数必须顺序一致，类型相同。如果信号的参数比槽的参数多，多余的参数被忽略；反之报错。

(6) 信号-槽机制不仅仅限于界面开发，普通的类也可以声明信号和槽，并建立关联。触发信号的语法格式为：

```
emit 信号名称(实参列表);
```

实验3：信号-槽机制

创建一个基于对话框的项目(基类选择 QDialog)，项目名称取为 QSignalSlot。然后添加一个对话框，并通过信号-槽的关联实现对话框的打开、关闭等操作，理解并掌握信号-槽机制(参见电子资源“源代码/ch08/exp3/QSignalSlot”)。

8.4 Qt设计师

Qt 的另一个最为突出的优点就是它在 GUI 设计方面的卓越性。它提供了一个 GUI 设计工具 Qt Designer(Qt 设计师)，可以很方便地通过鼠标拖拽的方式绘制界面。用 Qt Designer，开发人员既可以创建“对话框”样式的应用程序，又可以创建带有菜单、工具栏以及其他标准功能的“主窗口”样式的应用程序。

8.4.1 简介

Qt Designer 已被集成到 Qt Creator 中，当 Qt Creator 切换到设计模式时就启动了 Qt Designer。

用 Qt Designer 绘制的界面会被保存在界面文件(ui 文件)中。ui 文件的一个核心方法就是 setupUi，它接收一个 QWidget *参数或者 QMainWindow *参数。这个方法会自动在传入的 QWidget 或 QMainWindow 上根据设计师绘制的界面创建可视化部件。

可以通过前面的 QtHello 项目看一下 ui 文件是如何被利用的。在这个项目中，当定义主窗口类(WinHello)时，创建了一个私有成员 ui 指针，在构造时新创建(new)一个设计好的界面，并使 ui 指向它。在构造函数中调用了 ui 的 setupUi 方法将主窗口 WinHello 传给 ui(ui->setupUi(this);)。这时已经可以在 WinHello 中显示绘制的界面了。在此后的程序中，可以使用 ui->部件名称的方式来引用界面中的可视化部件。

至此，显示已经没问题了，还需要设置界面元素的信号-槽关联，使之可以响应事件，信号-槽关联的相关知识可参见 8.3.3 节。

8.4.2 Qt设计师的功能

由于篇幅所限，这里只简单介绍一下Qt设计师提供的功能和主要的GUI部件。

1. Qt Designer的界面布局

启动Qt Creator并打开前面的QtHello项目，双击打开界面文件以进入设计模式（启动Qt Designer），如图8.11所示。

Qt Designer主要由部件盒、对象查看器、属性编辑器、动作编辑器和信号-槽编辑器组成，界面中间是要设计的窗体。

2. 部件盒（Widget Box）

部件盒是Qt Designer为使用者提供的窗口部件集合，其中的部件种类因Qt版本不同可能会略有差异，通常有Layouts、Spacers、Buttons、Items Widgets、Item Widgets、Containers、Input Widgets、Display Widgets等大类。

使用部件盒的方法是选中某一个部件，将它拖到要设计的窗体上，然后释放鼠标，这样就在界面上添加了这个部件。

3. 属性编辑器（Property Editor）

将部件放好之后，通常需要对各部件的属性进行设置。单击界面上的某一个部件，然后就可以在属性编辑器中设置它的属性了。

4. 对象查看器（Object Inspector）

对象查看器用来查看和设置窗体中的各个对象及其属性。通常与属性编辑器配合使用，一般是在设置好界面元素后，在对象查看器中查阅各个元素的分布以及总体的布局情况，然后选中其中某个窗口部件，切换到属性编辑器编辑它的属性。

Qt Designer的其他部分如动作编辑器、信号-槽编辑器等，将在第10章结合实例来介绍。

8.5 本章小结

Qt最为突出的特点就是信号-槽机制和卓越的图形界面设计功能。本章把重点放在了这两部分。另外，在Linux下安装Qt不像在Windows下那么简便，本章详细介绍了Qt环境的安装和启动。

关于Qt的强大功能还有很多，但由于篇幅限制，本章只介绍了其中很小的一部分。本章旨在使读者对于在Qt框架下进行应用开发的流程有个总体了解，同时把Qt工具推荐给读者。当然，本章也是为第10章所做的必要准备。

习题

8-1 简述 Qt 的安装过程。

8-2 简述信号-槽机制的工作原理。

8-3 信号与槽如何关联?

练习

应用程序原型设计:用 Qt 设计师设计一个学生成绩管理界面,要求有成绩列表以及添加、编辑、删除、查询等操作界面,并利用信号-槽实现窗口的打开、关闭等操作。

第9章 MySQL数据库

一般来讲，稍具规模的应用程序都会用到数据库来存放应用数据，同时考虑到下一章的综合应用也会用到数据库，因此安排在本章学习一种数据库管理系统——MySQL。MySQL是一个关系型数据库管理系统，由瑞典MySQL AB公司开发，目前属于Oracle公司。MySQL所使用的SQL语言是用于访问数据库的最常用标准化语言。MySQL软件采用了双授权政策，它分为社区版和商业版，由于其体积小、速度快、总体拥有成本低，尤其是开放源代码这一特点，一般中小型网站的开发都选择MySQL作为网站数据库。

如果读者没有学过数据库相关的知识，建议在学习本章之前花一点时间了解一下关系数据库的基本概念，如SQL、数据库、表、字段及其关系，这将有助于更好地学习本章内容。在本章中使用的都是非常简单的操作，即便没有数据库基础也可以看明白。

本章学习目标

- 学会MySQL的安装及其日常管理操作
- 学会数据库、数据表的常用操作
- 掌握通过程序访问数据库的方法

9.1 安装MySQL

可以到MySQL官网(http://www.mysql.com/)下载安装包来安装，也可以在Linux软件源中安装，建议选择后者，这样可以省去很多不必要的麻烦。

1. 安装MySQL服务器

安装MySQL服务器的命令如下：

```
sudo apt - get install mysql - server
```

在安装过程中会提示输入MySQL的root用户密码。如果无法下载，先执行：

```
sudo apt - get install update
```

安装完成后，可以尝试登录MySQL以验证是否安装成功。登录命令如下：

```
mysql - u root - p
```

其中，mysql是登录命令，-u root指定用户为root；-p表示要求输入密码。成功登录后，命令提示符变成 mysql＞，此时可用 quit 命令退出登录。

2. 安装 MySQL 开发库

安装开发库的命令如下：

```
sudo apt - get install libmysqlclient - dev
```

安装完成后，MySQL 开发库的头文件会出现在/usr/include/mysql/中。对于用 C 语言编写的 MySQL 应用程序，可通过以下命令进行编译：

```
gcc xxx.c  - o yyy $ (mysql_config -- cflags -- libs)
```

其中，xxx 和 yyy 分别代表源文件名和目标文件名。$之后的部分指定 include 库和库文件的路径名及链接的库模块 mysqlclient。

9.2 MySQL 的基本用法

本节介绍 MySQL 的基本应用，其中 9.2.1 节介绍在 Linux 下对 MySQL 服务器的管理，9.2.2 和 9.2.3 节是关于在登录 MySQL 之后基本的数据库操作和数据表操作，以便在后面的数据库应用开发中使用。即便读者没有数据库及 SQL 的基础，应该也能掌握这些基本操作，因为它们非常简单。关于 SQL 的更多细节请查阅其他资料。

9.2.1 MySQL 管理

这里仅以表格方式列出常用的 MySQL 管理操作，至于每个命令的更多细节可以查阅相关资料。常用管理操作如表 9.1 所示。

表 9.1 常用 MySQL 管理操作

操　作	命　令	说　明
启动服务	sudo /etc/init. d/mysql start	启动 MySQL 服务
关闭服务	mysqladmin -u root -p shutdown	关闭 MySQL 服务
重启服务	sudo /etc/init. d/mysql restart	重启 MySQL 服务
登录 MySQL	mysql -u ＜用户名＞ -p	进入 MySQL 控制台
退出 MySQL	quit;或 exit;	退出 MySQL 控制台
更改用户密码	mysqladmin -u 用户名-p password 新密码	执行时会要求输入旧密码

9.2.2 数据库操作

登录 MySQL 后会显示命令提示符 mysql＞，这表示进入了 MySQL 的控制台，输入 SQL 命令就可以进行数据库操作了。

注意：*MySQL 中每个命令后都要以分号“;”结尾。*

1. 显示 MySQL 里的数据库

```
mysql >  show databases;
```

该命令显示当前已经存在的数据库信息，如图 9.1 所示。MySQL 安装完成后就已存在一些数据库了，其中包括 mysql。mysql 库非常重要，其中有 MySQL 的系统信息，修改密码和新增用户实际上就是对这个库中的表进行操作。

```
os@ubuntu:~$ mysql -u root -p
Enter password:
Welcome to the MySQL monitor.  Commands end with ; or \g.
Your MySQL connection id is 37
Server version: 5.5.41-0ubuntu0.14.04.1 (Ubuntu)

Copyright (c) 2000, 2014, Oracle and/or its affiliates. All rights reserved.

Oracle is a registered trademark of Oracle Corporation and/or its
affiliates. Other names may be trademarks of their respective
owners.

Type 'help;' or '\h' for help. Type '\c' to clear the current input statement.

mysql> show databases;
+--------------------+
| Database           |
+--------------------+
| information_schema |
| mysql              |
| performance_schema |
+--------------------+
3 rows in set (0.00 sec)

mysql> |
```

图 9.1 show 命令的显示信息

2. 创建数据库

```
mysql> create database <数据库名>;
```

例如，创建一个名为 db_test 的数据库，命令为：

```
create database db_test;
```

3. 打开数据库

```
mysql> use <数据库名>;
```

在对一个数据库进行操作之前，首先必须打开它。

4. 显示当前数据库

```
mysql> select database();
```

显示当前打开的数据库，若没有则显示 NULL。

5. 显示数据库中包含的表

```
mysql> show tables;
```

该命令显示当前打开数据库中的所有表。

6. 增加新用户

```
mysql>grant <权限> on <数据库>.<表> to 用户名@登录主机 identified by "密码";
```

例如，为数据库 db_test 增加一个用户 test，密码为 abc，让他只可以在 localhost 上登录，并可以对该数据库进行查询、插入、修改、删除操作。相应的命令为：

```
mysql > grant select, insert, update, delete on db_test. * to test@localhost identified by "abc";
```

表名指定为“ * ”表示可以对该数据库所有的表进行操作。

7. 删除数据库

```
mysql >  drop database <数据库名>;
```

实验 1：MySQL 数据库操作

参考本节的例子做下面的实验以熟练掌握 MySQL 数据库的常用操作：①登录 MySQL，打开 MySQL 数据库，查看它有哪些表；②创建一个数据库(名字可取为自己的姓名拼音)并打开它，为该数据库增加一个新用户，并赋予他 select、insert、update 和 delete 权限。然后退出 MySQL，以新用户身份重新登录，分别尝试打开数据库 mysql 和 db_test，观察会有什么不同结果。

9.2.3 数据类型

现在已经有了数据库，下一步就是要进行表操作，以便存储和维护数据。在此之前，有必要了解一下 MySQL 支持的数据类型。在这里，仅介绍常用的数据类型，要了解更多细节可以到 MySQL 官方网站查询。

1. 字符类型

表 9.2 列出了常用的字符类型。其中，前 3 个属于标准类型，后 3 个是 MySQL 所特有的。建议尽量使用标准类型。

表 9.2 常用字符类型

类　　型	说　　明
CHAR	单字符
CHAR(*n*)	正好有 *n* 个字符的字符串，不足时以空格填充。上限为 255 个字符
VARCHAR(*n*)	*n* 个字符的可变长字符数组。上限为 255 个字符
TINYTEXT	类似于 VARCHAR(*n*)
MEDIUMTEXT	最长为 65 535 个字符的文本字符串
LONGTEXT	最长为 $2^{32}-1$ 个字符的文本字符串

2. 数值类型

数值类型分为整型和浮点型，如表 9.3 所示。

如果对一个字段存储一个超出许可范围的数字，MySQL 会根据允许范围最接近它的一端截短后再进行存储。还有一个比较特别的地方是，MySQL 会在不合法的值插入表前自动修改为 0。

ZEROFILL 修饰符规定 0(不是空格)可以用来填补输出的值。使用这个修饰符可以阻止 MySQL 数据库存储负值。

表 9.3　数值类型

类　型		说　明
整型	TINYINT	8 位整型
	SMALLINT	16 位整型
	MEDIUMINT	24 位整型
	INT	32 位整型。属于标准类型，一般的应用选择该类型
	BIGINT	64 位有符号整型
浮点型	FLOAT(p)	精度至少为 p 位数字的浮点数
	DOUBLE(d,n)	双精度浮点型，d 位数字，n 位小数
	NUMERIC(p,s)	总长为 p 位的真实数字，有 s 位小数。这是一个准确的数字，适合于货币值
	DECIMAL(p,s)	同 NUMERIC

一般情况下，建议使用 INT、DOUBLE 和 NUMERIC 类型，因为这些类型最接近标准 SQL 类型。其他类型都是非标准的，有可能不被其他数据库系统支持。

3. 时间类型

与时间有关的数据类型如表 9.4 所示。

表 9.4　时间类型

类　型	说　明
DATE	日期。范围：1000 年 1 月 1 日至 9999 年 12 月 31 日
TIME	时间。范围：0:0:0 至 24:00:00
TIMESTAMP	时间戳。范围：1970 年 1 月 1 日至 2037 年 12 月 31 日
DATETIME	日期时间。范围：1000 年 1 月 1 日至 9999 年 12 月 31 日最后 1 秒
YEAR	年份

4. 布尔类型

BOOL 类型的值为 TRUE 或 FALSE。它也可能无值，即 NULL。

9.2.4　表操作

下面是常用的数据表操作，要了解更多操作命令或更多参数请查阅相关资料。

1. 建表

```
mysql> create table <表名>(字段设定列表);
```

在建表之前首先要用 use 命令打开要建表的数据库。

例如，在数据库 db_test 中建立表 tb_user，表中有 id(序号，自动增长)、name(姓名)、sex(性别)、birthday(出生日期)4 个字段，操作过程如图 9.2 所示。图中 create 命令的“\”

表示换行，当命令过长时可以使用。

```
mysql> create database db_test;
Query OK, 1 row affected (0.00 sec)

mysql> use db_test;
Database changed
mysql> create table tb_user (id int(3) auto_increment not null primary key, \
    -> name char(8),sex bool, birthday date) charset=gb2312;
Query OK, 0 rows affected (0.00 sec)

mysql> describe tb_user;
+----------+------------+------+-----+---------+----------------+
| Field    | Type       | Null | Key | Default | Extra          |
+----------+------------+------+-----+---------+----------------+
| id       | int(3)     | NO   | PRI | NULL    | auto_increment |
| name     | char(8)    | YES  |     | NULL    |                |
| sex      | tinyint(1) | YES  |     | NULL    |                |
| birthday | date       | YES  |     | NULL    |                |
+----------+------------+------+-----+---------+----------------+
4 rows in set (0.00 sec)

mysql> |
```

图 9.2 建表的操作过程

2. 增加记录

mysql > **insert into** <表名> **values**(字段值列表);

例如，在表 tb_user 中添加一条记录：

insert into tb_user values('','李明',true,'1990 - 10 - 10');

3. 显示表中的记录

mysql > **select** * **from** <表名>[**where** <条件>][**order by** <字段名>, …];

例如，可以用命令 Select * from tb_user;显示 tb_user 表的记录。where 关键字用于指定筛选条件，order 则用于对查询结果进行排序。

4. 修改记录

mysql > **update** <表名> **set** 字段名 = 字段值 **where** <条件>;

例如，修改李明的性别：

update tb_user set sex = false where name = '李明';

5. 删除记录

mysql > **delete from** <表名> [**where** <条件>];

例如，删除名为张三的记录，命令为：

delete from tb_user where name = '张三';

6. 显示数据表的结构

mysql > **describe** <表名>; 或 **show columns from** <表名>;

该命令以表格方式显示数据库表的数据结构，包括字段名、类型等，如图 9.2 所示。

7. 增加表结构的字段

```
mysql>  alert table <表名> add <字段名 字段类型>, add <字段名 字段类型>…;
```

例如，为 tb_user 表增加两个字段：

```
alter table tb_user add score1 float, add score2 int;
```

8. 删除表结构的字段

```
mysql>  alert table <表名> drop <字段名>;
```

例如，删除 tb_user 表的 score2 字段：

```
alter table tb_user drop score2;
```

9. 删除表

```
mysql>  drop table <表名>;
```

实验 2：MySQL 表操作

为实验 1 所创建的数据库新建一个表，表名任意（建议以 tb_开头），表结构可参考上面的例子。然后尝试添加、修改、删除记录，并用 select 语句查看结果。最后尝试添加、删除表结构字段以及删除表操作。通过本实验熟练掌握常用数据库表的操作。

9.2.5 创建一个数据库

前面已经学习了 MySQL 的基本用法，现在建一个数据库来总结、验证学过的命令。下面要创建的数据库将会用于 9.3 和第 10 章，因此，该数据库的设计将基于这些应用。

1. 登录 MySQL

首先以 root 用户的身份登录 MySQL：

```
$ mysql -u root -p
```

2. 建库

然后创建一个名为 db_chat 的数据库：

```
mysql> CREATE DATABASE db_chat;
```

从数据库名可以看出，该数据库将来要用于一个聊天程序。可以确认一下 db_chat 是否已经存在（命令：mysql> SHOW DATABASES;），如果已经存在，先用 drop database 命令将其删除。

3. 建表

在对一个数据库进行操作之前，首先要打开数据库：

```
mysql> USE db_chat;
```

创建一个用户信息表 tb_user：

```
CREATE TABLE tb_user (
    id INT AUTO_INCREMENT NOT NULL PRIMARY KEY,
    name VARCHAR(20),
    sex BOOL,
    birthday DATE,
    status TINYINT
  ) charset = gb2312;
```

其中，id 字段表示用户的标识，并作为表的主键(PRIMARY KEY)、不允许为空(NOT NULL)，且是整型自增长的(INT AUTO_INCREMENT)，它的值是由数据库自动生成；name、sex、birthday 和 status 分别表示用户名、性别、出生日期和状态，关于它们的类型参见 9.2.3 节的数据类型；字符集选择 gb2312，以便支持中文。

现在通过 describe 命令查看一下刚建立的表结构，如图 9.3 所示。

```
mysql> CREATE DATABASE db_chat;
Query OK, 1 row affected (0.02 sec)

mysql> USE db_chat;
Database changed
mysql> CREATE TABLE tb_user (
    -> id INT AUTO_INCREMENT NOT NULL PRIMARY KEY,
    -> name VARCHAR(20),
    -> sex BOOL,
    -> birthday DATE,
    -> status TINYINT
    -> ) charset=gb2312;
Query OK, 0 rows affected (0.13 sec)

mysql> describe tb_user;
+----------+-------------+------+-----+---------+----------------+
| Field    | Type        | Null | Key | Default | Extra          |
+----------+-------------+------+-----+---------+----------------+
| id       | int(11)     | NO   | PRI | NULL    | auto_increment |
| name     | varchar(20) | YES  |     | NULL    |                |
| sex      | tinyint(1)  | YES  |     | NULL    |                |
| birthday | date        | YES  |     | NULL    |                |
| status   | tinyint(4)  | YES  |     | NULL    |                |
+----------+-------------+------+-----+---------+----------------+
5 rows in set (0.00 sec)
```

图 9.3 通过 describe 查询表结构

图中的 Field、Type、Null、Key、Default 和 Extra 分别对应字段名、字段类型、是否允许为空、是否键值、默认值和额外定义。

4. 添加数据

现在向表 tb_user 中添加一些样例数据，以验证数据库设计的正确性。这次换一种方式来执行 SQL 语句，将它们保存在一个 sql 文件中，并用\. 命令将该文件作为输入。

在当前目录下用文本编辑器新建一个文件 insert_to_tbuser. sql，并用\. 命令执行它(\. insert_to_tbuser. sql)。文件内容如下：

```
delete from tb_user;
INSERT INTO tb_user(name,sex,birthday,status) VALUES ('李明',true,'1990-10-10',1);
INSERT INTO tb_user(name,sex,birthday,status) VALUES ('王倩',false,'1992-06-01',0);
```

```
INSERT INTO tb_user(name,sex) VALUES ('张丽',false);
INSERT INTO tb_user(name) VALUES ('Lee');
```

第 1 行的 delete 语句用于清除原有数据，然后再插入 4 条记录。最后查看表，发现数据已经成功插入表中，如图 9.4 所示。

```
mysql> \. insert_to_tbuser.sql
Query OK, 0 rows affected (0.01 sec)

Query OK, 1 row affected (0.01 sec)

Query OK, 1 row affected (0.00 sec)

Query OK, 1 row affected (0.01 sec)

Query OK, 1 row affected (0.00 sec)

mysql> select * from tb_user;
+----+--------+------+------------+--------+
| id | name   | sex  | birthday   | status |
+----+--------+------+------------+--------+
|  1 | 李明   |    1 | 1990-10-10 |      1 |
|  2 | 王倩   |    0 | 1992-06-01 |      0 |
|  3 | 张丽   |    0 | NULL       |   NULL |
|  4 | Lee    | NULL | NULL       |   NULL |
+----+--------+------+------------+--------+
4 rows in set (0.00 sec)
```

图 9.4 插入数据

至此，数据库已经准备好了，下一节介绍如何通过编程来访问数据库。

实验 3：创建一个 MySQL 数据库

根据本节介绍的步骤创建数据库 db_chat，并添加数据，从而熟练掌握利用数据库的一般流程，为将来的数据库应用开发打下基础。本实验用于添加数据的文件 insert_to_tbuser.sql 在电子资源的"源代码/ch09/exp3/"目录下。

9.3 使用 C 语言访问 MySQL 数据库

前面一直是用 MySQL 控制台访问 MySQL 数据库，本节介绍如何通过应用程序访问 MySQL，毕竟，数据库最终是为应用程序提供支持的。编程语言可以是 C、C++、Java 等，这里主要介绍 C 语言接口，其他语言是类似的。本节程序源代码参见电子资源"源代码/ch09/exp5/"。

9.3.1 连接数据库

应用程序访问数据库的第一步就是连接数据库。用 C 语言连接 MySQL 数据库需要两个步骤：①初始化一个连接句柄结构；②进行实际连接。

1. 初始化连接句柄

初始化连接句柄的函数为 mysql_init，它定义在头文件 mysql.h 中，其函数原型如下：

```
MYSQL *mysql_init(MYSQL *);
```

该函数的功能是初始化一个连接句柄结构。通常将参数设置为NULL，它会新分配一个连接句柄结构并初始化；如果传递一个已有的结构，它将被重新初始化。函数成功时，返回连接句柄结构的指针；失败时，返回NULL。

至此，只是初始化了一个结构，下一步就是进行实际的连接。

2. 实际连接

实现实际连接的函数为mysql_real_connect，其原型如下：

```
MYSQL * mysql_real_connect(
    MYSQL * connection,              //指向被初始化过的连接句柄结构
    const char * server_host,        //主机名或IP地址。如果是本地,可指定为localhost
    const char * sql_user_name,      //MySQL用户名。NULL值表示Linux用户ID
    const char * sql_password,       //MySQL密码。NULL值表示只访问无须密码的数据
    const char * db_name,            //数据库名
    unsigned int port_number,        //端口号。设为0,表示默认
    const char * unix_socket_name,//套接字。设为NULL,表示默认
    unsigned int flags               //用于对一些位模式进行OR操作。可设为0
);
```

函数成功，则返回连接结构指针；失败则返回NULL，可用mysql_error函数获取错误信息。

3. 关闭连接

连接用完之后(通常是退出程序时)要及时关闭连接。关闭连接的函数如下：

```
void mysql_close(MYSQL * connection);
```

连接关闭后，MySQL结构将会被释放。如果不及时关闭无用的连接会浪费资源，但是重新打开连接也需要额外的开销，这需要程序员来权衡。

9.3.2 执行SQL语句

连接数据库之后，就可以通过执行SQL语句来访问数据库中的数据了。下面首先介绍如何将SQL语句嵌入到C语言中，然后依次是最常用的数据库操作：INSERT(插入)、DELETE(删除)、UPDATE(更新)和SELECT(查询)，即"增删改查"。

1. SQL语句的嵌入

```
int mysql_query(MYSQL * connection, const char * query);
```

该函数将SQL语句嵌入C语言。其中connection是连接结构的指针，query是SQL语句字符串(与MySQL控制台不同，这里的SQL语句末尾没有"；")。函数成功，则返回0。对于包含二进制数据的查询，可以使用mysql_real_query函数。

在介绍数据操作之前，还有一个重要的函数：

```
my_ulonglong mysql_affected_rows(MYSQL * connection);
```

该函数返回受之前执行的 UPDATE、DELETE 或 INSERT 等查询影响的行数。对于 MySQL 来说,返回值是被一个更新操作修改的行数,而其他数据库可能是匹配 WHERE 子句的记录数。一般来讲,对于 mysql_系列的函数,返回值表示受语句影响的行数。该函数返回无符号类型,当使用 printf 时,建议使用%lu 格式将其转换为无符号长整型。

2. 插入(INSERT)操作

将插入操作的程序命名为 insert. c,其代码如下:

```
#include <stdlib.h>
#include <stdio.h>
#include <mysql.h>
int main(int argc, char *argv[]) {
   MYSQL my_connection;
   mysql_init(&my_connection);
   if (mysql_real_connect(&my_connection, "localhost", "root", "abc", "db_chat", 0, NULL, 0))
   {
      printf("连接成功\n");
      int res = mysql_query(&my_connection,
       "INSERT INTO tb_user(name,sex,birthday,status) VALUES ('test',true,'1997-01-05',1)");

      if (!res)
         printf("插入 %lu 行\n", (unsigned long)mysql_affected_rows(&my_connection));
      else
         fprintf(stderr, "插入操作错误 error %d: %s\n",
                      mysql_errno(&my_connection),mysql_error(&my_connection));

      mysql_close(&my_connection);
   } else {
         fprintf(stderr, "连接失败\n");
         if (mysql_errno(&my_connection))
            fprintf(stderr, "连接错误 error %d: %s\n",mysql_errno(&my_connection),
                           mysql_error(&my_connection));
   }
   return EXIT_SUCCESS;
}
```

需要强调的是,一定要包含头文件 mysql. h,该文件包含了关于 MySQL 的定义。程序首先初始化了一个连接 my_connection,并与数据库 db_chat 进行实际连接,之后执行 INSERT 操作向 tb_user 表插入一条记录。在该程序中,用到了 mysql_affected_rows 函数来获取插入的行数。

提示: 程序可采用以下命令编译,本章其他 C 程序类似。

```
gcc insert.c -o insert $(mysql_config --cflags --libs)
```

3. UPDATE(更新)和 DELETE(删除)操作

UPDATE 操作与 DELETE 操作的关键不同就一行,要把嵌入 SQL 语句的那一行修改为:

```
int res = mysql_query(&my_connection, "UPDATE tb_user SET status = 2 WHERE name = 'Lee'");
```

它把名字为 Lee 的记录的 status 修改为 2。当然,相应的提示语句也要修改。删除操作也是类似的,不再赘述。

发现插入的内容。在表 tb_user 中,id 字段被设为 AUTO_INCREMENT,即自增长,当插入一条记录时会被自动分配一个值。在应用程序中,有时会用到这个值。MySQL 专门提供了一个函数 LAST_INSERT_ID( )用以获取最近的自增长值,可以通过执行 SELECT LAST_INSERT_ID( );语句来查询。

4. SELECT(查询)操作——提取数据

SELECT 是最常用的数据库操作,通过它可以从一个或多个表中提取符合条件的数据到一个数据集(Dataset)中。

在 C 应用程序中,从数据库中提取数据一般经历以下 4 步:①查询;②提取数据;③处理数据;④清理工作。下面依次讲述每一个步骤。

1) 查询数据

和其他 SQL 操作类似,查询数据通过 mysql_query 函数嵌入 SELECT 语句来完成。例如,要从 tb_user 表中查询所有男性用户,可以用下面的代码:

```
mysql_query(&my_connection, "SELECT * FROM tb_user WHERE sex = 1");
```

这一步只是进行了查询,要进一步利用查询结果还需要将它们提取出来。

2) 提取数据

提取数据可以用函数 mysql_use_result 或 mysql_store_result,前者从查询结果中一次提取一行数据,而后者一次性地提取所有查询结果。当预计结果集合比较小时,用后者比较合适。下面首先以 mysql_store_result 函数为例讲述整个提取过程,之后再介绍 mysql_use_result 的用法。

```
MYSQL_RES *mysql_store_result(MYSQL *connection);
```

该函数一次性地将所有查询结果保存在一个结果集结构中,并返回指向该结果集的指针。如果失败则返回 NULL。

应用中往往需要知道结果集中的记录数以便后续的编程,可以通过调用下面这个函数来获取:

```
my_ulonglong mysql_num_rows(MYSQL_RES *result);
```

该函数返回 result 指向的结果集中的行数。

3) 处理数据

数据已经被提取到一个结果集中,下一步就是操作这个结果集,涉及下列几个常用函数:

```
MYSQL_ROW mysql_fetch_row(MYSQL_RES *result);
```

该函数从结果集中提取一行到一个行结构中。如果结果集中没有数据或发生错误则返回 NULL。

```
void mysql_data_seek(MYSQL_RES *result, my_ulonglong offset);
```

该函数用于设置结果集中下一个将被 mysql_fetch_row 操作的行，参数 offset 指定了该行的行号，其取值范围必须在 0～结果集总行数－1。

```
MYSQL_ROW_OFFSET mysql_row_tell(MYSQL_RES *result);
```

该函数返回结果集中的当前位置，是一个偏移量而不是行号。这个返回值不能用于 mysql_data_seek，而可以用于下面这个函数 mysql_row_seek。

```
MYSQL_ROW_OFFSET mysql_row_seek(MYSQL_RES *result,MYSQL_ROW_OFFSET offset);
```

这个函数将结果集的当前位置移到 offset 指向的位置，并返回之前的位置。

4）清理工作

当完成了对结果集的操作之后，必须显式地调用 mysql_free_result 函数来让 MySQL 做清理善后工作。该函数的原型如下：

```
void mysql_free_result(MYSQL_RES *result);
```

例如，从表 tb_user 中提取所有男性用户的记录（程序 select.c）。

```
#include <stdlib.h>
#include <stdio.h>
#include "mysql.h"
MYSQL my_connection;                    //连接
MYSQL_RES *res_ptr;                     //结果集指针
MYSQL_ROW sqlrow;                       //行结构
int main(int argc, char *argv[]) {
   /* 连接数据库 */
   mysql_init(&my_connection);
   if (mysql_real_connect(&my_connection, "localhost", "root", "abc", "db_chat", 0, NULL, 0))
   {
       printf("连接成功\n");
       /* 查询 */
       int res = mysql_query(&my_connection, "SELECT * FROM tb_user WHERE sex = 1");
       if (res)
          printf("查询错误: %s\n", mysql_error(&my_connection));
       else {
          /* 提取数据 */
          res_ptr = mysql_store_result(&my_connection);
          if (res_ptr) {
             printf("检索到 %lu 条记录\n", (unsigned long)mysql_num_rows(res_ptr));
             /* 遍历数据 */
             while ((sqlrow = mysql_fetch_row(res_ptr)))
                printf("获取数据…\n");
             if (mysql_errno(&my_connection))
                fprintf(stderr, "获取数据错误: %s\n", mysql_error(&my_connection));
             /* 清理工作 */
             mysql_free_result(res_ptr);
          }
```

```
        }
        mysql_close(&my_connection);
    }
    else {
        fprintf(stderr, "连接失败\n");
        if (mysql_errno(&my_connection))
            fprintf(stderr, "连接错误 %d: %s\n",
                    mysql_errno(&my_connection), mysql_error(&my_connection));
    }
    return EXIT_SUCCESS;
}
```

程序中涉及提取数据的4个步骤(阴影背景部分),其中提取数据用的是mysql_store_result,即一次性提取所有查询结果(该程序的编译命令:gcc select.c -o select $(mysql_config --cflags --libs))。

前面是利用mysql_store_result一次性地提取所有查询结果,这在结果集合不大时是合适的,因为这样不会占用太多的内存资源和网络资源。当要提取的数据量很大时,就要考虑逐行提取数据了。现在介绍如何利用前面曾提到的mysql_use_result函数来逐行提取数据。

```
MYSQL_RES *mysql_use_result(MYSQL * connection);
```

该函数初始化结果集,但并不像mysql_store_result那样将结果集实际读取到客户端。它必须通过对mysql_fetch_row的调用,对每一行分别进行提取。这将直接从服务器读取结果,而不会将其保存在临时表或本地缓冲区内,与mysql_store_result()相比,使用的内存更少。与mysql_store_result一样,函数成功时返回结果集的指针,失败则返回NULL。

mysql_use_result不能与mysql_data_seek、mysql_row_seek或mysql_row_tell一起使用。并且由于直到所有数据都被提取到才能实际生效,对mysql_num_rows的使用也受到限制。另外,提取每一行的时延增长了,因为对每一行的请求和结果的返回都要通过网络。同时,网络失败还会造成数据的不完整。

不过综合来看,mysql_use_result的工作方式更好地平衡了网络负载,而且减少了大数据造成的内存开销。

例如,修改select.c,用mysql_use_result实现数据提取。修改如下:

```
/* res_ptr = mysql_store_result(&my_connection); */
res_ptr = mysql_use_result(&my_connection);
if (res_ptr) {
    /* printf("检索到 %lu 条记录\n", (unsigned long)mysql_num_rows(res_ptr)); */
    //遍历数据
    while ((sqlrow = mysql_fetch_row(res_ptr)))
        printf("获取数据…\n");
    …
```

其实只修改了两处:用mysql_use_result替换了mysql_store_result;屏蔽了用mysql_num_rows获取结果集行数的语句,因为如前所述,mysql_use_result函数只是初始化结果集,并不真正提取数据。

9.3.3 处理数据

现在数据已经由 MySQL 服务器提取到了本地，本节的任务是处理这些数据。MySQL 返回的数据分为两种类型：①原始数据，即表中存储的数据；②元数据，即数据的数据，包含了关于表结构的信息，如字段名、字段类型等。

1. 与元数据有关的函数

这里介绍几个用于处理元数据的常用函数，包括 mysql_field_count、mysql_fetch_field 和 mysql_field_seek。

1）获取结果集的列数

```
unsigned int mysql_field_count(MYSQL * connection);
```

这个函数返回结果集的列数，对于实现通用查询处理很有帮助。

2）获取字段信息

```
MYSQL_FIELD * mysql_fetch_field(MYSQL_RES * result);
```

该函数将结果集中的字段信息提取到一个字段结构中。在应用中，需要重复调用此函数，直到返回表示数据结束的 NULL 为止。然后，可以使用指向字段结构数据的指针来得到关于列的信息。结构 MYSQL_FIELD 定义在 mysql.h 中，表 9.5 列出了它的主要成员。

表 9.5 MYSQL_FIELD 结构的主要成员

MYSQL_FIELD 结构成员	说 明
char * name;	列名
char * table;	列所属的表名。仅针对有对应表字段的列，用于涉及多表查询的情况
char * def;	默认值。由 mysql_list_fields 函数设置
unsigned long length;	列宽。定义表时指定
unsigned long max_length;	最长列值的宽度。仅对使用 mysql_store_result 的情况，如果使用 mysql_use_result，则不会被设置
unsigned int flags;	关于列定义的标志。常见标志有 NOT_NULL_FLAG、PRI_KEY_FLAG、USIGNED_FLAG、AUTO_INCREMENT_FLAG 和 BINARY_FLAG
unsigned int decimals;	小数位数。仅对数字字段
enum enum_field_types type;	列类型

结构中的列类型定义在 mysql_com.h 中，常用的类型有 MYSQL_TYPE_NULL、MYSQL_TYPE_DECIMAL、MYSQL_TYPE_LONG、MYSQL_TYPE_DATE、MYSQL_TYPE_DATETIME、MYSQL_TYPE_STRING。关于列类型有一个很有用的宏 IS_NUM( )，它判断一个类型是否为数字。

3）设置当前列

```
MYSQL_FIELD_OFFSET mysql_field_seek(MYSQL_RES * result, MYSQL_FIELD_OFFSET offset);
```

该函数将 offset 对应的列设为当前列，offset 取值应该在 0～字段数－1 之间。

2. 处理原始数据和元数据

前面已经知道如何获取元数据，现在修改 select.c 程序，使其可以显示元数据和原始数据。在 select.c 添加两个函数 display_header 和 display_row，分别用于显示表头和一行原始数据，这里仅给出函数定义，具体的调用方法参见电子资源。

```
/* 显示表头信息 */
void display_header() {
    MYSQL_FIELD *field_ptr;
    printf("表头信息:\n");
    while ((field_ptr = mysql_fetch_field(res_ptr)) != NULL) {
        printf("\t 字段名: %s\n", field_ptr->name);
        printf("\t 字段类型: ");
        if (IS_NUM(field_ptr->type)) {
            printf("数字字段\n");
        } else {
            switch(field_ptr->type) {
                case FIELD_TYPE_VAR_STRING:
                    printf("VARCHAR\n");
                break;
                case FIELD_TYPE_LONG:
                    printf("LONG\n");
                break;
                default:
                  printf("其他类型 %d \n", field_ptr->type);
            }
        }
        printf("\t 最大宽度 %ld\n", field_ptr->length);
        if (field_ptr->flags & AUTO_INCREMENT_FLAG) printf("\t 自增长 \n");
        printf("\n");
    }
}
/*显示一行原始数据 */
void display_row() {
    unsigned int field_count = 0;
    while (field_count < mysql_field_count(&my_connection)) {
        if (sqlrow[field_count])
            printf(" %s ", sqlrow[field_count]);
        else
            printf("NULL");
        field_count++;
    }
    printf("\n");
}
```

至此，已经学会了如何获取并利用查询结果的元数据和原始数据。

实验 4：用 C 语言访问 MySQL 数据库

本节实验代码为电子资源中"/源代码/ch09/exp4/"目录下的文件，包括插入、查询和更新程序。请读者编译、运行该目录下的程序，观察实验现象，掌握用 C 语言程序访问

MySQL 数据库的流程和方法。

9.4 本章小结

本章首先介绍了 MySQL 的基本用法，包括 MySQL 的安装、管理以及通过 MySQL 控制台操作数据库的基本方法。然后重点介绍了用 C 语言访问数据库的过程，包括数据库连接和数据访问。其中的示例程序或代码片段都比较小，功能相对单一，因为它们仅仅是有针对性地验证某个知识点或示范某个过程。第 10 章会综合应用它们，所以关于 MySQL 的学习并未真正结束。

习题

9-1 数据库操作有哪些常用命令？

9-2 表操作有哪些常用命令？

练习

9-1 通过修改 tb_user 表中的数据，观察 mysql_affected_rows 函数在增、删、改、查操作中的返回值，总结一下各操作影响记录行数有什么规律。

9-2 用 Qt GUI 实现一个具有图形用户界面的应用程序，允许用户通过图形界面管理数据库 db_chat，包括增、删、改、查功能。

第10章 Linux综合应用

本章综合多进(线)程、进(线)程通信、Qt及MySQL数据库等知识,设计开发一个Qt GUI应用程序。旨在巩固知识基础,培养在Linux+Qt环境下进行应用开发的能力,初步形成软件工程的思想。本章将要实现的是一个聊天程序,该程序具有基本的聊天功能和清晰的系统架构,希望能达到抛砖引玉的效果。读者可以在此基础上进一步丰富其功能,提高性能和可靠性,以达到锻炼实践能力的目的。本章的具体实现参见电子资源:源代码/ch10/QChat.zip。

本章学习目标

- 加深对多进程、进程通信、数据库等知识的理解
- 熟练掌握利用Qt进行应用开发的技能
- 了解软件工程实施的大体流程

10.1 概述

本节介绍系统需求以及本章的内容安排,以便读者了解本章知识轮廓和与前面一些章节的关系。

10.1.1 系统需求

1. 功能需求

本系统主要实现即时通信中的文字通信功能。具体地,所有注册并在线的用户可以在一个公共聊天室进行文字聊天,并具有注册和登录功能。

2. 界面需求

用户界面美观、友好,即便没有操作手册用户也可以易学、易操作。

3. 技术需求

(1) 跨平台。可以在不同操作系统环境下编译、运行。

(2) 可靠性。无论出现用户操作错误还是系统异常,都要保证系统不会出现崩溃现象。

(3) 可扩展性。在设计系统架构、数据结构以及编程实现时,要充分考虑扩展性,保证未来的功能扩展不会导致系统架构、数据结构的变动以及对代码的大幅度修改。

10.1.2 本章内容结构

10.2节的原型设计主要介绍本系统的界面设计，可以看作是对第8章的继续。当时仅对Qt有了初步的了解，并未涉及太多具体操作，在这一节会用到多种Qt窗口部件。10.3节介绍系统架构以及服务器、客户端所应具有的功能。10.4节介绍系统的实现，包括数据结构及程序结构。10.5节则以实训题目的方式给出扩展和完善本系统的方向和建议。

10.2 原型设计

在现实的商业软件开发过程中，原型设计(Prototype Design)是至关重要的一环。原型反映的是用户需求，通过不断地与用户交流、反复修改系统原型，可以进一步理解并确认用户需求，避免未来开发过程中频繁出现返工现象，减少工作量，缩短开发周期。一般来说，原型一旦确定，根据协议，用户就不能再变动需求了。

目前有很多成熟的原型设计工具供选择，如Axure Rp、Balsamiq Mockup、Prototype Composer等。但是，在这里直接利用Qt强大的GUI功能来进行原型设计，好处是这个原型可直接用于该项目，同时也是对第8章Qt动手实践少的一个弥补。

用Qt Creator新建一个Qt部件应用(Qt Widgets Application)项目，项目名称QChat，基类选择QDialog，类名取为QDlgGChat。Qt Creator会自动生成一些文件，包括项目文件(.pro)、头文件(.h)、源文件(.cpp)和界面文件(.ui)，原型设计主要是对界面文件的设计。

10.2.1 添加资源文件

一般应用程序会用到一些图片、图标作为部件背景或其他装饰，这里用资源文件的方式为下一步的界面设计准备一些图片。Qt中可以用资源文件将各种类型的文件添加到最终生成的可执行文件中，这样可以避免使用外部文件可能带来的一些问题。而且，在编译时Qt还会将资源文件进行压缩，甚至最终生成的可执行文件比添加到其中的资源文件还要小。

现在，向项目中添加新文件，模板选择Qt资源文件(Qt Resource File)，文件名设置为images。添加完后会发现项目管理器中多了一个资源文件images.qrc，且该文件已自动打开。单击下方的“添加”按钮，然后选择“添加前缀”，默认的前缀是/new/prefix1，将其修改为/images。再次单击“添加”按钮选择“添加文件”，在弹出的对话框中选择事先准备好的图片文件(最好在项目目录中专门建一个子目录用于存放图片)。添加完图片文件后的结果如图10.1所示。这个资源文件会在接下来的界面设计中用到，如字体颜色按钮的icon属性。

10.2.2 界面设计

界面设计主要包括客户端的“聊天”对话框、“登录”对话框和“注册”对话框及服务器端的主窗口。界面设计操作多是对各种部件用鼠标拖动或利用属性编辑器进行属性设置，下面的叙述中将不再反复提及这些具体操作，而是强调结果。

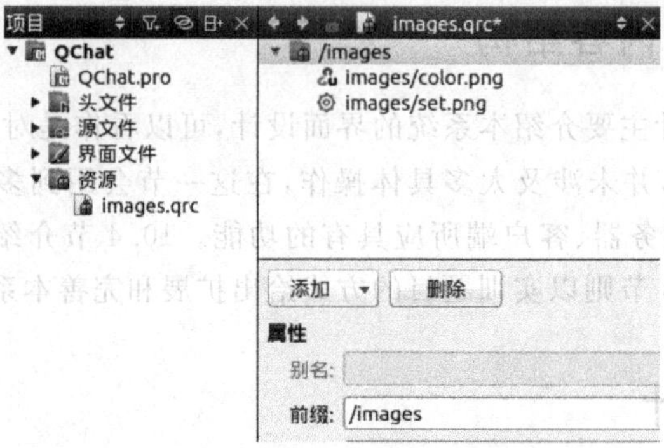

图 10.1　添加资源文件

1. 聊天对话框设计

双击打开界面文件 qdlggchat. ui，进入设计模式。将聊天对话框的宽高设为 630×400，窗口标题(windowTitle)设为 Q-Chat。从部件盒(Widget Box)向对话框拖入一些部件，并用属性编辑器设置它们的属性，具体的部件类型、用途、对象名称和关键属性如表 10.1 所示。最终运行效果如图 10.2 所示。

表 10.1　聊天界面部件

对象名称	部件类型	用途	关键属性
txtbrosRecv	Text Browser	显示收到的消息	sizePolicy：水平 Expanding，垂直 Expanding
txtSend	Text Edit	编辑发出的消息	sizePolicy：水平 Expanding，垂直 Fixed
listUser	List Widget	用户列表	sizePolicy：水平 Fixed，垂直 Expanding
btnSend	Push Button	发送按钮	sizePolicy：水平 Minimum，垂直 Fixed
btnClose	Push Button	关闭按钮	sizePolicy：水平 Minimum，垂直 Fixed
coboxFont	Font Combo Box	选择字体	sizePolicy：水平 Preferred，垂直 Fixed
coboxSize	Combo Box	选择字体大小	sizePolicy：水平 Preferred，垂直 Fixed。双击该部件，在弹出窗口中为其添加 9～22 共 14 个选项；currentIndex 选项设为 3
toolbtnBold	Tool Button	加粗	autoRaise，checkable，toolTip：加粗
toolbtnItalic	Tool Button	倾斜	autoRaise，checkable，toolTip：倾斜
toolbtnUnderline	Tool Button	下划线	autoRaise，checkable，toolTip：下划线
toolbtnColor	Tool Button	字体颜色	autoRaise，icon：color. png，toolTip：字体颜色

2. 注册、登录及服务器主窗口界面设计

以注册对话框为例，添加对话框类的过程如下：切换到设计模式，在左边栏的项目文件夹上右击，选择快捷菜单中“添加新文件”命令，在弹出的“模板选择”对话框(图 10.3)中选择 Qt 设计师界面类→Dialog without Buttons，类名取为 QDlgRegister。系统会自动创建 ui 文件(qdlgregister. ui)、相应类文件(头文件 qdlgregister. h 和源文件 qdlgregister. cpp)。打开 ui 文件，添加必要的部件并设置属性，具体设计过程与聊天对话框的设计类似，不再赘述。最终注册、登录和服务器主窗口界面如图 10.4 至图 10.6 所示。

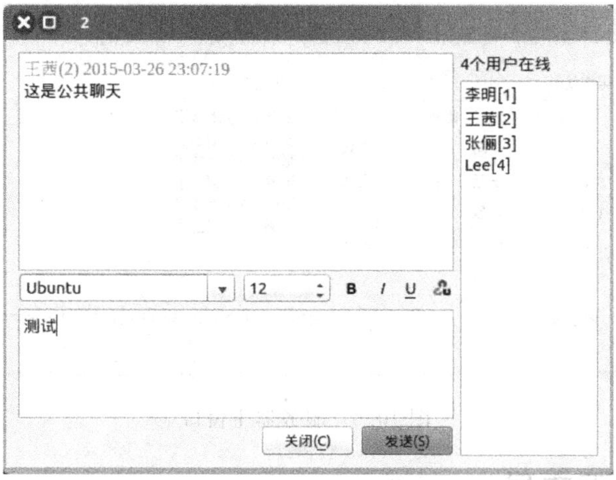

图 10.2 聊天对话框

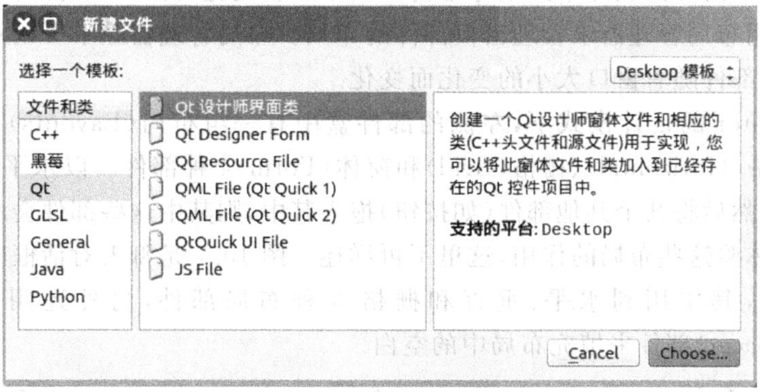

图 10.3 模板选择对话框

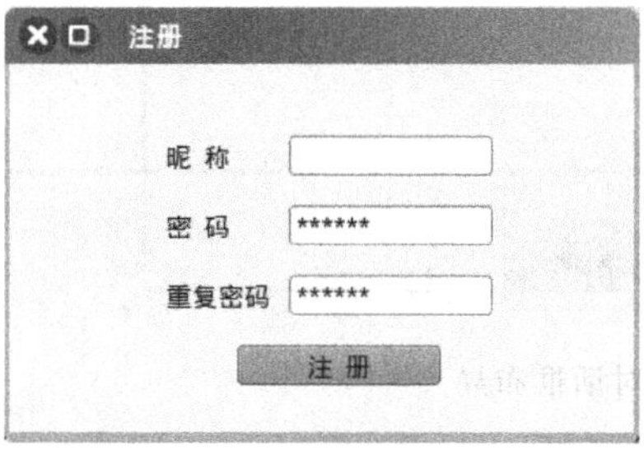

图 10.4 “注册”对话框

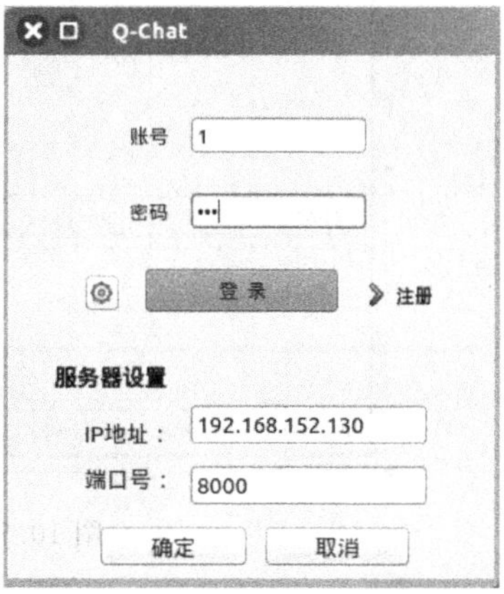

图 10.5 “登录”对话框

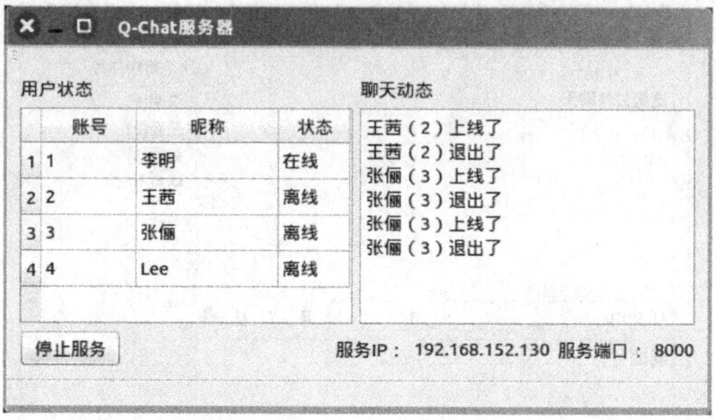

图 10.6 服务器主窗口

10.2.3 界面布局

在 10.2.2 节的界面设计中并未考虑窗口大小发生变化时窗口上的部件会如何变化，本节介绍如何利用布局管理器来管理窗口部件的布局。布局管理器除了可以对部件进行布局以外，还可以使部件随着窗口大小的变化而变化。

在 Qt Creator 的设计模式下，左侧的部件盒中有一组布局(Layouts)部件，包括垂直(Vertical)、水平(Horizontal)、栅格(Grid)和窗体(Form)4 种部件。以水平布局为例，将该部件拖入界面，然后将几个其他部件(如按钮)拖入其中，则其中这些部件会水平分布。读者可以通过实验体验这些布局的作用，这里不再详述。图 10.7 是聊天对话框应用了布局管理器之后的设计，其中用到水平、垂直和栅格 3 种布局部件，另外还用到了水平间隔(Horizontal Spacer)部件来填充布局中的空白。

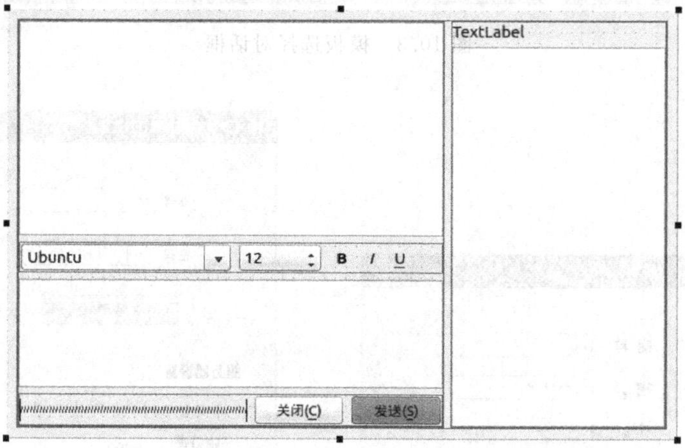

图 10.7 聊天对话框布局

10.2.4 添加动作

现在为界面添加一些基本动作，以便演示最终的系统运行效果。

1. 将“登录”对话框设为启动界面

要实现的效果是：程序启动后首先显示“登录”对话框，单击“登录”按钮后便能进入主窗口（“聊天”对话框），如果直接关闭“登录”对话框，则不能进入主窗口，整个程序也将退出。

首先需要设置信号和槽的关联。单击设计界面上方的图标（或按 F4 键）进入信号-槽编辑模式。按住鼠标左键，从“登录”按钮拖向界面，如图 10.8 所示。

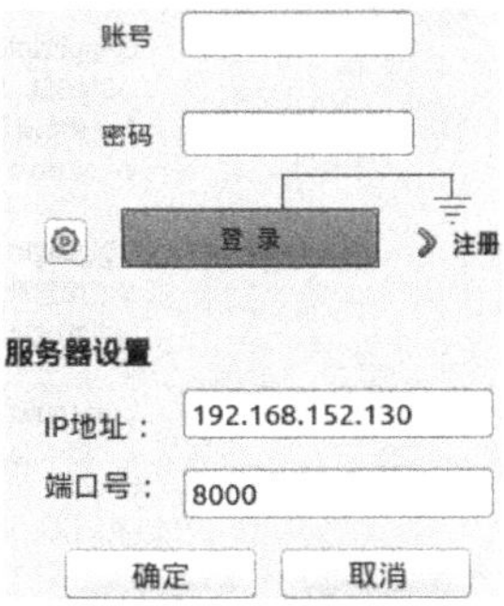

图 10.8 信号-槽编辑模式

松开鼠标后，会弹出“配置连接”对话框，如图 10.9 所示，这里选择 btnLogin 的 clicked()信号和 QDlgLogin 的 accept()槽。确定后，就完成了信号和槽的关联，此时的界面如图 10.10 所示。可以单击设计界面上方的或者按下 F3 键来返回控件编辑模式。

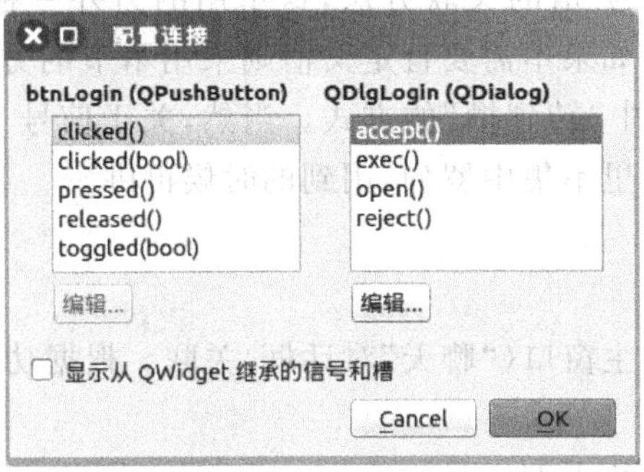

图 10.9 配置连接

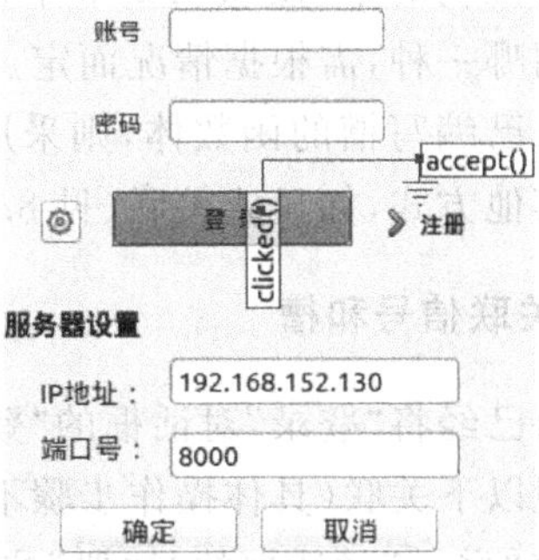

图 10.10 信号-槽连接后的效果

信号和槽关联之后，运行时当单击了“登录”按钮时就会发射 clicked()信号，“登录”对话框接收到信号就会执行相应的操作，即执行 accept()槽。一般情况下，只需要修改槽函数即可。不过，这里的 accept()已经实现了默认的功能，它会将对话框关闭并返回 Accepted，所以无须再做修改。

下面用“登录”对话框返回的 Accepted 来判断是否按下了“登录”按钮。切换到编辑模式，打开 main.cpp 文件，添加包含“登录”对话框的头文件 qdlglogin.h，屏蔽掉 w.show();和 return a.exec();，添加以下代码段：

```
/* 新建一个“登录”对话框对象 */
QDlgLogin dlgLogin;
//根据“登录”对话框的返回值判断“登录”按钮是否按下，若是则显示主窗口；否则结束程序
if(dlgLogin.exec() == QDialog::Accepted) {
    w.show();
    return a.exec();
}else return 0;
```

修改后，完整的 main.cpp 如图 10.11 所示。现在可以运行程序，测试一下效果。

```
#include "qdlggchat.h"
#include <QApplication>
#include "qdlglogin.h"
int main(int argc, char *argv[])
{
    QApplication a(argc, argv);
    QDlgGChat w;
    //w.show();
    //return a.exec();

    QDlgLogin dlgLogin; //新建一个登录对话框类的对象
    //根据登录对话框的返回值判断登录按钮是否被按下，若是则显示主窗口，否则结束程序
    if(dlgLogin.exec() == QDialog::Accepted)
    {
        w.show();
        return a.exec();
    }
    else return 0;
}
```

图 10.11 main.cpp

需要说明的是，在 8.3.2 节中讲过一种信号-槽的关联方法，这里用的另外一种方法。至于采用哪一种，需根据情况而定。一般来讲，如果不需要自定义槽则采用本节的方式；如果需要自己编写槽的函数体，则采用 8.3.2 节中"转到槽"的方式。当然，关于信号-槽的关联还有其他方式，如显式关联(见 8.3.3 节)，这里不集中罗列，用到的时候再讲。

2. 关联信号和槽

目前已经将"登录"对话框的"登录"按钮与主窗口("聊天"对话框)关联。根据功能要求还要实现以下关联(具体操作步骤不再赘述)：

- 将"登录"对话框的"注册"按钮与注册界面关联。
- 主窗口的关闭按钮 clicked()信号与主窗口的 reject()槽关联。
- 定义主窗口发送按钮 clicked()信号所关联的槽 on_btnSend_clicked()，功能是将发送文本框 txtSend 的文本追加到接收文本框 txtbrosRecv，然后清空 txtSend。代码如下：

```
QString strMsg = ui->txtSend->toHtml();
if(strMsg.trimmed().isEmpty()) return;
ui->txtbrosRecv->append(strMsg);
ui->txtSend->clear();
ui->txtSend->setFocus();
```

这个原型反映了系统的大体运行效果。由于这个原型是直接用 Qt 设计的，所以它已经是程序的一部分了。在后面的开发过程中，基本不用再考虑界面的问题，可以把主要精力放在编写代码上。

10.3 系统设计

本节首先介绍系统架构，并以此为基础分别介绍客户端和服务器要实现的功能。

10.3.1 系统架构

软件系统架构(Software Architecture)是一个系统的草图,用于指导大型软件系统各个方面的设计。它描述的对象是构成系统的抽象组件。各组件之间的连接则描述组件之间的通信。在实现阶段,这些抽象组件被细化为实际的组件,如某个具体的类或者对象。

基于系统需求和原型设计,并考虑到系统的可扩展性,本系统采用Client/Server(客户端/服务器)结构。用户通过运行客户端进行聊天,服务器则提供消息中转服务,即用户的发言都通过客户端以消息方式发往服务器,服务器收到后将其广播到各客户端,客户端收到广播后显示收到的信息。系统架构如图10.12所示。

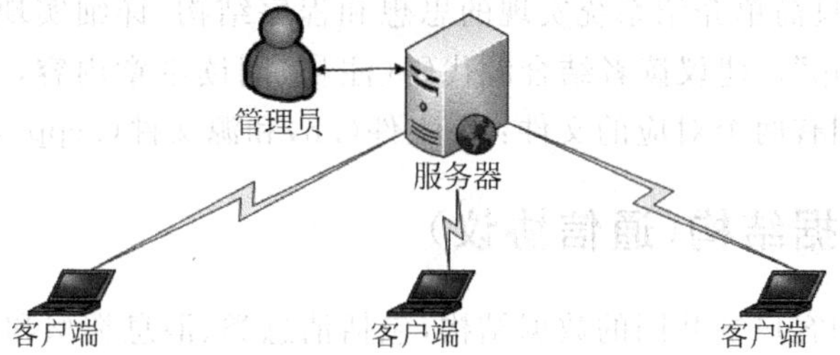

图10.12 系统架构

10.3.2 客户端功能设计

(1) 聊天。发送聊天信息;接收并显示聊天信息。

(2) 接收用户信息。接收并显示用户列表。

(3) 注册。向服务器发送注册信息,接收并处理来自服务器的注册响应。若注册失败,返回注册界面;成功则直接进入主窗口。

(4) 登录。向服务器发送登录信息,接收并处理来自服务器的登录响应。若登录失败,则返回登录界面;成功则进入主窗口。

(5) 退出登录。向服务器发送退出登录消息,并退出程序。

10.3.3 服务器功能设计

1. 监听并响应客户端请求

监听来自客户端的各种请求并作出响应。各种可能的请求和响应如表10.2所示。

表10.2 请求与响应

请求类型	响应
注册	检查注册信息合法性,如果合法则添加用户,并响应请求方(注册成功),广播该用户资料;若非法则直接向该客户发送拒绝信息(含拒绝原因)
登录	检查登录信息合法性,如果合法则修改用户状态,并响应请求方(登录成功),广播该用户状态;若非法则直接向该客户发送拒绝信息(含拒绝原因)
聊天消息	广播该消息
退出登录	广播该用户状态

2. 监听并广播用户状态

侦测用户在线状态，当状态发生变化时通知到各客户端。

3. 用户管理

维护用户账户资料、网络地址、状态等信息。

10.4 系统实现

限于篇幅，这里只简单介绍系统实现的思想和程序结构，详细实现请参考电子资源“源代码/ch10/QChat.zip”。建议读者结合源代码(注释)阅读本章内容，下面提到的各个类在项目源代码中都分别有两个对应的文件：头文件(.h)和源文件(.cpp)，文件名与类名相同。

10.4.1 数据结构(通信协议)

这里是服务器和客户端共同的数据结构，包括消息类、消息类型和用户信息类。它们实际上是本系统的自定义通信协议。

1. 宏定义

本系统涉及的各种宏都定义在文件 common.h 中，主要包括消息类型、用户状态等。例如，来自客户端的注册和登录消息类型分别定义如下：

```
#define MSG_CLIENT_REG                2
#define MSG_CLIENT_LOGIN              3
```

当定义一个“注册”消息时，将其类型赋值为 MSG_CLIENT_REG，而不是 2。这么做的好处是：含义直观，不会引起类型定义混乱。在开发过程中，可以尽可能地将一些公共的定义放在该文件中。

2. 消息类 QMsg

消息类用于客户端与服务器之间的通信。主要包括以下属性：消息类型、发送者 ID、接收者 ID、消息内容。另外还有两个方法：pack( )和 load( )，分别用于消息数据发送前的打包和接收后的解包。

3. 用户类 QUser

其主要属性包括用户 ID、密码、昵称、状态、IP、端口号、性别、出生日期、简介等。

10.4.2 客户端实现

1. 登录窗口(QDlgLogin)

“登录”对话框如图 10.5 所示。客户端启动后首先显示该窗口，主要功能是将登录信息

(用户账号和密码)发往服务器。当收到来自服务器的登录成功(MSG_SERVER_LOGIN_SUCCESS)消息时,新建聊天窗口(QDlgGChat),并将登录用户ID、服务器IP地址及端口号传递给它,然后关闭自身。登录失败时,服务器返回失败原因(账号不存在、密码错误、重复登录)。

通过"登录"对话框可以打开注册窗口和设置服务器IP地址及端口号。另外,需要强调的是,登录以及后面的注册用到的套接字都是TCP套接字(基类是QTcpSocket),这是基于可靠性需要的考虑。

2. 注册窗口(QDlgRegister)

"注册"对话框如图10.4所示。该对话框通过"登录"对话框打开,主要功能是将注册信息(昵称、密码)发往服务器。如果注册成功,服务器会返回一个用户ID,并直接登录。

3. 聊天窗口(QDlgGChat)

"聊天"对话框如图10.2所示。它是客户端的主要窗口,功能是发送、接收并显示聊天信息、显示用户列表。所有聊天信息都是通过服务器转发的,并没有采用点对点通信;聊天所用的套接字是数据报(UDP)套接字(派生自QUdpSocket),这是综合考虑文字聊天特点和网络负载平衡的结果。关于流式套接字和数据报套接字的区别,读者可参考7.3.1节的内容。

10.4.3 服务器端实现

服务器的主要任务有响应客户端的注册和登录请求、转发聊天消息、维护用户信息。

1. 数据库(db_chat)及其访问接口类(QMyDB)

数据库主要用来存储所有注册用户的信息,包括用户ID、密码、昵称、性别等。用户信息表的表名为tb_user。

数据库管理系统采用的是MySQL。在项目源代码中有一个文件db_chat.sql,读者可以登录MySQL用\.命令执行该文件(\. db_chat.sql)来创建数据库。关于MySQL的使用可参考第9章。

QMyDB为服务器的其他部分提供了访问数据库的方法,包括连接数据库、关闭数据库、新建用户、获取用户信息、更新用户状态等。

2. 主窗口(QWinMain)

服务器主窗口如图10.6所示。它为服务器管理人员提供管理操作界面,主要功能是启动/停止服务、监视用户状态。该类有两个重要成员:一是派生自QTcpServer的服务器Server(详见接下来的QServer);另一个是UDP套接字udpSocket,主要用于处理来自客户端的聊天消息。

3. 服务器(QServer)

QServer派生自QTcpServer,主要功能是监听并维护来自客户端的连接请求。每当监听到新连接，它会创建一个线程(QTcpThread)来处理客户端的注册和登录请求。

10.4.4 几点说明

项目中用到一些前面未曾讲过的 Qt 特有的内容，限于篇幅，在此仅作简单介绍，如果想了解它们的细节可以查阅相关资料。

(1) 项目中用到了网络通信和数据库，因此在项目文件(.pro)的开始位置应该加上 QT+=network\sql。

(2) 项目中为类命名时，首字母为 Q，表示它的基类是 QObject 或者它的派生类，这些类都可以利用 Qt 的信号-槽机制。

(3) QUdpSocket、QTcpSocket 及 QTcpServer 类

QUdpSocket 类用于发送和接收 UDP 数据报，它其实就是第 7 章介绍的数据报(UDP)类型的套接字，只不过 QUdpSocket 封装了更多功能，用起来也更加方便。类似地，QTcpSocket 是流套接字，传输的是连续的数据流，尤其适合于连续的数据传输。QTcpServer 用于处理到达的 TCP 连接，一般用于服务器应用程序中。关于套接字的更多细节可参考 7.3 节。

10.5 Linux 应用综合实训

本章采用 C/S 架构实现了基本的文字聊天功能，聊天消息一概通过服务器中转。用户注册、登录用的是 TCP 套接字，而聊天消息的传递用的是 UDP 套接字。电子资源/ch10/QChat.zip 提供的程序仅具有本章所述基本功能，读者可以以此为基础，在以下几个方面进行扩展或完善。在做下面的实训之前，读者首先要参考电子资源中的源代码注释，读懂原始的程序；否则理解起来会有困难。

1. 私聊

客户端首先需要增加一个基于 QMainWindow 类的主窗口，主要用于显示用户列表以及打开聊天窗口。再增加一个基于 QDialog 类的私聊窗口，外观上与 QDlgGChat 相比少一个用户列表。消息类型增加一个私聊类型(在文件 common.h 中)。每当客户端收到一个私聊消息，根据发送者 ID 判断对应私聊窗口是否已经存在，如果存在则将消息发往该窗口，否则新建一个与该发送者关联的私聊窗口。当双击用户列表中的某个用户时，则打开相应的私聊窗口，主动发起聊天。关于如何添加窗口以及关联信号和槽，读者可参考 10.2 节。

服务器端则需要相应增加对私聊消息的处理，即仅将该消息发往消息指定的接收者。

2. 好友功能

目前，任何一个用户可以看到所有注册用户并与他们聊天。当用户量巨大时，就不现实了。可以在服务器端的数据库中增加一个好友关系映射表(包括用户 ID 和好友 ID 两个字段)，当服务器收到客户登录请求时，检索该表中与该客户 ID 对应的用户(好友)ID，仅为该客户提供这些好友的信息。

3. 群聊

群聊在形式上和本章实现的公共聊天很相似，参与聊天的不再是所有注册用户，而是属于某个分组(群)的用户。客户端需要设计基于 QDialog 类的群聊窗口，并可以向服务器发出群的注册、解散、资料维护以及设置群管理员等请求。服务器端要增加群表(主要包括群ID、创建者 ID、群名称等字段)，并可以响应有关群的各种请求。

4. 历史记录

在客户端定义数据库或自定义文件用以保存历史聊天记录(至少包括发送者 ID、发送时间、聊天内容 3 个字段)，并提供对历史记录的删除、导入、导出等维护功能，这样的历史记录功能不需要服务器的任何支持。当然，服务器端可以增加历史记录存储功能，以允许用户将聊天记录上传到服务器，并提供下载功能。

5. 离线消息

在服务器端增加离线消息表，包括发送者 ID、接收者 ID、发送时间、消息内容等字段。为用户转发聊天消息时，如果该用户处于离线状态，则将该消息内容存入离线消息表。当收到用户登录请求时，除一般的登录响应外，还要检查离线消息表中是否有发往该用户的消息，若有则发给该用户，并将发送成功的离线消息删除。

10.6 本章小结

本章介绍了一个聊天工具的设计及实现，涉及多线程、套接字通信、MySQL 和 Qt 等诸多知识。通过对本章的学习，希望读者掌握在 Linux+Qt 环境下进行综合应用开发的技能，并通过对 QChat 项目的扩展和完善，锻炼自学和创新能力。

第11章 构建Linux内核系统

第一部分学习了如何应用Linux系统，如何在Linux环境下开发调试应用程序。从本章开始，将深入Linux系统内部，探索Linux内核的构成，以及Linux内核是如何实现计算资源、存储资源以及外部设备管理的。操作系统是由许多逻辑构成要素组成的综合软件。Linux内核同样也是一种操作系统，由必要的进程管理、文件系统、内存管理、网络系统等许多子系统组成。

本章学习目标

- 掌握Linux内核的构建过程
- 熟悉Linux内核配置的主要方式
- 了解Linux内核配置的主要选项

11.1 概述

从本质上来说，Linux内核是由多种子系统集成运行的单内核。但是，Linux内核也充分采用了微内核的设计思想，使得Linux内核虽然是单内核结构，但工作在模块化的方式下，并且这些模块可以动态装载或卸载。Linux内核中各子系统的层次关系如图11.1所示。

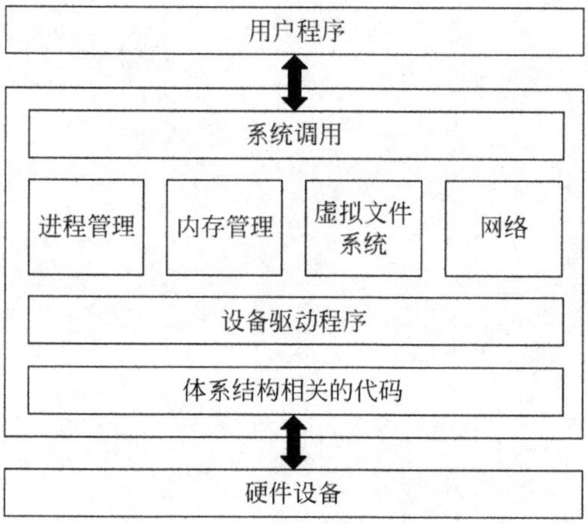

图11.1 Linux子系统结构

体系结构相关的代码是指用于处理器(CPU)、内存管理单元(MMU)以及机载状态的低级驱动程序等与硬件相关的部分。为了在硬件无关的源代码和硬件相关的源代码之间划清明显的界限，Linux 将特定于体系结构的结构依赖代码存放于 arch 目录下，与所支持的硬件平台一一对应。在 3.13 内核版本中，共支持 29 种硬件平台，如惠普的 Alpha 工作站、ARM 处理器、德州仪器的 C6x 等。

设备驱动程序用于与系统连接的输入/输出设备进行通信，如显卡、声卡、硬盘、光驱等，这部分代码位于 drivers 目录下。

进程管理的重点是管理进程的执行。在进程执行前分配 CPU 资源，若同时执行多个进程时，根据制定的政策公平分配资源，并管理进程的生成及状态迁移过程。进程管理代码位于 kernel 目录下。

内存管理用于管理与 CPU 同样重要的系统资源——内存，负责内存分配、释放及共享，其相关代码位于 mm 目录下。

虚拟文件系统在用户与文件系统之间提供了一个交换层。它将多种文件系统抽象化，从而提供通用接口，这样就能够在 Linux 中使用相同的文件操作访问多个文件系统或设备。文件系统的源代码位于 fs 目录下。

网络子系统对网络设备提供抽象化概念，可以通过一致的方法使用多种网络装置。

系统调用是用户进程与内核进程之间的交互接口，以在用户空间调用已在内核中实现的特定功能。根据结构的不同，其实现方法可能有所不同。其代码位于 kernel 或 arch 目录下。

本书内容是基于 Linux 内核 3.13 版本展开的，其源代码可以在本书的电子资源中找到，也可以在 kernel.org 网站上下载(https://www.kernel.org/pub/linux/kernel/v3.x/)。

Linux 内核从源代码状态到可启动状态通常需要依次经过内核初始化、内核配置、内核构建等过程。本章的后续内容将进一步展开说明如何基于某一硬件平台构建 Linux 内核系统。

11.2　内核初始化

为了构建内核，读者需要首先完成内核初始化过程。读者将获取的 Linux 内核源代码解压后，会生成初始状态的内核源代码树，这种状态称为内核的初始状态。

一般而言，制作 Linux 内核时源代码一般放在 usr/src 路径下，所以内核解压展开时应该放在这个路径下。如果读者要重新构建内核，可以在构建过程中通过 make mrproper 和 make distclean 等命令将内核源代码恢复到初始状态。从图 11.2 所示的 Makefile 文件片段中可以看出，mrproper 只清除包括.config 文件在内的、为内核编译及链接而生成的诸多设置文件和一些中间文件。

```
clean: $(clean-dirs)
	$(call cmd,rmdirs)
	$(call cmd,rmfiles)
	@find $(if $(KBUILD_EXTMOD), $(KBUILD_EXTMOD), .) $(RCS_FIND_IGNORE) \
		\( -name '*.[oas]' -o -name '*.ko' -o -name '.*.cmd' \
		-o -name '*.ko.*' \
		-o -name '.*.d' -o -name '.*.tmp' -o -name '*.mod.c' \
		-o -name '*.symtypes' -o -name 'modules.order' \
		-o -name modules.builtin -o -name '.tmp_*.o.*' \
		-o -name '*.gcno' \) -type f -print | xargs rm -f
```

图 11.2　内核源代码根目录下的 Makefile 片段

11.3 内核配置

内核初始化后，并不能够立即对内核进行编译。如果将初始化的内核直接编译，将会提示“无法找到配置文件.config”。在构建内核前，需要执行的最重要、最需要谨慎处理的过程就是内核配置过程。内核配置是指选择与自身系统相吻合的各种内核要素的过程。

为了配置内核，Linux 在 Makefile 中提供了多种配置方法，具有代表性的有 xconfig、gconfig、menuconfig 等对象，在内核源代码的 script/kconfig/Makefile 文件中查询这些对象，各对象会执行与之对应的二进制文件。具体说明如下。

make config：以一种有问必答的方式，遍历选择所要编译的内核特性。这种方式下，每个内核选项都会问是否需要，如果选错一个就必须从头再来一遍。

make allyesconfig：配置所有可编译的内核特性。

makenoconfig：并不是所有的都不编译，而是能选择的都回答 No，只有必需的才选择 Yes。

make menuconfig：提供了一种基于文本的图形界面，用于选择可编译的内核特性。需要说明的是，如果使用该对象，需要安装两个软件包，即 build-essential 和 libncurses5-dev。

make xconfig：XWindow 桌面环境下，并且安装了 Qt 开发环境，可以利用鼠标选择要编译的内核特性。

make kconfig：KDE 桌面环境下，并且安装了 Qt 开发环境，可以利用鼠标选择要编译的内核特性。

make gconfig：GNOME 桌面环境下，并且安装了 GTK 开发环境，可以利用鼠标选择要编译的内核特性。

下面结合本书采用的 Ubuntu14.04LTS 操作系统，如何利用 xconfig 对象进行内核配置。

在内核配置之前，需要利用 cd 命令将工作目录定义到内核源代码目录的根目录。如果读者直接利用 make xconfig 命令进行内核配置，Linux 会提示缺少一系列的依赖项。读者可以利用 apt-cache policy 命令分别验证 build-essential、libncurses5-dev、kernel-package、qt4-dev-tools 和 qt4-qmake 等是否已安装 C，如果没有安装，可以利用 apt-get install 命令分别安装前述软件包。安装完成后，读者就可以在终端窗口利用 make xconfig 命令进行内核配置了。命令执行后，将会弹出图 11.3 所示的内核配置窗口。

由于 Linux 内核的复杂性，即使有基于 GUI 的前端，内核配置依然是一项会发生很多执行错误的庞大工作。幸运的是，每个系统均提供自定义配置文件。读者可以在内核源代码的 arch/$(ARCH)/configs 目录中找到与各系统相符的自定义配置文件。例如，查看 arch/x86/configs 目录，可以看到 i386_defconfig、kvm_guest.config、x86_64_defconfig 等 3 个配置文件。如果要构造 32 位的 x86 结构内核，可以使用命令 make i386_defconfig 来缩短配置内核所需的大量时间。

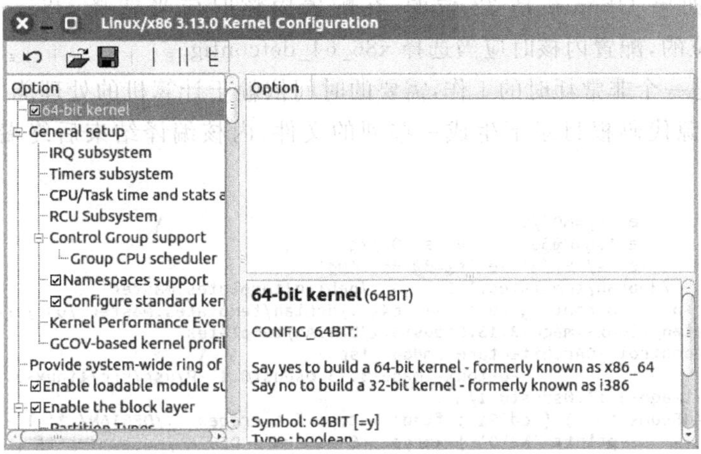

图 11.3 xconfig 的内核配置界面

无论是利用 make xconfig 配置内核，还是简单地使用 make xxx_defconfig 进行配置，均会生成.config 文件。

```
…
CONFIG_PROC_FS = y
CONFIG_PROC_KCORE = y
CONFIG_PROC_VMCORE = y
CONFIG_PROC_SYSCTL = y
CONFIG_PROC_PAGE_MONITOR = y
CONFIG_SYSFS = y
…
```

.config 文件是只构建自身内核所需的内核配置目录。从上面的.config 文件片段可以看到，它是 CONFIG_XXX 变量值中用 y、n、m 这 3 个状态进行配置的目录。根据 kconfig 提供的这 3 个状态决定某一模块是否构建到内核中。状态为 y 时，相应的二进制文件与 vmlinux 链接；状态为 m 时，虽然不会与 vmlinux 链接，但是作为模块执行编译。

11.4 内核构建

利用 kconfig 完成内核配置，并准备好具有自身内核配置的.config 文件后，即可构建内核。构建内核是指编译内核并链接二进制文件，由此生成一个二进制文件 kernel_image 的一系列过程。

内核编译主要通过 1000 多个 Makefile 完成，它们存在于各代码目录中。通过内核源代码根目录中的 Makefile 开始编译内核，并通过 script 目录中的多个脚本文件生成 kernel_image。

在 Ubuntu 环境下，可以利用 make-kpkg 命令完成内核的编译。

```
make-kpkg --initrd --revision sdust0.1 --append-to-version -20150327 kernel_image
```

需要注意的是，在编译内核时，选择的内核配置文件必须与所安装的 Ubuntu 系统的位宽相一致。即如果 Ubuntu 是 32 位的，在配置内核时应当选择 i386_defconfig；如果 Ubuntu 是 64 位的，配置内核时应当选择 x86_64_defconfig。

编译内核是一个非常耗时的工作，需要的时间依赖于计算机的处理能力。内核编译成功后，会在内核源代码根目录下生成一些列的文件，内核编译结束后终端界面如图 11.4 所示。

```
                -e 's/=MD//g'                              \
                -e 's@=M@@g'     -e 's/=OF//g'      \
                -e 's/=S//g' -e 's@=B@x86_64@g'      \
            ./debian/templates.l10n    > ./debian/templates.master
install -p    -o root -g root  -m  644 ./debian/templates.master /usr/src/linux-
3.13/debian/linux-image-3.13.0sdust0.1/DEBIAN/templates
dpkg-gencontrol -DArchitecture=amd64 -isp                      \
                    -plinux-image-3.13.0sdust0.1 -P/usr/src/linux-3.13/debia
n/linux-image-3.13.0sdust0.1/
create_md5sums_fn () { cd $1 ; find . -type f ! -regex './DEBIAN/.*' ! -regex '.
/var/.*'      -printf '%P\0' | xargs -r0 md5sum > DEBIAN/md5sums ; if [ -z "DEBI
AN/md5sums" ] ; then rm -f "DEBIAN/md5sums" ; fi ; } ; create_md5sums_fn
      /usr/src/linux-3.13/debian/linux-image-3.13.0sdust0.1
chmod -R og=rX                    /usr/src/linux-3.13/debian/linux-image-3.13.0sdus
t0.1
chown -R root:root                /usr/src/linux-3.13/debian/linux-image-3.13.0sdus
t0.1
dpkg --build                      /usr/src/linux-3.13/debian/linux-image-3.13.0sdus
t0.1 ..
dpkg-deb：正在新建软件包 linux-image-3.13.0sdust0.1，包文件为 ../linux-image-3.1
3.0sdust0.1_3.13.0sdust0.1-10.00.Custom_amd64.deb。
make[2]:正在离开目录 `/usr/src/linux-3.13'
make[1]:正在离开目录 `/usr/src/linux-3.13'
lizhe@lizhe-Lenovo:/usr/src/linux-3.13$ █
```

图 11.4　内核编译终端界面

11.5　本章小结

本章学习了 Linux 内核的构建过程，重点介绍了常用的几种配置方式。Linux 内核的配置非常复杂，用户可以根据需求选择合适的配置，但受篇幅影响，这里没有详细介绍各配置选项的含义，感兴趣的读者可以参阅专门介绍内核配置的相关资料。

练习

11-1　请利用网络资源查阅相关资料，在 Ubuntu 系统中搭建 gconfig 对象的内核配置环境。

11-2　请根据自己计算机的配置，结合本章所学知识，升级 Linux 内核。

第 12 章 添加最简单的 Linux 内核模块

本书第 1 章曾提到，操作系统空间被分为用户空间和内核空间两部分，如图 1.1 所示。与此对应，现代操作系统通常包含内核态和用户态两个特权级。本书第一部分各章的应用程序都运行于用户空间，处于用户态。与此相对，操作系统的内核代码都运行在内核空间，处于内核态。运行于内核态的代码具有最高权限，可以访问任何有效地址，包括直接访问硬件设备的端口；而运行于用户态的代码则要受到处理器以及内核服务例程的诸多检查，只能访问系统允许它们访问的地址。运行在内核态和用户态的代码具有不同的权限，在编写时它们也具有不同的形式。本章内容包括内核模块开发的主要流程、框架和重要函数。

本章学习目标

- 熟练掌握基本的 Linux 内核模块开发框架和编译方法
- 熟练掌握 Linux 内核模块添加流程
- 理解 Linux 内核模块代码中的一些常见宏和参数
- 掌握 Linux 内核模块程序和应用程序的差异

12.1 用户态与内核态

很多读者对 Linux 应用程序的撰写、编译和执行都已经很熟悉了，但对用户态（User Mode）和内核态（Kernel Mode）的概念相对陌生。本节将介绍用户态、内核态和 Linux 内核模块的基本概念及其关系。

12.1.1 C/C++应用程序的运行机制

一个使用 C/C++写成的应用程序，如著名的 Helloworld 程序，需要调用相应的 C 库或者 C++库函数，其运行机制如图 12.1 中的用户空间部分所示。用户程序进行编译、链接之后，在运行时调用标准运行库中的库函数来完成特定的功能，如 printf、open、read、write、malloc 等。从计算机系统结构的角度来看，该过程只是程序运行完整过程中的一部分，即用户空间部分，此时用户程序的代码运行在用户态，相关指令被称为用户态指令。

事实上，用户空间和内核空间构成了一个密不可分的整体。内核提供一系列具备特定功能的内核函数，通过一组称为系统调用（System call）的接口呈现给用户。用户程序通过系统调用请求内核的服务；内核模块根据系统调用传递进来的参数进行工作，并返回系统调用的结果给用户程序，如图 12.1 所示。当用户程序发出一个系统调用时，实际上相当于发生了一次软中断，此时内核会接管系统的控制权，并把特权级修改为内核态。在内核态下，运行的代码可以自由地访问任何有效地址，包括各个硬件端口，因此内核态也被称为特权态(Privileged Mode)、监管态(Supervisor Mode)或系统态(System Mode)。当从系统调用返回时，控制权重新回到用户程序，此时需要重新把特权级修改为用户态。

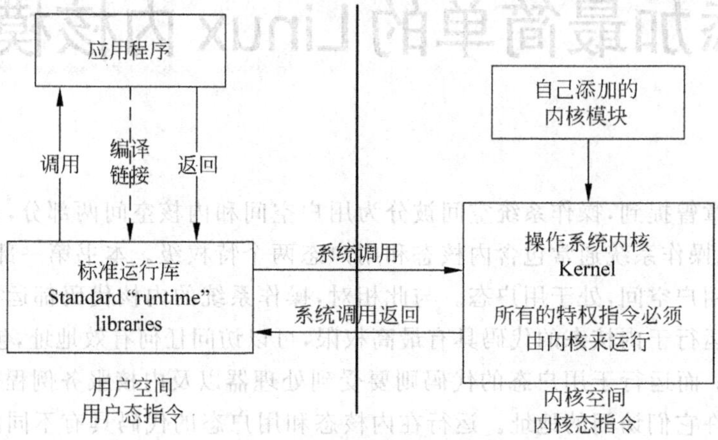

图 12.1　基于 C/C++的应用程序运行机制示意图

内核态和用户态目前被广泛应用在现代操作系统中。早期的一些操作系统，如 DOS，没有划分内核态和用户态，所有的程序都可以看做是运行在特权态，此时用户进程很可能会侵入内核空间，导致系统崩溃。为了保障系统运行时的安全性，现代操作系统普遍引入特权级的概念。在多用户、多任务的计算机系统中特权指令必不可少。它主要用于系统资源的分配和管理、硬件设备的操作等方面。标准库函数为应用程序提供的服务必须使用特权指令才能完成，这些特权指令由操作系统负责在内核态下完成。从事应用程序撰写的程序员一般对图 12.1 中用户空间的开发流程和库函数非常熟悉，如 Windows 操作系统的 API 函数或者 Linux 在头文件 unistd.h 中提供的系统调用，但对图 12.1 所示内核空间部分相对陌生。本章后续内容将为读者介绍内核空间代码开发的主要流程、框架。

12.1.2　Linux 内核模块

操作系统实践在计算机学科的学习中存在一些特殊性。这些特殊性包括：现代操作系统把用户程序限制在用户空间，与内核空间相隔离；一个操作系统在工作时，如果随意进行内核的修改很可能导致系统的崩溃；与应用程序相比，内核代码牵涉更广、编写更为困难；部分读者习惯了在微软的 Windows 系统上工作，但微软的 Windows 几乎是不开源的，很难进行操作系统内核编程的学习和实验。幸好 Linux 提供了一个非常方便的内核开发途径。第 11 章讲解了对 Linux 内核的配置或者说裁剪，但这些工作都是通过 Linux 提供的系统工具完成的，是对已有的 Linux 内核模块的按需裁剪。本章将引导读者完成一个新的 Linux 内核模块的编写、动态添加和删除。

Linux 是单内核多模块的操作系统：整个 Linux 操作系统只包含一个内核，该内核由多个具有不同功能的模块组成。第 11 章中对各个模块进行裁剪后重新编译生成的 Linux 内核可以看做是静态的，或者说固定的，即系统每次启动加载内核时，编译时选择的所有模块都会自动重新加载。与此相对，单内核多模块的 Linux 内核还支持用户动态地添加、撤销一个 Linux 内核模块(Linux Kernel Module, LKM)，而不必重新编译整个内核，甚至不用重启系统。利用 LKM 机制的这种特性，读者可以"真刀实枪"地在操作系统内核空间进行编程，运行自己编写的内核代码，不用担心系统会随时崩溃。即使在实验过程中由于模块的错误引发了难以纠正的系统错误，大多数情况下只要重启系统就可以了；因为重启前添加的 LKM 模块只是动态添加，并未被实际写入到 Linux 内核中，在 Linux 系统再次启动时不会被自动加载。重启后用户可以通过内核工作日志来查看错误，并改写内核代码，重新进行实验。读者自己添加的 LKM 与 Linux 内核、应用程序的关系如图 12.1 所示。

LKM 具有以下特点：

(1) 主要使用 C 语言编程，但也可以使用内联的汇编代码。

(2) LKM 工作在内核空间，可以不受约束地运行，因此在一个 LKM 内部读者可以访问对应用程序屏蔽的内核数据结构、硬件设备等。

(3) LKM 可以通过 proc 伪文件系统、内存映射、特定的系统调用函数等不同的机制实现内核空间和用户空间的数据交换。这些机制将在后续章节陆续讲到。

基于上述 LKM 的特性，请读者在体验 LKM 代码的强大功能时，务必小心、谨慎地撰写自己的代码。尤其需要注意，在内核代码中关于函数调用的返回值务必要加以检测，否则很容易导致严重的错误。例如，在从用户空间获得数据指针时如果不加以检测，很容易导致对内核代码的非法访问，这是很多病毒程序经常使用的一种方法。关于内核空间和 LKM 的基础理论就简单介绍这些，更为复杂的理论将在后续章节逐步介绍。

说明：内核代码具有最高的权限，可以访问任何有效地址。但是，这种访问不是随意的。例如，内核代码有权限使用特殊函数访问用户空间的数据，但是不能直接访问，原因是用户空间数据使用的寻址方式与内核空间不同，用户空间的数据指针可能在内核代码中是无效的。关于该问题的更多讨论可阅读本书第 17 章。

12.2 添加最简单的 Linux 内核模块

本节内容包括 Linux 内核模块的基本框架、编译和添加、删除方法。

12.2.1 LKM 代码框架

1. kello.c 源代码

由于本章是第一次讲述内核代码，而且 kello.c 的代码较少，所以此处给出了完整的源代码。考虑到本书面向的读者层次以及篇幅长度问题，后续将集中讲述关键代码和核心函数的使用。完整代码读者可参考本书配套的电子资源。

```
//kello.c
#include <linux/module.h>          // for printk()
int hello_init( void )
{
    printk( "\n  Hello, students from SDUST! This is in kernel space! \n" );
```

```
    return 0;
}

void hello_exit( void )
{
    printk( "\n  Goodbye now… students from SDUST! \n" );
}

MODULE_AUTHOR("SDUSTOS<fangs99@126.com>");
MODULE_LICENSE("GPL");
module_init(hello_init);
module_exit(hello_exit);
```

2. kello.c 代码说明

阅读 kello.c 后读者会发现其与普通应用程序存在一些相似之处，但也有很大的差异，如 kello.c 没有 main()函数。这一点对习惯了以 main()函数作为程序入口点的读者来说，开始可能会有点不习惯。Linux 应用程序的结构可见本书第一部分第 3 章。现在看一下 kello.c 的框架。

(1) 任何一个内核模块文件必须要有两个模块管理函数，即模块初始化函数和模块回收函数，其原型如下所示：

```
int init_module( void );          //模块初始化函数,在模块初始化时被调用
void cleanup_module( void );      //模块回收函数,在模块撤销时调用
```

在 kello.c 中与 init_modul 和 cleanup_module 对应的函数实例为：

```
int hello_init( void )
void hello_exit( void )
```

这两个函数都是静态函数，只调用一次，因为不可能被其他文件所调用。

(2) 为了模块更高效地被加载、执行和撤销，尤其是内存的分配和回收，在文件最后需要作以下声明：

```
module_init(init_module);          //执行模块初始化函数
module_exit(cleanup_module);       //执行模块回收函数
```

在 kello.c 中这两个声明对应的实例为：

```
module_init(hello_init);
module_exit(hello_exit);
```

以应用程序作为类比，init_module 起到了类似 main 函数的作用。init_module 这个函数只用于初始化，初始化完成后它的空间将被回收。一般的应用程序在结束的时候，不需要仔细地去考虑资源回收问题，因为进程终结后系统会自动进行资源的回收。但是在内核模块中，该问题就必须要给予高度重视。cleanup_module 函数需要仔细地去删除 init_module 函数中建立或分配的所有资源，否则直到系统结束，如系统重启这些资源才会被释放。当然，在 kello.c 中没有使用额外的资源，所以 cleanup_module 中也没有进行相关操作。

(3) 如果读者设计的内核模块还需要提供特定的服务，就需要在该模块文件中定义相

应的服务函数。如果读者设计的内核模块需要在添加模块时传入参数，那么内核模块也需要定义相应的参数和处理方法。

（4）kello.c 中使用了一个新函数 printk。这个函数不是 C 语言标准库提供的函数，而是 Linux 内核支持的函数。使用该函数需要在内核代码中包含头文件<linux/module.h>。

12.2.2 LKM 编译

本书第一部分第 4 章讲述了如何使用 Makefile 文件对 Linux 应用程序进行编译，以及 Makefile 文件的要素和基本结构。与应用程序的编译相同，Linux 内核模块的编译也可以使用 Makefile 来完成，基本原理是相同的。但是二者也有很大的差异，主要是内核模块编译需要内核头文件的支持。也正是考虑到这一点，推荐读者使用 Makefile 对编写的内核模块进行编译，而不是直接使用命令行方式。内核模块的编译也有两种常用方式。

（1）集成到内核、随内核一起编译。这种方法把开发完的内核文件放在 Linux 内核源代码相关目录下，随内核一起编译。

（2）单独编译、动态插入内核。将开发的内核代码文件直接进行编译，然后使用命令动态插入内核或者从内核卸载。

对于初学者来说，不推荐使用第①种方式，主要原因有两个：一是整个内核的重新编译需要花费较多时间；二是如果内核代码有问题很容易导致内核运行不稳定甚至崩溃。第②种方法虽然麻烦一些，在每次系统启动后都需要重新添加内核模块，但其优点是编译时间短、方便调试和修正代码错误。所以本书中所有内核模块都使用动态添加的方式，使用以下 Makefile 进行编译。关于 Makefile 的基本概念和使用方法可参考本书第 4 章。

1. Makefile 完整代码

```
ifneq    ($(KERNELRELEASE),)
obj-m      := kello.o

else
KDIR     := /lib/modules/$(shell uname -r)/build
PWD      := $(shell pwd)
default:
     $(MAKE) -C $(KDIR) SUBDIRS=$(PWD) modules
     rm -r -f .tmp_versions *.mod.c .*.cmd *.o *.symvers
endif
```

2. Makefile 文件说明

在上述 Makefile 文件中 KERNELRELEASE 是在 Linux 内核源代码顶层 Makefile 中定义的一个变量，在第一次读取执行此 Makefile 文件时，KERNELRELEASE 没有被定义，所以 make 将读取执行 else 之后的内容。

如果 make 的目标是 clean，直接执行 clean 操作，然后结束。当没有声明 make 的目标时，make 执行默认操作，即 default 后的指令，此时-C $(KDIR)指明跳转到内核源代码目录下读取那里的 Makefile；SUBDIRS = $(PWD)表明需要返回到当前目录继续读入、执行当前的 Makefile。当从内核源代码目录返回时，KERNELRELEASE 已被定义，kbuild 也被启动去解析 kbuild 语法的语句，make 将继续读取 else 之前的内容。

else 之前的内容为 kbuild 语法的语句，指明模块源代码中各文件的依赖关系，以及要生成的目标模块名，obj-m := kello.o 表示编译连接后将生成 kello.o 模块，而 kello.o 文件默认则是由 kello.c 文件编译生成的。此部分的编译顺序请读者对照自己的实验结果进行理解。

请读者注意，内核模块不允许链接函数，它只允许使用内核定义的函数。当前版本的内核定义的函数一般可以通过/lib/modules/$(shell uname -r)/build 来找到。访问该目录就可以发现，其实 build 是个链接目录，它指向的是/usr/src/kernel/$(shell uname -r)中的 include 文件夹。Linux 内核头文件都可以在其中找到。在此处重点强调该问题是希望读者注意到：编译 LKM 模块时需要当前系统中 Linux 内核提供的支持，而不像应用程序只使用标准库即可，所以在 Makefile 文件中需要指明内核头文件的目录。

由于此处只有一个内核文件 kello.c，所以此处的 Makefile 也只针对一个内核文件，后续各章节中大部分代码都只用一个内核文件实现，使用的 Makefile 文件格式与本节基本相同。如果读者要使用多个内核文件，其 Makefile 的组织方式可在本节基础上参照本书第 4 章。

提示：kbuild 是什么？来自官方网站 http://svn.netlabs.org/kbuild/wiki/kBuild 的解释，kbuild 是一个 Makefile 框架，它为复杂的任务编写简单的 Makefiles。感兴趣的读者可以进一步阅读资料查阅。

12.2.3 kello.c 的编译、添加和删除

1. kello.c 的编译

首先请执行 ls 命令，查看并确认 kello.c 和 Makefile 存在当前工作目录下，然后运行 make 指令：

```
$ make
```

再通过 ls 命令查看是否生成了所需要的文件。用 ls 命令查看，发现多了两个文件，一个是 kello.ko，一个是 modules.order。过程如图 12.2 所示。打开 modules.order 文件可以看到其内容为 kernel//home/os/ch12/kello.ko，其中 kernel 表明这是内核模块，//后的字符串指明了内核模块的位置。

2. LKM 的添加和删除

添加和撤销 LKM 模块都需要 root 权限。所以在运行时需要通过 sudo 命令来执行。在当前命令窗口中第一次执行 sudo 命令时，需要输入 root 密码，如图 12.2 所示。添加和撤销 LKM 模块的命令分别是 insmod 和 rmmod，可以使用 man 来查看二者的详细指令说明。在添加模块后可以使用 dmesg 来查看内核模块运行记录。详细过程如下。

在工作目录下，输入：

```
$ sudo insmod kello.ko
```

并按回车键；按要求输入 sudo 命令所需要的 root 密码。如果没有任何提示则表明 kello.

```
os@ubuntu:~/ch12$ ls
hello.c  kello.c  kello.c~  Makefile
os@ubuntu:~/ch12$ make
make -C /lib/modules/3.13.0-24-generic/build SUBDIRS=/home/os/ch12 modules
make[1]: Entering directory `/usr/src/linux-headers-3.13.0-24-generic'
  CC [M]  /home/os/ch12/kello.o
  Building modules, stage 2.
  MODPOST 1 modules
  CC      /home/os/ch12/kello.mod.o
  LD [M]  /home/os/ch12/kello.ko
make[1]: Leaving directory `/usr/src/linux-headers-3.13.0-24-generic'
rm -r -f .tmp_versions *.mod.c .*.cmd *.o *.symvers
os@ubuntu:~/ch12$ ls
hello.c  kello.c  kello.c~  kello.ko  Makefile  modules.order
os@ubuntu:~/ch12$ sudo insmod kello.ko
[sudo] password for os:
os@ubuntu:~/ch12$ dmesg
```

图 12.2 kello 模块的编译和添加

ko 内核模块已经被添加了。查看内核日志中的信息命令如下：

```
$ dmesg
```

输入命令后，按回车键(以后不再提醒了!)。内核模块动态添加后，可以动态地从内核中撤销该模块，命令如下：

```
$ sudo rmmod kello.ko
```

在使用 insmod 命令添加内核模块后，也可以通过 lsmod 命令来查看 Linux 中已经加载的模块信息，包括模块的名称、大小和使用进程。lsmod 命令相当于以下指令：

```
$ cat  /proc/modules
```

提示：除了 insmod 命令外，Linux 还提供了 modprobe 命令用来添加内核模块。与 insmod 命令相比，modprobe 更强大，但也更复杂。读者可以通过 man 命令或者 modprobe -h 来查看 modprobe 的使用方法。

12.2.4 LKM 与 C 应用程序的差异

通过上述实验结果和分析，可以观察到内核模块开发与应用程序开发的差异，这些差异如表 12.1 所示。

表 12.1 基于 C 语言的应用程序与内核模块的差异

应用程序		Linux 内核模块
运行空间	用户空间	
入口	Main	module_init()指定
出口	无	module_exit()指定
编译	gcc	Makefile
链接	ld	insmod
运行	直接运行	insmod
调试	gdb	kdebug,kdb,kgdb 等

实验 1：添加最简单的内核模块 kello

本实验代码为电子资源中"/源代码/ch12/vexp1"目录下的 kello.c 和对应的 Makefile 文件。请读者按照本节内容提示完成 kello 内核模块的添加和撤销实验，并阅读和理解内核源代码及其 Makefile；对比并理解、掌握应用程序和内核模块代码的差异、编译和运行的差异。

12.3 printk 和某些常见宏

在内核模块代码开发中 printk 函数具有重要的作用，它可以用于调试信息的输出以及重要信息的显示。printk 在使用时有一些可以灵活运用的特性，使其功能更为强大。

12.3.1 实时显示内核模块运行信息

Linux 内核定义了 0～7 总计 8 个日志级别事件，分别是：

```
static char * log_level[] = {
  "KERN_EMERG",
  "KERN_ALERT",
  "KERN_CRIT",
  "KERN_ERR",
  "KERN_WARNING",
  "KERN_NOTICE",
  "KERN_INFO",
  "KERN_DEBUG"
};
```

其中 KERN_EMERG 为 0，表示等级最高。如果在调用 printk 时使用该日志级别，则信息可以直接显示在文本控制台。其语法格式为：

```
printk( "<0> Hello, students from SDUST! This is in kernel space! \n" );
```

或者

```
printk( KERN_EMERG "\n Hello, students from SDUST! This is in kernel space! \n" );
```

请自己实现代码并进行测试。

实验 2：内核模块输出信息显示

本实验代码为电子资源中"/源代码/ch12/vexp2"目录下的 kello.c 和对应的 Makefile 文件。请读者按与 vexp1 相同的方式完成 kello 内核模块的添加和撤销实验，并阅读和理解源代码及 Makefile。读者也可以根据 log_level 数组中的定义，自行定义 printk 输出的信息级别，观察实验现象。

提示：某些 Linux 系统只能在命令行界面显示内核信息。读者可以按 Ctrl＋Alt＋F1 键和 Ctrl＋Alt＋F7 键实现图形界面与命令行界面之间的切换。在命令行界面重新执行内核模块的添加和删除操作，就可以看到被定义为紧急级别的内核输出信息。关于 Linux 下的常见命令操作，读者可以参考本书第 2 章。

提示：本章两个验证实验中的内核模块名称相同。如果系统中已经有相同名称的内核模块，那么 insmod 操作就会失败。此时用户需要先通过 rmmod 卸载同名模块才能再次添加。另外，也可以在内核代码中为内核模块命名一个新的名称。

12.3.2 显示位置信息

printk 函数还可以输出多个用于调试的相关参数，如代码所属的文件名称、行数、所属的函数等，如下所示：

```
printk(KERN_DEBUG "We are here : %s : %d at %s()/n", __FILE__, __LINE__, __FUNCTION__);
```

其中，__FILE__表示源代码文件的名称，以绝对路径的方式表示；__LINE__表示行，即 printk 在这个源代码文件中的第几行，给出了调测点具体观察位置的信息。另外__DATE__和__TIME__也是经常使用的两个宏。这 4 个宏在调试代码中会经常用到。还有一个常用的宏是__FUNCTION__，表示处在哪个函数中，也是比较好的定位方式。除了在内核代码中，这些宏也可以在应用程序中使用。

12.4 本章小结

本章重点如下：

(1) 内核模块文件的结构。内核模块文件要求必须有初始化和撤销这两个管理函数。内核模块文件必须使用内核支持的系统函数，而不是普通的 C 库函数。

(2) 内核模块文件的编译。内核模块的运行必须得到内核的支持，所以其编译就比普通的应用程序复杂。内核编译需要指明内核库的位置，因此需要通过 Makefile 来组织编译过程。掌握 Makefile 文件的撰写是内核编程必要的基本功。

练习

12-1 在本章实验使用的 Makefile 文件中有这样两行：

```
KDIR    := /lib/modules/$(shell uname -r)/build
PWD     := $(shell pwd)
```

其中，$(shell uname -r)表明当前使用的是 Shell 环境下运行 uname -r 获得的参量作为命令参数；$(shell pwd)表明当前使用的是 Shell 环境下运行 uname -r 获得的参量作为命令参数。请读者在自己的命令窗口执行 uname -r 和 pwd 命令查看输出。

请读者思考：Makefile 文件使用这种方法来定义 KDIR 和 PWD 有何好处？

12-2 在 kello.c 中包含了头文件<linux/module.h>。关于内核模块的进一步详细信息，读者可以从 module.h 文件中获得。请注意在 kello.c 中使用了 MODULE_AUTHOR 和 MODULE_LICENSE 两个宏，请读者在 module.h 文件中找到 MODULE_DESCRIPTION 宏，并查看其定义，然后在 kello.c 中添加该宏，再重新编译、添加该内核模块。

12-3 在内核代码调试中经常需要获得执行的具体信息，包括执行代码的名称、在哪一行、在哪个函数中，如 12.3.2 节。请编辑 kello.c 文件，使该内核模块添加后在输出信息时显示执行代码的名称、哪一行以及在哪个函数中。

12-4 如果把 kello.c 中 kello_init 的函数返回值 return 0 修改为 return 1，会产生什么问题？请重新编译代码进行测试，并思考原因。

第13章 基于proc的Linux进程控制块信息读取

从最直接的目标来看，操作系统的目的就是为了能更好地运行应用程序。由第12章的介绍可知，应用程序运行在用户空间，内核模块运行在内核空间，用户空间的进程无法直接访问内核空间中的数据。那么用户程序如何与内核空间进行数据交换呢？用户又如何获取运行进程的信息呢？proc伪文件系统就是Linux用于实现内核空间和用户空间数据交换的一个重要途径。本章内容包括proc伪文件系统、Linux进程控制块以及基于proc的Linux进程控制块信息读取。

本章学习目标

- 理解proc伪文件系统的基本概念和功能，掌握常见操作命令
- 了解Linux进程控制块task_strcut，并理解其重要成员变量的含义
- 理解基于seq_file机制的proc伪文件操作机制
- 熟练掌握生成proc伪文件的Linux内核模块代码实现方法

13.1 proc伪文件系统

作为一个现代操作系统，Linux遵循现代操作的普遍原则：使程序员和内核、硬件等系统资源隔离开来，也就是说，普通用户无法看到内核空间中发生了什么。正如第1章和第12章所述，系统调用是操作系统提供给应用程序使用操作系统服务的重要接口；但同时也正是通过系统调用机制，操作系统屏蔽了用户直接访问操作系统内核的可能性。正如第12章中所述，幸运的是Linux提供了LKM机制可以使我们在内核空间工作。在Linux提供的LKM机制中一个重要的组成部分就是proc伪文件系统，它为用户提供了动态操作Linux内核信息的接口，是除系统调用外另一个重要的Linux内核空间和用户空间交换数据途径。虽然系统调用与proc机制在实现原理上是相似的，但是二者的功能差异很大。与系统调用主要提供函数级的服务不同，proc机制更侧重于管理。那么proc文件为什么被称为"伪"文件呢？下面给予介绍。

13.1.1 proc中的文件

proc是什么呢？请读者先看一下Linux系统根目录下的proc文件夹。进入proc文件

夹后，使用 ls 命令可以看到图 13.1 所示的显示结果。

```
os@ubuntu:/proc$ ls
1     13    144   1984  2142  2303  2573  3732  631     buddyinfo    kcore          self
10    130   1446  2     2144  2321  2580  3734  642     bus          key-users      slabinfo
1013  1301  145   20    2146  2339  2586  4021  663     cgroups      kmsg           softirqs
1024  1306  146   2038  2148  2350  26    4024  68      cmdline      kpagecount     stat
1030  131   147   2039  2163  2353  2654  4025  681     consoles     kpageflags     swaps
1036  132   148   2057  2173  2355  2678  4061  682     cpuinfo      latency_stats  sys
1044  1324  149   2062  2197  2356  27    4290  7       crypto       loadavg        sysrq-trigger
1088  133   1496  2067  2199  2360  2707  43    70      devices      locks          sysvipc
1091  134   15    2077  22    2380  2741  45    722     diskstats    mdstat         timer_list
11    135   150   2096  2203  2420  28    454   741     dma          meminfo        timer_stats
113   136   151   2098  2205  2423  2884  455   8       driver       misc           tty
115   137   152   21    2209  2442  2892  456   881     execdomains  modules        uptime
118   1372  16    2102  2210  2450  2893  46    9       fb           mounts         version
12    138   1752  2104  2214  2461  29    473   913     filesystems  mpt            version_signature
121   139   18    2118  2217  2462  3     484   914     fs           mtrr           vmallocinfo
124   14    180   2125  2230  2474  30    4913  919     interrupts   net            vmstat
126   140   187   2127  2236  25    31    5     960     iomem        pagetypeinfo   zoneinfo
1269  141   19    2131  2256  2513  3182  5006  961     ioports      partitions
127   142   195   2132  2287  2544  340   504   964     ipmi         sched_debug
128   1422  196   2135  2289  2555  364   537   acpi    irq          schedstat
129   143   1982  2141  23    2568  3718  558   asound  kallsyms     scsi
os@ubuntu:/proc$ █
```

图 13.1　proc 文件夹所包含的内容

图 13.1 显示 proc 目录下有 cpuinfo、meminfo 等文件。这些文件都包含了什么信息呢？请读者完成以下验证实验。实验命令如下：

```
$ cat /proc/cpuinfo
$ cat /proc/modules
$ cat /proc/meminfo
$ cat /proc/iomem
$ cat /proc/devices
$ cat /proc/self/maps
$ cat /proc/filesystems
$ cat /proc/version
```

对照实验结果，读者可以看到 proc 目录下的 cpuinfo、modules、iomem、../self/maps、devices、filesystems 和 version 分别包含了 CPU 信息、Linux 已加载的核模块、内存分配和使用信息、IO 内存空间地址资源分配信息、当前进程的空间映射分布、当前 Linux 系统支持的文件系统和 Linux 系统内核版本。从本实验读者可以得出一个结论，proc 包含了当前计算机中重要的资源信息及系统信息。

13.1.2　proc 中文件的内容

在图 13.1 中有很多以数字为名称的文件夹，这些数字代表的是当前 Linux 系统正在运行的进程。随意选择一个以数字命名的文件夹进入，如 2141，通过 ls 命令查看其内容，结果如图 13.2 所示。进一步的还可以查看/proc/self/文件夹下的内容，发现其与 2141 目录下包含的文件名称和数量是完全相同的，如图 13.2 所示。

图 13.2 中这些文件是什么呢？有什么作用呢？读者可以通过 cat 命令对各个文件进行查看。以 maps 文件为例，运行以下命令：

```
$ cat /proc/self/maps
```

命令输出结果如图 13.3 所示。图 13.3 中的输出结果总计有 6 列。下面分别对其进行

```
128   1422  196   2135  2289  2555  364   537   acpi     irq        schedstat
129   143   1982  2141  23    2568  3718  558   asound   kallsyms   scsi
os@ubuntu:/proc$ cd 2141
os@ubuntu:/proc/2141$ ls
attr         comm             fd        loginuid    mountstats     pagemap      sessionid  syscall
autogroup    coredump_filter  fdinfo    map_files   net            personality  smaps      task
auxv         cpuset           gid_map   maps        ns             projid_map   stack      timers
cgroup       cwd              io        mem         oom_adj        root         stat       uid_map
clear_refs   environ          latency   mountinfo   oom_score      sched        statm      wchan
cmdline      exe              limits    mounts      oom_score_adj  schedstat    status
os@ubuntu:/proc/2141$ cd ../self
os@ubuntu:/proc/self$ ls
attr         comm             fd        loginuid    mountstats     pagemap      sessionid  syscall
autogroup    coredump_filter  fdinfo    map_files   net            personality  smaps      task
auxv         cpuset           gid_map   maps        ns             projid_map   stack      timers
cgroup       cwd              io        mem         oom_adj        root         stat       uid_map
clear_refs   environ          latency   mountinfo   oom_score      sched        statm      wchan
cmdline      exe              limits    mounts      oom_score_adj  schedstat    status
os@ubuntu:/proc/self$ █
```

图 13.2 proc 目录下 self 和各个进程文件夹所包含的内容

简单介绍。

第 6 列(最后一列)。表示所加载的映像文件的绝对路径,包括镜像文件名称,也即通常所说的程序或代码。

第一列。地址,表示本部分映像文件所对应的虚拟地址范围。

第二列。权限,表示该部分映像文件所能进行的操作,其中 r 表示读,w 表示写,x 表示执行,p 表示私有。

第三列。偏移量,表示本部分映像文件在进程空间中的偏移量,以映像文件的段基地址为初始地址。

第四列。映射文件的主设备号和次设备号。

第五列。映像文件的结点号,即 inode。

```
os@ubuntu:/proc/self$ cat /proc/self/maps
08048000-08053000 r-xp 00000000 08:01 786456     /bin/cat
08053000-08054000 r--p 0000a000 08:01 786456     /bin/cat
08054000-08055000 rw-p 0000b000 08:01 786456     /bin/cat
081bf000-081e0000 rw-p 00000000 00:00 0          [heap]
b73ef000-b75ef000 r--p 00000000 08:01 272221     /usr/lib/locale/locale-archive
b75ef000-b75f0000 rw-p 00000000 00:00 0
b75f0000-b7799000 r-xp 00000000 08:01 394206     /lib/i386-linux-gnu/libc-2.19.so
b7799000-b779b000 r--p 001a9000 08:01 394206     /lib/i386-linux-gnu/libc-2.19.so
b779b000-b779c000 rw-p 001ab000 08:01 394206     /lib/i386-linux-gnu/libc-2.19.so
b779c000-b779f000 rw-p 00000000 00:00 0
b77b2000-b77b3000 r--p 00855000 08:01 272221     /usr/lib/locale/locale-archive
b77b3000-b77b5000 rw-p 00000000 00:00 0
b77b5000-b77b6000 r-xp 00000000 00:00 0          [vdso]
b77b6000-b77d6000 r-xp 00000000 08:01 394182     /lib/i386-linux-gnu/ld-2.19.so
b77d6000-b77d7000 r--p 0001f000 08:01 394182     /lib/i386-linux-gnu/ld-2.19.so
b77d7000-b77d8000 rw-p 00020000 08:01 394182     /lib/i386-linux-gnu/ld-2.19.so
bf8e7000-bf908000 rw-p 00000000 00:00 0          [stack]
os@ubuntu:/proc/self$ █
```

图 13.3 proc 文件夹下 self 和各个进程文件夹所包含的内容

读者还可以尝试运行以下命令:$ cat /proc/self/sched、$ cat /proc/self/status,并且作为对比查看数字目录下的相应文件,如 $ cat /proc/2141/maps、$ cat /proc/2141/sched、$ cat /proc/2141/status。仔细观察,可以看出上述命令分别给出了 cat 进程以及进程标识符 PID(Progress IDentifier)为 2141 的进程的内存映射、调度和状态信息。从上述实验结果读者可以得出一个结论:proc 包含了当前 Linux 系统中正在运行的各个进程的重要信息。/proc/self/目录是一个特殊的进程目录,用于显示当前进程的信息。

提示:proc 伪文件系统包含了非常多的系统信息和进程信息。那么如何解读这些信息呢？在安装了Linux内核源代码的系统中，可以阅读proc.txt文件获得关于每个proc文件的详细说明信息。具体位置为：

```
/usr/src/linux-source-3.13.0/Documentation/filesystems/proc.txt
```

提示：Ubuntu默认安装后是不包含Linux源代码的，只有头文件。Linux源代码的获取有两种方法。本书第1章曾经提到了如何下载Linux源代码。此处再次提示：一种方法是到相关网站直接下载，如https://www.kernel.org/；另一种则是使用以下命令：

```
$ sudo apt-get install linux-source
```

该命令会自动下载与系统当前版本一致的Linux内核源代码到/usr/src目录。

13.1.3　proc伪文件系统介绍

通过上面的实验读者对proc伪文件系统已经有了一个直观的、感性的认识。根据Linux文档说明，proc之所以被称为“伪”文件系统，是因为它只存在内存中，不像普通文件一样占用外存空间。它以文件系统的方式提供应用程序访问系统内核数据的操作接口。由于系统的各种信息，如进程的地址空间，是动态改变的，所以应用程序读取proc文件时，proc伪文件系统动态地从系统内核读出所需信息并提交给应用程序。需要强调的是：

(1) proc只存在内存中，所以它是易失的，也就是关机之后它就会消亡；在系统每次启动时再由系统动态生成。不像真正的文件系统是存在于硬盘上、非易失的，关机之后仍然存在。

(2) proc是动态改变的，当使用cat命令查看proc中某个文件的信息时，这些信息是动态地从系统内核中读出并提交显示的。换句话说，通过proc伪文件系统读者可以随时掌握当前系统运行的状况。

proc伪文件系统中主要包含以下几类文件：

(1) 与进程相关的目录。在proc下以数字命名的目录是以该数字为PID的进程对应的目录。这些目录存储着正在运行的各个进程的信息。读者可以使用cat命令查看各个文件中保存的进程信息。

(2) 通用系统信息。通用系统信息主要包括内存管理信息、文件系统信息、设备信息等。每种信息都有对应文件存在，如13.1.1节中的meminfo、cpuinfo等。

(3) 网络信息。/proc/net是一个符号链接，它指向当前进程的/self/net/目录，该目录下保存着当前进程的网络管理信息。读者可以尝试$ cat /proc/net/protocols命令，并观察显示结果。

(4) 系统控制信息。系统控制参数保存在/proc/sys目录下。用户可以使用cat来查看系统的运行参数，如$ cat /proc/sys/kernel/sched_time_avg，也可以使用echo命令来修改系统参数，如# echo "fang" > /proc/sys/kernel/hostname，该命令把主机名称修改为fang。请读者注意，很多系统参数的修改必须以root身份进行，此时命令提示符为#；否则普通用户即使使用sudo命令来执行也会被拒绝。

通过上述介绍读者可以得出结论，proc为文件系统提供了一个基于文件形式的Linux内核接口。它可以用于观察系统的各种不同设备和进程的状态，并进而配置某些可以改变的参数。由于这些信息都是处于内核空间的，对程序员来说它们是被操作系统隔绝开的，不能直接访问。因而，理解和应用有关proc伪文件系统是理解Linux系统的关键之一。从某种程度上来说,proc 伪文件系统架起了一个用户空间通往内核空间的桥梁。在后续几节将为读者介绍 Linux 中的进程控制块结构,以及如何使用 proc 文件来读取、显示进程控制块中的信息。

提示:系统调用是内核与应用程序最频繁使用的数据交换机制。本书未提供系统调用的相关实验,主要是考虑以下不适合教学实践的因素:设计一个新的系统调用是需要慎重考虑的事情;添加一个新的系统调用必须重新编译内核,这个过程一般都会超过半个小时;如果实验室的机器有保护卡的话,那么测试很可能失败。但鼓励对此感兴趣的读者在自己的计算机上尝试添加一个新的系统调用,体会并理解系统调用机制。相关实验读者可以参考本书配套电子资源——系统调用实验文档。

实验 1:测试 proc 文件系统功能

请读者运行 13.1 节中所有 cat 开头的命令,仔细观察实验结果,结合 Linux 源代码文档中的 proc. txt 或网上资料了解 proc 伪文件的机制和功能。

13.2 Linux 中的进程控制块

现代操作系统普遍支持多进程并发运行,多个用户进程和内核进程都能高效地、互不干扰地安全运行。而操作系统对进程的管理则是通过进程控制块 PCB(Progress Control Block)实现的。PCB 包含了一个进程在其生存过程中所有的重要信息。通过 PCB 操作系统可以在多个进程之间复用有限的资源,如 CPU、内存等。PCB 被视作为进程存在的唯一标志。由于 PCB 的重要性,所以无论是用户进程还是内核进程,它们的 PCB 都存放在内核空间中,如图 13.4 所示。因此用户进程不能直接访问自己的 PCB。

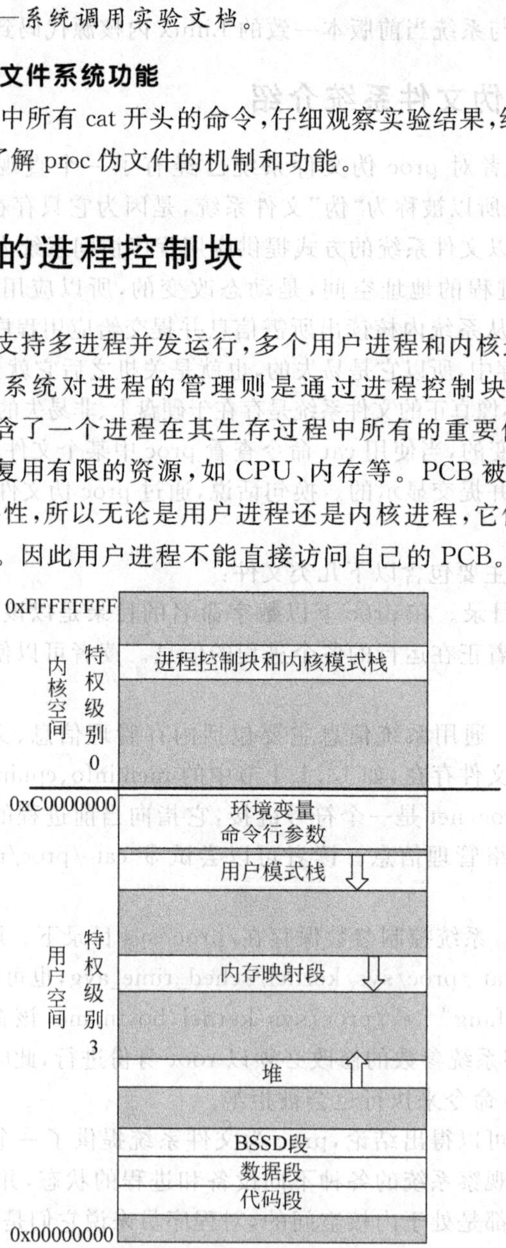

图 13.4 一个用户进程的虚拟地址空间分布示意图

图 13.4 给出了一个用户进程的虚拟地址空间分布示意图。其中用户代码段(可执行代码、字符串字面值、只读变量)、数据段(已初始化且初值非 0 的全局变量和静态局部变量)、BSS 段(Block Started by Symbol,未初始化或初值为 0 的全局变量和静态局部变量)、堆(动态分配的内存)、栈(局部变量、函数参数、返回地址等)等都存放在用户空间。进程控制块则存放在内核空间。在内核空间中还有一个用户进程的内核模式栈,该栈和用户空间的进程栈相对应。之所以如此是因为考虑到在进程发出系统调用后需要转入到内核空间中才能运行,如果没有内核空间中的栈,则会带来较大的运行开销以及不必要的安全问题。在进程运行期间,堆是按地址大小向上动态增长的,而用户栈和用户内存映射区域则是向下动态增长的。该图将在 17.4 节进一步分析。

13.2.1 Linux 进程控制块 task_struct

根据操作系统教科书,一个进程控制块至少需要包含以下信息。

(1) 进程状态,表明进程当前处于就绪、运行、阻塞等多个状态中的一个。

(2) 程序计数器,表明进程下一个要执行的指令地址。

(3) 进程标识符,进程在系统中的唯一编号 PID。

(4) 亲属关系,进程的亲属关系,如父进程、养父进程、子进程、兄弟进程等。

(5) 进程间通信信息,多个进程在同一任务上协作工作的通信信息,如管道、共享内存、套接字等。

(6) 时间和定时器信息,进程在生存周期内使用 CPU 时间的统计、计费等信息。

(7) 寄存器的值,用于保存在上下文切换时进程需要保存的寄存器的值;寄存器的类型可能因计算机体系结构的不同而有较大的差异。

(8) 调度信息,进程的优先级、指向调度队列的指针等。

(9) 内存管理信息,包括基址寄存器、限长寄存器的地址、页表地址、段表地址等,具体内容根据使用的内存管理机制而有所不同。

(10) 打开的文件列表,包括打开的常规文件、以文件方式管理的设备等。

Linux 的进程控制块 PCB 使用 task_struct 结构体进行描述,定义如下:

```
struct task_struct        {                      /* Linux 3.13.0 内核 */
    volatile long          state;                //进程状态
    void                   *stack;               //进程内核栈
    unsigned long          flags;                //进程标记
    struct mm_struct       *mm;                  //进程内存结构体
    struct thread_struct   *thread;              //所包含的线程的结构体
    pid_t                  pid;                  //进程唯一标识符
    pid_t                  tgid;                 //线程组对应的进程标识符
    char                   comm[TASK_COMM_LEN];  //进程名称
    ......                                       /* 其他省略 */
};
```

task_struct 结构体定义在<linux/sched.h>头文件中。在 Linux 3.13.0 内核中 task_struct 结构体的定义超过了 400 行,涵盖了前面提到的各种信息。事实上,由于 task_struct 包含了一个进程生存期间的所有信息,考虑到现代操作系统复杂的管理机制,这个大小已经是极为精简的了。此处只给出了本书即将使用到的 task_struct 的部分成员变量。

提示：对 task_struct 结构体感兴趣的读者可以参考头文件<linux/sched.h>，其中 linux 代表默认的系统路径，该路径在 ubuntu14.04LTS 默认安装下为：

```
/lib/modules/3.13.0-24-generic/build/include/linux/
```

所有与 Linux 内核相关的头文件，都可以到该目录下去查找。其中 3.13.0-24-generic 是 ubuntu14.04LTS 默认安装的 Linux 内核版本。读者可以根据自己的 Linux 内核版本号来替换并找到 Linux 内核头文件目录。

13.2.2 进程重要信息解读

1. 进程状态

操作系统教材中讲述的都是简化的、抽象的进程状态模型，包括三状态、五状态和七状态模型等，如参考文献[8]的五状态模型包括 new、ready、running、waiting 和 exit。虽然与操作系统教科书上的原理基本一致，但 Linux 进程状态划分更为细致，也更为复杂。<linux/sched.h>是这样规定的：

```
#define TASK_RUNNING            0       //表示运行或可运行
#define TASK_INTERRUPTIBLE      1       //进程正在睡眠或者说阻塞,但可被唤醒
#define TASK_UNINTERRUPTIBLE    2       //进程正在睡眠或者说阻塞,而且不能被唤醒
#define __TASK_STOPPED          4       //进程停止执行
#define __TASK_TRACED           8       //进程可以被追踪,如处于调试状态
/* in tsk->exit_state */
#define EXIT_ZOMBIE             16
#define EXIT_DEAD               32
```

在定义时 Linux 提醒用户，有两个关于任务状态为掩码的标识：一个是 task->state，它是关于任务运行状态的；另一个则是 task->exit_state，是关于进程退出状态的。之所以使用两个不同的标识，目的是避免因为错误地修改其中一个标识而造成进程退出的问题。先看一下 task->state 标识。

task_struct 中的成员变量 state 表明当前进程的运行状态。运行状态包含 5 种情况，当使用 get_task_state()来获取进程当前状态时，返回值为 TASK_REPORT，其定义如下：

```
#define TASK_REPORT          (TASK_RUNNING | TASK_INTERRUPTIBLE | \
    TASK_UNINTERRUPTIBLE |   __TASK_STOPPED | \ __TASK_TRACED)
```

由上述规定可以看到，Linux 中的进程有 5 种活动状态，状态之间的转换过程如图 13.5 所示。从图 13.5 可以看出，TASK_RUNNING 包含了一般操作系统教材中 ready(就绪)和 running(运行)两种状态。TASK_INTERRUPTIBLE 和 TASK_UNINTERRUPTIBLE 则对应 waiting(阻塞)一种状态，其中 TASK_INTERRUPTIBLE 表示进程被阻塞(睡眠)，直到某个条件变为真，此时进程的状态就被设置为 TASK_RUNNING；而 TASK_UNINTERRUPTIBLE 表明进程不能被唤醒，此外该状态与 TASK_INTERRUPTIBLE 几乎没有区别，也因此该状态较少被使用。请读者注意，__TASK_STOPPED 状态并不对应一般操作系统五状态模型中的 exit(退出)状态，该状态和__TASK_TRACEED 一样主要用

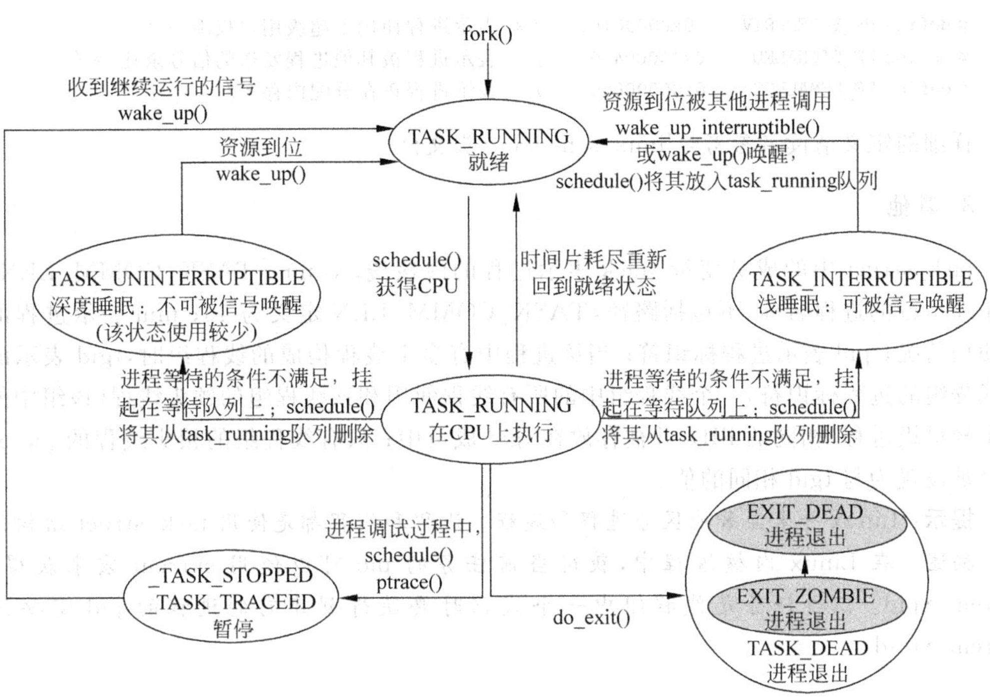

图 13.5 Linux 中的进程状态和转换示意图

于调试。

与一般操作系统教材中的 exit(退出)状态相对应的 Linux 进程状态为 TASK_DEAD。但是为了进一步区分进程退出时的状态，Linux 在 task_struct 中定义了成员变量 exit_state，该变量的值有两种：EXIT_ZOMBIE 和 EXIT_DEAD，如图 13.5 所示。EXIT_ZOMBIE 表示进程已终止，该进程正等待其父进程收集关于它的一些统计信息；而 EXIT_DEAD 表示进程的最终状态，此时该进程的父进程已经通过 wait 系列调用收集所有统计信息。设置 EXIT_DEAD 可以防止其他执行线程对同一进程也执行 wait()类系统调用。

概括地说，task_struct 中的 state 变量值为－1 时表示进程不能运行(unrunnable)；值为 0 时表示进程处于可运行(runnable)状态；值大于 0 时表示进程处于停止(stopped)状态。在进程活动状态中，TASK_RUNNING 和就绪及正在运行相当于操作系统教科书中的就绪和运行状态，而 TASK_INTERRUPTIBLE 则相当于等待状态；而在退出状态中，Linux 将其细分为 EXIT_ZOMBIE 和 EXIT_DEAD，表示进程退出的两个阶段。关于 wait 调用的实例读者可以参考 14.1.3 节的“孤儿进程和僵尸进程”。另外在新版本的 Linux 内核中还定义了 TASK_WAKEKILL、TASK_WAKING 和 TASK_PARKED 等状态，此处不再一一说明，感兴趣的读者可以阅读相关帮助文档。

2. 进程当前状态标志

task_struct 中的成员变量 flags 表明当前进程的状态。在 Linux 3.13.0 内核中有 30 种不同的状态定义。其中一些典型的状态定义如下：

```
#define PF_FORKNOEXEC      0x00000040   /* 表示进程正在 fork 过程中,但尚未执行 */
```

```
#define PF_SUPERPRIV     0x00000100    /* 表示进程使用了超级用户权限 */
#define PF_SIGNALED      0x00000400    /* 表示进程被其他进程发送的信号杀死 */
#define PF_MEMALLOC      0x00000800    /* 表示进程正在分配内存 */
```

详细的定义请读者参考<linux/sched.h>头文件。

3. 其他

task_struct 中的成员变量 stack 表示进程的内核栈；comm[TASK_COMM_LEN]表示正在运行的进程名称,不包括路径,TASK_COMM_LEN 定义为 16；mm 表示进程的内存使用情况；pid 表示进程标识符；当该进程中有多个线程构成的线程组时,tgid 表示的则是线程组的进程标识符,一个线程组中的所有线程使用和该线程组的领头线程(该组中的第一个轻量级进程)相同的 PID,并被存放在 tgid 成员中；只有线程组的领头线程的 pid 成员才会被设置为与 tgid 相同的值。

提示：Linux 并未显著地区分进程和线程。进程和线程都是使用 task_struct 结构体来进行描述。在 Linux 内核编程中,获得当前任务的 pid 可以使用 current 宏来获得,即 current→pid。但当任务是线程组中一个线程时要获得创建它的进程的 pid 需要使用 current→tgid。

13.3 通过 proc 读取 Linux 进程信息

第 12 章讲述了如何创建一个简单的 kello.ko 内核模块。kello.ko 除了能在 Linux 内核模块留下自己的身影外几乎没有别的功能。如果要创建一个能够与特定设备或进程通信的内核模块,就必须添加一些其他的模块功能函数。这些模块功能函数将根据用户的设计来完成特定的任务。本节主要讲述两类功能函数：一类是用于 proc 文件操作的函数,一类是对 proc 文件逐条记录进行操作的 seq_file 操作函数。本节的重点是 proc 伪文件生成和进程控制块信息读取的方法,在 13.3.5 节给出了内核模块代码整体框架的说明。

13.3.1 创建 proc 文件

proc 伪文件是一种内核数据结构,它只能被内核模块操作。Linux 在<linux/proc_fs.h>头文件中给出了操作 proc 文件的内核函数。创建 proc 伪文件可以使用 proc_create 函数,其原型为：

```
static inline struct proc_dir_entry *proc_create(  const char *name, umode_t mode, struct
proc_dir_entry *parent,  const struct file_operations *proc_fops)
```

proc_create 函数各个参数含义如下：

(1) 第一个参数 name 是要创建的 proc 伪文件的名称。

(2) 第二个参数 mode 是定义该伪文件的属性,以 UGO(User-Group-Other)的模式表示。

(3) 第三个参数 parent 表示要创建的 proc 伪文件所在的文件夹。如果传入的参数是 NULL,表示将伪文件直接创建在/proc 目录下。

(4) 最后一个参数 proc_fops 是一个采用 C99 语法标准定义的结构体。该结构体包含了对创建的 tasklist 伪文件所定义的各个操作函数。由于该结构体中的函数涉及 seq_file 机制，将其留在后续章节中展开讲解。

(5) proc_create 函数返回值是 struct proc_dir_entry 类型的指针。struct proc_dir_entry 结构体在<linux/proc_fs.h>给出了声明，但是没有给出具体的定义。

一个使用 proc_create 函数创建 proc 伪文件的例子如下。在模块初始化函数中调用 proc_create 函数，过程如下：

```
char modname[ ] = "tasklist";
struct proc_dir_entry * my_proc_entry;
my_proc_entry = proc_create(modname, 0, NULL, &my_proc);
```

上述例子中传入的第一个参数是 modname，所以创建的 proc 伪文件就是/proc 目录下的 tasklist。第二个参数是 0，表示用户只读，该参数需要根据创建的 proc 伪文件的性质来确定，如果要使所有用户程序能够对创建的伪文件进行读写操作，可以传入参数 0x666。第三个参数是 NULL，表示将 tasklist 伪文件直接创建在/proc 目录下。第四个参数是 &my_proc，这是一个对 proc 伪文件进行操作的 struct file_operations 类型的结构体，将在 13.3.2 节讲述。

创建的伪文件需要在撤销内核模块的同时进行撤销。撤销 proc 伪文件的函数为 remove_proc_entry，该函数比较简单，只要指明撤销的内核模块名称即可。一个例子如下：

```
static void __ exit my_exit(void )
{
    remove_proc_entry( modname, NULL );
    printk( "<1>Removing \' % s\' module\n", modname );
}
```

上述代码首先通过 remove_proc_entry 来撤销/proc/目录下名为 modname 的伪文件，然后调用 printk 在内核日志中写下撤销信息。remove_proc_entry 函数同样被包含在<linux/proc_fs.h>头文件中。

13.3.2 基于 seq_file 机制的 proc 文件操作

在 3.7.0 之前的 Linux 内核版本中 proc 伪文件系统有一个缺陷，如果输出内容过大，需要多次读，速度比较慢，而且还可能会出现一些意想不到的问题。针对该现象，Alexander Viro 设计并实现了一套新的名为 seq_file 的文件读写机制，使得内核输出大文件信息更容易。seq_file 机制首次出现在 Linux 内核 2.4.15 中，并在以后的内核版本中应用越来越普遍。Linux 内核 3.7.0 以后的版本中 proc 伪文件系统不再使用原来定义的读写函数，而是统一使用 seq_file 机制进行操作。换句话说，在 ubuntu14.04LTS 系统环境下，proc 伪文件系统已经与 seq_file 机制绑定在一起了，必须使用 seq_file 机制才能正确地读写 proc 伪文件的信息。

seq_file 机制对 proc 伪文件的操作包括两个层面：首先是对 proc 伪文件进行打开、读、写等文件级别的操作，使用 struct file_operations 结构体变量进行定义；其次，是对 proc 伪文件记录级别的操作，也就是如何遍历并读取序列中的各个记录，使用 struct seq_ operations 结构体变量进行定义。下面分别予以介绍。

1. seq_file 机制

seq_file 机制的相关函数和定义说明包含在＜linux/seq_file.h＞头文件中。seq_file 顾名思义就是序列文件，也就是说读者需要把要读取的 proc 伪文件信息抽象成一个列表对象(list)，该对象的实现方法可以是链表、数组或哈希表等数据结构。用户可以依次遍历这个列表对象来获取其信息。seq_file 使用以下数据结构来定义：

```
struct seq_file {
    char * buf;
    size_t size;
    size_t from;                         //没有复制到用户空间的数据在 buf 中的起始偏移量
    size_t count;                        // buf 中没有被复制到用户空间的数据的字节数
    size_t pad_until;
    loff_t index;
    loff_t read_pos;
    u64 version;                         //文件的版本
    struct mutex lock;                   //加锁操作使用的互斥锁
    const struct seq_operations * op;    //指向稍后讲到的 seq_operations 结构体
    int poll_event;
    void * private;                      //指向文件的私有数据，是特例化一个序列文件的方法
};
```

其中主要成员变量的含义如下：buf 是序列文件对应的数据缓冲区，要读取的数据都是首先放置到这个缓冲区，然后才被复制到用户指定的用户空间缓冲区；size 表示缓冲区的大小，默认为一个内存页面，随着需求会动态地以 2 的幂次方增长，如 4k、8k、16k、…；index 表示数据项的索引，和稍后将讲到的 seq_operations 表中的 start，next 操作中的 pos 项一致。对 seq_file 对象进行逐条记录的操作主要使用 seq_operations 结构体中的函数方法。

一般情况下 seq_file 结构体会在 seq_open 函数调用中分配，然后作为参数传递给每个 seq_file 的操作函数。其成员变量 private 可以用来在各个操作函数之间传递参数。seq_file 结构体看上去很复杂，包含了多个成员变量，但读者不用紧张，一般情况下很少和这些成员变量直接打交道。相关工作都是交给封装函数来进行的。例如，用来放置读写信息的成员变量 buf，很少直接对它进行操作。读写信息时一般都是使用 seq_printf 或者 seq_puts 函数来直接对 seq_file 来进行操作。seq_printf 的原型函数如下：

```
int seq_printf(struct seq_file *, const char *, …);
```

其使用语法和 sprinitf 非常相似。一个使用该函数的示例如下：

```
seq_printf( m,  "%3d", taskcounts );
```

该语句将 taskcounts 变量按照格式%3d 写入到 m 的缓冲区中，m 是 struct seq_file * 类型的变量。seq_pirntf、seq_puts 等函数的使用方法和 C 语言库函数 sprintf、puts 等差别不大，相信读者很快就可以掌握。但请注意，这些函数都是 Linux 内核提供的支持函数，需要包含 Linux 内核头文件的支持才能使用。

2. proc 文件操作

13.3.1 节 proc_create 创建伪文件时传递的参数 &my_proc，该参数定义了一个文件操作函数集合结构体，定义如下：

```
static const struct file_operations my_proc =
{
    .owner      = THIS_MODULE,
    .open       = my_open,
    .read       = seq_read,
    .lseek      = seq_lseek,
    .release    = seq_release
};
```

该结构体包括 5 行。其中第一行的.owner 表明该结构体定义的函数用于本内核模块。第 2 行至第 5 行等式左边表明要对/proc/tasklist 伪文件执行的操作，右边表示该操作由哪个函数来完成。例如，第 2 行定义了 proc 伪文件 open 操作由自己定义的 my_open 函数来实现。第 3 行至第 5 行则说明 read、seek、release 操作由系统默认的 seq_read、seq_lseek 和 seq_release 函数完成，这些函数由<linux/seq_file.h>头文件定义，在 seq_file.c 中实现。事实上 struct file_operations 结构体中定义的成员函数远比这要多，后续各章节中将陆续看到这些函数。

在上述 my_proc 结构体中直接使用 seq_read、seq_write 等系统函数进行文件的读、写等操作。换句话说，要创建的 proc 伪文件不再需要定义自己的读、写函数了。问题是：为什么需要定义自己的 my_open 函数呢？原因在于 proc 文件需要完成特定的功能，而这些特定功能的实现需要由具体的记录操作函数完成。my_open 函数的代码如下：

```
static int my_open(struct inode * inode, struct file * file)
{
    return seq_open(file, &my_seq_fops);
}
```

其主要功能是调用 seq_open 函数。seq_open 函数也是由<linux/seq_file.h>头文件定义的系统默认函数。但调用 seq_open 时传入的第 2 个参数为 &my_seq_fops，这是由自己定义的一个针对 proc 记录级别的 struct seq_operations 类型的操作函数集合结构体，这些函数将完成特定的功能。具体情况请看下一小节。

3. proc 记录操作

在讲述 struct seq_file 结构体和 seq_open 函数时都提到了 struct seq_operations，该结构体用于指明当前序列文件采用哪些函数来对序列文件进行记录级别的操作。该结构体定义如下：

```
struct seq_oleerations {
    void * (* start) (struct seq_file * m, loff_t * pos);
    void (* stop) (struct seq_file * m, void * v);
    void * (* next) (struct seq_file * m, void * v, loff_t * pos);
```

```
    int ( * show) (struct seq_file * m, void * v);
};
```

定义中出现了 3 个不同的参数，其含义如下。

(1) struct seq_file * m：该参数表示操作的序列对象。

(2) loff_t * pos：表示序列对象的位置或者序号。该变量可以由自己的程序控制，初始为 0。

(3) void * v：表示序列对象的入口位置或者说地址。

seq_file 必须实现 start、next、show 和 stop 这 4 个操作函数。4 个函数的主要功能如下。

(1) start：主要实现初始化工作，在遍历一个序列对象开始时调用。返回一个序列对象的偏移或者 SEQ_START_TOKEN(表示这是所有循环的开始)。无论下一操作是 next、stop 还是 show，这个返回值会作为参数 void * v 输入给它们。出错则返回 ERR_PTR。通常需要在这个函数里面加锁，以防止数据访问冲突。

(2) stop。当一个序列对象访问结束时调用。主要完成一些清理工作，尤其是解锁工作。

(3) next。寻找下一个需要遍历的序列对象。和 start 功能类似，只是多了传入参数 void * v。返回值同样作为下一操作的参数 void * v 输入。

(4) show()。对遍历对象进行信息输出的函数。主要是调用 seq_printf()、seq_puts() 之类的函数，打印出这个对象结点的信息。

struct seq_operations 的变量声明并不复杂。以上一小节提到的 my_open 函数中第二个参数 my_seq_fops 为例，其定义如下：

```
static struct seq_operations my_seq_fops = {
        .start   = my_seq_start,
        .next    = my_seq_next,
        .stop    = my_seq_stop,
        .show    = my_seq_show
};
```

my_seq_fops 结构体有 4 行，分别用于指明遍历 seq_file 时 4 个操作：start、next、stop 和 show 分别使用哪些函数完成，这些函数需要自己来实现。4 个函数的实现示例将在 13.3.3 节中给出。

13.3.3 task_struct 信息读取过程

要把系统中所有运行进程的主要信息进行输出，需要完成以下工作：

(1) 首先在内核模块初始化时生成 proc 伪文件。

(2) 然后定义基于 seq_file 机制来读取 proc 伪文件信息的函数，即 proc 伪文件操作函数集合 struct file_operations my_proc。

(3) 最后需要定义 proc 伪文件记录级别的操作函数集合 struct seq_operations my_seq_fops，并根据读取进程信息的要求，针对 task_struct 结构体实现 my_seq_fops 中的 4 个函数：start、next、show 和 stop。

现在看一下 start、show、next 和 stop 这 4 个函数是如何读取系统中所有进程的 task_struct 信息并将其提供给用户程序的。在这个过程中，4 个函数是交替执行完成工作的，按顺序进行讲解。首先需要声明使用到的全局变量，具体如下：

```
struct task_struct   * task;            //Linux 任务结构体变量
int   taskcounts = 0;                   //任务计数器
```

1. start 函数工作机制

```
static void * my_seq_start(struct seq_file * m, loff_t * pos)
{
  if ( * pos == 0 )                     // 表示遍历开始
   {
      task = &init_task;                //遍历开始的记录地址
      return &task;                     //返回一个非零值表示开始遍历
   }
  else                                  //遍历过程中
   {
      if (task == &init_task )          //重新回到初始地址,退出
          return NULL;
      return (void * )pos    ;          //否则返回一个非零值
   }
}
```

该函数中使用的 init_task 是一个 Linux 系统全局变量，定义在<linux/sched.h>中，表示这是系统进程中的第一个进程，其类型是 task_struct。my_seq_start 函数的功能是：当序列对象位置为 0 时，也就是从头开始遍历时，遍历对象的入口位置为 init_task 的位置；当序列对象位置不为 0 时，如果遍历对象的位置等于 init_task，说明遍历结束，返回 NULL；否则返回一个不为 0 的位置，表示继续工作。

2. show 函数工作机制

```
static int my_seq_show(struct seq_file * m, void * p)
{
  seq_printf( m,  "# % - 3d ", taskcounts++);   seq_printf( m,  " % 5d ", task - > pid );
  seq_printf( m,  " % lu ", task - > state );   seq_printf( m,  " % - 15s ", task - > comm );
  seq_puts( m, "\n" );     return 0;
}
```

该函数完成进程信息的显示，使用 seq_printf、seq_puts 等函数来输出信息。输出的信息包括：当前序列对象指向的进程的 pid、state 和 comm，也就是进程的标识符、状态和名称。

3. next 函数工作机制

```
static void * my_seq_next(struct seq_file * m, void * p, loff_t * pos)
{
  ( * pos)++;     task = next_task(task);     return NULL;
}
```

该函数完成遍历过程中下一个序列对象的查找。(*pos)++表示序列对象位置移动。next_task 也是在<linux/sched.h>中给出的宏定义,顾名思义,就是找到下一个进程控制块位置。

4. stop 函数工作机制

```
static void my_seq_stop(struct seq_file *m, void *p)
{
    // do nothing
}
```

此处 stop 函数什么也没做；stop 函数主要完成一些清理工作。如果在前面的函数中使用了内存分配、加锁等,都必须在 stop 中完成回收内存、解锁的工作。

由上述介绍读者可以看出,task_struct 信息读取过程如下：在 start 函数中确定系统中首个进程控制块的位置,调用 show 函数显示信息后,调用 next 函数查找下一个进程控制块位置,直到再次回到出发地址表示遍历结束。

13.3.4 tasklist 内核模块编译和添加

本实验代码为电子资源中"/源代码/ch13/vexp1"目录下的 tasklist.c 和对应的 Makefile 文件。首先请执行 ls 命令,查看并确认 tasklist.c 和 Makefile 存在当前工作目录下,然后运行 make 指令：

```
$ make
```

再通过 ls 命令查看是否生成了 tasklist.ko 文件。确认 tasklist.ko 文件生成后,在工作目录下输入以下指令：

```
$ sudo insmod tasklist.ko
```

然后执行 ls /proc 命令确认在/proc 目录下生成了 tasklist 文件；读者也可以在执行添加操作之前先执行 ls /proc 命令,确认在/proc 目录下没有 tasklist 文件作为对比。当确认/proc/tasklist 生成后,可以执行以下命令查看其信息,结果如图 13.6 所示。

```
$ cat /proc/tasklist
```

从图 13.6 的实验结果以及上述操作步骤,读者可以得出结论：当前系统中所有进程的pid、运行状态和名称都从一个新生成的 proc 文件中读取并显示出来了。换句话说,内核模块代码 tasklist.c 经过编译、动态添加后创建了名为 tasklist 的 proc 文件,与 tasklist proc 文件相关联的内核模块支持动态地提取各个进程的 task_struct 信息。

13.3.5 tasklist 内核模块工作流程

综上所述,tasklist 内核模块工作流程如下：

(1) 首先完成内核模块的编译、动态添加。在内核模块中创建/proc/tasklist 伪文件。

(2) 当用户执行 cat /proc/tasklist 命令时,内核查找对应的 struct file_operations my_

```
#165  2477 1 telepathy-indic
#166  2485 1 mission-control
#167  2498 1 zeitgeist-datah
#168  2503 1 zeitgeist-daemo
#169  2510 1 zeitgeist-fts
#170  2519 1 cat
#171  2522 1 gedit
#172  2533 1 gvfsd-metadata
#173  2588 1 update-notifier
#174  2612 1 update-manager
#175  2651 1 gnome-terminal
#176  2658 1 gnome-pty-helpe
#177  2659 1 bash
#178  2989 1 deja-dup-monito
#179  3563 1 cupsd
#180  3566 1 dbus
#181  3567 1 dbus
#182  3568 1 dbus
#183  3569 1 dbus
#184  3605 1 tpvmlp
#185  3670 1 kworker/u16:0
#186  3711 1 kworker/u16:1
#187  4188 0 cat
os@ubuntu:~/ch13$
```

图 13.6　/proc/tasklist 中的进程信息

proc 来找到操作该文件所使用的函数。在打开文件时内核执行 my_open 函数，该函数将定义的 struct seq_operations my_seq_fops 与序列文件绑定，说明操作 tasklist 伪文件需要使用哪些函数来进行遍历操作。在序列文件打开后，应用程序 cat 中的读操作会调用内核模块中指定的 seq_read 函数来完成读取操作。

(3) seq_read 函数首先为要读取的序列对象加锁；然后根据 seq_file 结构体中的 read_pos 检测要读取的位置是否正确，当出现错误时位置重新置为 0；否则 read_pos 的值设为当前位置；如果缓冲区还有上次输出的剩余数据则清空缓冲区；上述准备工作完成后，依次调用 start、show、next 和 stop 函数，直至完成记录的读取；最后确认数据已经复制，设置新的 read_pos 位置，并对序列对象解锁。对具体实现感兴趣的读者可以参考 seq_file. c 中的源代码。

(4) seq_show 等函数在完成工作后，seq_file 文件缓冲区的数据由操作系统返回给 cat 进程。cat 进程会调用 printf 将其显示在屏幕上。

图 13.7 给出了执行 cat /proc/tasklist 时，read 函数的操作流程。读者可以结合 cat 以及 tasklist. c 的源代码来理解内核空间和用户空间基于 proc 的数据交换机制，以及 Linux 系统调用机制。

实验 2：创建显示系统进程信息的 proc 模块

实验目标为实现一个内核模块，该模块创建/proc/tasklist 文件，并且提取系统中所有进程的 pid、state 和名称进行显示。本实验代码为电子资源中"/源代码/ch13/vexp2"目录下的 tasklist. c 和对应的 Makefile 文件。请读者按照本节内容提示完成 tasklist 内核模块的添加和撤销实验，并结合实验结果理解 tasklist 源代码以及本节内容。

提示： 与 2. 6. 版本相比，Linux 3. 13. 0 内核中 proc 文件的操作方式发生了巨大改变，很多关于 proc 内核模块开发的参考资料均已失效。在内核代码中使用过期函数时，Linux 在编译时会产生 implicit declaration of function 提示。

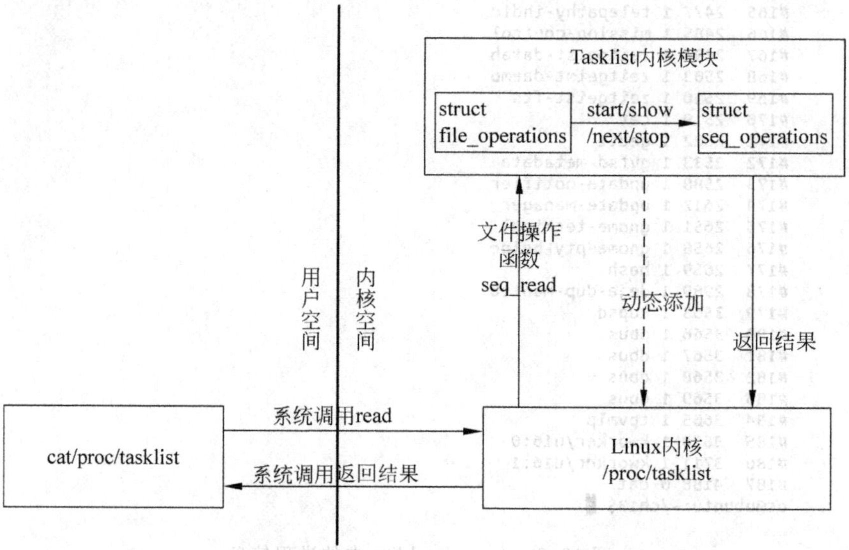

图 13.7 应用程序读取/proc/tasklist 中进程信息的调用路径示意图

13.4 task_struct 重要信息

在几乎所有的操作系统教科书中调度都是重点内容。调度的重要性就不在此进行强调了。Linux 调度与优先级、运行的虚拟时间等有关。本节将对此进行简单的介绍。

13.4.1 Linux 进程调度策略

在 task_struct 结构体中有一个成员变量 unsigned int policy，该成员变量表示当前进程使用的调度策略。在<uapi/linux/sched.h>头文件中定义了以下调度策略：

```
/* * Scheduling policies */
#define SCHED_NORMAL          0
#define SCHED_FIFO            1
#define SCHED_RR              2
#define SCHED_BATCH           3
/* SCHED_ISO: reserved but not implemented yet */
#define SCHED_IDLE            5
```

其中，SCHED_BATCH 用于非交互的批处理进程；SCHED_IDLE 在系统负载很低时使用；SCHED_FIFO(先入先出调度算法)和 SCHED_RR(轮流调度算法)是实时调度策略。

SCHED_NORMAL 用于普通进程的分时调度，通过 CFS 调度器实现，该调度策略在老版本的 Linux 内核中被称为 SCHED_OTHER。CFS Completely Fair Scheduler 的缩写，表示"完全公平调度"。根据设计者的说法，CFS 调度器中 80%的设计可以概括为一句话：

```
CFS basically models an "ideal, precise multi-tasking CPU" on real hardware
```

该句的中文意思为：从本质上看 CFS 调度器在实际硬件设备上建立一个"理想的、精确的多任务CPU"模型。事实上如果只有一个实际的物理CPU，在CPU上一次只能运行一个任务。为了方便进行多任务的调度管理，CFS调度器使用虚拟时间(virtual time)来计算调度的时机实现进程并发。CFS调度多任务时，一个任务的虚拟时间规定了其下一次运行的时间片(time slice)从何时开始。在task_strcut中有一个成员变量，定义如下：

```
struct sched_entity se;
```

在se中有一个成员变量u64，vruntime用来表明进程的虚拟时间。概括起来就是，CFS使用task→se.vruntime(以纳秒为单位)表示的虚拟时间来计算和度量分配给一个进程的时间片。CFS没有使用通常的运行队列等数据结构来进行进程调度，而是使用一个基于时间排序的红黑树(rbtree)来建立一个待执行的进程的排序。该队列中的进程，如13.2.2节所述，都处于TASK_RUNNING状态。

概括地说，CFS工作原理如下：当CFS调度一个进程运行一小段时间(以纳秒为单位计算)后，当调度节拍(a scheduler tick)来临时，把该进程刚刚使用的物理CPU时间加到该进程的task→se.vruntime上；当该进程的task→se.vruntime变得足够大，以至于在按时间排序的红黑树中另一个任务成为最左边的任务时，当前任务被从CPU上抢占，红黑树最左边的任务被选中获得CPU进行运行。

提示：CFS使用纳秒粒度级别的计时方式，不依赖于任何jiffies或HZ的细节。全局变量jiffies用来记录自系统启动以来产生的节拍总数。启动时内核将该变量初始化为0，此后，每次时钟中断处理程序都会增加该变量的值。一秒内时钟中断的次数等于Hz，所以jiffies一秒内增加的值也就是Hz。系统运行时间以秒为单位，等于jiffies/Hz，因此CFS调度器没有其他调度器中的时间片(time slice)概念。在Linux 3.13.0内核中有一个用来表示CPU最低级别抢占粒度的值：/proc/sys/kernel/sched_min_granularity_ns，读者可以通过cat来查看；该值一定程度上反映了Linux最小"时间片"的大小。

13.4.2 进程优先级

在task_struct结构体中有多个与进程优先级相关的成员变量，定义如下：

```
int prio, static_prio, normal_prio;
unsigned int rt_priority;
```

这些变量的基本含义如下：

(1) prio指的是任务当前的动态优先级，其值影响任务的调度顺序。

(2) normal_prio指的是任务的常规优先级，该值基于static_prio和调度策略计算。

(3) static_prio指的是任务的静态优先级，在进程创建时分配，该值会影响分配给任务的时间片的长短和非实时任务动态优先级的计算。

(4) rt_priority指的是任务的实时优先级。若为0表示是非实时任务，[1，99]表示实时任务，值越大，优先级越高。

在Linux中定义了以下宏：

```
#define    MAX_USER_RT_PRIO 100
#define    MAX_RT_PRIO MAX_USER_RT_PRIO
```

```
#define     MAX_PRIO (MAX_RT_PRIO + 40)
```

内核中规定进程的优先级范围为[0，MAX_PRIO－1]。其中实时任务的优先级范围是[0，MAX_RT_PRIO－1]，非实时任务的优先级范围是[MAX_RT_PRIO，MAX_PRIO－1]。优先级值越小，意味着级别越高；级别高的任务优先被内核调度。根据以上宏可以对进程的静态优先级进行计算，公式如下：

```
static_prio = MAX_RT_PRIO + 20 + nice
```

其中，nice 的默认值是 0，范围为[－20，19]。RT_PRIOrity 默认值为 0，表示非实时任务。[1,99]表示实时任务。对于实时任务，其 prio、normal_prio 和 static_prio 这 3 个值相等。对于非实时任务，则存在以下关系：

```
prio = normal_prio = MAX_RT_PRIO - 1 - rt_priority
```

prio 的值在使用实时互斥量时会暂时提升，释放后恢复成 normal_prio。

提示：读者可以使用 chrt 命令更改进程的调度策略和优先级。例如，在 root 用户权限下，可以通过指定进程的 PID 来更改正在运行的进程的调度策略，命令如下：

```
# chrt -p -r 99 <pid>
```

13.4.3 进程控制块中的其他信息

在 task-strcut 结构体中还定义了一些其他进程运行的信息，例如：

```
unsigned long nvcsw, nivcsw;              /* context switch counts */
cputime_t utime, stime;
struct timespec start_time;               /* monotonic time */
struct timespec real_start_time;          /* boot based time */
```

其中第一行表示进程发生的上下文切换次数，nvcsw 表示自愿的上下文切换，nivcsw 表示非自愿的上下文切换。第二行中，utime 是在用户态下执行的时间，stime 是在内核态下执行的时间。第三行、第四行表示进程创建距离系统启动的时间，不过 real_start_time 中包含了系统睡眠的时间，也就是说，二者计算的基准不同。timespec 结构体在 time.h 中定义，具体如下：

```
struct timespec{
    time_t tv_sec;                /*秒 s*/
    long tv_nsec;                 /*纳秒 ns*/
};
```

其中 time_t 类型规定如下：

```
typedef  long  time_t
```

实验 3：显示 Linux 进程控制块中更多的信息

实验目标为实现一个内核模块，该模块创建/proc/tasklist 文件，并且提取系统中所有进程的 pid、state、名称、优先级、运行时间、上下文切换等信息进行显示。本实验代码为电子资源中“/源代码/ch13/vexp2”目录下的 tasklist.c 和对应的 Makefile 文件。请读者按照本节内容提示完成 tasklist 内核模块的添加和撤销实验,并阅读、理解源代码和 Makefile。

说明:本书并未为 Linux 的调度机制提供模拟实验,原因在于内核的调度是设计非常精巧、应用场景非常复杂的一个模块。如果单纯地给出一个简单的基于时间片或者优先级的模拟,反而容易误导读者。就好像城市的交通调度策略,如果把一个十字路口的调度策略扩展到整个北京的所有交通场景,那么带来的不是有效的管理,而是灾难性的后果。同样地,Linux 内核的工作是以纳秒为基本单位进行衡量的,是多进程并发的,从一个应用程序的视角是无法对其进行准确估计的。一个典型的问题,如 13.5.2 节的内核空间内存分配 kmalloc 函数的可重入问题。因此建议对 Linux 调度机制感兴趣的读者,认真阅读 Linux 帮助文档中 scheduler 目录下的说明以及相关源代码对其进行理解。

13.5 向 proc 文件写入数据

在本章实验 1 中只是从建立的 proc 伪文件 tasklist 中读取了信息。如果要想向伪文件写入信息应该怎么做呢?首先,向伪文件 tasklist 中写入信息涉及如何把用户空间中的信息传递到内核空间,其次需要知道内核空间中内存是如何分配的,最后还需要知道如何把用户数据传递给对应的 proc 操作函数。下面分别予以介绍。

13.5.1 用户空间和内核空间之间传递数据

在用户空间和内核空间之间传递数据经常使用的两个函数是 copy_from_user 和 copy_to_user,前一个函数完成从用户空间复制数据到内核空间,后一个函数完成从内核空间复制数据到用户空间。此处向内核空间传递数据,使用的是 copy_from_user 函数。该函数定义在<linux/uaccess.h>头文件中,原型如下:

```
static inline __must_check long __copy_from_user(void * to, const void __user * from, unsigned long n)
```

函数的 3 个参数:* to 是内核空间的指针,* from 是用户空间指针,n 表示从用户空间向内核空间复制数据的字节数。如果成功执行复制操作,则返回 0;否则返回还没有完成复制的字节数。应用实例可参考 13.5.3 节。

请读者注意,该函数虽然功能看上去很简单,但在实现上却涵盖了许多关于内核方面的知识。从用户空间复制数据到内核中时必须很小心,如果用户空间的数据地址是个非法地址,或是超出用户空间的范围,或者那些地址还没有被映射到,都可能对内核产生很大的影响。所以 copy_from_user 函数的功能就不只是从用户空间复制数据那样简单了,它必须首先完成对用户空间的地址指针合法性的检测。该函数的具体实现感兴趣的读者可参考 Linux 头文件和代码。

13.5.2 内核空间内存分配

在 copy_from_user 函数中 * to 是指向内核空间的指针。在内核中分配内存与应用程序中分配内存有很大的不同。应用程序一般使用 malloc、free 等函数进行内存的分配,而内核空间中的内存分配和回收需要使用 kmalloc、kzalloc、kfree 等函数。这些函数定义在<linux/slab. h>头文件中。kmalloc 函数的原型如下：

```
void * kmalloc(size_t size, int flags)
```

其中,第一个参数是要分配的块的大小；第二个参数是分配标志。最常见的标志是 GFP_KERNEL,意思是这个内存分配是代表运行在内核空间的进程而进行的。GFP 前缀是 Get_Free_Pages 的缩写,意味着该分配最终是在函数内部通过调用__Get_Free_Pages 来完成空闲页面分配。换句话说,使用 GFP_KERNEL 标志意味着调用函数是代表一个进程在执行一个系统调用,kmalloc 允许当前进程在空闲内存较少的情况下转入休眠状态来等待一个空闲内存页面。因此,使用 GFP_KERNEL 分配内存的函数必须是可重入的。可重入函数是指函数在运行时是可以被中断的,而一段时间之后又可以恢复运行,而相应的数据不会被破坏或者丢失；可重入函数可以被一个以上的任务调用。在当前进程进入休眠状态时,内核会采取适当的行动。例如,要么把缓冲区的内存刷写到硬盘上,要么把一个用户进程交换到硬盘的 swap 区,从而获取一个空闲的内存页面。

需要说明的是,GFP_KERNEL 分配标志并不能适用于所有内核空间的内存分配情况。kmalloc 可能会在进程上下文之外被调用,如在中断处理例程、tasklet 例程(Linux 中断处理机制中的软中断延迟机制)、内核定时器等系统上下文中调用。这种情况下当前进程就不能休眠,意味着 kmalloc 函数不能被重入,此时 kmalloc 函数应该使用 GFP_ATOMIC 标志。内核通常会为原子分配预留一些空闲页面。下面给出一些常用的 kmalloc 分配标志,这些符号都定义在<linux/gfp. h>中。

- GFP_ATOMIC：用于在中断处理例程或其他运行于进程上下文之外的代码中分配内存,使用该标志时进程不会休眠。
- GFP_KERNEL：内核内存的通常分配方法,可能引起进程休眠。
- GFP_USER：用于为用户空间分配内存,可能会引起休眠。
- GFP_NOIO、GFP_NOFS：这两个标志的功能类似于 GFP_KERNEL,但是为内核分配内存的工作方式添加了一些限制。具有 GFP_NOFS 标志的分配不允许执行任何文件系统调用,而 GFP_NOIO 禁止任何 I/O 的初始化。
- __GFP_DMA：该标志请求分配发生在可进行 DMA 的内存区段中。
- __GFP_HIGHMEM：这个标志表明分配的内存可位于高端内存。
- __GFP_COLD：表示从冷高速缓存分配,即 per cpu pages 的 cold page。

kmalloc 能够分配的内存块大小有一个上限。这个限制随着体系和内核配置选项而变化。如果读者希望自己编写的代码能够完全可移植,就不能分配任何大于 128KB 的内核空间内存。

使用 kzalloc 申请内存,其效果等同于先使用 kmalloc 申请内核空间中的内存,然后用 memset()来初始化所有申请的元素为 0。在<linux/slab. h>头文件中 kzalloc 定义如下：

```
static inline void * kzalloc(size_t size, gfp_t flags)
{
    return kmalloc(size, flags|__GFP_ZERO);
}
```

kzalloc的应用实例请见13.5.3节。

13.5.3　proc文件的写操作函数

13.3节中定义的struct file_operations my_proc结构体中没有定义写操作函数。根据struct file_operations中定义的write函数原型，一个proc伪文件写操作函数实例如下：

```
static ssize_t my_write(struct file * file, const char __ user * buffer, size_t count)
{
    char * tmp = kzalloc((count + 1), GFP_KERNEL);        //分配缓冲区
    if (!tmp) return - ENOMEM;
    if (copy_from_user(tmp, buffer, count)) {             //将用户空间的字符串复制到内核空间
        kfree(tmp);        return - EFAULT;
    }
    //将str的旧空间释放,然后将tmp赋值给str
    kfree(str);   str = tmp;
    return count;
}
```

上述例子中，str是为了在内核模块中保存写入的数据而定义的全局变量，定义如下：

```
static char * str = NULL;
```

提示：strace命令可以用于追踪系统调用的过程和返回结果。在使用cat读取proc文件时可以使用strace命令查看从应用程序到内核模块的系统调用。特别是在完成课后练习1的情况下，请读者执行strace命令，加深对操作系统调用概念和流程的理解。

13.6　本章小结

本章重点如下：

(1) proc伪文件系统。proc是Linux提供的内核空间与用户空间之间进行数据交换的重要接口。之所以称其为伪文件系统，是因为它是在系统启动时动态生成的，只存在于内存中；当用户访问proc文件时，系统根据相应的内核模块动态地从系统中提取信息返回给用户。

(2) seq_file机制。与proc伪文件相关的seq_file机制主要包括两部分：一部分是struct file_operations中包含的文件操作函数，包括文件的打开、读、写、定位、释放等；另一部分则是在打开文件时需要指定的对序列对象的遍历操作，为struct seq_operations类型，包含start、show、next和stop这4个函数。

(3) Linux中的进程控制块task_struct。进程控制块是进程在系统中存在的唯一标识。Linux 3.13.0内核中的task_struct包含进程运行过程中的状态、优先级、调度策略、使用内存、运行时间、打开的文件资源等重要信息。从某种程度上说，操作系统是通过对进程的管理来完成对系统的管理。

(4) Linux中进程的调度。根据调度策略的不同，进程的优先级不同。Linux中大部分进程都使用基于CFS的调度机制，此时调度策略为SCHED_NORMAL。Linux 3.13.0内核把进

程状态分得更细致，但常用状态依然是 TASK_RUNNING、TASK_INTERRUPTIBLE、__TASK_STOPPED、TASK_DEAD 等。在 task_struct 结构体中表示进程状态的成员有两个：一个是 state，用于表示进程的活动状态；另一个是 exit_state，用于表示进程退出时的状态。

习题

13-1 proc 伪文件系统的工作原理是什么？

13-2 seq_file 机制如何用于 proc 伪文件的操作？

13-3 请结合操作系统教材说明 Linux 的 task_struct 中有哪些重要的进程信息。

13-4 请查阅资料分析，说明 Linux 调度器 CFS 的工作原理和机制。

13-5 Linux 中的进程有哪些运行状态？这些状态是如何转换的？

13-6 Linux 在内核空间中内存分配经常使用哪些函数？在内核空间分配内存时需要考虑哪些因素？

练习

13-1 请读者自己完成一个类似于 cat 的读取程序，可以命名为 mycat. c，用于显示 /proc/tasklist 中的进程信息（提示：proc 文件既然是文件，就可以按照普通文件的方式对其进行读写）。

13-2 在本章实验中 tasklist 模块逐一读取系统中各个进程 task_struct 的相关信息并显示出来。如果想一次性地读取和显示系统中所有进程的 task_struct 的相关信息，应该怎么做呢？（提示——实现机制：可以改写 my_seq_show 使其一次读取所有进程的 task_struct 的相关信息；遍历系统中所有进程可以使用宏 for_each_process(task)；可以在本章实验的 tasklist. c 上直接修改 seq_oeprations 中涉及的函数，也可以不使用 seq_open 函数而使用 single_open 函数来打开文件）

13-3 本章 13. 5 节给出了如何向 proc 文件写入的方法。请读者按照 13. 5 节相关提示，在 tasklist. c 文件中完成 write 函数的添加，把写入的字符串存储到内核模块的一个 str 变量中，在每次读取显示信息之前，如果 str 不为空，首先将 str 显示出来（提示——实现机制：主要包括两个步骤，首先在内核模块中声明全局变量 str，其次需要修改 struct file_operations my_proc 添加 my_write 函数）。

第14章 POSIX多任务及同步机制

随着现代计算机的发展,多核计算机架构已经越来越普遍了。继续使用单线程的思维进行程序设计不能发挥多核架构的优势。然而真正要想掌握多进程或线程编程并不是一件简单的事情,尤其是当多进程或线程存在同步要求时。本章主要讲述 Linux 进程中 fork 函数的特点、POSIX 线程机制。本章实验包括 fork 创建多进程、POSIX 多线程、POSIX 同步机制以及生产者-消费者问题。

本章学习目标

- 掌握 fork 函数及其特点
- 理解 POSIX 线程机制
- 掌握 POSIX 多线程的创建方法
- 掌握 POSIX 多线程的同步机制

14.1 fork 创建进程

本书第 6 章已经讲解过 fork 函数以及如何使用 fork 函数来创建新的进程。但当时重点强调的是 fork 函数的使用方法,没有从操作系统的视角来分析 fork 函数的内在工作机制。本章将从操作系统的视角出发对 fork 函数进行讲解。

14.1.1 fork 创建进程的流程

1. fork 函数及实验现象

请读者先看以下 newproc_posix.c 程序代码。

```
/* newproc_posix.c 完整代码 */
#include <stdio.h>
#include <stdlib.h>                    //for malloc
#include <string.h>                    //for mesmset,strcpy
#include <unistd.h>
#include <sys/types.h>
int main()
{
    pid_t pid;     pid_t pid2;     int var = 88;
    char  * str = (char * )malloc(sizeof(char) * 10);
    memset(str, 0x00, 10);
```

```
    pid = fork();                        /* 创建子进程 */
    if (pid < 0) {                       /* error occurred */
        fprintf(stderr, "Fork Failed\n");
        return 1;
    }
    else if (pid == 0) {                 /* 子进程 */
        printf("I am the child %d\n",pid);/* 行 A */
        pid2 = getpid();      printf("I am the child %d\n",pid2);
        strcpy(str, "child");        var++;
        //sleep(50);
        }
    else {                               /* 父进程 */
        pid2 = getpid();
        printf("I am the parent %d and creae the child %d\n",pid2,pid); /* 行 B */
        strcpy(str, "parent");
        //sleep(50);
        wait(NULL);        /* parent will wait for the child to complete */
        printf("Child Complete\n");
    }
   printf("str = %s, strAdd = %p, var = %d, varAdd = %p\n", str, str, var, &var); /* 行 C */
    return 0;
}
```

首先看一下 newproc_posix.c 的编译和执行结果,如图 14.1 所示。

```
os@ubuntu:~/ch14/fork$ gcc -o newproc-posix newproc-posix.c
os@ubuntu:~/ch14/fork$ ./newproc-posix
I am the parent 2904 and creae the child 2905
I am the child 0
I am the child 2905
str=child, strAdd=0x8dfc008, var=89, varAdd=0xbff58060
Child Complete
str=parent, strAdd=0x8dfc008, var=88, varAdd=0xbff58060
os@ubuntu:~/ch14/fork$
```

图 14.1 newproc-posix.c 文件编译和执行结果

对照 newproc_posix.c 代码及其执行结果图 14.1,读者可能会产生以下疑问:

① 为什么 newproc_posix.c 程序中标注为行 A 和行 B 的输出都被显示出来了?二者分别处于 if 语句相互排斥的两个分支,应该只有一个分支被执行显示。

② 为什么标注为行 C 的输出被显示了两次,而且两次输出中 str 和 var 的地址是相同的,但是 str 和 var 的值是不同的?

2. fork 函数的工作机制

要回答以上问题,首先需要理解 Linux 中进程的基本概念。操作系统教科书认为一个进程至少包含四部分内容:

(1) 可以执行的程序,也就是进程的代码段。

(2) 和该进程相关联的全部数据,也就是进程的数据段。

(3) 程序的执行上下文(execution context),也就是进程执行的状态,包括栈、堆、各个寄存器的数值。

(4) 打开的资源。

概括地说，一个进程表示的就是一个可执行程序的一次执行过程。操作系统对进程的管理一般都是通过进程控制块完成的。在第13章中读者已经了解到Linux使用“任务”(task)一词对进程和线程进行描述，使用task_struct结构体来管理任务。task_struct中记录的是一个可执行程序的一次执行过程中的某个时刻的状态。Linux把所有运行进程的task_struct组织成红黑树进行管理，本书将其称为任务表。

对于单CPU的系统每一特定时刻只有一个进程占用CPU来执行，但是系统中可能同时存在多个活动的(等待执行或继续执行的)进程。一个名为程序计数器PC(Program Counter)的寄存器指出当前占用CPU的进程要执行的下一条指令的位置。当分配给某个进程的CPU时间已经用完，操作系统将该进程的运行状态，包括寄存器值等，保存到该进程的task_struct中；把将要占用CPU运行的那个进程的上下文从其task_struct中读出，并更新相应的寄存器。这个过程被称为上下文切换(process context switch)，实际的上下文切换需要涉及更多的数据处理。此处与fork相关的内容是：上下文切换中的程序计数器PC，它指出进程下一条要执行的命令的位置。

有了上述进程理论作为基础，现在看newproc_posix.c执行的过程。当程序运行到下面一句时：pid=fork()，系统调用了fork函数。fork函数的原型请参考第6章内容。

fork函数的返回值是一个pid_t类型的数值。pid_t是一个<sys/types.h>定义的宏，其实就是int。当前进程调用fork函数会使操作系统创建一个新的进程(子进程)，并且在任务表中为其建立一个新的task_struct表项。新进程和原有进程的可执行程序是同一个程序。新进程的上下文和数据绝大部分是原进程(父进程)的副本。但是二者的进程标识符PID不同，它们是两个相互独立的进程！此时程序计数器PC在父、子进程的上下文中是相同的，都指向下一条要执行的语句。

但是请读者注意，fork函数的返回值在父、子进程中是不同的。如果fork创建子进程成功，fork函数返回的值在父进程中是子进程的PID，而在子进程中返回的则是0；如果fork创建子进程失败，则返回负值。fork失败的原因可能是系统中的进程数达到上限，或者系统中内存空间不够。所以fork函数具有一个特点：一次调用，两次返回。一次调用是在父进程中fork函数被调用，返回则是分别在父、子进程中各自返回一次。

fork函数创建子进程成功后，父进程与子进程的执行顺序是无法确定的。假设父进程先运行，根据程序计数器父进程将运行到if语句。在父进程中fork返回的是子进程的PID，也就是说，此时程序中的pid变量大于0，因此pid<0和pid==0的两个if分支都不会运行，父进程只运行pid>0对应的if分支语句。子进程在之后的某个时候得到调度，它的task_struct信息被读出，进程执行上下文被换入，根据程序计数器子进程同样运行到if语句。在子进程中fork调用返回值为0，也就是说，此时程序中的pid变量等于0，所以子进程只运行pid==0的if分支语句。请读者注意，此时运行的不是父进程了，虽然是同一个程序，但是这是同一个程序的另外一次执行。在操作系统中这次执行由另外一个进程使用另一个task_struct表示的，从执行的角度说子进程和父进程是相互独立的。

3. 两个问题的答案

回顾本节前面的问题，问题①的答案就很明显了。在一个程序的一次执行中，相互排斥的分支是不可能同时被执行的。所以在newproc_posix.c中处在if语句不同分支中的行A

和行 B 都会被显示出来，是因为它们分别在父进程、子进程中各被执行了一次，也就是说读者看到的图 14.1 的显示结果实际上是该程序的两次执行获得的。在问题②中为什么行 C 会被输出两次，答案也是相同的，因为行 C 没有处在 if 语句中，所以无论是子进程还是父进程都将其执行了一遍，所以得到了两次输出结果。

现在看一下问题②中为什么两次行 C 的输出中 str 和 var 的地址是相同的，但是 str 和 var 的值是不同的。两次输出的 str 和 var 的值之所以不同，是因为在父、子进程执行过程中程序经过的 if 分支不同，在不同的分支里 str 和 var 的数值被进行了不同的修改。那么为什么两次输出的地址都是相同的呢？

为了更好地理解该问题，请读者将 newproc_posix.c 中 sleep(50)语句前的注释去掉(请注意在父、子进程中各有一个 sleep 语句)，然后重新编译运行程序。之所以要让程序在运行中休眠 50 秒，是为了有足够的时间使用第 13 章中的 cat /proc/{pid}/maps 来分别显示父、子进程的内存视图，命令和结果如图 14.2 和图 14.3 所示。请注意，{pid}需要读者自己根据父、子进程实际的 pid 来进行置换。每次执行时父、子进程的 pid 都会有所不同，但都会在执行时首先输出，如图 14.1 所示。从图 14.2 和图 14.3 可以看出，父进程和子进程的内存空间视图是完全相同的。根据前面讲到的进程理论可以知道，这是因为 fork 创建的子进程和父进程的可执行程序是同一个程序，新进程的上下文和数据绝大部分是父进程的副本。在调用 fork 函数前，str 和 var 数值都已经被声明了，所以 str 和 var 在父、子进程的地址空间具有相同的地址。问题是相同的一个地址怎么能存储不同的数据呢？原因是图 14.2 和图 14.3 中给出的是虚拟地址或者说线性地址，并不是实际的物理内存地址空间。该问题将在第 17 章中详细讲解。从图 14.2 和图 14.3 读者可以看到，父、子的执行映像都是 newproc_posix 文件，二者在系统中呈现出的名称也是相同的，系统中会有两个名为 newproc_posix 的进程，但是两个进程的 PID 是不同的。

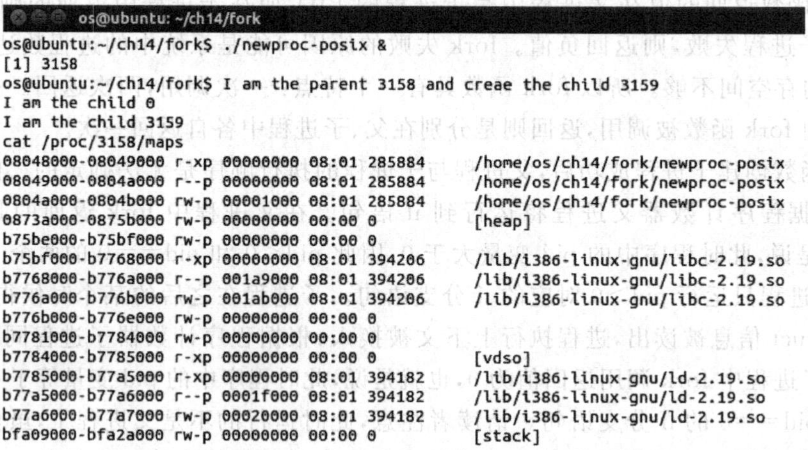

```
os@ubuntu: ~/ch14/fork
os@ubuntu:~/ch14/fork$ ./newproc-posix &
[1] 3158
os@ubuntu:~/ch14/fork$ I am the parent 3158 and creae the child 3159
I am the child 0
I am the child 3159
cat /proc/3158/maps
08048000-08049000 r-xp 00000000 08:01 285884     /home/os/ch14/fork/newproc-posix
08049000-0804a000 r--p 00000000 08:01 285884     /home/os/ch14/fork/newproc-posix
0804a000-0804b000 rw-p 00001000 08:01 285884     /home/os/ch14/fork/newproc-posix
0873a000-0875b000 rw-p 00000000 00:00 0          [heap]
b75be000-b75bf000 rw-p 00000000 00:00 0
b75bf000-b7768000 r-xp 00000000 08:01 394206     /lib/i386-linux-gnu/libc-2.19.so
b7768000-b776a000 r--p 001a9000 08:01 394206     /lib/i386-linux-gnu/libc-2.19.so
b776a000-b776b000 rw-p 001ab000 08:01 394206     /lib/i386-linux-gnu/libc-2.19.so
b776b000-b776e000 rw-p 00000000 00:00 0
b7781000-b7784000 rw-p 00000000 00:00 0
b7784000-b7785000 r-xp 00000000 00:00 0          [vdso]
b7785000-b77a5000 r-xp 00000000 08:01 394182     /lib/i386-linux-gnu/ld-2.19.so
b77a5000-b77a6000 r--p 0001f000 08:01 394182     /lib/i386-linux-gnu/ld-2.19.so
b77a6000-b77a7000 rw-p 00020000 08:01 394182     /lib/i386-linux-gnu/ld-2.19.so
bfa09000-bfa2a000 rw-p 00000000 00:00 0          [stack]
```

图 14.2　newproc_posix.c 程序中父进程的内存视图

14.1.2　fork/exec 创建进程的流程

14.1.1 节的 newproc_posix.c 文件调用 fork 只能生成与父进程执行程序相同的进程。如果要在子进程中启动另一个程序的执行，就需要使用 exec 函数簇。在 Linux 中，exec 函

```
os@ubuntu:~/ch14/fork$ cat /proc/3159/maps
08048000-08049000 r-xp 00000000 08:01 285884     /home/os/ch14/fork/newproc-posix
08049000-0804a000 r--p 00000000 08:01 285884     /home/os/ch14/fork/newproc-posix
0804a000-0804b000 rw-p 00001000 08:01 285884     /home/os/ch14/fork/newproc-posix
0873a000-0875b000 rw-p 00000000 00:00 0          [heap]
b75be000-b75bf000 rw-p 00000000 00:00 0
b75bf000-b7768000 r-xp 00000000 08:01 394206     /lib/i386-linux-gnu/libc-2.19.so
b7768000-b776a000 r--p 001a9000 08:01 394206     /lib/i386-linux-gnu/libc-2.19.so
b776a000-b776b000 rw-p 001ab000 08:01 394206     /lib/i386-linux-gnu/libc-2.19.so
b776b000-b776e000 rw-p 00000000 00:00 0
b7781000-b7782000 rw-p 00000000 00:00 0
b7782000-b7784000 rw-p 00000000 00:00 0
b7784000-b7785000 r-xp 00000000 00:00 0          [vdso]
b7785000-b77a5000 r-xp 00000000 08:01 394182     /lib/i386-linux-gnu/ld-2.19.so
b77a5000-b77a6000 r--p 0001f000 08:01 394182     /lib/i386-linux-gnu/ld-2.19.so
b77a6000-b77a7000 rw-p 00020000 08:01 394182     /lib/i386-linux-gnu/ld-2.19.so
bfa09000-bfa2a000 rw-p 00000000 00:00 0          [stack]
os@ubuntu:~/ch14/fork$ str=child, strAdd=0x873a008, var=89, varAdd=0xbfa271a0
Child Complete
str=parent, strAdd=0x873a008, var=88, varAdd=0xbfa271a0
```

图 14.3　newproc_posix.c 程序中子进程的内存视图

数簇包括 execl、execlp、execle、execv、execve 和 execvp 等多个函数。exec 函数簇看起来似乎很复杂，但实际上无论是功能还是语法都非常相似，只有很细小的差别。下面以 execlp 为例进行讲解，其函数原型为：

```
int execlp(const char * file,const char * arg,…,(char *)0);
```

该函数会从系统环境变量 PATH 所指的目录中查找符合参数 file 的文件名，找到后就执行该程序，然后将第二个以后的参数作为该程序的 argv[0]、argv[1]、…参数，最后一个参数必须用空指针(NULL)表示结束。如果用常数 0 来表示一个空指针，则必须将它强制转换为一个字符指针。如果函数调用成功，进程自己的执行代码就会变成加载程序的代码，execlp()后边的代码也就不会执行了。

在 fork 生成的子进程调用 execlp 的实例，请读者参看以下 newproc_posix2.c 例子。

```
/* newproc_posix2.c,错误检查、头文件等被省略 */
int main()
{
    pid_t pid;      pid_t pid2;      char buf[128];
    pid = fork();                  /* fork a child process */
    if (pid == 0) {                /* child process */
        printf("I am the child %d\n",pid);
        pid2 = getpid();      printf("I am the child %d\n",pid2);
        sprintf(buf, "/proc/%d/maps",pid2);
        execlp("/bin/cat","cat", buf,NULL);
    }
    else {                         /* parent process */
        printf("I am the parent %d and creae the child %d\n",getpid(),pid);
        sleep(40);    wait(NULL);     printf("Child Complete\n");
    }
    return 0;
}
```

上述代码中子进程调用了 execlp("/bin/cat","cat", buf,NULL)，该命令指定运行的程序为 cat，参数为/proc/{pid}/maps。程序编译后执行结果如图 14.4 所示。图 14.4 显示子进程的执行程序已经不再是 newproc-posix2，而是/bin/cat。读者可以自己在其他终端通过 cat /proc/{pid}/maps 方式来查看父进程的内存视图作为对照。

```
os@ubuntu: ~/ch14/fork
os@ubuntu:~/ch14/fork$ gcc -o newproc-posix2 newproc-posix2.c
os@ubuntu:~/ch14/fork$ ./newproc-posix2
I am the parent 3349 and creae the child 3350
I am the child 0
I am the child 3350
08048000-08053000 r-xp 00000000 08:01 786456     /bin/cat
08053000-08054000 r--p 0000a000 08:01 786456     /bin/cat
08054000-08055000 rw-p 0000b000 08:01 786456     /bin/cat
095e7000-09608000 rw-p 00000000 00:00 0          [heap]
b73c8000-b75c8000 r--p 00000000 08:01 272221     /usr/lib/locale/locale-archive
b75c8000-b75c9000 rw-p 00000000 00:00 0
b75c9000-b7772000 r-xp 00000000 08:01 394206     /lib/i386-linux-gnu/libc-2.19.so
b7772000-b7774000 r--p 001a9000 08:01 394206     /lib/i386-linux-gnu/libc-2.19.so
b7774000-b7775000 rw-p 001ab000 08:01 394206     /lib/i386-linux-gnu/libc-2.19.so
b7775000-b7778000 rw-p 00000000 00:00 0
b778b000-b778c000 r--p 00855000 08:01 272221     /usr/lib/locale/locale-archive
b778c000-b778e000 rw-p 00000000 00:00 0
b778e000-b778f000 r-xp 00000000 00:00 0          [vdso]
b778f000-b77af000 r-xp 00000000 08:01 394182     /lib/i386-linux-gnu/ld-2.19.so
b77af000-b77b0000 r--p 0001f000 08:01 394182     /lib/i386-linux-gnu/ld-2.19.so
b77b0000-b77b1000 rw-p 00020000 08:01 394182     /lib/i386-linux-gnu/ld-2.19.so
bf847000-bf868000 rw-p 00000000 00:00 0          [stack]
```

图 14.4 newproc-posix2.c 子进程的内存视图

在 newproc_posix.c 和 newproc_posix2.c 中都使用了 wait 函数，其函数原型中如下：

```
pid_t wait (int * status);
```

调用 wait 函数会暂时停止当前进程的执行，直到有信号到来或子进程结束。如果在调用 wait()时子进程已经结束，则 wait 函数会立即返回子进程结束状态值。子进程的结束状态值会由参数 status 返回，而子进程的进程识别码也会一起返回。如果不在意结束状态值，则参数 status 可以设成 NULL。请回顾 13.2 节中进程的 TASK_DEAD 状态，并结合 wait 函数的作用进一步理解 Linux 进程的退出状态机制。

14.1.3 fork 进阶问题

1. fork 中的输出问题

首先看一个程序 fork_io.c，代码如下：

```
/ * fork_io.c * /
main()
{
    int a;  nt pid;
    printf("AAAAAAAA");          //行 A: 只有父进程执行该语句
    pid = fork();
    if(pid == 0){
        printf("\n child\n");
    }
    else if(pid > 0){
        printf("\n parent\n");
    }
    printf("BBBBBBB");           //行 B: 父、进程都会执行该语句
}
```

根据前面两节的理论，读者可以推测出行 A 应该只被打印一次；而行 B 会被打印两次。原因是行 A 在 fork 函数之前，行 B 在 fork 函数之后。在执行到 fork 函数时，行 A 已经被执行，父、子进程的程序计数器都已经指向了 fork 语句后的下一句，也就是 if 语句。因此行 A 只在父进程中执行了一次，而行 B 则会在父、子进程中各执行一次。但是当实际执行时，执行结果如图 14.5 所示。

```
os@ubuntu:~/ch14/fork$ gcc -o fork_io fork_io.c
os@ubuntu:~/ch14/fork$ ./fork_io
AAAAAAAA
 parent
BBBBBBBos@ubuntu:~/ch14/fork$ AAAAAAAA
 child
BBBBBBB
```

图 14.5 fork_io 程序的执行结果

图 14.5 中字符串 AAAAAAAA 被输出了两次。为什么呢？原因在于用户空间和内核空间的数据传输机制上。当用户程序执行到行 A 时，一方面 printf 语句并不是自己完成打印的，而需要调用 Linux 提供的系统调用完成输出，在这个过程中数据会写入到进程在内核的缓冲区中（图 13.4），另一方面 printf 没有要求立即完成输出，所以系统等待合适的时机再把内核缓冲区中的数据输出。因此当 fork 函数被调用时，系统会复制父进程的代码段、数据段等给子进程，所以相关数据也被一起复制，这样就导致字符串 AAAAAAAA 被输出了两次。如果让行 A 只执行一次，可以改写该句为：

```
printf("AAAAAAAA\n");
```

系统看到\n 则会立即刷新缓冲区，完成输出工作。在这种情况下，执行 fork 函数时，父进程内核缓冲区中就不存在该数据了，子进程也就不会再打印一次了。

2. 孤儿进程和僵尸进程

当一个子进程结束运行时，子进程的退出状态（返回值）会报告给操作系统，系统则以特定的信号将子进程结束的事件通知父进程，此时子进程的进程控制块 task_struct 仍驻留在内存中。一般来说，收到子进程结束的通知后，父进程会使用 wait 系统调用获取子进程的退出状态，然后内核就可以从任务表中删除已结束的子进程的 task_struct 结构体；如果父进程没有这么做的话，子进程的 task_struct 就会一直驻留在系统中，成为僵尸进程。孤儿进程则是指父进程结束后仍在运行的子进程。在 Linux 系统中，孤儿进程一般会被 init 进程“收养”，成为 init 的子进程。

读者可以运行电子资源中“/源代码/ch14/fork/”目录下的相关文件 orphan_process. c 和 zombie_process. c 来进行验证。

说明：一个进程的生成是操作系统中的大事件。Linux 中 fork 工作的完成要经过多个阶段，期间涉及多个模块的配合，尤其是内存模块。建议读者在学习完第 17 章之后，阅读 Linux 源代码中 kernel/fork. c 源文件。从某种程度上说，理解了 fork 调用的流程，也就把握住了 Linux 设计的精髓。

实验 1：Linux 进程创建

本次验证实验包括 fork 生成子进程、查看父子进程内存视图、子进程执行 exec 函数、

fork 函数的输出问题以及僵尸进程、孤儿进程。本节实验代码为电子资源中"/源代码/ch14/fork/"目录下的相关文件。编译、运行该目录下的程序，观察实验现象，理解并掌握 fork 的原理和使用方法以及 Linux 中子进程创建的流程。

14.2 POSIX 线程机制

14.1 节的实验主要集中在如何利用系统调用 fork 创建进程上。进程的概念在 Linux 中是比较清晰的。但是由于每个进程都需要独立的代码段、数据段、堆、栈等，在很多情况下创建新的进程会消耗不必要的系统资源，如当一个应用程序需要多次执行相似任务时。与进程相比，创建一个线程的消耗要少很多。线程有时被称为轻量级进程(Light Weight Process,LWP)，是程序执行流的最小单元。一个线程由线程 ID、程序计数器(PC)、寄存器集合和堆栈组成。线程也是进程中的一个实体，是被系统独立调度和分派的基本单位。一个线程不独立拥有系统资源，它与属于同一个进程的其他线程共享该进程所拥有的资源。同一进程中的多个线程之间可以并发执行。在现代操作系统中每一个进程都至少有一个线程，若进程只有一个线程，那么这个线程就等于进程本身。

从进程和线程的定义上来说，进程是资源管理的最小单位，线程是程序执行的最小单位。从操作系统设计上来看，从进程演化出线程的主要目的有两个：一个是更好地支持多处理器系统，另一个则是减小系统运行过程中上下文切换带来的开销。针对这两个目的，业界分别开发出了内核级线程和用户级线程两种线程模型。两种模型分类的标准主要是看线程的调度者是在核内还是在核外。前者更利于并发使用多处理器的资源，而后者则更多考虑的是上下文切换开销。本节讲述的 POSIX 线程机制属于核外线程。

14.2.1 POSIX 概述

在介绍 POSIX 之前，先从读者熟悉的 ANSI C 开始。ANSI C 是美国国家标准协会(ANSI)对 C 语言发布的标准。目前几乎所有广泛使用的 C 编译器都支持 ANSI C。多数 C 代码是在 ANSI C 基础上写成的。任何仅仅使用标准 C 并且没有任何硬件依赖假设的代码在任何平台使用遵循 C 标准的编译器都能编译成功。

除了 ANSI C 外，另一个经常被使用的 C 语言标准是 GNU C。GNU(GNU's Not UNIX)计划是由 Richard Stallman 在 1983 年公开发起的，它的目标是创建一套完全自由的操作系统。在编写 Linux 的时候 GNU 制作了一个自己的 C 标准，称为 GNU C。与 ANSI C 可以跨平台相比，GUN C 一般只在 Linux 下应用。在 Linux 中 glibc 和 libc 都是 C 函数库，其中 libc 是 Linux 下的 ANSI C 函数库，而 glibc 是 Linux 下的 GNU C 函数库。在 Ubuntu 中一般只有 glibc 库，包含了 ANSI C 的库函数。另外，GNU C 还支持 C99 的语法特性。例如，第 13 章中用到的操作函数的定义方式：

```
static struct seq_operations my_seq_fops = {
    .start  = my_seq_start,
    .next   = my_seq_next,
    .stop   = my_seq_stop,
    .show   = my_seq_show
};
```

其中,.start= my_seq_start 就是 C99 支持的语法,使用起来非常简洁明了。

POSIX(Portable Operating System Interface,可移植操作系统接口)标准最初是由电气和电子工程师协会 IEEE 开发的标准簇,其中部分标准已经被 ISO 接受为国际标准。最初开发 POSIX 标准,是为了提高 UNIX 环境下应用程序的可移植性。然而,POSIX 并不局限于 UNIX。许多其他的操作系统,如 Microsoft Windows NT,都支持 POSIX 标准,尤其是 IEEE Std. 1003.1—1990 或 POSIX.1 为操作系统的服务例程提供了源代码级别的 C 语言应用编程接口,如读、写文件等。

很多读者可能更为熟悉 ANSI C。但是 POSIX 和 GNU C 库函数在 Linux 中应用更为广泛。与 ANSI C 标准相比,POSIX 和 GNU C 中包含的内容要更多一些,如读者马上就要接触到的线程创建。

14.2.2 POSIX 线程创建

POSIX 标准中的 pthread 库提供了线程库相关函数,包括线程的创建、撤销和等待等操作,头文件是<pthread.h>。下面分别予以介绍。

1. 线程创建函数 pthread_create

函数原型:

```
int pthread_create(pthread_t *thread, const pthread_attr_t *attr,void *(*start_routine)
(void *), void *arg);
```

函数功能:创建线程,确定调用该线程函数的入口点。在线程创建以后,就开始运行相关的线程函数。

参数说明:

➢ 第一个参数 thread 表示线程标识符。
➢ 第二个参数 attr 表示线程属性设置。
➢ 第三个参数 start_routine 表示线程函数的入口地址。
➢ 第四个参数 arg 表示传递给 start_routine 的参数。
➢ 函数返回值:成功时返回 0;出错时返回−1。

其中第二个参数是 pthread_attr_t 类型的变量,当为 NULL 时表示使用默认参数设置。pthread_attr_t 结构体定义如下:

```
typedef struct {
    int                    detachstate;        //线程的分离状态
    int                    schedpolicy;        //线程调度策略
    struct sched_param     schedparam;         //线程的调度参数
    int                    inheritsched;       //线程的继承性
    int                    scope;              //线程的作用域
    //其他成员变量
} pthread_attr_t;
```

各个参数说明如下:

➢ detachstate 表示新线程是否与进程中其他线程脱离同步。默认设置为同步,即

PTHREAD_CREATE_JOINABLE。如果设置为 PTHREAD_CREATE_DETACHED 则新线程不能用 pthread_join()来同步，且在退出时自行释放所占用的资源。

- schedpolicy 表示新线程的调度策略，主要包括 SCHED_OTHER、SCHED_RR 和 SCHED_FIFO 等 3 种，默认为 SCHED_OTHER，后两种调度策略仅对超级用户有效。
- schedparam 目前仅有一个 sched_priority 整型变量表示线程的运行优先级。这个参数当且仅当调度策略为实时调度（即 SCHED_RR 或 SCHED_FIFO）时才有效，默认为 0。
- inheritsched 有两种值可供选择：PTHREAD_EXPLICIT_SCHED 表示新线程使用显式指定调度策略和调度参数（即 attr 中的值）；PTHREAD_INHERIT_SCHED 表示继承调用者的值。默认为 PTHREAD_EXPLICIT_SCHED。
- scope 表示线程间竞争 CPU 的范围，也就是说，线程优先级的有效范围。POSIX 的标准中定义了两个值：PTHREAD_SCOPE_SYSTEM 表示与系统中所有线程一起竞争 CPU 时间；PTHREAD_SCOPE_PROCESS 表示仅与同进程中的线程竞争 CPU。目前 LinuxThreads 仅实现了 PTHREAD_SCOPE_SYSTEM 一值。

提示：13.4.1 节提到 Linux 调度设置中已经把 SCHED_OTHER 更改为 SCHED_NORMAL，但是在 POSIX 中仍然使用的是 SCHED_OTHER。虽然 POSIX 接口函数在 Linux 中使用得非常普遍，但是二者分别由不同的组织开发和维护。POSIX 作为国际标准，更新得更为缓慢，作为接口函数它并不影响 Linux 内核的更新。

2. 线程退出函数 pthread_exit

函数原型：

```
void pthread_exit(void * retval);
```

函数功能：使用函数 pthread_exit 退出线程，这是线程的主动行为。由于一个进程中的多个线程是共享数据段的，因此通常在一个线程退出之后，该线程所占用的资源并不会随着其终止而得到释放，但是主线程可以通过调用 pthread_join()函数来同步并释放资源。

参数说明：retval 表示调用 pthread_exit()线程的返回值，可由其他函数，如 pthread_join 对其进行检索。

3. 等待线程结束函数 pthread_join

函数原型：

```
int pthread_join(pthread_t thread, void ** retval);
```

功能：以阻塞的方式等待 thread 指定的线程结束。当函数返回时，被等待线程的资源被收回。如果指定的线程已经结束，该函数会立即返回。

参数说明：thread 表示线程标识符，即线程 ID，标识唯一线程；retval 是用户定义的指针，用来存储被等待线程的返回值；函数返回值为 0 代表成功，失败返回错误号。

4. pthread 线程函数实例

pthread 线程创建示例:

```
pthread_t thread;
memset(&thread, 0, sizeof(thread));
pthread_create(&thread, NULL, my_thread, NULL);
```

上述例子中首先声明线程标识使用的变量 thread,然后调用 memset 函数将其初始化为 0,并将其地址传入 pthread_create 函数作为第一个参数。pthread_create 函数的第二个参数为 NULL,表示创建的线程具有默认属性;传入的第三个参数为 my_thread,表示线程入口函数地址,见下面;最后一个参数为 NULL,表示没有需要传递给 my_thread 函数的参数。

线程函数实例:

```
void *my_thread()
{
    int
    i, temp;
    printf ("I'm thread 1\n");
    for (i = 0; i < upper; i++)
    {
       temp = counter;   temp += 1;   counter = temp;
    }
       printf("thread1 :Is Main function waiting for me \n");
       pthread_exit(NULL);
}
```

线程函数 my_thread 的作用非常简单,实现了一个对全局变量 counter 的累加计数工作。也就是说,子线程每完成一次工作,counter 就会加 1。工作完成后调用 pthread_exit 函数退出。

等待线程退出实例:

```
if(thread != 0)
{
    pthread_join(thread,NULL);
    printf("Theread 1 has exited! \n");
}
```

在主函数中调用 pthread_join 等待主线程所创建的子线程的退出。

5. 编译

使用 POSIX 库函数的程序在编译、链接时需要显式声明使用 lpthread 库;否则会报错。一个示例如下:

```
$ gcc -o mythread_posix1 mythread_posix1.c -lpthread
```

虽然 mythread_posix1. c 的程序很简单,但是其框架包含了线程的创建、撤销和主线程对子线程的等待，展示了多线程编程的基本流程。在主函数，也就是主线程等待创建的子线程返回之前，主线程完全可以继续自己的工作。当然在本程序中只让主线程输出了一行信息，子线程也只是进行了一个计数工作，读者完全可以让两个线程完成更复杂的工作。另外，在创建 POSIX 线程时大多数情况下使用默认属性就可以了。如果有读者对修改线程属性感兴趣，在"/源代码/ch14/pthread_new/"目录下有 posix_rt.c 和 posix_sched.c 两个例子，是由参考文献[8]提供的，读者可以自行尝试。

实验 2：POSIX 线程创建

本次验证实验的目的是为了解并掌握 POSIX 线程创建的方法。本节实验代码为电子资源中"/源代码/ch14/pthread_new/"目录下的 mythread_posix1.c 程序。程序功能比较简单，在主线程中创建一个新的线程，新线程完成一个从 1 到 UPPER(次数上限)的计数操作。在执行时要求输入一个参数指定计数操作的上限 UPPER。

14.3 POSIX 多线程及同步机制

14.2 节只创建了一个线程。如果一个工作比较庞大，希望多个线程一起配合来完成应该怎么办呢？首先，要创建多个线程。其次，多个线程要并发工作。但多个线程的并发运行工作就会形成对共享资源的竞争访问，在操作系统教科书中这被称为资源竞争(race condition)。在这种情况下，程序的运行结果往往会依赖于各个线程执行过程中命令或事件的发生顺序，也就是说，每次运行的结果可能是不同的。解决该问题的常见方法就是同步机制。下面分别给予介绍。

14.3.1 多个线程的资源竞争访问

如果在 14.2 节的例子 mythread_posix1.c 中创建 4 个子线程，它们分别完成一个从 1 到 UPPER(次数上限)的操作，也就是说，每个线程完成一次工作共享变量 counter 都要加 1。在这个过程中为了表明各个子线程的身份，在子线程创建时传入了不同的参数。程序代码为 mythread_posix2.c，其中关键代码讲解如下。

1. 创建 4 个子线程

要创建 4 个子线程，每个线程都要有自己的线程 ID。声明如下：

```
#define  THREADNO 4
pthread_t thread[THREADNO];
```

线程的创建代码如下：

```
for(i = 0; i < THREADNO; i++)
{
    pthread_create(&thread[i], NULL, my_thread, &i);
}
```

相应地，在退出时主线程也要分别等待 4 个子线程的退出，代码如下：

```
for(i = 0; i < THREADNO;i++)
{
        pthread_create(&thread[i], NULL, my_thread, &i);
}
```

为了表明子线程的身份，在 pthread_create 函数中传入了第 4 个参数 &i，也就是线程编号的地址。4 个子线程使用相同的例程函数 my_thread 来创建，例程函数如下：

```
void * my_thread(void * args)
{
        int thread_arg;  int i, temp;
        thread_arg =  * (int * )args;  printf ("I'm thread % d\n",thread_arg);
        for (i = 0; i < upper; i++) {
            temp = counter;    temp += 1;    counter = temp;
        }
        printf("thread % d :Is Main function waiting for me ?\n",thread_arg);
        pthread_exit(NULL);
}
```

程序的编译和执行与 14.2 节相似。执行结果如图 14.6 所示。可以看到，主线程运行正常，子线程被逐一创建并逐一撤销，但细心的读者可以发现两个问题：首先，线程编号最大应为 3，可是现在线程编号出现了 4，并且 4 个线程均表示自己是线程 4；其次最后计数的结果 counter 是 3031918，而不是所期望的 1000000 * 4，如果多次运行该结果也会不同。问题出在什么地方呢？下面对这两个问题分别予以分析。

```
os@ubuntu:~/ch14/pthread_new$ gcc -o mythread_posix2 mythread_posix2.c -lpthread
os@ubuntu:~/ch14/pthread_new$ ./mythread_posix2 1000000
I am main function, I am creating the threads!
Thread 0 has been created!
Thread 1 has been created!
Thread 2 has been created!
Thread 3 has been created!
I am main function , I am waiting the threads finished!
I'm thread 4
I'm thread 4
I'm thread 4
I'm thread 4
thread 4 :Is Main function waiting for me ?
thread 4 :Is Main function waiting for me ?
thread 4 :Is Main function waiting for me ?
Theread 0 has exited!
thread 4 :Is Main function waiting for me ?
Theread 1 has exited!
Theread 2 has exited!
Theread 3 has exited!
counter = 3031918
os@ubuntu:~/ch14/pthread_new$ █
```

图 14.6 传递 &i 作为子线程参数的执行结果

在 my_thread 函数中传入的参数，也就是线程编号对应的地址，其中存储的内容被转为整型数值赋给变量 thread_arg，然后线程利用该参数输出信息表明自己的身份。如果从 ANSI C 的视角出发，把 my_thread 看成是一个单纯的调用函数，通过传送地址指针的方法应该是可以得到正确输出的。但问题是 my_thread 不是一个单纯的调用函数，当 pthread_create 调用 pthread_create 时，成功就会创建一个新的线程。新的线程创建后，不会马上就得到处理机运行，而必须等到调度结点后由调度函数调度才能获得运行。因此，在创建子线程的 for 循环被迅速执行到停止循环时，即 i 为 4 时，此时 &i 指向的内容为 4；但在 for 循环迅速完成的同时，获得 &i 参数的新创建子线程尚未来得及执行；当 for 循环结束后的某个时刻，各个子线程得到了运行机会，执行参数获取语句 thread_arg = *(int *)args;，但此时 &i 其实指向的已经是 4 了，所以 4 个子线程最终都指向同一个地址，内容为 4。该问题从一个侧面反映了多任务与单任务程序的差异以及调度对任务执行的影响。

2. 正确的线程参数传递方法

线程传递参数错误是由于线程并发过程中执行上下文环境的改变造成的。解决该问题的一个方法是在 for 结构中 pthread_create 语句后加入 sleep(1)这样的休眠语句，也就是每当创建一个子线程时就让主线程休眠一段时间，以便新创建的子线程获得执行时间。换句话说，就是让主线程休眠，从而保证子线程执行时使用的地址参数仍然是该线程创建时的参数。这样虽然可以得到正确的运行结果，但这种方法严重削弱了程序的并发性，降低了系统效率。

从线程执行上下文环境的角度来看，解决上述问题的一个方法是：保持传入线程的参数在主线程中具有不变的地址。一个简单的策略是在主线程中定义一个全局线程编号数组 int thread_id[THREADNO]。在创建线程时，传递的是该数组的地址，具体如下：

```
temp = pthread_create(&thread[i], NULL, my_thread, (void *)(thread_id + i))
```

这样就可以保证创建的子线程身份识别正确了。程序代码为 mythread_posix2m.c。但程序执行结果显示 counter 的计数值仍然是错误的。其原因在于 my_thread 函数中用于记录计数次数的共享变量 counter 会被多个线程同时使用；每个线程在使用 counter 时并未意识到其他线程也在修改 counter 的数值，因此造成了相互之间的覆盖，也就是资源竞争。关于该问题更详细的分析读者可以参考文献[8]。解决该问题的常见方法就是同步机制。

14.3.2 POSIX 同步机制

POSIX 标准中的 Pthreads 库提供了多种锁机制，包括 Mutex(互斥锁)、Spin lock(自旋锁)、Condition Variable(条件变量)和 Read/Write lock(读写锁)等同步机制。本节重点讲解互斥锁 Mutex。

1. POSIX 互斥锁

互斥锁是一个 pthread_mutex_t 类型的变量，在使用时需要首先对其进行声明：

```
pthread_mutex_t mutex;
```

互斥锁在使用之前需要对其进行初始化，在使用完毕后需要对其进行撤销。互斥锁的销毁较为简单，其函数为：

```
int pthread_mutex_destroy(pthread_mutex_t *mutex);
```

参数 mutex 指向要销毁的互斥锁的指针。互斥锁的初始化函数为：

```
int pthread_mutex_init(pthread_mutex_t *mutex, const pthread_mutexattr_t *attr);
```

该函数以动态方式创建互斥锁，第二个参数 attr 指定了新建互斥锁的属性。如果参数 attr 为 NULL，则使用默认的互斥锁属性，默认属性为快速互斥锁。互斥锁的属性在创建锁的时候指定。pthread_mutexattr_init 函数调用成功会返回零，其他任何返回值都表示出现了错误。互斥锁被初始化为未锁住状态。

互斥锁在使用时往往是成对出现的，首先是加锁，然后是解锁。加锁函数和解锁函数分别为：

```
pthread_mutex_lock (pthread_mutex_t * mutex);
pthread_mutex_unlock (pthread_mutex_t * mutex);
```

从实现原理上来讲，pthread_mutex_t 定义的 mutex 属于 sleep-waiting 类型的锁，也就是阻塞类型的锁。pthread_mutex_lock()操作如果没有加锁成功的话就会调用 system_wait()的系统调用，并将调用它的线程加入到这个 mutex 的等待队列中。

2. 互斥锁使用示例

首先在主函数中声明和初始化互斥锁，示例如下：

```
pthread_mutex_t mut;
pthread_mutex_init(&mut,NULL);
```

其次在创建的子线程中访问共享变量的代码前后加入互斥锁的加锁和解锁语句，示例如下：

```
pthread_mutex_lock(&mut);  //加锁
for (i = 0; i < upper; i++)
{
    temp = counter;     temp += 1;       counter = temp;
}
pthread_mutex_unlock(&mut);//解锁
```

在加锁和解锁两行语句之间的代码就称为**临界区**，在一个时间点上只允许一个线程进入。因此共享变量 counter 就不会被多个线程竞争访问，造成相互之间的数据覆盖。

3. 二次加锁问题

在实际使用中，由于程序代码是由不同的小组开发的，很有可能会出现二次加锁的情况，也就是对一个已经加锁的互斥锁再次进行加锁。由于在默认情况下 Linux 不允许同一线程递归加锁，因此如果一个线程中出现第二次加锁操作时该线程将出现死锁问题。避免这种问题出现的方法有多种。一种是设置锁的属性，允许递归加锁。方法如下：

```
pthread_mutexattr_t attr;
pthread_mutexattr_init(&attr);
//设置 recursive 属性
pthread_mutexattr_settype(&attr,PTHREAD_MUTEX_RECURSIVE_NP);
pthread_mutex_init(Mutex,&attr);
```

也就是在对锁进行初始化之前，声明并初始化该锁使用的属性变量 attr，然后将 attr 设置为允许递归加锁。

另一种方法则是使用 pthread_mutex_trylock()函数,该函数原型如下:

```
int pthread_mutex_trylock( pthread_mutex_t *mutex );
```

该函数调用成功返回 0,返回任何其他值都表示错误。如果 mutex 参数所指定的互斥锁已经被锁定,调用 pthread_mutex_trylock 函数立即返回一个值来描述互斥锁的状况。需要注意的是,只有确保在 pthread_mutex_trylock 函数调用成功时,即返回值为 0 时,才能去解锁它。解锁函数同样使用 pthread_mutex_unlock 函数。

实验 3: POSIX 线程互斥和参数传递

本次验证实验的目的是掌握 POSIX 线程参数传递方法和同步机制。本节实验代码为电子资源中"/源代码/ch14/pthread_new/"目录下的 mythread_posix2.c、mythread_posix2m.c 和 mythread_posix3.c 程序。请编译运行相关程序,观察实验现象,理解并掌握 POSIX 多线程创建方法、参数传递方法和互斥锁使用方法。

14.4 条件变量与生产者-消费者问题

14.4.1 同步与互斥

14.3 节讲述了如何使用互斥锁来解决多个线程访问共享资源时形成资源竞争问题。互斥锁是同步机制中的一种实现方法。根据参考文献[14],广义的同步是指竞争资源的多个进程按照特定的顺序执行,目的是使并发执行的进程之间能有效地共享资源和相互合作,从而使程序的执行具有可再现性。广义的同步又可以分为狭义的同步和互斥,定义如下:

(1) 互斥。一组并发进程中的一个或多个程序段,因共享某一公有资源而导致它们必须以一个不允许交叉执行的单位执行。

(2) 同步(狭义)。异步环境下的一组并发进程,因直接制约关系使互相发送消息而进行相互合作、互相等待,使得各进程按一定的速度执行的过程称为进程间的同步。

该定义同样适用于线程的情况。由上述定义可知,14.3 节讲述的互斥锁实际上是广义同步机制中的互斥。通过对使用共享变量进行计数工作的 for 循环体进行加锁和解锁,保证在一个时间点上只有一个线程处于临界区,能够使用共享变量 counter。这种技术往往使用在运行的线程之间存在间接制约关系的情况下,也就是运行的线程只是间接知道甚至并不知道有其他线程的存在。在 mythread_posix3.c 中一个线程其实只关心自己的工作,至于其他线程的工作和它并没有直接的关系。

但是线程之间还存在另一种制约关系,即直接制约。例如,在典型的生产者-消费者问题中,如果仓库只能存放一个产品,那么只有生产者生产了产品后,消费者才可以消费产品,当没有产品时消费者无法消费;而只有消费者消费了产品后,生产者才能继续生产,当仓库满时生产者无法生产。生产者和消费者线程之间就构成了直接制约关系。在线程存在直接制约关系时,单纯使用互斥锁就难以调整线程之间的关系使其顺利工作了。

要解决线程之间的狭义同步问题,有以下两种思路。

① 使用轮询方法,也就是俗称的"忙等待"。就是等待条件满足的线程不断地去查询条

件是否得到满足；这种方法实现较为简单，但是会有一定的性能消耗，轮询的间隔时间太短，由于上下文的切换就会消耗较多资源，而间隔时间太长则不能及时地响应。

② 当条件不满足时，等待条件的线程就会休眠；当条件满足时系统会唤醒等待该条件的线程，也被称为消息通知机制。

14.4.2　POSIX 条件变量

显然，消息通知机制要比忙等待方法更好。条件变量(condition variable)就是 POSIX 为此种思路提供的一种实现。条件变量利用线程间共享的全局变量进行同步，主要包括两个动作：一个线程等待"条件变量的条件满足"而挂起；另一个线程使"条件满足"(给出条件满足信号)。与互斥锁相比，条件变量的使用要复杂一些，在 14.4.3 节进行讲解。

1. 条件变量的初始化和销毁

条件变量在使用前需要初始化，使用后需要进行销毁。条件变量在使用时需要首先对其进行声明，如 pthread_cond_t cond。声明了条件变量 cond 后，就需要对其进程初始化。初始化的方法有两种。第一种是使用初始化函数，函数原型如下：

```
int pthread_cond_init(pthread_cond_t * cond, const pthread_condattr_t * attr);
```

该函数的功能是初始化一个条件变量 cond。该函数成功返回 0；任何其他返回值都表示错误。当参数 attr 为 NULL 时，函数创建的是一个默认属性的条件变量；否则条件变量的属性将由 attr 中的属性值来决定。函数返回时，条件变量被存放在参数 cond 指向的内存中。

第二种条件变量的初始化方法是使用宏 PTHREAD_COND_INITIALIZER 来初始化静态定义的条件变量，使其具有默认属性。这和用 pthread_cond_init 函数使用默认属性动态分配的效果是一样的。初始化时不进行错误检查。如：

```
pthread_cond_t cond = PTHREAD_COND_INITIALIZER;
```

请读者注意，不能由多个线程同时初始化一个条件变量。当需要重新初始化或释放一个条件变量时，应用程序必须保证这个条件变量未被使用。

条件变量的销毁比较简单，只要在销毁函数中传入要销毁的条件变量的指针即可，函数原型如下：

```
int pthread_cond_destroy(pthread_cond_t * cond);
```

该函数成功返回 0；任何其他返回值都表示错误。

2. 条件变量的使用方法

条件变量在解决同步问题时非常有用，但由于同步问题的复杂性，使用条件变量有一定的技巧。条件变量的使用包括两个步骤：一个是等待；一个是唤醒。在设置等待条件时为了防止竞争，条件变量的使用总是和一个互斥锁结合在一起。有两个常用的设置方法：

```
int pthread_cond_wait(pthread_cond_t * cond, pthread_mutex_t * mutex);
int pthread_cond_timedwait(pthread_cond_t * cond, pthread_mutex_t * mutex, const struct
timespec * abstime);
```

两个函数都是成功返回 0；任何其他返回值都表示错误。两个函数中 cond 参数是条件变量，mutex 是互斥锁，abstime 是指定的等待时间。pthread_cond_wait 函数实现的是条件等待；pthread_cond_timedwait 函数实现的是计时等待，函数等待一定时间后，即使条件未发生也会解除阻塞，这个等待时间由参数 abstime 指定。其详细工作原理和流程可见 14.4.3 节。

唤醒，也就是"使条件满足"的函数也有两个，其原型如下：

```
int pthread_cond_signal(pthread_cond_t * cond);
int pthread_cond_broadcast(pthread_cond_t * cond);
```

两个函数的返回值都是成功返回 0；任何其他返回值都表示错误。pthread_cond_signal 函数激活一个等待该条件的线程，如果该条件变量存在多个等待线程时，按入队顺序激活其中一个。pthread_cond_broadcast 则激活所有等待该条件的线程。

14.4.3 条件变量在生产者-消费者问题中的应用

下面以生产者-消费者问题为例对条件变量的使用方法进行讲解，并重点分析 pthread_cond_wait 和 pthread_cond_signal 函数的工作原理和使用方法。

1. 条件变量使用模型 1

生产者-消费者问题中的关键是两个同步结点：一个是只有当生产者生产产品后消费者才能消费；另一个是只有消费者消费了产品后，生产者才能继续生产。两个同步结点功能相同，实现也相同。以第一个结点为例进行讲解。

```
生产者线程(){
    pthread_mutex_lock(&lock);
    生产产品;
    pthread_cond_signal(&notempty);                //行 B,通知消费者有产品可以消费
    pthread_mutex_unlock(&lock));
}
消费者线程(){
    pthread_mutex_lock(&lock);
    if(没有产品)
        pthread_cond_wait(&notempty, &lock);      //行 A,等待条件满足
    消费产品;
    pthread_mutex_unlock(&lock));
}
```

在模型 1 中消费者需要等待 notempty 条件变量满足时才能消费产品，也就是说，消费者线程执行到行 A 时，会发生阻塞；直到生产者线程执行到行 B，使 notempty 条件变量满足时，消费者线程才会从行 A 向下继续执行。看上去模型 1 似乎很好地解决了消费者和生产者线程之间的同步问题。但是实际上并不是如此。模型 1 的问题主要存在于两方面。

首先，如果生产者先运行，此时没有消费者等待，生产者通过 pthread_cond_signal 函数发送的信号就会丢失，当后面有消费者运行并调用 pthread_cond_wait 函数时，就不能获得条件的满足了。这种情况下模型 1 就不能正常运行。

其次，生产者和消费者问题有多种情况，比如 1：1(一个生产者 v.s. 一个消费者)，还有

1∶N、N∶1、N∶M 等情况。在 1∶1 情况下，生产者和消费者主要是狭义的同步关系，设计时主要考虑同步结点即可，即在消费者唤醒后一定有产品消费，而生产者被唤醒后一定有空间可以用于产品的生产。但是在其他情况下生产者和消费者之间的同步关系就复杂了。例如，在 N∶M 的情况下，除了上述生产者和消费者之间的狭义同步关系外，生产者线程之间、消费者线程之间还存在互斥关系，两个生产者线程不能向同一个缓冲区放置产品，两个消费者线程不能消费同一个缓冲区的产品，此时设计时除了 1∶1 的同步问题外，还需要考虑对临界资源的互斥访问，消费者线程被唤醒后资源是否已经被其他消费者占用等问题。在这种情况下，当消费者从 pthread_cond_wait 函数成功返回时，并不能保证一定有产品供其消费。

2. 条件变量的工作流程以及虚假唤醒

现在看一下 pthread_cond_wait 和 pthread_cond_signal 及其工作原理和机制。其中 pthread_cond_signal 较为简单，调用后发送一个信号表示条件满足，使阻塞在条件变量上线程被唤醒。pthread_cond_wait 函数的工作机制就比较复杂了，主要分为 3 个步骤，请读者对照模型 1 理解。

(1) 解锁。因为在 pthread_cond_wait 被调用之前，消费者线程已经调用 pthread_mutex_lock 加锁了；如果此处不解锁，生产者就无法进入临界区生产产品。也就是说，消费者线程调用 pthread_cond_wait 时，如果条件不满足，消费者线程就会挂起自己进入条件变量 notempty 的等待队列，此时需要解开 lock 锁使生产者线程可以生产产品。

(2) 阻塞。消费者线程等待条件变量变为满足。

(3) 再次加锁。当生产者调用 pthread_cond_signal 函数使 notempty 变为满足时，阻塞被解除，消费者要去消费产品，所以要对其加锁。

由上述分析可知，pthread_cond_wait 和 pthread_cond_signal 构成了一个关于条件变量的消息通知机制，但条件变量满足时并不代表资源本身一定可用，原因除了上面提到的模型 1 的两个问题外，在多核处理机中 pthread_cond_signal 函数一次信号发送可能会唤起多个调用 pthread_cond_wait 等待条件变量的线程。这被称为虚假唤醒(spurious wakeup)。根据 IEEE std 1003.1 2004 虚假唤醒是被允许的，可见如果读者在使用条件变量时不注意该问题，则产生虚假唤醒是不可避免的，这就会导致程序运行的结果不可预测。解决虚假唤醒问题的方法是在 pthread_cond_wait 函数返回时对条件是否满足进行重新检查，保证资源的可用情况。请读者继续阅读模型 2。

3. 模型 2

针对虚假唤醒的问题设计了模型 2，具体代码如下：

```
struct prodcons                    // 缓冲区相关数据结构
{     int buf[BUFFER_SIZE];        /* 实际数据存放的数组 */
      int readpos, writepos;       /* 读写指针 */
};
struct prodcons buffer;
生产者线程() {
```

```
    for (n = 0; n <= PRO_NO; n++)          // PRO_NO,生产产品的数量
        pthread_mutex_lock(&lock);
        /* 等待缓冲区未满,不使用 if,而使用 while 循环防止虚假唤醒 */
        while ((buffer.writepos + 1) % BUFFER_SIZE == buffer.readpos){
            pthread_cond_wait(&notfull, &lock);
        }
        /* 写数据,并移动指针 */
        buffer.buf[buffer.writepos] = n;    printf("%d --->\n", n);   //生产产品
        buffer.writepos++;
        if (buffer.writepos >= BUFFER_SIZE)      buffer.writepos = 0;
        /* 设置缓冲区非空的条件变量 */
        pthread_cond_signal(&notempty);     pthread_mutex_unlock(&lock);
    }
}
消费者线程() {
    while (1) {
        pthread_mutex_lock(&lock);
        /* 等待缓冲区未满,不使用 if,而使用 while 循环防止虚假唤醒 */
        while(buffer.writepos == buffer.readpos)     {
            pthread_cond_wait(&notempty, &lock);
        }
        /* 读数据,移动读指针 */
        d = buffer.buf[buffer.readpos];          buffer.readpos++;
        if (buffer.readpos >= BUFFER_SIZE)            buffer.readpos = 0;
        /* 设置缓冲区未满的条件变量 */
        pthread_cond_signal(&notfull);         pthread_mutex_unlock(&lock);
        printf("--->%d \n", d);                                      //消费产品
    }
}
```

模型 2 使用循环缓冲区进行产品的存储,通过两个条件变量 **notfull 和 notempty** 实现生产者和消费者线程之间的同步:缓冲区空时消费者不能消费,当有生产者生产产品后唤醒阻塞的消费者;缓冲区满时生产者不能生产,当有消费者消费了产品后唤醒阻塞的生产者。无论是生产者还是消费者,线程调用 pthread_cond_wait 函数时,总是使用 while 循环来对资源情况进行检查,从而杜绝虚假唤醒。

实验 4:使用 POSIX 条件变量实现线程同步

本次验证实验的目的是掌握 POSIX 条件变量实现线程间同步方法。本节实验代码为电子资源中"/源代码/ch14/pthread_new/"目录下的 pro_csm.c 程序。请编译运行相关程序,观察实验结果,理解实验现象。修改 pthread_cond_wait 函数调用时的 while 语句为 if 语句,观察实验结果。修改生产者、消费者线程数目,观察实验结果。

14.5 本章小结

本章重点如下:

(1) Linux 进程创建机制。Linux 使用 fork 函数创建进程,fork 是 Linux 系统中唯一

一个具有一次调用，两次返回性质的函数。对于父进程来说，fork 返回的是子进程的 PID，对于子进程来说，fork 返回的是 0。fork 创建新进程后，子进程复制父进程的上下文、进程空间等，父、子进程的程序计数器 PC 都指向 fork 的下一条语句。如果子进程使用 exec 族函数成功启动新的程序运行，则重新加载代码段、数据段、进程上下文等。

(2) pthread 是 POSIX 提供的重要线程工具包。pthread 创建的线程对 Linux 来说是核外线程，也就是通常所说的用户线程，其调度是由 pthread 管理包完成的。

(3) 线程的运行是异步的，当多个线程访问共享资源时，由于资源竞争会导致运行结果随线程的运行时机不同而不同，针对该问题 pthread 提供了多种同步工具。

(4) 当多个线程之间只是资源竞争关系时，可以使用 pthread 工具包中的互斥锁解决资源竞争问题。但在使用时需要注意互斥锁的属性，对普通互斥锁同一个线程不能二次加锁。

(5) 当多个线程之间存在合作关系时，可以使用 pthread 工具包中的条件变量和互斥锁配合来解决该问题。但是在使用条件等待函数时需要注意防止虚假唤醒。

(6) 生产者-消费者问题是典型的合作关系，但生产者线程之间、消费者线程之间存在互斥关系。生产者-消费者问题在计算机系统中广泛存在。

本章包括 4 个验证实验。

习题

14-1 请问以下程序中，除主进程外，总计创建了多少个新的进程？请画出其进程树。

```
#include <stdio.h>
int main()
{
    printf("%d\n",getpid());
    fork();
    printf("%d\n",getpid());

    fork();
    printf("%d\n",getpid());

    fork();
    printf("%d\n",getpid());

    return 0;
}
```

14-2 POSIX 线程库 pthread 创建的线程有哪些属性可以设置？

14-3 pthread 创建的多个线程运行时访问共享资源会出现什么现象？

14-4 pthread 的互斥锁机制工作原理是什么？

14-5 POSIX 中条件变量可以应用在什么场景中？请描述 pthread_cond_wait 函数的工作流程。

练习

电子资源"/源代码/ch14/pthread_new/"目录下的程序 pro_csm.c 在消费者和生产者数目不等时会出现问题。如果想让程序支持任意的 $N:M$ 的场景，应该怎样修改程序？如果想知道每个产品是哪个生产者生产的，哪个消费者消费的，每个产品存储的位置，应该如何修改程序？（提示：$N:M$ 的场景中，消费者往往不知道生产何时结束，因此消费者线程不能调用 return 返回，主线程也不能调用 pthread_join 函数等待消费者线程退出；要知道产品是哪个生产者生产的，哪个消费者消费的，需要区分线程的身份，这需要在创建线程时传入相应的参数）。

第15章 用户态和内核态信号量

第 14 章讲解了如何使用 fork 及 pthread 库创建新的进程和线程，并重点分析了多线程运行中的资源竞争问题，以及 POSIX 互斥锁和条件变量的使用方法。但是互斥锁只能用于互斥场景，条件变量必须与互斥锁结合才能使用。那么，有没有一种方法可以用于解决所有的同步问题呢？包括互斥和（狭义）同步。信号量（semaphore）就是这样一种方法。本章主要讲述 POSIX 用户态信号量，包括无名信号量和有名信号量以及内核态信号量和内核线程，本章实验涵盖了这些内容。

本章学习目标

- 掌握 POSIX 无名信号量和有名信号量的使用方法
- 理解 POSIX 无名信号量和有名信号量的差异
- 掌握内核态信号量的使用方法
- 理解内核态和用户态信号量的差异
- 理解内核线程的创建方法以及内核态、用户态线程的差异

15.1 信号量与同步问题

15.1.1 信号量概述

根据操作系统教科书的定义，信号量是包含一个整型变量 S 并且带有两个原子操作 wait 和 signal 的抽象数据类型。

(1) wait 操作也被称为 down、P 或 lock。调用 wait 操作时，如果信号量的整型变量 $S>0$，wait 就将 S 减 1，调用 wait 的进程或线程继续运行；如果 $S<0$，wait 将 S 减 1 后把调用进程或线程挂起在信号量的等待队列上。

(2) signal 操作也被称为 up、V 或 unlock。调用 signal 操作时，signal 就 S 加 1；如果 S 加 1 后的数值仍然不大于 0，说明有进程或线程挂起在信号量的等待队列上，处于信号量等待队列队首的线程将被唤醒，使其从 wait 中返回。

在上述定义中，S 可以被理解为一种资源的数量，信号量即是通过控制这种资源的分配来实现进程或线程间的互斥和（狭义）同步。

(1) 在互斥情况下，如果把 S 设为 1，信号量即可实现互斥锁的功能；如果 S 的值大于 1，信号量允许多个线程或进程的并发运行。

(2) 在(狭义)同步情况下,信号量相当于使用者创造的一种消息,通过 wait 和 signal 操作在不同进程或线程之间传递消息,这就赋予了信号量实现同步的功能。

15.1.2 同步问题

在第 14 章读者已经初步了解过同步问题了。同步问题包括互斥和狭义的同步。互斥问题比较简单,容易掌握,而狭义的同步是操作系统课程中的一个难点,同时也是程序设计中的一个重点。为了更好地帮助读者理解和掌握该问题,将其分解为 3 个场景进行讲解:单向同步问题、双向同步问题及同步与互斥结合的问题。

1. 单向同步问题

假设一个生产者和消费者线程进行合作,此时消费者需要等待生产者生产后才能消费,而一旦消费者获得来自生产者的通知则必定有产品可以消费。在这种情况下,生产者和消费者构成了单向同步制约,消费者受到生产者的制约不能任意运行,只能在接收到生产者生产产品的通知后才能运行、消费。单向同步的伪代码示例如下:

```
semaphore notempty = 0;                  //声明信号量 notempty,初值为 0,表示没有产品
producer() {
        /* 生产产品 */
        …
        signal(notempty);                //设置缓冲区非空的信号量
}
consumer() {
        wait(notempty);                  //等待缓冲区非空的通知
        /* 消费产品 */
        …
}
```

在上述例子中,生产者通过 signal 发送消息,而消费者使用 wait 等待消息。消费者的行为受到了生产者的单向制约。此时信号量 notempty 并不是用于保护资源,它的值也不是系统中已有资源的数量,而是代表了一种由用户构造的新的资源,即消息的数量。一个单向同步的具体实现例子可参见 15.2.4 节。

上述例子中的生产者可以随意运行,这种情况下生产者前期生产的产品如果没有来得及被消费者消费,就会被后期生产的产品覆盖。在实际应用中,这种情况可能会出现在消息传递的一些场景中。例如,战场上从司令部向前线传递命令,如果前一个命令发出后,战场态势发生了转变,则司令部很可能会立即发出新的命令,而不必等待前线确认接收到第一个命令后再发出新的命令。但是在很多情况下,并不允许生产的产品在消费者消费之前就被覆盖掉,也就是说在消费者消费产品之前,生产者不能继续生产。这就构成了消费者对生产者的反向制约,也就是消费者和生产者之间存在双向同步关系。

2. 双向同步问题

双向同步问题从本质上看就是两个单向同步问题的叠加。一个生产者和一个消费者合作的双向同步伪代码示例如下:

```
semaphore notfull = 1, notempty = 0;            //声明信号量
producer() {
        wait(notfull)                           // 等待缓冲区非满的通知
        /* 生产产品 */
        …
        signal(notempty);                       //设置缓冲区非空的信号量
}
consumer() {
         wait(notempty);                        // 等待缓冲区非空的通知
        /* 消费产品 */
        …
        signal(notfull);                        //设置缓冲区非满的信号量
}
```

在上述双向同步的示例中，信号量 notfull 指示缓冲区不满的情况，初始值为 1；信号量 notempty 指示缓冲区不空的情况，初始值为 0。两个信号量的初值是由缓冲区的初始状态决定的，因为初始时缓冲区没有产品，所以 notfull＝1，notempty＝0。与单向同步问题的伪代码相对照，可以清楚地看到双向同步机制是怎样构成的。单向和双向同步问题的关键是如何把 wait 和 signla 操作放置在正确的代码位置上，换句话说，就是要分析清楚两个异步的进程或线程是如何同步它们之间的行为的。

3. 同步与互斥结合

在生产者和消费者问题中，当生产者和消费者的数目都只有一个时，上述两种解决方案基本上就可以解决二者的同步问题了。但是当生产者或/和消费者的数目不是一个时，问题就复杂了。先看简单的情况。当生产者是一个，而消费者是 N 个时，生产者生产的产品有 N 个可能的消费者进行消费，这 N 个消费者就构成了竞争关系。如果产品的性质不允许一个产品被多个消费者共享，那么每次只能有一个消费者获得消费资格，此时具有竞争关系的 N 个消费者之间就需要使用互斥方式来进行同步。

一个生产者对 N 个消费者的同步互斥结合的伪代码示例如下：

```
semaphore notfull = 1, notempty = 0, lockc = 1; //声明信号量
producer() {
        wait(notfull)                           // 等待缓冲区非满的通知
        /* 生产产品 */
        …
        signal(notempty);                       //设置缓冲区非空的信号量
}
consumer() {
         wait(notempty);                        // 等待缓冲区非空的通知
         wait(lockc);                           // 对产品消费行为加锁
        /* 消费产品 */
        …
        signal(lockc);                          // 消费完成后解锁
        signal(notfull);                        //设置缓冲区非满的信号量
}
```

与双向同步的伪代码相比，在上述代码中加入了一个新的信号量用于控制 N 个消费者

之间的竞争行为。

进一步地,如果是 *M* 个生产者对 *N* 个消费者呢?显然除了消费者之间的竞争行为外,生产者之间的竞争行为也需要进行同步,其伪代码示例如下。

M 个生产者对 *N* 个消费者的同步互斥结合的伪代码示例如下:

```
semaphore notfull = 1, notempty = 0,lockc = 1, lockp = 1; //声明信号量
producer() {
        wait(notfull)                              // 等待缓冲区非满的通知
        wait(lockp);                               // 对生产行为加锁
        /* 生产产品 */
        …
        signal(lockp);                             // 生产完成后解锁
        signal(notempty);                          //设置缓冲区非空的信号量
}
consumer() {
        wait(notempty);                            // 等待缓冲区非空的通知
        wait(lockc);                               // 对产品消费行为加锁
        /* 消费产品 */
        …
        signal(lockc);                             // 消费完成后解锁
        signal(notfull);                           //设置缓冲区非满的信号量
}
```

在上述代码中,为了区分和互斥,使用斜体表示(狭义的)同步,使用黑体表示互斥。

对同步和互斥相结合的例子进行分析,可以发现互斥信号量和同步信号量的一些典型特征:

(1) 一个互斥信号量的 wait 和 signal 操作一般总是在一个线程或进程中成对出现。与之相对,一个(狭义)同步信号量的 wait 和 signal 操作总是出现在两个不同的线程或进程中。原因是,(狭义)同步调节的是两个不同线程或进程之间的行为关系。

(2) 互斥问题是以资源为核心,其协调的是多个进程(线程)和资源之间的使用关系;而同步问题是以事件或者消息为核心,协调的是进程(线程)和进程(线程)之间的行为顺序关系。

(3) 在互斥问题中一个信号量的初值代表的是该类资源的数量;而在同步问题中信号量代表的是事件或消息的初始状态。

(4) 同类进程(线程)多数是互斥关系,而同步关系往往发生在不同类的进程(线程)间。

同步与互斥相结合的具体实现可参见 15.2.3 节和 15.2.4 节。有了上述理论作为基础,就可以进一步学习并研究实际信号量的使用方法了。

15.2 POSIX 信号量

POSIX 标准提供的 pthread 库实现了信号量机制。POSIX 信号量包括无名信号量和有名信号量两大类。POSIX 信号量的数据类型为 sem_t,使用时需要包含头文件<semaphore.h>,编译和链接时需要使用 lpthread 库。POSIX 信号量包含的是一个非负整型变量 S,初始值不能超过 SEM_VALUE_MAX,该值定义为 32767。POSIX 信号量将

wait 和 signal 操作称为 wait 和 post。

(1) 调用 wait 操作时,如果信号量的非负整型变量 S>0,wait 就将其减 1; 如果 S=0,调用线程将被阻塞。

(2) 对于 post 操作,如果有线程在信号量上阻塞,post 就会解除某个等待线程的阻塞,将其唤醒; 如果没有线程阻塞在信号量上,post 就将 S 加 1。

对比 15.1 节的定义可知,POSIX 信号量机制与参考文献[8]中的信号量机制原理相同,但是在实现上有一定的差异。POSIX 信号量包括无名信号量和有名信号量两种。

15.2.1 无名信号量

POSIX 无名信号量之所以被称为是“无名”的,是因为在创建时没有为其赋予名称。同第 14 章的互斥锁、条件变量一样,无名信号量在使用前需要定义和初始化,使用后需要撤销; 不同的是,无名信号量既可用于互斥也可以用于(狭义)同步,既可以用于线程间的同步也可以用于进程间的同步。

1. 无名信号量的初始化和销毁

无名信号量的创建就像声明一般的变量一样简单,例如

```
sem_t lock;
```

声明之后再初始化该无名信号量,之后就可以放心使用了。无名信号量的初始化函数如下:

```
int sem_init(sem_t * sem, int pshared,unsigned value);
```

其中,参数 sem 指定要初始化的无名信号量; 参数 value 为信号量的初始值; 参数 pshared 用于说明信号量的共享范围,如果 pshared 为 0,那么该信号量只能由初始化这个信号量的进程中的线程使用; 如果 pshared 非零,任何可以访问到这个信号量的进程都可以使用这个信号量。也就是说,当 pshared 为 1 时可以在 fork 创建的进程之间共享该信号量。sem_init 成功返回 0,出错返回错误号。

无名信号量使用之后需要销毁。函数 sem_destroy 可用于销毁一个指定的无名信号量,成功返回 0,出错返回错误号,它的形式为:

```
int sem_destroy(sem_t * sem);
```

无名信号量的创建和销毁都比较简单,这是因为无名信号量是创建在进程的内存空间,可以像普通的数据类型一样声明、初始化和销毁。所以有时无名信号量也被称为内存信号量。无名信号量常用于一个进程的多个线程间的同步,也可用于相关进程间的同步。相关进程指的是具有亲缘关系的进程,如父、子进程。在使用时需要注意,无名信号量必须是多个进程(线程)的共享变量,无名信号量要保护的变量也必须是多个进程(线程)的共享变量,这两个条件缺一不可。

2. 无名信号量的操作函数

对信号量 sem 可以调用 sem_getvalue 函数获得其当前资源数量,函数原型如下:

```
int sem_getvalue(sem_t * sem, int * sval);
```

其中参数 sval 用于保存获取的信号量 sem 的当前值。如果有一个或更多的线程或进程阻塞在该信号量上，在 Linux 中返回 0。

信号量主要操作函数如下：

```
int sem_wait(sem_t * sem);
int sem_trywait(sem_t * sem);
int sem_post(sem_t * sem);
```

wait 操作测试所指定信号量的值，该操作是原子性的。如果 sem 的值大于 0，那么它减 1 并立即返回；如果 sem 的值等于 0，则调用线程或进程睡眠直到 sem 的值大于 0，此时立即减 1，然后返回。sem_trywait 函数与 sem_wait 函数的行为几乎一样，但是该函数在 sem 的值等于 0 时并不阻塞线程。这一点与第 14 章中互斥锁使用的 pthread_mutex_trylock 函数相似。

15.2.2 有名信号量

该类型的信号量之所以称为有名信号量，是因为它有一个名字、一个用户 ID、一个组 ID 和权限。这看上去和文件的管理方式非常类似，事实上有名信号量就是按通常的文件方式来打开和关闭。有名信号量的这些属性为不无关进程间使用信号量进行同步提供了接口。有名信号量的名字是一个遵守路径名构造规则的字符串。

1. 有名信号量的创建和删除

有名信号量的创建函数原型如下：

```
sem_t * sem_open(const char * name,int oflag,mode_t mode,unsigned int value);
```

sem_open 函数打开或创建一个有名信号量。各个参数含义如下。

(1) name 参数：有名信号量的名字。

(2) oflag 参数：可以是 0、O_CREAT 或 O_CREAT|O_EXCL。如果指定了 O_CREAT 标志而没有指定 O_EXCL 标志，当指定名字的信号量不存在时就创建它；如果该信号量已经存在也不会出错。如果两个标志同时指定，即 O_CREAT|O_EXCL，在信号量已经存在的情况下会报错。

(3) mode 参数：指定权限位。与文件权限设定相同。

(4) value 参数：指定信号量的初始值。该初始值不能超过 SEM_VALUE_MAX。二值信号量的初始值通常为 1，计数信号量的初始值则往往大于1。

sem_open 成功则返回指向信号量的指针，如果出错则返回 SEM_FAILED。在使用 sem_open 函数时，如果第二个参数 oflag 设为 0，则不需要第三、第四个参数，此时 sem_open 将打开指定名字的信号量；如果信号量不存在，则调用该信号量的进程或线程将被阻塞。另外还需要特别注意的是，在使用 name 参数时，不要包含路径名。因为在 Linux 系统中有名信号量都是创建在/dev/shm 目录下。例如，name 为“info”时，创建出来的有名信号量文件将是/dev/shm/sem.info。

一个有名信号量一旦被创建，就必须要显式地销毁；否则，在系统内核持续期间它将一直在系统内存在。有名信号量的销毁需要两个步骤，第一步是关闭有名信号量，其函数为：

```
int sem_close(sem_t * sem);
```

一个进程或线程调用 sem_close 函数关闭有名信号量，但是这样做并不能将信号量从系统中删除。彻底销毁有名信号量需要使用 sem_unlink 函数，其原型如下：

```
int sem_unlink(const char * name);
```

sem_close 和 sem_unlink 两个函数成功时都返回 0，出错时 sem_close 返回错误编号，而 sem_unlink 返回−1。

在调用 sem_unlink 函数时需要确保没有任何的线程或进程在使用这个信号量；否则 sem_unlink 函数不会起到任何作用。也就是说，必须是最后一个使用该信号量的进程来执行 sem_unlick 才有效。

除了创建和销毁外，有名信号量和无名信号量使用的操作函数都是相同的，如 sem_wait、sem_post、sem_getvalue 等函数。

2. 有名信号量与无名信号量的差异

POSIX 有名信号量和无名信号量的差异是比较大的，总的来说涉及创建、销毁、应用范围和持续性，如表 15.1 所示。读者可以根据二者的特点，在不同的应用场景中选择适合的信号量。了解了上述 POSIX 信号量的功能和用法后，就可以使用信号量进行进程或线程间的同步操作了。

表 15.1 无名信号量和有名信号量的差异

项目	无名信号量	有名信号量
创建	使用 sem_init	使用 sem_open
销毁	使用 sem_destroy	先用 sem_close 关闭，再用 sem_unlink 销毁
应用范围	同一进程的线程间，或相关进程间的同步	无名信号量应用范围＋无关进程间的同步
持续性	随无名信号量所在内存空间的存在而持续	随内核系统的运行而持续

15.2.3 POSIX 信号量用于线程同步问题

1. 无名信号量用于线程间的互斥

POSIX 无名信号量用于线程间互斥问题的解决，与第 14 章的互斥锁使用方法相似，比较简单。下面给出一个例子。

首先在主函数中声明和初始化信号量，示例如下：

```
sem_t lock;
sem_init(&lock,0,1);
```

因为是用于线程中，各个线程共享进程的数据段，所以在 sem_init 函数中传入的第二个参数为 0，表示该信号量只在本进程的线程间使用；第三个参数为 1，表示该信号量的初值为1。

其次在创建的子线程中访问共享变量的代码前后加入互斥锁的加锁和解锁语句，示例如下：

```
sem_wait(&lock);                                    //加锁
for (i = 0; i < upper; i++) {
     temp = counter;     temp += 1;     counter = temp;
}
sem_post(&lock);                                    //解锁
```

上述例子中，在加锁和解锁两行语句之间的代码就成为了临界区，在一个时间点上只允许一个线程进入。因此共享变量 counter 就不会被多个线程竞争访问，造成相互之间的覆盖。由于信号量 lock 的初值为 1，所以第一个调用 sem_wait 函数的进程将通过 sem_wait 测试，进入临界区执行。当临界区有线程在执行时，其他调用 sem_wait 函数的线程将被挂起在 lock 上，直到临界区内的线程在退出临界区时调用 sem_post 函数。sem_post 函数会检测是否有线程阻塞在 lock 上，如果有就唤醒阻塞的某个线程；如果没有，就将 lock 的值加 1，将其恢复到初始值。

2. 有名信号量用于线程间的互斥

POSIX 有名信号量用于线程间互斥问题的解决，与无名信号量在使用时的差别不大，但需要首先打开一个有名信号量。下面给出一个示例。

首先在主函数中声明和初始化信号量：

```
#define FILE_MODE  (S_IRUSR|S_IWUSR|S_IRGRP|S_IROTH)
sem_t *lock;
lock = sem_open("lock",O_CREAT,FILE_MODE,1);
```

该函数创建一个名字为 lock，访问权限为 0644，初始值为 1 的信号量 lock。因为是用于线程中，sem_open 创建的信号量可以在各个线程之间共享。FILE_MODE 表示信号量的权限，以 UGO 的形式表示，其中 S_IRUSR 文件拥有者有读权限、S_IWUSR 文件拥有者有写权限、S_IRGRP 表示文件组有读权限、S_IROTH 表示其他组有读权限。最后一个参数为 1，表示该信号量的初值为 1。

其次在创建的子线程中访问共享变量的代码前后加入互斥锁的加锁和解锁语句，示例如下：

```
sem_wait(lock);                                     //加锁
for (i = 0; i < upper; i++) {
     temp = counter;     temp += 1;     counter = temp;
}
sem_post(lock);                                     //解锁
```

与无名信号量略有差异的是，声明 lock 时使用的是信号量指针类型，所以在 sem_wait 和 sem_post 中没有加 &。其功能与无名信号量相同，不再赘述。

3. POSIX 信号量用于线程间的(狭义)同步

从前两个小节可以看出，在线程间使用信号量时，无名和有名信号量的差异较小。所以此处只给出无名信号量用于线程间的同步例子。该例子是15.1节中生产者-消费者问题中同步与互斥结合问题的一种解决方案。

首先在主函数中声明和初始化信号量，示例如下：

```
sem_t lock;                    /* 信号量 lock 用于对缓冲区的互斥操作 */
sem_t notempty;                /* 缓冲区非空的信号量 */
sem_t notfull;                 /* 缓冲区未满的信号量 */
sem_init(&lock,0,1);
sem_init(&notempty,0,0);
sem_init(&notfull,0,BUFFER_SIZE);
```

其中，notfull的初始值由缓冲区的个数来决定。

其次在生产者和消费者线程代码中加入用于互斥和同步的命令，示例如下：

```
void *producer(void *data)
{
    int n;
    for (n = 0; n<= PRO_NO; n++){
        sem_wait(&notfull);
        sem_wait(&lock);
        /* 写数据,并移动指针 */
        …
        sem_post(&notempty);
        sem_post(&lock);
    }
    return NULL;
}
void *consumer(void *data)
{
    int d;
    while (1){
        /* 等待缓冲区非空 */
        sem_wait(&notempty);
        sem_wait(&lock);
        /* 读数据,移动读指针 */
        …
        sem_post(&notfull);
        sem_post(&lock);
    }
    return NULL;
}
```

至于有名信号量的使用，只要修改上述代码中信号量初始化部分即可。不过请读者注意，无名信号量声明时一般都是声明一个实例，如 sem_t lock;，而有名信号量往往声明的是指针，如 sem_t *lock;，所以代码中的相关函数需要按正确类型进行使用。

实验1：使用POSIX信号量实现线程同步

本实验主要是无名信号量和有名信号量在线程间同步的应用，包括互斥与狭义同步。本节实验代码为电子资源中"/源代码/ch15/vexp1/"目录下的 mythread_posix3_semn.c、 mythread_posix3_semu.c、pro_csm_namedsem.c 和 pro_csm_semu。请编译、运行该目录下的程序，观察实验现象，理解并掌握 Linux 中无名和有名信号量的使用方法，并进一步加深对线程、生产者-消费者问题的理解。

15.2.4 POSIX 信号量用于进程间同步

1. 无名信号量用于进程间同步的分析

本节主要讲述有名信号量用于进程间同步问题的解决。虽然 POSIX 无名和有名信号量都可以用于进程间的同步，但无名信号量一般用于相关进程，如父子进程间的同步。目前网上有很多资料，通过 fork 函数的父、子进程间的继承关系来直接使用无名信号量，具体如下：

```
/* fork_semu2.c */
#include <stdio.h>
#include <sys/types.h>
#include <unistd.h>
#include <semaphore.h>
int main(void)  {
    char buf[128];     sem_t sem_id;        int val;
    sem_init(&sem_id,1,1);              //第二个参数为 1
    if(fork() == 0){
        while(1){
            sem_wait(&sem_id);          //行 A,此行注释掉实现两个进程狭义同步
            sleep(2);          sem_getvalue(&sem_id,&val);
            sprintf(buf,"this is child,the sem value is %d",val);
            printf("%s\n",buf);
            sem_post(&sem_id);
        }
    }
     while(1){
            sem_wait(&sem_id);
            sem_getvalue(&sem_id,&val);
            sprintf(buf,"this is fahter,the sem value is %d",val);
            printf("%s\n",buf);        sleep(2);
            sem_post(&sem_id);          //行 B,此行注释掉实现两个进程狭义同步
    }
    return 0;
}
```

上述程序在网上流传很广，很多文章都用其来作为无名信号量在进程间使用的例子。该程序在调用 sem_init 函数时第二个参数设为 1，表示该信号量可在进程之间共享。然后在 fork 函数调用后，父、子进程分别各自执行使用了加锁和解锁的代码，实现进程间的互斥。但实际上该程序存在很隐蔽的错误。该程序使用无名信号量的方法违反了前面讲到的无名信号量的使用规则：无名信号量在使用时必须是多个进程(线程)的共享变量，无名信号量要保护的变量也必须是多个进程(线程)的共享变量。该程序虽然编译后运行时，确实会各自输出信息，如图 15.1 上半部分所示。运行结果好像是信号量 sem 在父、子进程间起

到了互斥作用，但实际上这是父、子各自独立运行得到的结果，即使没有 sem 信号量的保护也会按此顺序执行。

```
this is fahter,the sem value is 0
this is child,the sem value is 0
this is fahter,the sem value is 0
this is child,the sem value is 0
this is fahter,the sem value is 0
this is child,the sem value is 0
this is fahter,the sem value is 0
this is child,the sem value is 0
^C
os@ubuntu:~/ch15/posix_unname_sem$ gcc -o fork_semu2 fork_semu2.c -lpthread
os@ubuntu:~/ch15/posix_unname_sem$ ./fork_semu2
this is fahter,the sem value is 0
this is child,the sem value is 1
this is child,the sem value is 2
this is child,the sem value is 3
this is child,the sem value is 4
this is child,the sem value is 5
this is child,the sem value is 6
this is child,the sem value is 7
this is child,the sem value is 8
this is child,the sem value is 9
this is child,the sem value is 10
^C
os@ubuntu:~/ch15/posix_unname_sem$ 
```

图 15.1 无名信号量在相关进程间实现同步运行结果

但这种在进程间使用无名信号量的方法存在根本性的错误。如果读者照此在其他程序中使用无名信号量将可能产生预料不到的错误。其原因在于，虽然在 sem_init 函数中指定了信号量 sem 是在父、子进程间共享的，但实际上真正运行时父、子进程各自拥有一个 sem 信号量。要验证上述错误并不难，读者只要把上述代码中的行 A 和行 B 注释掉，重新编译、执行，就会发现父进程只运行一次，以后即不再运行；而子进程则一直在运行，并且信号量的值在不断增加，如图 15.1 下半部分结果所示。其原因就在于在上述代码中，虽然指定了信号量是在父、子进程间共享，但实际上由于 fork 函数的作用，相当于在父、子进程之间各自创建了一个名为 sem 的信号量，也因此注释掉行 A 和行 B 后，虽然子进程不断通过 sem_post 发出 sem 信号量可用的通知，但实际上由于父进程使用的是自己进程空间的另一个 sem，所以父进程一直被阻塞不能运行，结果只是子进程的信号量值不断增加，但父进程仍被阻塞。

由上面的分析可知，在调用 fork 函数的父、子进程之间使用无名信号量也必须将其放置在父、子进程的共享内存区域内，单纯地把 sem_init 的共享参数设为 1 是不够的。

2. 无名信号量用于相关进程间的同步

下面看一下如何在相关进程之间使用无名信号量。

```
/* shm_usem03.c,错误检查、头文件等被省略 */
#include <stdlib.h>
sem_t sem;    sem_t *psem = NULL;
int main(int argc, char *argv[])
{
    int pid,i;    int val;
    psem = (sem_t *)mmap(NULL, sizeof(sem_t), PROT_READ|PROT_WRITE,MAP_SHARED|MAP_
```

```
ANONYMOUS, -1, 0);          //行 C
        sem_init(psem, 1, 1);       sem_getvalue(psem,&val);
        printf("this is the main function the psem value is %d\n",val);
        pid = fork();
        if(pid == 0){
            for (i = 1;i < COUNTNO;i++)    {
                sem_wait(psem);                      //行 A,此行注释掉实现两个进程狭义同步
                sem_getvalue(psem,&val);
                printf("this is child,the sem value is %d\n",val);
                sem_post(psem);            usleep(1000);
            }
        }
        else {
            for (i = 1;i < COUNTNO;i++)     {
                sem_wait(psem);     sem_getvalue(psem,&val);
                printf("this is fahter,the sem value is %d\n",val);
                sem_post(psem);                      //行 B,此行注释掉实现两个进程狭义同步
                    usleep(3000);                    //休眠 3 毫秒
            }
        }
        sem_destroy(psem);
        return 0;
}
```

在上述程序中行 C 的功能是把一个信号量 sem 映射到共享内存中,其指针为 psem,该函数的详细功能将在第 16 章讲述。在完成该映射后,父、子进程将使用同一个信号量实现进程间的同步。读者可以测试把行 A 和行 B 注释去掉后程序此时信号量的值,信号量的值随父、子进程分别调用 sem_wait 和 sem_post 而在不断地改变,表明二者使用的是同一个信号量。另外,之所以在父、子进程中使用 usleep 函数是为了增加进程之间并发的随机性。

综上所述,POSIX 无名信号量用于进程间的同步时,必须要确保:无名信号量以及无名信号量要保护的变量必须是多个进程(线程)的共享变量。当然如果仅仅狭义同步,那么可能不需要信号量要保护的变量。

3. 有名信号量用于相关进程间的同步

在 15.2.3 节以互斥与同步结合的例子讲解了线程间使用 POSIX 信号量的方法,本节以单向同步问题作为例子讲解有名信号量用于进程间的同步。

先看相关进程间的同步,父、子进程可以通过创建的有名信号量进行相互之间的同步。

```
/* fork_semn1.c,错误检查、头文件等被省略 */
#define SEM_FORK    "fork"                    /* 信号量 fork */
int main(int argc,char **argv)
{
    sem_t *sem;
    int val,i;
    sem = sem_open(SEM_FORK,O_CREAT,FILE_MODE,0);
    if(fork() == 0){
        for (i = 1;i < 5;i++)     {
```

```
            sleep(1);   printf("this is child\n");         sem_post(sem);
        }
         sem_close(sem);
    }
    else
    {
           for (i=1;i<5;i++)     {
             sem_wait(sem);    sleep(1);      printf("this is father\n");
           }
      sem_close(sem);
    }
    sem_unlink(SEM_FORK);
    return 0;
}
```

在上述程序中，fork 创建的子进程和父进程通过有名信号量 fork 实现了子进程对父进程的单向同步制约。读者可以在程序运行期间观察/dev/shm/目录下 sem.fork 文件的创建，在进程退出时该文件随着 sem_unlink 函数的调用而被删除。该程序的另一个版本 fork_semn2.c 展示了如何使用有名信号量实现父子进程的互斥。

4. 有名信号量用于无关进程间的同步

还可以使用有名信号量实现无关进程间的同步，此处的"无关"指的是进程之间没有类似于父、子关系的进程。因此在这些进程之间使用有名信号量时，双方需要约定使用的信号量的名称。

一个具体的示例如下。该例中，生产者向一个文件写入消息，消费者从该文件中读取消息；当消费者进程运行时如果没有接到通知就不从文件读取消息，并阻塞自己，直到接到生产者的消息才被唤醒读取文件中的信息并显示出来。该例中生产者进程对消费者进程实现了单向同步制约。

```
/* pro_namedsem.c  生产者进程，错误检查、头文件等被省略 */
#define SEM_INFO   "info"                 /* 信号量 info 用于消息通知 */
int main(int argc,char ** argv)
{
    sem_t * info;                         /* 信号量 info 用于传递消息 */
    int fd,valp;      char buf[128];
    //创建 NAMED 信号量
    info = sem_open(SEM_INFO,O_CREAT,FILE_MODE,0);
    fd = open("test", O_WRONLY|O_CREAT);
    sprintf(buf,"this info is from producer %d",getpid());
    write(fd, buf, 128);
    sem_post(info);
    sem_getvalue(info,&valp);
    printf("semaphore %s has created by producer %d\n",SEM_INFO,getpid());
    printf("pro:the sem value is %d\n",valp);
    close(fd);
    sem_close(info);
    return 0;
```

```
}
/ * csm_namedsem.c 消费者进程,错误检查、头文件等被省略 * /
#define SEM_INFO   "info"                    / * 信号量 info 用于消息通知 * /
int main(int argc,char ** argv)
{
    sem_t * info;                            / * 信号量 info 用于传递消息 * /
    int fd,valp;
    int len;
   //创建 NAMED 信号量
    info = sem_open(SEM_INFO,O_CREAT,FILE_MODE,0);
    sem_getvalue(info,&valp);
    printf("csm:the sem value is % d\n",valp);
    sem_wait(info);
   fd = open("test", O_RDONLY));
    len = read(fd, buffer, 512);
    printf("this is consumer % d --->>>",getpid());
    printf(" % s\n",buffer);
    close(fd);
    sem_close(info);
    //sem_unlink(SEM_INFO);
    return 0;
}
```

上述程序编译、执行结果如图 15.2 所示。首先运行生产者进程 pro_namedsem,再运行消费者进程 csm_namedsem,从文件中读取了生产者写入的信息。而如果先在后台运行消费者进程,则消费者进程会被阻塞在信号量 info 上,直到生产者生产进程调用 sem_post,消费者才会被唤醒。

```
os@ubuntu:~/ch15/posix_named_sem$ gcc -o pro_namedsem pro_namedsem.c -lpthread
os@ubuntu:~/ch15/posix_named_sem$ gcc -o csm_namedsem csm_namedsem.c -lpthread
os@ubuntu:~/ch15/posix_named_sem$ ./pro_namedsem
semaphore info has created by producer 3654
pro:the sem value is 1
os@ubuntu:~/ch15/posix_named_sem$ ./csm_namedsem &
[1] 3656
os@ubuntu:~/ch15/posix_named_sem$ csm:the sem value is 1
this is consumer 3656 --->>>this info is from producer 3654
./csm_namedsem &
[2] 3657
[1]   Done                    ./csm_namedsem
os@ubuntu:~/ch15/posix_named_sem$ csm:the sem value is 0
./pro_namedsem
this is consumer 3657 --->>>this info is from producer 3659
semaphore info has created by producer 3659
pro:the sem value is 0
[2]+  Done                    ./csm_namedsem
os@ubuntu:~/ch15/posix_named_sem$ █
```

图 15.2　使用有名信号量在无关进程间实现单向同步

在上述程序中 sem_unlink 语句用于删除创建在/dev/shm 目录下的 sem. info 信号量文件。但是请读者注意,此时信号量 info 仍然存在,在程序结果后该信号量 info 自动被撤销。所有这些资料中,特别是在嵌入式系统中,可能会在调用 sem_open 后立即调用 sem_unlink 删除掉/dev/shm 目录下的信号量文件。如果不调用 sem_unlink 语句,则/dev/shm 目录下创建的相应的信号量文件会在系统内核重启后自动删除。本程序中考虑到生产者和消费者进程的异步特性，所以并未调用 sem_unlink 语句，以便在测试时生产者和消费者之间传递的信号量不会丢失。

实验 2：使用 POSIX 信号量实现进程同步

本实验主要是无名信号量和有名信号量在进程间的应用，包括互斥与狭义同步。本节实验代码为电子资源中"/源代码/ch15/vexp2/"目录下的文件，其中 fork_semu2. c、shm_usem03. c 分别演示了父、子进程使用无名信号量的错误和正确方法；fork_semn1. c fork_semn2. c 分别使用有名信号量实现了父、子进程间的同步和互斥；而 csm_namedsem. c 和 pro_namedsem. c 文件实现了无关进程间的同步。请编译、运行该目录下的程序，观察实验现象，理解并掌握 Linux 中无名和有名信号量的使用方法，并进一步加深对进程 fork 机制以及同步问题的理解。

15.2.5 Linux 中的信号量技术

信号量技术在各种应用程序、内核代码中被广泛应用，是解决进程同步问题的重要技术。在 Linux 系统中经常出现的信号量机制有 3 种：Linux 本身用于内核模块的信号量技术、POSIX 信号量以及 System V 信号量。

System V 是 AT&T 实验室开发的 UNIX 操作系统众多版本中的一支。System V 第四版是最成功的版本，也被称为 SVR4，是很多 UNIX 共同特性的源头。System V IPC（进程间通信）机制应用非常广泛，使用也很方便，作为 UNIX 变种之一的 Linux 系统自然也支持 System V 信号量技术。考虑到篇幅限制，本书没有讲授 System V 信号量机制。表 15.2 总结了 3 种信号量的差异，请读者在以后的学习中注意分辨。

表 15.2 不同信号量技术的差异

项目	内核信号量	POSIX 信号量	System V 信号量
头文件	<linux/sem. h>	<semaphore. h>	<sys/sem. h>
应用范围	内核模块	应用程序	应用程序
适用对象	内核任务	无名信号量用于线程更好；有名信号量既可以用于线程也可以用于进程	在进程间使用更为方便
信号量数目	单个	单个	信号量集，可包含多个信号量
操作函数	sema_init down up	sem_init/sem_open sem_wait sem_post	semget semop semctl

尤其需要提醒读者注意的是，由于 System V 存在的时间更长，也更为成熟，所以虽然 POSIX 是标准化的接口技术，但很多用户在实践中可能更偏爱 System V 相关技术。从表 15.2 中可以看出，System V 信号量机制使用的是信号量集的概念，支持一次对多个信号量的操作，这使其在实际应用中，尤其是在复杂应用场景中表现更为突出。与 System V 相比，POSIX 规定的 IPC 接口更为简单，学习起来更为方便，而且作为国际标准也被更多的平台支持，所以本书以 POSIX 接口函数作为主要实验工具。

15.3 内核信号量和内核线程

15.3.1 Linux 内核信号量

在15.2节中读者已经学习过了POSIX有名和无名信号量,但是在Linux内核中代码需要使用Linux内核信号量。Linux内核信号量的使用需要包含头文件＜linux/semaphore.h＞。Linux内核信号量的定义如下:

```
/* Please don't access any members of this structure directly */
struct semaphore {
    raw_spinlock_t          lock;
    unsigned int          count;
    struct list_head      wait_list;
};
```

从定义可以看出,内核信号量使用的其实是自旋锁;当一个内核进程试图获取内核信号量锁保护的资源时,该进程就会被挂起;只有在资源被释放时,进程才能变为可运行状态。另外,只有可重入函数才能获取内核信号量;中断处理程序和可延迟函数都不能使用内核信号量。结构体中count表示信号量的值,大于0表示资源空闲;等于0则表示资源正在被其他进程使用,但没有进程在等待该资源;小于0则表示资源不可用,而且至少有一个进程在等待该资源。wait_list则是用来存放等待队列的链表地址,等待该资源的所有被挂起的进程都会放在这个链表中。

内核信号量的初始化有两种方法:一种是使用宏DEFINE_SEMAPHORE(sem),该宏把名为sem的信号量的值初始化为1;另一种则是使用初始化函数,运行如下:

```
static inline void sema_init(struct semaphore * sem, int val)
```

该函数把信号量sem的值初始化指定数值,该数值由第二个传入的参数val定义。

在Linux内核信号量中,wait和signal操作对应的函数为down和up,其原型如下:

```
extern void up(struct semaphore * sem);
extern void down(struct semaphore * sem);
```

15.3.2 Linux 内核线程

1. 内核线程概述

内核线程是直接由内核本身启动的任务。内核线程主要有两种类型:第一种是线程启动后一直等待,直至内核请求线程执行某一特定操作;第二种则是线程启动后周期性地运行,检测特定资源的使用情况,并根据情况执行特定操作。因此内核线程经常被称为内核"守护进程"。内核线程主要用于执行下列任务:周期性地将修改的内存页与磁盘上的源文件同步;内存页的更新与置换;实现文件系统的事务日志等。内核线程由内核自身生成,所以在内核态执行,它们只访问进程虚拟地址空间的内核部分。

Linux怎么区分一个任务是内核线程还是用户线程呢？在第13章中读者已经学习了Linux任务控制块task_struct。在task_struct中有两个与进程地址空间相关的字段，一个是mm，一个是active_mm，二者都是struct mm_struct类型的指针，二者就是Linux用来区分用户线程和内核线程的主要依据。

对于用户线程来说，mm指向进程虚拟地址空间的用户空间部分，而对于内核线程来说mm为NULL，因为内核线程不能访问用户空间。那么内核线程放置在什么地方呢？显然内核线程需要放置在内核空间中。但内核线程怎么访问自己的页表以及对应的物理内存呢？为了解决这个问题，Linux在task_struct中使用了active_mm字段。对于任何用户进程来说，其虚拟进程地址空间中的内核空间部分都是相同的，所以当一个内核线程运行时，内核可以借用上一个被调用的用户进程的mm中的页表来访问内核地址，这个mm就记录在active_mm中。同时由于内核线程不与任何特定的用户进程相关，所以它不需要使用借用的那个用户进程虚拟地址空间的用户空间部分，但是考虑到在该内核线程之前可能是任意用户层进程在执行，内核线程不能修改其内容，所以将mm设置为NULL。如果该内核线程运行之后，得到调度、执行的进程与之前内核线程借用mm的进程是同一个进程，内核并不需要修改用户空间地址表，在TLB中的信息也仍然有效；只有在内核线程运行之后执行的进程与此前借用mm的进程不同时，系统才需要重新装入上下文，并清除对应的TLB数据。此部分内容请读者在学习第17章后再进一步理解。

综上所述，在Linux中当一个任务的task_struct的mm字段为NULL时，该任务就是内核线程；而访问内核线程的地址空间需要使用active_mm，active_mm是内核线程从上一个在CPU上运行的用户进程那儿暂借的。对于用户线程或进程来说，mm不为空，active_mm一般都与mm指向同一个地址。

2. 内核线程创建和停止方法

Linux内核线程的创建需要使用头文件<linux/kthread.h>。内核线程的执行可以使用一个宏来完成，定义如下：

```
#define kthread_run(threadfn, data, namefmt, ...)                          \
({                                                                         \
    struct task_struct *__k                                                \
        = kthread_create(threadfn, data, namefmt, ## __VA_ARGS__);         \
    if (!IS_ERR(__k))                                                      \
        wake_up_process(__k);                                              \
    __k;                                                                   \
})
```

该宏的功能是创建一个内核线程，并调用wake_up_process使其开始运行。该宏的第一个参数threadfn指向线程函数；第二个参数data是传递给线程函数的数据指针；第三个参数namefmt则是线程函数的可用于打印输出的名称。从宏定义可以看出，kthread_run实际上是调用kthread_create，然后唤醒并运行创建的线程。kthread_run返回的参数是创建线程的任务控制块指针。

内核线程一旦启动后就会一直运行，除非该线程主动调用do_exit函数退出，或者其他的线程调用kthread_stop函数结束其运行。kthread_stop函数原型如下：

```
int kthread_stop(struct task_struct * k);
```

该函数发送一个结束标志给需要撤销的线程，其中参数k指向要撤销的线程。如果要撤销的线程函数正在处理一个非常重要的任务，它可能不会被中断；如果线程函数永远不返回并且不检查信号，它将永远都不会停止。因此一般情况下，kthread_stop需要与另一个函数kthread_should_stop配合工作。在需要撤销的内核线程中加入kthread_should_stop来检测是否需要接收到停止信号，该函数原型如下：

```
bool kthread_should_stop(void);
```

kthread_should_stop函数返回should_stop标志(需要结束)是否为真。当运行的线程检测该标志为真时，线程将退出。虽然内核线程完全可以在完成自己的工作后主动结束，不需等待should_stop标志，但是如果在线程退出后，主函数调用了kthread_stop再次撤销该线程，将会发生不可预测的后果，因为可能错误地关闭后续运行的重要服务例程。

15.3.3 内核信号量和线程的例子

下面给出一个使用内核信号量和内核线程的例子。在该程序中，主线程创建了两个线程，两个线程函数按顺序输出数组num中的数值，一个负责偶数，一个负责奇数。为了能够使两个线程按照数字大小交替输出，定义了两个信号量用来同步两个线程之间的行为。

```
/ * kernel_sem.c,删除了头文件、错误检查等信息 * /
static struct task_struct * test_task1, * test_task2; struct semaphore sem1,sem2;
int num[2][5] = { {0,2,4,6,8},{1,3,5,7,9}};
int thread_one(void * p); int thread_two(void * p);

int thread_one(void * p)                    //线程函数 1
{
    int * num = (int * )p;        int i;
    for(i = 0; i < 5; i++){
        down(&sem1);                        //获取信号量 1
        printk("kthread %d: %d",current -> pid, num[i]);
        up(&sem2);                          //释放信号量 2
    }
    while(!kthread_should_stop()){          //与 kthread_stop 配合使用
        printk("\nkthread %d has finished working, waiting for exit\n",current -> pid);
        set_current_state(TASK_UNINTERRUPTIBLE);
        schedule_timeout(5 * HZ);
    }
    return 0;
}
int thread_two(void * p)                    //线程函数 2
{
    int * num = (int * )p;      int i;
    for(i = 0; i < 5; i++){
        down(&sem2);                        //获取信号量 2
```

```
        printk("kthread %d: %d",current->pid, num[i]);
        up(&sem1);                          //释放信号量 1
    }
    while(!kthread_should_stop()){          //与 kthread_stop 配合使用
        printk("\nkthread %d has finished working, waiting for exit\n",current->pid);
        set_current_state(TASK_UNINTERRUPTIBLE);
        schedule_timeout(5 * HZ);
    }
    return 0;
}
static int kernelsem_init(void)
{
        int err;
        printk("kernel_sem is installed\n");
        sema_init(&sem1,1);  //初始化信号量 1,使信号量 1 最初可被获取
        sema_init(&sem2,0);  //初始化信号量 2,使信号量 2 只有被释放后才可被获取
        test_task1 = kthread_run(thread_one, num[0], "test_task1");
        test_task2 = kthread_run(thread_two, num[1], "test_task2");
        return 0;
}
static void kernelsem_exit(void)
{
        kthread_stop(test_task1);          kthread_stop(test_task2);
        printk("\nkernel_sem says goodbye\n");
}
```

上述程序在编译后,通过 insmod 命令添加到内核模块,使用 dmesg 命令查看内核日志可以看到执行结果,如图 15.3 所示。两个内核线程交替输出数组中的数字。之所以能做到这一点是因为,在两个线程运行时 sem1 和 sem2 两个内核信号量通过 down 和 up 构成了两个线程之间的双向同步制约。在这种双向同步制约中信号量的初始值就比非常重要。第一个执行的线程 wait 操作的信号量被初始化为 1,而另一个信号量则被初始化为 0。

```
[ 4183.559976] kernel_sem is installed
[ 4183.560466] kthread 5704: 0
[ 4183.561372] kthread 5705: 1kthread 5704: 2
[ 4183.561377] kthread 5705: 3kthread 5704: 4
[ 4183.561380] kthread 5705: 5kthread 5704: 6
[ 4183.561382] kthread 5705: 7kthread 5704: 8
[ 4183.561383] kthread 5704 MM STRUCT IS null, actitve->mm address is d17a9dc0
[ 4183.561385]
[ 4183.561385] kthread 5704 has finished working, waiting for exit
[ 4183.561386] kthread 5705: 9
[ 4183.561386] kthread 5705 MM STRUCT IS null, actitve->mm address is d17a9dc0
[ 4183.561388]
[ 4183.561388] kthread 5705 has finished working, waiting for exit
os@ubuntu:~/ch15/kernel_sem$
```

图 15.3　内核线程的运行结果

另外,在图 15.3 中可以看到,检测 mm 是否为 NULL 的分支都为真,所以输出了线程的 actitve→mm 的地址,这表明运行的线程都是内核线程,其 task_strucut 中的 mm 地址为 NULL。

然后,图 15.3 中两个线程不断对执行 while(!kthread_should_stop())进行循环检测,并输出等待退出信息。当执行 rmmod 命令删除内核模块后,使用 dmesg 查看会发现该信息输出停止了。表明在 rmmod 命令删除内核模块时,调用了 kthread_stop 函数,两个线程对 kthread_should_stop 的检测停止,内核线程退出。在没有调用 rmmod 命令删除内核模块之前,通过 dmesg 命令查看会发现信息会一直增加。

最后,内核线程在 while(!kthread_should_stop())中调用 set_current_state 将当前线程设置为 TASK_UNINTERRUPTIBLE,并调用 schedule_timeout 指明 5 * HZ 时间后运行线程。在 Linux 中 5 * HZ 相当于 5 秒钟。

15.3.4 Linux 内核同步技术

本节介绍的是 Linux 内核信号量。在读者阅读 task_strcut、proc 伪文件以及后续章节的管道、文件系统等代码时,会发现内核信号量频繁地出现在这些代码中。虽然本章开头曾经提到,与互斥锁、条件变量相比,信号量既可以用于同步也可以用于互斥,适用范围更广,但这主要是面向应用程序而言的。实际上作为一个复杂的通用操作系统 Linux 使用的同步技术非常多,包括原子操作、自旋锁、读写自旋锁、信号量、读写信号量、互斥锁、完成变量、顺序锁、禁止抢占、顺序和屏障等。这些同步技术需要根据使用场景、对象等有选择地使用。

从复杂程度上来看,最简单的是原子操作,它保护的资源通常是一个数值。其次则是顺序和屏障技术。Linux 为了保证代码的执行顺序,引入了一系列屏障方法来阻止编译器和处理器的优化,或者说改动代码执行顺序。

在加锁资源更复杂的情况下,可以根据占用时间长短来区分同步技术。当占用资源时间较短时,可以使用自旋锁。进一步地,如果占用时间短而且读、写操作区分明显,则可以使用读写自旋锁。当占用时间长,而读、写操作区分较为明显时,可以使用读写信号量以及顺序锁。顺序锁优先保证写锁的可用,所以适用于那些读者很多、写者很少,且写优于读的场景,也就是写者优先的场景。

当加锁资源很复杂,占用时间又较长,读、写操作区分也不明显时,可以考虑使用禁止抢占、完成变量、互斥锁和信号量机制。一般情况下,可以首先考虑禁止抢占技术。禁止抢占,顾名思义就是不运行在执行期间被抢占,它与自旋锁的差别就是,禁止抢占不屏蔽中断,但是自旋锁在禁止抢占内核的同时连中断也被屏蔽掉。其次,考虑互斥锁和完成变量,最后再考虑使用信号量。换句话说,往往是在没有其他可以选择的、适合的同步技术的情况下才会选择信号量技术。

由上述介绍可知,在内核这种与应用程序截然不同的微观环境中,考虑到运行效率以及安全等问题,对同步技术的要求显然更好。关于内核同步技术的进一步信息,读者可以参考文献[12]。

实验 3:创建 Linux 内核线程并使用内核信号量实现同步

本实验的目的主要是了解并掌握 Linux 内核线程的创建方法以及内核信号量的使用方法。本节实验代码为电子资源中"/源代码/ch15/ kernel_sem/"目录下的文件。请编译、运行该目录下的程序,观察实验现象,理解并掌握 Linux 中内核线程和内核信号量的使用方法,并进一步加深对 Linux 进程状态、进程调度机制的理解。

15.4 本章小结

本章实验重点如下:

(1) 广义的同步问题包括互斥和(狭义)同步。互斥和(狭义)同步使用场景不同,表现出的特征也不同。进一步地,根据异步进程(线程)之间的制约关系,狭义同步又可以分为3种类型:单向制约同步、双向制约同步、同步与互斥相结合的场景。

(2) POSIX有名信号量和无名信号量的创建和使用方法。无名信号量能较好地应用在一组线程的同步问题中,也可以使用在相关进程的同步问题中。但是因为"无名",所以不相关进程无法找到它,因而在相关进程间只能使用命名信号量。POSIX无名信号量存在于内存中,有名信号量存在于内核中,因此二者在同步过程中也表现出了不同的特性。其中特别需要注意的是:无名信号量在使用时必须是多个进程(线程)的共享变量,无名信号量要保护的变量也必须是多个进程(线程)的共享变量,这两个条件缺一不可。

(3) 在线程间、进程间使用信号量进行同步的方法。推荐在线程间使用无名信号量,在进程间使用命名信号量。

(4) Linux内核信号量的创建和使用方法。Linux内核信号量应用于内核任务的同步中,它使用的头文件以及初始化函数、wait和signal函数都与POSIX信号量不同。

(5) 典型同步问题包括哲学家就餐问题、生产者和消费者问题以及读者和写者问题。读者与写者问题涉及业务逻辑的选择,是使用读者优先还是写者优先需要根据具体的应用场景来确定。POSIX提供了读写锁机制,但是该机制只是实现了并发读和独占写的保障机制。如果应用场景中需要进一步的协调读者、写者的关系,还需要使用其他的同步工具来完成,也即读者完全可以使用条件变量和互斥锁等工具实现读者与写者问题的解决方案。

习题

15-1 什么是同步?什么是互斥?

15-2 狭义同步问题包括哪几种类型?

15-3 POSIX有名信号量和无名信号量的差别是什么?

15-4 Linux内核信号量和POSIX信号量有何差异?

15-5 Linux内核线程如何创建?如何判断一个线程是内核线程?

练习

15-1 请使用信号量机制、互斥锁机制实现哲学家问题的解决方案。模拟场景:5个哲学家、5根筷子。

15-2 请使用信号量机制、条件变量机制实现生产者和消费者问题的解决方案。模拟场景:15个生产者,10个消费者,缓冲区大小为5,缓冲区数据结构包含数据、生产进程pid、写入时间。数据格式可自定义。

15-3 请使用信号量机制、条件变量机制中的一种实现读写问题的解决方案，业务逻辑为写者优先，并在一个日志文件记录下读者、写者进程的执行情况。模拟场景：一个文件包含青岛到北京车票 20 张，北京到青岛车票 30 张；有 50 个读进程查看青岛到北京车票，40 个进程查看青岛到北京车票，10 个进程购买青岛到北京车票，8 个进程购买北京到青岛车票。

第16章 基于共享内存的进程间通信

第 14、15 章中讲述了如何创建新的进程和线程，以及异步进程和线程运行中的同步问题。同步机制是 Linux 系统用来保障异步进程或线程之间通信正确的手段。在操作系统中，无论是为了提高系统 IO 效率或者内存使用效率，还是为了使异步进程更高效地合作，进程间通信机制(Inter Process Communication，IPC)都是非常重要的组成部分。IPC 包括第 7 章中讲述的管道、套接字以及本章将要重点讲述的共享内存机制。IPC 的实现与内存、文件系统等操作系统模块具有密切的内在联系，请读者综合各章的内容理解本章的相关知识。

本章学习目标

- 理解共享内存的机制
- 掌握共享内存的使用方法

16.1 共享内存

共享内存是操作系统提高数据访问效率的重要手段之一，也是 IPC 技术中最快的通信技术。共享内存就是多个进程共同使用同一段物理内存空间，它通过把同一段物理内存映射到不同进程的虚空间中来实现。由于映射到不同进程的虚空间中，这些不同的进程都可以直接访问该共享内存；如果一个进程向这段共享内存写入了数据，所做的改动会立刻被其他共享该段内存的进程看到。由于多个进程并发访问该共享内存，因此必须使用同步机制来同步各个进程的执行。

采用共享内存通信的一个显而易见的好处是高效率。因为进程可以直接读、写内存，不需要进行内存的复制。像管道，需要在内核和用户空间进行 4 次数据复制。假设传送方把数据保存在一个缓冲区 char send[512]中，内核首先把数据从存放的用户空间缓冲区 send 复制到内核缓冲区中，再由内核缓冲区将数据复制到内存中；在接收方，则首先把数据从内存复制到内核缓冲区，然后再由内核缓冲区复制到用户空间指定的存储位置。之所以如此是为了防止数据在发送后被修改。因为用户调用传输命令，如 write，把 send 缓冲区中的数据发送后，很有可能会立即向 send 缓冲区中写入新的数据，而在这之前 write 操作有可能并未完成；事实上由于数据的传输，如 write，需要启动内核服务来完成，从调度的角度上看应用程序调用 write 到 write 操作由内核线程完成之间一定会有一段时间的延迟。通过上述的 4 次复制机制就避免了数据可能受到的破坏。这种 4 次复制的机制是操作系统数据传输的常规方式，广泛应用在管道、消息队列等机制中。

与此相对，采用共享内存进行通信则只需要复制两次数据：一次从输入文件到共享内存区，另一次从共享内存区到输出文件。实际上，进程之间在共享内存时并不总是读、写少量数据后就解除映射，而是保持该共享内存段，直到通信完毕为止。这样，数据内容一直保存在共享内存中，并没有写回文件，避免了在对文件修改时需要反复从磁盘读取的消耗，提高了系统整体的效率。共享内存中的内容一般都是在解除内存映射时才写回文件，当然用户也可以选择让共享内存和文件同步的方式。

POSIX 规定了两种在无亲缘关系进程间共享内存区的方法，一种是内存映射文件，另一种是共享内存区对象。本节将先讲述内存映射相关函数，然后再讲述 POSIX 的两种共享内存方法。

共享内存的基础是内存映射，就是将内核空间的一段内存区域映射到用户空间。映射成功后，用户对这段内存区域的修改可以直接反映到内核空间；反之，内核空间对这段区域的修改也直接反映到用户空间。当内核空间与用户空间之间需要进行大量数据传输等操作时，内存映射将极大地提高系统的效率。在此基础上也可以将内核空间的一段内存区域同时映射到多个进程地址空间上，实现进程间的共享内存通信。

用户进程建立内存映射的操作函数是 mmap，其原型如下：

```
#include <sys/mman.h>
void *mmap(void *addr, size_t length, int prot, int flags, int fd, off_t offset);
```

该函数的功能是实现内存映射。mmap 函数可以把一个文件或一个 POSIX 共享内存区对象映射到调用进程的地址空间。mmap 函数的第一个参数 addr 指向映射存储区的起始地址，length 表示映射的字节或者说长度，prot 表示对映射区域的保护要求，flags 表示标志位，fd 表示要被映射文件的描述符，offset 则是要映射字节在文件中的起始偏移量。mmap 函数调用成功则返回映射区的起始地址，若出错则返回 MAP_FAILED。mmap 成功返回后，fd 参数可以关闭。

mmap 函数在使用时多个参数都有较多选项，分别说明如下：

(1) addr 参数用于指定映射存储区的起始地址，通常可将其设置为 NULL，表示由系统自动地选择该映射区的起始地址。

(2) prot 参数有以下 3 种标志：PROT_READ，表示映射区可读；PROT_WRITE，表示映射区可写；PROT_EXEC，表示映射区可执行。prot 的值可以是前面 3 种标志按位或后的任意组合，也可以是 PROT_NONE，表示映射区不可访问。但是对指定映射区域的保护要求不能超过文件打开模式使用的访问权限。

(3) flag 参数影响映射区的多种属性，包括映射区域的更新是否对其他进程可见，是否同步更新文件等。具体的标志选项如下：

① MAP_SHARED 表示该映射区域是共享的，对映射区域的更新对其他进程可见，并且更新该映射区域对应的文件。但实际上对文件的更新需要在调用 msync 或 munmap 函数时才会真正执行。

② MAP_PRIVATE 表示映射区使用的是 copy-on-write 机制，也就是当一个进程要修改该共享区域时就建立一个私有的副本，该进程所有后来对该映射区的引用都是引用该副

本，而不是原始文件。

③ MAP_SHARED 或 MAP_PRIVATE 标志都是在 POSIX.1-2001 中定义的，在设置 flags 时必须指定二者中的一个，指定前者是对存储映射文件本身的一个操作，而后者是对其副本进行操作。以下的标志则可以选择零个或多个，通过或运算叠加。

④ MAP_32BIT 表示映射到进程前 2GB 地址空间，主要用于早期的 x86-64 体系结构中；如果设置了 MAP_FIXED 标志，则本标志被忽略。

⑤ MAP_FIXED 表示必须把映射区域放置到 addr 参数指定的位置；因为这不利于代码的可移植性，所以一般不鼓励使用此标志。

⑥ MAP_ANONYMOUS 表示匿名映射，此时映射不是由文件支持的，所映射的区域初始化为 0。设置该标志后，fd 和 offset 参数可省略，不过某些系统要求在实现该机制时要求 fd 设为−1。Linux 2.4 内核以后的版本支持匿名映射。

⑦ 除了以上标志外，mmap 函数的 flags 参数还有其他可以使用的标志，具体的读者可以通过 man mmap 来查看。

(4) length、fd、offset：在映射文件时，默认情况下使用参数 fd 所对应的文件中从 offset 开始、长度为 length 的内容来初始化映射区域；offset 必须是系统页面大小的整数倍，系统页面的大小可以通过调用 sysconf(_SC_PAGE_SIZE)获得。

调用 munmap 函数会删除创建的映射区域，其原型如下：

```
int munmap(void * addr, size_t length);
```

其中第一个参数 addr 表示由 mmap 函数返回的映射区域的地址，length 是映射区大小。如果进程在已经被删除该内存映射区域后再次访问这些地址，那么会返回一个 SIGSEGV 信号，表示进程执行了一个无效的内存引用。

对于映射文件通常会存在更新问题。如果修改了内存映射区域某个位置的内容，那么内核将在稍后某个时刻更新与内存映射区对应的文件。但如果希望磁盘文件内容与内存映射区中的内容同步保持一致时，就需要调用 msync 来执行这种同步，其函数原型如下：

```
int msync(void * addr, size_t length, int flags);
```

其中，第一个参数 addr 指向内存映射区的起始地址；length 表示映射区域长度；flags 表示 msync 函数的行为方式，包括 MS_ASYNC 和 MS_SYNC，前者表示异步更新，即调用更新例程后立即返回，而后者表示同步更新，即调用更新例程并等待更新操作完成才会返回，这两个标志只能设置其中之一。另外，flags 还可以设为 MS_INVALIDATE，表示其他对该文件的映射无效，从而保障其他映射与写入的最新数据一致。

从上述的内存映射操作函数介绍中读者可以看出，在对映射到内存的文件进行操作时，需要考虑文件的大小、偏移量等；否则就可能会出现越界问题。对于一个文件要获得其信息可以使用 stat/fstat 函数，头文件为＜sys/stat.h＞，函数原型如下：

```
int stat(const char * path, struct stat * buf);
int fstat(int fd, struct stat * buf);
```

stat 和 fstat 两个函数的功能都是获取文件的信息，并将其保存在 buf 中，但前者使用的是文件的路径名，后者使用的是文件打开后的描述符。对于普通文件 struct stat 结构体包括 13 个成员变量，具体如下：

```
struct stat {
    dev_t     st_dev;          /* ID of device containing file */
    ino_t     st_ino;          /* inode number */
    mode_t    st_mode;         /* protection */
    nlink_t   st_nlink;        /* number of hard links */
    uid_t     st_uid;          /* user ID of owner */
    gid_t     st_gid;          /* group ID of owner */
    dev_t     st_rdev;         /* device ID (if special file) */
    off_t     st_size;         /* total size, in bytes */
    blksize_t st_blksize;      /* blocksize for filesystem I/O */
    blkcnt_t  st_blocks;       /* number of 512B blocks allocated */
    time_t    st_atime;        /* time of last access */
    time_t    st_mtime;        /* time of last modification */
    time_t    st_ctime;        /* time of last status change */
};
```

不过对于共享内存而言，只使用了其中 4 个，分别是 st_mode、st_uid、st_gid 和 st_size。有了上述函数之后就可以开始进行内存映射的实验了。

16.2 共享内存映射文件

POSIX 提供了两种在无关进程间共享内存区的方法，第一种是内存映射文件，第二种则是共享内存对象，本节主要讲述第一种方法。

16.2.1 单个进程的内存映射文件

在使用内存映射文件时需要先用 open 函数打开文件，然后调用 mmap 函数把得到的描述符映射到当前进程地址空间。后续对该文件已被映射部分的操作就可以直接在内存中进行，而不必每次都要调用 read、write 系统函数通过磁盘 IO 完成。一个例子程序的关键代码如下：

```
/* shm01.c,选自 mmap 帮助文件,删除了头文件、变量声明、错误检测等内容 */
int main(int argc, char *argv[])
{
    …                                          //变量声明、命令行参数处理等
    fd = open(argv[1], O_RDONLY);              //打开指定的文件
    fstat(fd, &sb);                            //获取文件信息
    offset = atoi(argv[2]);                    //文件读取的偏移量
    pa_offset = offset & ~(sysconf(_SC_PAGE_SIZE) - 1);   //转换成页面的整数倍
    if (argc == 4) {                           // 命令行第 4 个参数表示文件映射的长度
        length = atoi(argv[3]);
        if (offset + length > sb.st_size)
            length = sb.st_size - offset;      //文件长度不能超过文件的末尾
    } else {                                   //没有第 4 个参数则映射到文件尾部
        length = sb.st_size - offset;
    }
```

```
    printf("the inputted offset is %d, and the length is %d\n", atoi(argv[2]),atoi(argv[3]));
    printf("the page size is %ld, the pa_offset is %ld, and the actual length is %ld\n\n",
                sysconf(_SC_PAGE_SIZE),  pa_offset, length + offset - pa_offset);
    addr = mmap(NULL, length + offset - pa_offset, PROT_READ,
                MAP_PRIVATE, fd, pa_offset);
    s = write(STDOUT_FILENO, addr + offset - pa_offset, length);
    exit(EXIT_SUCCESS);
}
```

上述程序根据命令行参数，把一个文件从指定位置开始到指定长度为止的内容映射到共享内存区域，然后通过 write 调用输出到标准输出。编译执行后的结果如图 16.1 所示。图 16.1 中包含了程序的两次执行。第一次命令为“./shm01 shm_usem02.c 0 100”，表示把文件 shm_usem02.c 从 0 开始长度为 100B 的内容映射到共享内存中；第二次命令为“./shm01 shm_usem02.c 100 200”，表示把同一个文件从 100B 开始长度为 200B 的内容映射到共享内存中。从图 16.1 中可以看出，两次执行结果分别正确显示了相应的文件内容。

```
os@ubuntu:~/ch16/shm$ gcc -o shm01 shm01.c
os@ubuntu:~/ch16/shm$ ./shm01 shm_usem02.c 0  100
the inputted offset is 0, and the length is 100
the page size is 4096, the pa_offset is 0, and the actual length is 100

#include <stdio.h>
#include <stdlib.h>
#include <unistd.h>
#include <sys/types.h>
#include <semaphoros@ubuntu:~/ch16/shm$ ./shm01 shm_usem02.c 100  200
the inputted offset is 100, and the length is 200
the page size is 4096, the pa_offset is 0, and the actual length is 300

e.h>
#include <fcntl.h>
#include <sys/mman.h>
#include <errno.h>

#define   SEM_NAME        "sem"
#define   FILE_MODE    (S_IRUSR | S_IWUSR | S_IRGRP | S_IROTH)
#define   COUNTNO 20
//共享内存结os@ubuntu:~/ch16/shm$ █
```

图 16.1 实现文件内存映射的 shm01.c 执行结果

需要注意的是，在调用 mmap 函数时传入的长度参数和偏移量并不是直接从命令行输入的数值，而是根据系统页面大小和文件大小重新计算过的数据。从图 16.1 两次 printf 输出结果来看，在调用 mmap 时对长度和偏移量参数的重新计算是必需的。读者还可以映射更大的文件，如超过 10KB 的文件，并指定 offset 为 5KB 以上的位置重新执行程序，并分析、验证实验结果。

16.2.2 多个进程间的内存映射文件的同步

在 shm01.c 程序中，由于只有当前进程使用内存映射文件，所以在调用 mmap 时指定映射标志位 MAP_PRIVATE，而不用担心数据的并发访问问题。如果在多个进程之间使用内存映射文件，就必须使用同步机制。一个示例程序如下：

```
/*shm_usem02.c, 删除了头文件、变量声明、错误检测等内容*/
#define   SEM_NAME      "sem"
struct data                              //共享内存结构
{
    sem_t sem;                           //信号量
    int count;                           //计数器
}data;
int main(int argc,char * argv[])
{
    …                                    //变量声明、命令行参数处理等
    fd = open("shm_test01",O_RDWR|O_CREAT,FILE_MODE); //打开文件
    write(fd,&data,sizeof(struct data));      //向文件写入数据,全0
    pdata = mmap(NULL,sizeof(structdata),PROT_READ|PROT_WRITE,MAP_SHARED,fd,0);
    close(fd);                    //关闭文件描述符,不影响内存映射文件的使用
    sem_init(&pdata->sem,1,1);
    setbuf(stdout,NULL);
    if(fork() == 0){
        for(i = 0;i<nloop;++i){
            sem_wait(&pdata->sem);
            pdata->count++;
            sem_post(&pdata->sem);
        }
        exit(0);
    }
    for(i = 0;i<nloop;++i){
        sem_wait(&pdata->sem);
        pdata->count++;
        sem_post(&pdata->sem);
    }
    printf("the final result of count is %d\n",pdata->count);
    wait(NULL);
    printf("the final result of count is %d\n",pdata->count);
    exit(0);
}
```

在 shm_usem02.c 程序父、子进程都对一个名为 count 的全局变量进行加 1 操作,次数均为 nloop 次。如果不使用内存共享机制,仅仅使用信号量加锁,由 fork 产生的子进程则拥有一个单独的 count 副本,最终得到的 count 值将与 nloop 相等。shm_usem02 程序首先创建一个临时文件,并以共享数据的结构来初始化文件内容为 0;然后把该文件映射到一个共享内存区域,映射标志为 MAP_SHARED,表示可以在多个进程之间共享该内存映射文件。最后,对内存映射区域中的信号量进行初始化值为 1,并把信号量的进程间共享标志设为 1。

在 shm_usem02.c 中定义了一个数据结构 data,该结构包括共享变量以及用于保护该共享变量的信号量。请读者注意,这种把要保护的数据和保护该数据的同步工具集成在一个数据结构中的方法是 Linux 内核经常采用的方法,可以较好地避免在访问数据时忘记加锁的问题。在使用无名信号量的场景中,通过内存映射文件把共享数据和保护该数据的无名信号量一起映射到共享内存区域,确保了无名信号量在使用时必须是多个进程(线程)的

共享变量，无名信号量要保护的变量也必须是多个进程(线程)的共享变量。

从上述内容可以看到，其实内存映射文件有时只是为了能够在进程之间共享数据，使其配合完成数据的处理，并不需要把数据真正写入到文件中。这种情况下，如果每次都要打开一个实际的文件就比较繁琐。解决该问题的一个方法就是使用匿名内存映射，将 mmap 函数的 flags 参数指定为 MAP_SHARED|MAP_ANONYMOUS，把 fd 参数指定为 −1，offset 参数则忽略。这样的内存映射区初始化为 0。在 15.2.4 节无名信号量用于相关进程间的同步部分，曾经使用匿名内存映射方法方法实现了一个共享信号量的内存映射，程序为 shm_usem03.c，关键代码如下：

```
sem_t *psem = NULL;
psem = (sem_t *)mmap(NULL, sizeof(sem_t), PROT_READ|PROT_WRITE, MAP_SHARED|MAP_ANONYMOUS, -1, 0);
```

读者可以自己尝试把 shm_usem02.c 修改为匿名内存映射。请注意 shm_usem03.c 中只实现了一个共享信号量的映射，而 shm_usem02.c 中还需要包括数据。

实验 1：使用内存映射文件实现进程间通信

本实验的目标是掌握内存映射文件的使用方法。本节实验代码为电子资源中"/源代码/ch16/shm/"目录下的 shm01.c、shm_usem02.c 和 shm_usem03.c 文件，包括单个进程和多个进程的内存映射文件及匿名映射。请编译、运行该目录下的程序，观察实验现象，理解并掌握内存映射文件的方法。

16.3 POSIX 共享内存对象

除了上述的内存映射文件外，POSIX 提供了共享内存对象方法实现无关进程间的共享内存。该方法需要首先打开一个 POSIX IPC 对象，然后调用 mmap 将返回的描述符映射到当前进程的地址空间。打开和撤销 POSIX 共享内存对象的函数如下：

```
int shm_open(const char *name, int oflag, mode_t mode);
int shm_unlink(const char *name);
```

shm_open 函数创建并打开一个可用于无关进程使用的 POSIX 共享内存对象，其名称为 name，oflag 参数可以为 O_RDONLY 或者 O_RDWR，但二者必选其一，在此基础上还可以选择 O_CREAT、O_EXCL、O_TRUNC 等标识。各个参数的具体含义请参考 man 帮助。shm_open 函数返回的参数作为 mmap 函数的第 5 个参数，就是 fd 来使用。shm_unlink 则执行与 shm_open 相反的操作，删除指定名称的 POSIX 共享内存对象。

另外，普通文件或共享内存对象的大小都可以通过调用 ftruncate 函数修改，其原型如下：

```
int ftruncate(int fd, off_t length);
```

其中 fd 是要调整的文件描述符，length 是以字节为单位指定的调整后的文件长度。

基于 POSIX 共享内存区对象的一个示例如下，其中 shm-posix-producer 程序利用共享内存对象向 shm-posix-consumer 发送消息，后者接收到消息后将其显示在标准输出设备上。

```
/* shm-posix-producer.c, 删除了头文件、变量声明、错误检测等内容 */
int main()
{
    const char *name = "OS";const char *message0 = "Studying ";
    int shm_fd;    void *ptr;
    shm_fd = shm_open(name, O_CREAT | O_RDWR, 0666);    //创建打开共享内存对象
    ftruncate(shm_fd,SIZE);                              //调整共享内存对象为指定大小
    ptr = mmap(0,SIZE, PROT_READ | PROT_WRITE, MAP_SHARED, shm_fd, 0);
    sprintf(ptr,"%s",name);
    ptr += strlen(name);
    sprintf(ptr,"%s",message0);
    return 0;
}
/* shm-posix-consumer.c, 删除了头文件、变量声明、错误检测等内容 */
int main()
{
    const char *name = "OS";    const int SIZE = 4096;
    int shm_fd;    void *ptr;    int i;
    shm_fd = shm_open(name, O_RDONLY, 0666);
    ptr = mmap(0,SIZE, PROT_READ, MAP_SHARED, shm_fd, 0);
    printf("%s",ptr);
    /* remove the shared memory segment */
    shm_unlink(name);
    return 0;
}
```

在上述程序中，producer 进程调用 **shm_open** 以 O_CREAT|O_RDWR 方式创建、打开共享内存对象，返回其描述符 shm_fd。在调整了共享内存对象 shm_fd 尺寸为指定大小后，调用 mmap 将其映射到 ptr 指向的共享内存区域，映射标志与对象打开时的标志一致，然后使用 ptr 进行共享内存对象的操作。producer 对共享内存对象的操作是将字符串 name 和 message0 一起写入到共性内存对象中。而 consumer 程序在调用 shm_open 和 mmap 后则可以直接访问共享内存对象并输出 producer 写入的内容。

在上述程序中 producer 和 consumer 进程是先后运行的，从程序结构上来说 producer 先向共享内存区域写入数据，然后 consumer 输出共享内存区域中的数据。如果 producer 运行过程中不断向共享内存输入数据，每次输入后 consumer 可以自动地显示内容，应该怎么做呢？仔细分析，就可以发现这其实是一个单向同步制约问题，可以使用信号量机制来完成。方法是：每次 producer 写入数据后调用信号量的 signal 函数，而 consumer 则在显示共享内存区域内容之前先调用信号量的 wait 操作函数。

共享内存机制除了 POSIX 接口外，还有 System V 接口，二者都是建立在 Linux 临时文件系统 tmpfs 基础上的，只不过前者是通过用户空间挂载的 tmpfs 文件系统实现的，后者通过内核本身的 tmpfs 实现。如前所述，POSIX 的共享内存机制在调用完 shm_open 之后，需要调用 mmap 来将 tmpfs 的文件映射到地址空间，接着就可以操作这个文件了，如果 mmap 标志位设为 MAP_SHARED，其他进程也可以操作这个文件，因此该文件其实就是共享内存。而 System V 的共享内存则是 System V IPC 整体通信机制的一部分，它调用的函数如

shmat、shmget 等与 POSIX 接口完全不同。System V 的 IPC 机制包括消息队列、信号量集和共享内存等，由于是作为一个整体开发的，所以当这些工具在一起使用时其整体的鲁棒性更好。

实验 2：使用共享内存对象实现进程同步

本实验的目标是掌握共享内存对象的使用方法。本节实验代码为电子资源中"/源代码/ch16/shm2/"目录下的 shm-posix-consumer. c 和 shm-posix-producer. c 文件，二者通过 POSIX 共享内存对象进行通信。请编译、运行该目录下的程序，观察实验现象，理解并掌握 POSIX 共享内存对象创建、映射和撤销方法。

16.4 本章小结

共享内存是操作系统提高数据访问效率的重要手段之一。本章重点讲述了 POSIX 提供的两种在无关进程间共享内存区的方法：第一种是内存映射文件；第二种则是共享内存对象。无论是哪种方法都要使用到共享内存函数 mmap。

管道也是操作系统提供的重要 IPC 机制之一。Linux 内核为管道的实现提供了非常精巧的设计。管道的实现技术充分地体现了 Linux 的设计美学，请读者结合文件、内存等章节的内容加以体会和理解。第 7 章给出了管道的部分示例程序，读者在学完本章之后可以进一步对其加深理解。

无论是从应用程序的角度还是从内核的角度来看，IPC 机制都具有重要的作用。如果把操作系统比喻成一个社会系统，那么 IPC 就相当于社会系统中不同单位、不同个体之间进行沟通和联系的纽带。也因此 IPC 机制在实现时需要充分利用内核中的功能和机制来完成，就如同管道机制、内存共享机制都涉及文件、内存、信号量等对象。因此，深入理解并掌握 IPC 机制是一个合格程序员必备的基本功。进一步的资料读者可以参考文献[8]～[12]。

习题

16-1 内存映射文件是如何建立的？

16-2 POSIX 共享内存对象如何被打开和关闭？

16-3 如何实现匿名内存映射？

16-4 通过内存映射实现对一个普通文件的操作有何优点？

16-5 图 16.2 中给出了实现匿名内存映射程序 shm_usem03. c 的执行结果，发现在屏幕上输出时显示的结果与重定向输出到一个文件的结果差别很大。重定向输出命令为：

```
$ ./shm_usem03 > shm_usem03_result.txt
```

主要差异包括：①"this is main function"语句在屏幕上只显示了一次，而在文件中显示了两次。程序中 printf 语句已经使用/n；②屏幕中父、子进程的数据交替显示，但是在文件中却是先显示子进程的输出结果，子进程完毕后才是父进程的输出结果。请问这是什么原因？

shm_usem03_result.txt ×

```
this is the main function the psem value is 1
this is child,the sem value is 0
this is child,the sem value is 0
this is child,the sem value is 0
this is child,the sem value is 0
this is the main function the psem value is 1
this is fahter,the sem value is 0
this is fahter,the sem value is 0
this is fahter,the sem value is 0
this is fahter,the sem value is 0
```

os@ubuntu: ~/ch16/shm

```
os@ubuntu:~/ch16/shm$ gcc -o shm_usem03 shm_usem03.c -lpthread
os@ubuntu:~/ch16/shm$ ./shm_usem03
this is the main function the psem value is 1
this is fahter,the sem value is 0
this is child,the sem value is 0
this is fahter,the sem value is 0
this is child,the sem value is 0
this is child,the sem value is 0
this is fahter,the sem value is 0
this is child,the sem value is 0
this is fahter,the sem value is 0
os@ubuntu:~/ch16/shm$ ./shm_usem03 > shm_usem03_result.txt
```

图 16.2　习题 16-5 图

第17章 Linux内存管理

本书第一部分讲解了Linux应用程序的开发，第二部分各章讲述了Linux内核代码的开发以及与内核关系密切的进程创建、IPC等。无论是应用程序还是内核模块的运行，都离不开内存的支持。现代操作系统几乎都是多任务并发的，通过有限的物理内存来支持多个内核进程和用户进程的高效、安全地运行是一件非常有挑战性的任务。本章重点讲述Linux内存管理技术，包括物理内存和虚拟内存等。17.1节将介绍Linux物理内存管理机制。考虑到内存管理与体系架构之间的密切关系，17.2节将重点介绍Intel的IA32段页式寻址机制、常用的控制寄存器以及几个重要的内存概念，在此基础上17.3节重点讲解、分析Linux使用的段机制以及页表机制，然后在17.4节讲解Linux的进程地址空间。

本章学习目标

- 了解Linux物理内存管理方法
- 了解IA32架构中的逻辑地址映射机制，包括分段和分页
- 了解Linux的分段机制及其特色
- 理解并掌握Linux从线性地址到物理地址的映射机制
- 理解Linux进程虚拟地址空间机制
- 理解Linux虚拟内存区域vma的管理方法

17.1 Linux物理内存管理机制

如第1章所述，目前Linux已经广泛应用在从手机、PC到服务器、巨型机各类计算设备上。考虑到在各种体系结构上的适用性，Linux需要一种与具体的体系架构相独立的内存管理方法。目前越来越多的计算机设备采用的都是多处理机架构。多处理机架构使用的最为普遍的模型是共享存储多处理机SMP (Shared Memory multi-Processors)模型。SMP又可以细分为一致存储结构UMA(Uniform Memory Access)模型和非一致存储结构NUMA(NonUniform Memory Access)模型。在UMA模型中物理存储器被所有处理机均匀共享，所有处理机对所有存储字具有相同的存取时间。而在NUMA模型中，其存储访问时间随存储字的位置不同而变化；NUMA的共享存储器包括分布在所有处理机的所有存储器，处理机访问本地存储器速度较快，但访问属于另一台处理机的远程存储器则比较慢。Intel典型的IA32架构就属于UMA模型，而ARM通常采用NUMA模型。

针对上述问题，Linux采用了与具体架构无关的物理内存管理模型，实现了良好的可伸

缩性。Linux 的物理内存管理主要由内存结点 node、内存区域 zone 和物理页框 page 三级架构组成。

17.1.1 内存结点 node

内存结点 node 是 Linux 对计算机系统物理内存的一种描述方法，一个总线主设备访问位于同一个结点 node 中的任意内存单元所花的代价相同，而访问任意两个不同结点中的内存单元所花的代价不同。Linux 内核中使用数据结构 pg_data_t 来表示内存结点 node，该结构定义在头文件<linux/mmzone.h>中。具体定义如下：

```
typedef struct pglist_data{
    struct zone node_zones[MAX_NR_ZONES];            //该结点的 zone
    s + ztruct zonelist node_zonelists[MAX_ZONELISTS]; //分配内存时形成的 zone 列表
    int nr_zones;                                    //该结点的 zone 个数
    struct page * node_mem_map;                      //struct page 数组的第一页
    unsigned long node_start_pfn;                    //该结点的起始物理地址对应的物理帧号
    unsigned long node_present_pages;                /* 物理页总数 */
    unsigned long node_spanned_pages;                /* 物理页尺寸范围 */
    int node_id;                                     //该结点的 ID
    …
} pg_data_t;
```

系统中的每一个 node 结点都存放在链表 pgdat_list 中。对于 PC 这样的 UMA 结构，仅有一个称为 contig_page_data 的静态 pg_data_t 结构，也即所有的物理内存只用一个 node 结点表示。

17.1.2 内存结点 zone

如 pg_data_t 结构体，每个 node 结点又被划分为多个内存区 zone。Linux 使用结构体 struct zone 描述内存区域 zone。头文件<linux/mmzone.h>中给出了 zone 的类型划分以及 struct zone 结构体的定义。经常使用的 zone 有以下类型：

(1) ZONE_DMA。包含 0～16MB 地址范围的物理内存空间。很多老式计算机设备依靠 PC/AT 的 DMA 控制器进行数据的存取，由于它们使用的是 24 位地址线，所以只能访问 16MB 地址范围之内的物理内存。Linux 将低端的 16MB 物理内存保留以便与这些老式设备兼容。

(2) ZONE_NORMAL。包含 16～896MB 地址范围的物理内存空间。该区域被直接映射到内核的线性地址空间的低地址区域。内核大部分操作都是在 ZONE_NORMAL 中完成的，所以 ZONE_NORMAL 的高效管理对系统性能来说极为关键。

(3) ZONE_HIGHMEM。896MB 至结束地址范围的物理内存空间。这些物理内存无法直接映射到内核空间。虽然内核可以通过 pkmap、fixmap、vmalloc 等方式把 HIGHMEM 中的一小部分映射到内核地址空间来，但 ZONE_HIGHMEM 的主要作用还是用来实现应用进程的页面映射。进程的用户地址空间映射可以达到 3GB，ZONE_HIGHMEM 的页框可以不受限制地映射到用户线性地址空间。因此，除了工作在用户态的代码段、数据段外，在应用进程的地址空间发生的缺页异常处理、文件映射、堆分配等本来需要使用 ZONE_

NORMAL 内存的操作，可以优先使用 ZONE_HIGHMEM 的内存，从而减轻 ZONE_NORMAL 的分配压力，这在某种程度上避免了 ZONE_NORMAL 的内存碎片化，从而有利于提升系统整体性能。进程地址空间的示意图见图 13.4，将在 17.4.1 节讲述。

总的来说，每一种 zone 类型适合不同的使用场景，大多数 Linux 内核的操作只使用 ZONE_NORMAL 区域。所有的系统内存都是由很多固定大小的内存块组成的，这样的内存块称为“页”(psge)

17.1.3 物理页框 page

在操作系统教科书中，在使用分页机制的情况下，物理内存一般是由固定尺寸的物理页框(frame)来表示，而从逻辑视角上内存使用固定尺寸的页面来表示。物理帧 frame 与内存页尺寸相同，都是内存管理的基本单位，但是二者有很大差异：物理帧用于物理内存的描述和管理，页则是用于虚拟内存的描述和管理。概括地说，一个物理帧可能对应多个进程中不同的页，而一个进程中的某个页则唯一地对应一个物理帧；一个进程中的某个页面可能是合法存在的，但是该页的内容可能并不在物理内存中，而是对应着磁盘文件上的某个地址。

与参考文献[8]不同，在 Linux 中物理页框 frame 和逻辑页面 page 都使用同一个结构体 struct page 进行表示，该结构体定义在<linux/mm_types.h>头文件中，代码如下：

```
struct page {
    /* First double word block */
    unsigned long flags;                          /* Atomic flags */
    union {
        struct address_space *mapping;
        void *s_mem;                              /* slab first object */
    };
    /* Second double word */
    …
}
```

每个物理页框都有一个 struct page 类型的页描述符数据结构，保存该页的状态信息，如该页是属于内核还是用户、是否空闲、引用计数、是否缓存以及使用的 LRU 页面置换策略的队列等信息。在 IA3 架构的 Linux 3.13.0 内核上进行了测试，一个 page 结构体占用 32B 空间。内核通过页描述符掌握一个物理页框的信息。有多少个物理页框，就有多少个页描述符，页描述符统一由内核保存在 mem_map 数组中。从载入内核的低地址内存区域后面开始的内存区域，也就是从 ZONE_NORMAL 开始的内存的页结构体，都保存在这个全局数组 mem_map 中。mem_map 需要占用整个物理内存的 1/128。mem_map 通常存储在 ZONE_NORMAL 的起始位置或者内核镜像保留区域的后面。在系统启动的过程中，创建和分配 mem_map 的内存区域，并将其初始化。mem_map 定义在 mm/memory.c 中，具体代码如下：

```
struct page *mem_map;
EXPORT_SYMBOL(mem_map);
```

除了结点 node、内存区域 zone 和物理页框 page 外，在 Linux 3.13.0 内核中还定义了一个内存管理层次 section，其数据结构为 struct mem_section，包含在头文件<linux/

mmzone.h>中。section 位于 page 和 zone 之间，也就是说，先把多个 page 组成 section，然后再把多个 section 构成一个 zone。相比于 2.6 版本之前的老方案，加入 section 后内存管理起来更为灵活。

综上所述，Linux 对物理内存的管理是通过多级架构实现的，其中物理页框 page 结构体是物理内存管理的基本单位。在大多数操作系统教科书中物理内存和虚拟内存分别使用帧 frame 和页 page 的概念进行描述，帧和页的分离是实现虚存管理的重要基础。在 Linux 中物理内存和虚拟内存都使用 page 结构体进行表示，page 结构体既是 Linux 实现物理内存管理的基本单位，又是实现虚存管理的基本单位。请读者在阅读后续内容时，注意 page 结构体的这种特点。换句话说，Linux 的 page 结构体有时体现的是物理内存的管理，有时体现的是虚存的管理。

物理内存的管理通常与系统结构具有紧密的联系，在使用时需要根据具体的计算机体系架构来进行分析。node、zone 和 page 在定义中使用了较多的 #ifdef 等宏，这些宏都与具体的平台架构有关。因此此处并未给出 page、node、zone 相关数据结构的详细解释。考虑到本书的目标，读者了解上述内容就足以支撑后续的讨论了。感兴趣的读者可以进一步查阅 Linux 的头文件和相关帮助文档来了解相关内容。

17.2 IA32 的寻址机制

从操作系统的视角看，内存管理包括基本存储管理和虚拟存储管理。虚拟存储管理的基本目标是为程序的运行提供一个虚拟内存地址空间，使得进程在运行时与具体的物理内存脱离开来。虚拟内存地址空间把一个进程所需要的内存空间分成若干页或段，进程当前运行需要的页和段就放在内存里，暂时不用的就放在外存中。虚拟存储管理使得系统可以使用有限的物理内存支持更多进程的并发运行，使得进程间的共享变得更容易，能够运行尺寸比物理内存总量还要大的进程。虚拟存储管理的核心和基础是系统的分段、分页以及段页式地址映射机制。

从原理上看，无论是哪种计算机架构，使用的内存地址映射机制基本上都是相似的。但从具体的实现上看，内存地址映射机制与系统的具体架构不可能完全割裂，在很多实现细节上各有特色。这就好像门牌号系统一样，全世界使用的编码方式都是相似的，都是按照行政级别进行域的划分。但在中国遵循从大到小的原则，而在英国则遵循从小到大的原则。考虑到目前 PC 普遍使用的仍然是 Intel 的 IA32 架构，所以本节将对 IA32 的内存地址映射机制进行介绍。IA32 的内存映射地址由分段和分页两个阶段组成，下面分别予以介绍。

17.2.1 IA32 的段机制

1. IA32 的段寄存器

大部分计算机系统使用的内存寻址都是分页机制，但是 Intel 公司的 x86 系列则使用了段页式机制，主要是为了兼容老式产品。Intel 早期的产品 8086 的 CPU 地址总线是 20 根，本可以达到 1MB 的寻址空间，但是由于数据总线的位宽以及提供段内偏移地址的寄存器位宽只有 16 位，造成了 8086 只能最大寻址到 64KB 的局面。为了解决这个问题，Intel 在

8086中加了4个段寄存器，即CS、DS、SS、ES，并添加地址加法器扩大了寻址范围。Intel 8086使用的是实模式下的分段机制。在80286时代，Intel引入了保护模式，内存访问受到了访问权限的限制。进入到80386时代，CPU的寻址能力扩大到了4GB。但是Intel为了兼容老式产品依旧保留了段机制。这就是段机制的由来和延续至今的原因。

在32位的CPU中有6个段寄存器，分别是CS、DS、SS、ES、FS和GS。其中，CS用作代码段寄存器，SS用于栈段寄存器，DS用于数据段寄存器，剩下的3个段寄存器用于其他用途，可以指向任意数据段。这些段寄存器都是16位寄存器，其中存放的是段选择符，段选择符的格式如图17.1所示。其中RPL为第0和1位，表示该段的特权级，特权级范围为0～3，0级权限最高，一般用于内核代码，3级权限最低，一般用于用户程序。TI是表指示器(Table Indicator)，用于指示是全局段描述符表还是局部段描述符表。图17.1中Index有13位，所有全局和局部段描述符的总量可以分别达到8KB。也就是说，Intel IA32结构中支持的段的总数量达到了16KB。

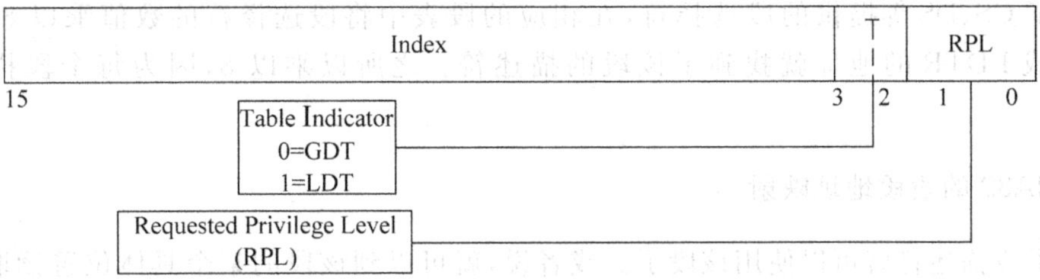

图17.1 段选择符 Segment Selector

2. IA32的段描述符

有了CS、DS等提供的段选择符就知道了需要使用哪个段。那么怎样找到该段呢？回答该问题之前，先看一下段描述符的结构。

所有的段描述符存放在段描述符表中。每个段描述符由8B组成，其中包含了段基址(base)，最大偏移量(limit)以及一些控制信息，其具体结构如图17.2所示。其中一些重要的标志介绍如下：

(1) 段基址Base Address。包括段描述符的第2、3、4和7字节，总的长度为32bit。

(2) 段偏移Limit。包括段描述符的第0、1字节和第6字节的低4位，总长度为20bit。

(3) Type。描述了段的类型特征及其存取权限，是代码段还是数据段，只读、读写等属性。

(4) S。如果该位被置0，则表示该段为系统段。如果为1则表示该段为代码段或数据段。

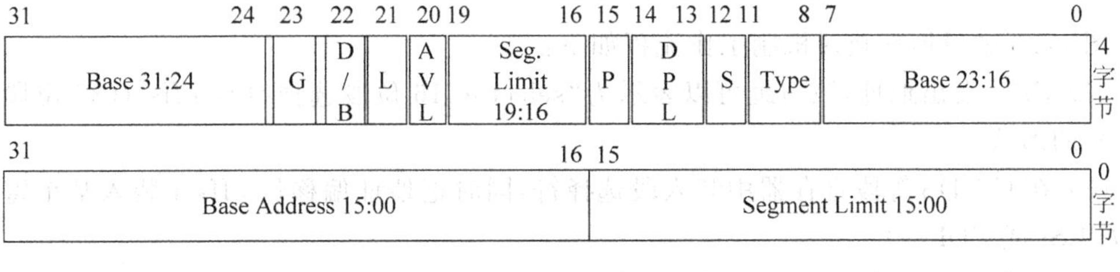

图17.2 段描述符(Segment Descriptor)

(5) DPL(privilege Descriptor Level)。段的特权级，范围为0～3，但是Linux中只用了0和3这两个特权级，0表示内核级，3表示用户级。

(6) P。当该段在内存中的时候此标志位被置为1，否则置为0。如果该段被装载如段寄存器中，并发现该段的P标志位为0，则CPU抛出一个异常，操作系统将从硬盘中把这个段交换到内存中。因为Linux中使用了纯分页机制进行虚拟内存管理，所以在Linux系统中该位永远被置为1。

(7) G。计算段大小的单位粒度。当G置为0时，段偏移以字节为单位计算；如果G置为1段偏移以4KB为单位计算。由于段偏移Limit最大为FFFFF，所以当G为0时段的长度最大为1MB，而当G为1时段的最大长度为4GB。

回到本部分开头的问题，如何找到一个段呢？在IA32系统中有一个GDTR(Global Descriptor Table Register)寄存器、一个LDTR(Local Descriptor Table Register)寄存器，分别指明了全局和局部段描述表在物理内存中的位置，或者说GDT和LDT表的初始位置。有了CS、DS等提供的段选择符，在相应的段表中将段选择符的数值乘以8，再加上GDTR或LDTR的地址就找到了该段的描述符。之所以乘以8，因为每个段描述符都是8B。

3. IA32的段段地址映射

有了段描述符就可以使用该段了。或者说，就可以到该段的某个具体位置读取所需要的数据。段的地址映射具体过程如图17.3所示。

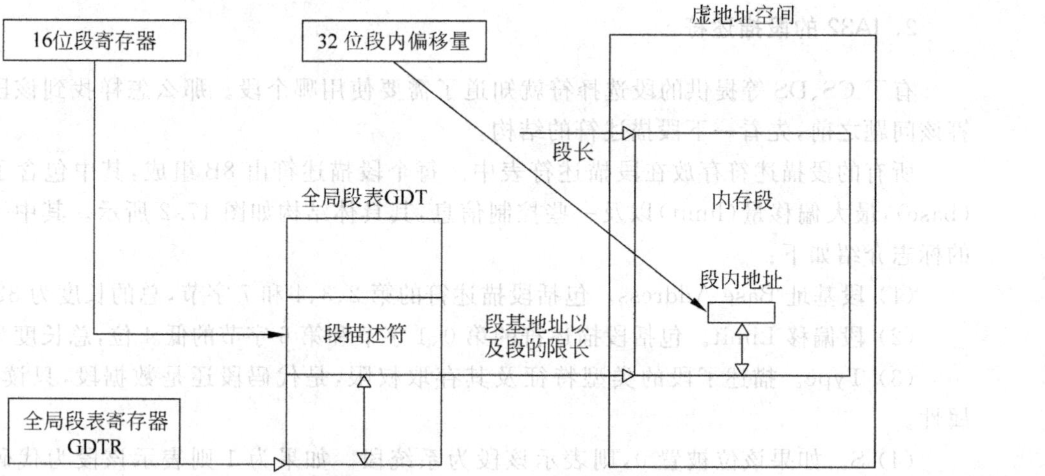

图17.3 段地址映射机制——从逻辑地址到线性地址

图17.3中段地址映射机制工作流程如下：

(1) CPU发出地址，该地址可以表示为“selector(16位段选择符)：offset(32位段内偏移量)”的形式。

(2) 在CS、DS等段寄存器中装入段选择符，同时把地址偏移量offset装入某个寄存器(例如ESI或EDI等)。

(3) 根据CS、DS等寄存器中的段选择符中的索引值，以及GDTR中的全局段表寄存器找到该段的描述符。

(4) 根据段选择符中的 TI 及 RPL 值，再根据相应段描述符中的段地址和段界限，进行一系列合法性检查(如特权级检查、越界检查等)；如果该段无问题，就取出相应的描述符放入段描述符高速缓存寄存器中。

(5) 将描述符中的 32 位段基地址和放在 ESI 中的 32 位有效偏移量地址相加，就形成了 32 位线性地址。

有些读者可能会有疑问，为什么图 17.3 中没有出现 LDT，而是直接在 GDT 中查找相应的段？原因是由于大部分进程都只有一个代码段和一个数据段，为了提高地址映射速度，从 Linux 2.2 开始把进程的一个代码段和一个数据段的描述符放到了 GDT 中，这样就可以直接从 GDT 中取得局部段描述符，而不必再通过 GDT 访问 LDT。只有进程需要建立更多段时，才把它们的描述符放到 LDT 中。

17.2.2 IA32 的页面映射机制

通过段地址映射得到一个 32 位的线性地址，是否就可以直接访问数据了呢？如果系统没有使用页面映射机制，那么段机制映射后得到的就是物理地址；如果系统使用了页面映射机制，那么得到的线性地址还不是实际的物理地址，还需要通过页面映射机制将该线性地址转换为实际的物理地址。

IA32 结构普遍采用的是二级页表结构，如图 17.4 所示，线性地址被划分为 3 部分：

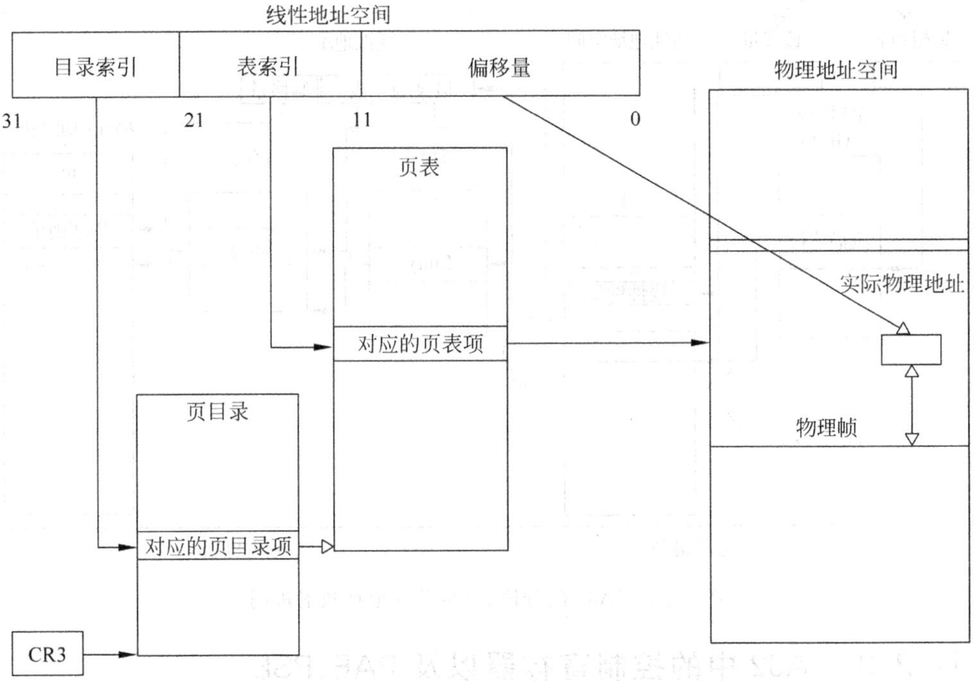

图 17.4 页面映射机制——从线性地址到物理地址

(1) 页内偏移(offset)，线性地址中的 0～11 位，表示每页大小 4KB。

(2) 页表(page table)，线性地址中的 12～21 位，表示每个页表包含为 1K 个记录项，每项占用 4B,正好可以使用一个页面存储;这是第二级索引。

(3) 页目录(page directory),线性地址中的 22～31 位,表示页目录包含 1K 个记录项,每项占用 4B,正好可以使用一个页面存储;这是第一级索引。

由图 17.3 中的段映射获得了线性地址后就可以通过页机制访问实际的物理地址,具体过程如图 17.4 所示,步骤如下:

① 首先用 32 位线性地址的最高 10 位作为页目录记录的索引,将它乘以 4(每个页目录项的大小),与 CR3 中的页目录(pgd)的起始地址相加,获得相应目录项在内存的地址。CR3 是 IA32 中用于存储 pgd 物理地址的寄存器,详细解释见 17.2.3 节。

② 其次,读取 32 位的页目录项,取出其高 20 位,再给低 12 位补 0,形成的 32 位就是页表在内存的起始地址。

③ 然后,用 32 位线性地址中的第 21～12 位作为页表中页表记录的索引,将它乘以 4,与页表的起始地址相加,获得相应页表记录在内存的地址。

④ 最后,从这个地址开始读取 32 位页表记录,取出其高 20 位(也就是物理帧的帧号),再将线性地址的第 11～0 位放在低 12 位,形成最终 32 位物理地址。

综合本节内容可以看出,IA32 在内存空间寻址上使用的是段页式结合的方法,首先是根据段选择符、偏移量和 GDTR 获得段内线性地址,然后再由线性地址通过页表映射获得实际的物理地址,整个过程如图 17.5 所示。

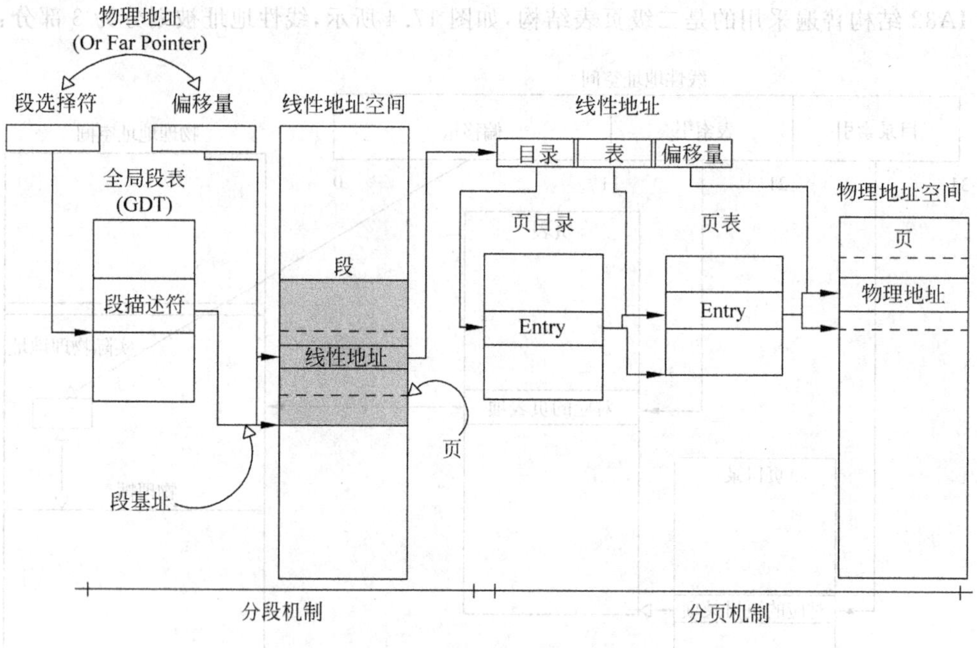

图 17.5 IA32 的分段、分页及其地址映射机制

17.2.3 IA32 中的控制寄存器以及 PAE、PSE

随着计算机相关技术的迅猛发展,目前 4GB 的内存寻址已经不能满足用户的需求了。如何能够让 IA32 结构进行更大范围的寻址呢,Intel 公司先后提出了 PAE 和 PSE 机制。该机制与控制寄存器密切相关。下面分别予以简单介绍。

1. 控制寄存器

为了便于系统控制和初始化,IA32 提供了一系列系统寄存器。其中控制寄存器 CR0、CR3 和 CR4 与分页机制具有密切的关系。在 IA32 结构中这些控制寄存器的长度均为 32 位,包含了很多属性位,此处只介绍与 IA32 寻址密切相关的属性位。

在 CR0 中与分页机制密切相关的是以下比特位:

PE 位(Protected-Mode Enable Bit),CR0 寄存器中的第 0 位。当 PE 为 0 时表示 CPU 处于实模式;当 PE 为 1 时表示 CPU 处于保护模式,并使用分段机制。

PG 位(Paging Enable Bit),CR0 寄存器的第 31 位。该位控制分页机制的开启与关闭。当 PG 为 1 时表示启动分页机制;当 PG 为 0 时表示不使用分页机制。

CR3 用来存放最高级页目录地址,请注意这是物理地址。由于目录是页对齐的,所以近高 20 位有效,低 12 位保留。

在 CR4 中与分页机制密切相关的是以下比特位:

PAE 位(Physical-Address Extension bit),CR4 寄存器中的第 5 位。当该位为 1 时表示启用 PAE 机制,支持 2MB 页面;当该位为 0 时表示不启用 PAE 机制。

PSE 位(Page-Size Extensions Bit),CR4 寄存器的第 4 位。当该位为 1 时表示启动 PSE 机制;当该位为 0 时表示不使用 PSE 机制。

2. PAE 与 PSE-36

在传统的 32 位保护模式中,x86 处理器使用一种两级的页地址转换方案,如图 17.4 所示。控制寄存器 CR3 指向一个长 4KB 的页目录;页目录包含 1024 个、每个长度为 4KB 的页表;最后每个页表又包含 1024 个、每个长度为 4KB 的页。所以总计可以选址的内存范围为:1024×1204×4K,即 4GB。

为了能够让 IA32 在更大的内存范围进行寻址,Intel 设计了 PAE 机制。PAE 将物理内存地址从 32 位扩展到 36 位,允许将最多 64GB 的物理内存用作常规的 4 KB 页面。如上所述,通过设置控制寄存器 CR4 的第 5 位可以启用 PAE 机制。在默认情况下,PAE 机制中每页的大小仍然是 4KB 的。但是页表和页目录中的表项都从 32 位扩为 64 位,也即 8B,以使用附加的地址位。由于页表和页目录的总大小没有改变,所以页表和页目录现在都只有 512 个表项了。与原方案相比,512 个表项不必再使用 10 个 bit 位进行表示了,只需要 9 个 bit 位即可,所以在 PAE 中又加入了另一个级别的页表:CR3 现在指向的是页目录指针表,即一个包含 4 个页目录指针的表,也即第 30 和 31 位。详细介绍读者可参考 Intel 公司的 Intel 64 和 IA-32 架构软件开发者手册。

有些服务器可能需要使用更大的页面,而不是传统的 4KB 页面。为了解决该问题,Intel 提出了 PSE-36 机制。PSE-36 的作用是在 IA32 架构中实现比传统的 4KB 页面更大的页面。PSE 的使用首先需要设置 CR4 寄存器中的第 5 位;此时在页目录表项中有一个新的属性位需要设置,即页目录表项的第 7 位,称为 PS(Page Size)。如果这个位设为 1,则页目录的表项不再指向页表,而是指向一个 2MB 的页。也就是说,PSE 的使用,需要同时满足两个条件:CR4 中的 PSE 位置 1,页目录表项的 PS 位置 1。

请读者注意,之所以 PAE 能够寻址到 36 位达到 64GB 的范围,主要是 PAE 和 PSE-36

技术的结合。但是 Intel 公司在设置这些属性位时，需要考虑与老式设备的兼容问题，所以新的寻址机制中各个属性位和地址位的设置比较散乱，就不在此进行介绍了。感兴趣的读者可以参考 Intel 公司的 Intel 64 和 IA-32 架构软件开发者手册。

最后总结几个常见的、易混淆的内存地址概念及其关系。

逻辑地址(Logical Address)：在有地址变换功能的计算机中，CPU 访问指令给出的地址(操作数)叫逻辑地址，要经过地址转换才能得到对应的内存物理地址。如果使用的寻址方式是段页式，那么逻辑地址是二维的；如果只是页式，那么逻辑地址是一维的。

线性地址(Linear Address)：在 Intel IA32 架构中线性地址是逻辑地址到物理地址变换之间的中间层。在分段机制中段中的偏移地址加上基地址就是线性地址。线性地址是一个 32 位无符号整数，可以用来表示高达 4GB 的地址。

物理地址(Physical Address)：放在寻址总线上的地址。用于内存芯片级的单元寻址，与处理器和 CPU 连接的地址总线相对应。

虚拟地址(Virtual Address)：CPU 启动保护模式后程序运行在虚拟地址空间中，虚拟地址是进程虚拟地址空间中的地址。虚拟地址的表示方法取决于进程虚拟地址空间使用的描述方法。如果进程虚拟地址空间使用段号＋段内偏移量来描述，那么虚拟地址就由段号＋段内偏移量组成。在 Linux 中，进程虚拟地址空间的范围为 0～4GB，使用 32bit 无符号整数描述，所以 Linux 中的虚拟地址就是线性地址，它对应着页表机制中的特定表项。虚拟地址是虚拟存储管理的产物。虚拟地址之所以是“虚拟的”，是因为对应着该地址的逻辑页面与物理内存帧是分离的，如一个虚拟地址对应的页面可能不在内存中。

17.3 IA32 结构上的 Linux 地址映射机制

与 IA32 的结构相适应，Linux 的内存地址映射机制也采用了段页式方法。但是与 IA32 不同的是，Linux 内存寻址淡化了段的作用，而强调了页的作用。下面分别予以介绍。

17.3.1 Linux 中段地址映射机制

80386 的两种工作模式：80386 的工作模式包括实地址模式和虚地址模式(保护模式)。Linux 主要工作在保护模式下。如前所述，在 IA32 的保护模式下 80386 虚地址空间支持最高达 16K 个段，每段大小可变，最大可达 4GB。与此不同的是，Linux 对分段机制的支持非常有限。因为 Linux 的设计目标是支持绝大多数主流的系统架构，而很多架构往往并未使用分段机制。但作为目前 PC 主流的 IA32 规定段机制不能被禁止，所以万般无奈之下，Linux 的设计人员干脆让段的基地址直接设为 0，而段的界限为 4GB，在这种设定下任意给出一个偏移量，则“段基地址 0＋偏移量＝线性地址”，也就是说，段内偏移量＝线性地址。另外，由于段机制规定“偏移量＜ 4GB”，所以偏移量的范围为 0x0～0xFFFFFFFF，这恰好也是线性地址空间的范围。因此在 Linux 中虚拟地址和线性地址范围是相同的，都是 32 位地址空间。下面看一下 Linux 是如何实现这种简化的段机制映射的。

Linux 关于段的分布定义在头文件＜asm /segment. h＞中，其中编号为 0～5 的段为空段或保留段或未使用段，6～8 这 3 个段为 TLS (Thread-Local Storage)段，9～11 为未使用

段。紧接着的几个段为重点,定义如下:

```
#define GDT_ENTRY_DEFAULT_USER_CS        14
#define GDT_ENTRY_DEFAULT_USER_DS        15
#define GDT_ENTRY_KERNEL_BASE            (12)
#define GDT_ENTRY_KERNEL_CS              (GDT_ENTRY_KERNEL_BASE + 0)
#define GDT_ENTRY_KERNEL_DS              (GDT_ENTRY_KERNEL_BASE + 1)
#define GDT_ENTRY_TSS                    (GDT_ENTRY_KERNEL_BASE + 4)
#define GDT_ENTRY_LDT                    (GDT_ENTRY_KERNEL_BASE + 5)
```

由上述定义可以看出,Linux 并未使用类似于 IA32 那样灵活的段机制,而是把段设为固定的。换句话说在 GDT 段描述表中第 12 项、13 项分别为内核代码和数据段,第 14、15 项分别为用户代码和数据段,第 16 项为 TSS(Task State Segment)段,第 17 项为 LDT 段。一般 Linux 进程仅仅使用第 12~14 段来对指令和数据寻址。运行在用户态的进程使用用户代码段和用户数据段;运行在内核态的所有 Linux 进程都使用一对相同的段对指令和数据寻址,即内核代码段和内核数据段。

Linux 全局段表的描述符存储在 GDTR 寄存器中,根据 GDTR 中的物理地址就可以找到当前 GDTR 存储的 GDT 表中所有的段描述符。具体的实现方法将在后面讲述。一个 Linux GDT 表的内容如图 17.6 所示。结合图 17.2 段描述符各个字段的意义,可以看出图 17.6 中 Linux 用户代码段和数据段、内核代码段和数据段 4 个段的描述符及其属性,如表 17.1 所示。

```
os@ubuntu:~/ch17/myhshowgdt$ sudo insmod myshowgdt.ko
os@ubuntu:~/ch17/myhshowgdt$ cat /proc/myshowgdt
GDT segment descriptors' number is 32
gdt_virt_address=F7387000 gdt_phys_address=37387000

 0000: 0000000000000000 0000000000000000 0000000000000000 0000000000000000
 0020: 0000000000000000 0000000000000000 B7DFF357E940FFFF 0000000000000000
 0040: 0000000000000000 0000000000000000 0000000000000000 0000000000000000
 0060: 00CF9B000000FFFF 00CF93000000FFFF 00CFFB000000FFFF 00CFF3000000FFFF
 0080: F7008B38CE00206B 0000000000000000 00409A000000FFFF 00009A000000FFFF
 00A0: 000092000000FFFF 0000920000000000 0000920000000000 00409A000000FFFF
 00C0: 00009A000000FFFF 004092000000FFFF 00CF92000000FFFF 358F93908000FFFF
 00E0: F7409138EF800018 0000000000000000 0000000000000000 C10089912000206B
os@ubuntu:~/ch17/myhshowgdt$ █
```

图 17.6 Linux 在 IA32 上的 GDT 表项内容

表 17.1 Linux 4 个重要段的描述符内容实例

段	段描述符	Base	G	Limit	S	Type	DPL	P
内核代码段	00CF9B000000FFFF	0x00000000	1	0xFFFFF	1	10	3	1
内核数据段	00CF93000000FFFF	0x00000000	1	0xFFFFF	1	2	3	1
用户代码段	00CFFB000000FFFF	0x00000000	1	0xFFFFF	1	10	0	1
用户数据段	00CFF3000000FFFF	0x00000000	1	0xFFFFF	1	2	0	1

从表 17.1 读者可以发现,Linux 中所有段的基地址都是 0x00000000 开始,段的偏移量都是 0xFFFFF,结合 G 的数值可以看出段的最大长度均为 4GB。这意味着无论是在用户态还是内核态下的进程都可以使用相同的逻辑地址,并且所有段的都从 0x00000000 开始,因此在 Linux 下逻辑地址与线性地址是一致的,即 CPU 发出的逻辑地址的偏移量 offset 的

值与相应的线性地址的值总是相同的。那么读者可能会问，这些段的基地址都是相同的，因而使用完全相同的线性地址空间(0～4GB)，它们会不会互相覆盖呢？段的保护机制还能起到作用吗？幸运的是，一方面用户段和内核段具有不同的特权级别，另一方面通过分页机制Linux可以把这些段映射到不同的线性地址，从而提供段间的保护。该问题将在Linux页面机制中继续分析。

在使用段描述符时，Linux定义了4个宏，分别为：

```
#define __KERNEL_CS  (GDT_ENTRY_KERNEL_CS * 8)
#define __KERNEL_DS  (GDT_ENTRY_KERNEL_DS * 8)
#define __USER_DS  (GDT_ENTRY_DEFAULT_USER_DS * 8 + 3)
#define __USER_CS  (GDT_ENTRY_DEFAULT_USER_CS * 8 + 3)
```

这些宏分别用于描述内核代码段和数据段、用户代码段和数据段。在寻址时，如为了对内核代码段寻址，内核只需要把__KERNEL_CS这个宏产生的值装入到CS段寄存器即可。如17.2节所述，段寄存器给出了当前要使用的段，段寄存器中保存的段必须在属性上与CPU的特权级别一致；否则就需要切换段寄存器指向的段。例如，当CPU特权级为3，也就是用户级时，DS寄存器必须含有用户数据段的段选择符，而当CPU特权级为0，也就是内核级时，DS寄存器必须含有内核数据段的段选择符。当对指向指令或者数据结构的指针进行保存时，内核也不需要为其设置逻辑地址的段选择符，因为相应的段寄存器就含有当前的段选择符。

17.3.2 IA32 Linux段地址映射实验

1. 段寄存器中的段选择符

段寄存器用于指明当前使用的是哪个段。根据段寄存器中的值可以从GDT表中获得要使用的段的段描述符。该操作需要在内核态下完成，因此需要添加一个内核模块，将该模块代码命名为segselector.c。与第13章内核模块略有不同的是，segselector程序因为读取的内容较少，所以使用了序列文件的另一种打开方式single_open。下面看一下其主要框架。

首先需要在proc文件的文件操作符结构体中指明操作函数，代码如下：

```
static const struct file_operations my_proc =
{
    .owner      = THIS_MODULE,
    .open       = my_open,
    .read       = seq_read,
    .llseek     = seq_lseek,
    .release    = single_release,
};
static int my_open(struct inode * inode, struct file *file)
{
    return single_open(file, my_seqshow, NULL);
}
```

由于在my_open函数中使用了single_open函数，所以在释放文件时需要使用single_release函数。single_open函数的原型如下：

```
int single_open(struct file *, int (*)(struct seq_file *, void *), void *);
```

其中第一个参数是要打开的文件，第二个参数则是要使用的 seq_show 函数，第三个参数则是可用于传递序列文件的初始化数据，传入 NULL 表示无初始化数据。

其次根据模块功能添加相关变量以及实现自定义的 seq_show 函数，代码如下：

```
short  _cs, _ds, _es, _fs, _gs, _ss;            // global variables
static int my_seqshow(struct seq_file *m, void *v)
{
    asm(" mov  %cs, _cs  \n  mov %ds, _ds ");
    asm(" mov  %es, _es  \n  mov %fs, _fs ");
    asm(" mov  %gs, _gs  \n  mov %ss, _ss ");
    seq_printf(m, "CS = %04X  DS = %04X \n", _cs, _ds );
    seq_printf(m, "ES = %04X  FS = %04X \n", _es, _fs );
    seq_printf(m, "GS = %04X  SS = %04X \n", _gs, _ss );
    return 0;                                   //!! must be 0, or will show nothing T.T
}
```

在 my_seqshow 函数中使用与 C 语言混编的汇编指令获取 CS、DS 等段寄存器的数值，然后输出这些值。

从上述代码可以看出，对于简单数据的输出并不需要定义和设置那么多与序列文件相关的函数与结构体，它仅需定义一个 show 函数，然后使用 single_open 来定义 open 函数就可以了。上述代码编译执行结果如图 17.7 所示。

```
os@ubuntu:~/ch17/segmentselector$ sudo insmod segselector.ko
os@ubuntu:~/ch17/segmentselector$ cat /proc/segselector
CS=0060  DS=007B
ES=007B  FS=00D8
GS=00E0  SS=0068
os@ubuntu:~/ch17/segmentselector$ 
```

图 17.7　段寄存器中的段选择符

结合图 17.1 段选择符的格式可以看出，在图 17.7 中各段属性如下：

- CS 的值为 0x0060，所以 TI 为 0，RPL 为 0，段选择符数值为 12，也即该段为内核代码段，存在全局段表中，特权级为内核级。
- DS 的置为 0x007B，所以 TI 为 0，RPL 为 3，段选择符为 15，也即该段为用户数据段，存在全局段表中，特权级为用户级。
- SS 的值为 0x0068，所以 TI 为 0，RPL 为 0，段选择符为 13，也即该段为内核数据段，存在全局段表中，特权级为内核级。

另外读者也可以在 gdb 的过程中通过 info registers 指令来查看相关寄存器的值，如图 17.8 所示。其中，显示 CS 的值为 0x0073，所以 TI 为 0，RPL 为 3，段选择符数值为 14，也即该段为用户代码段，存在全局段表中，特权级为用户级；SS 和 DS 的值均为 0x007B，所以 TI 为 0，RPL 为 3，段选择符数值为 15，也即这两段均为用户代码段，存在全局段表中，特权级为用户级。

综上所述，在 Linux 中段寄存器给出了段的选择符，但是用户代码段、数据段以及内核代码段、数据段的段号是固定的。

```
(gdb) l
1       #include<stdio.h>
2       void main (void)
3       {
4           printf ("hello world!\n");
5       }
(gdb) b 4
Breakpoint 1 at 0x8048426: file hello.c, line 4.
(gdb) r
Starting program: /home/os/ch17/segmentselector/hello

Breakpoint 1, main () at hello.c:4
4           printf ("hello world!\n");
(gdb) info registers
eax            0x1      1
ecx            0x69a8751        110790481
edx            0xbffff0f4       -1073745676
ebx            0xb7fc3000       -1208209408
esp            0xbffff0b0       0xbffff0b0
ebp            0xbffff0c8       0xbffff0c8
esi            0x0      0
edi            0x0      0
eip            0x8048426        0x8048426 <main+9>
eflags         0x282    [ SF IF ]
cs             0x73     115
ss             0x7b     123
ds             0x7b     123
es             0x7b     123
fs             0x0      0
gs             0x33     51
(gdb)
```

图 17.8　段寄存器中的段选择符

实验 1：获取 IA32 段寄存器中的描述符

本次实验通过添加内核模块来获取段寄存器的值，验证 Linux 中段的设置。本节实验代码为电子资源中"/源代码/ch17/segmentselector/"目录下的相关文件。编译、运行该目录下的程序，观察实验现象。

2. 全局段表中的段描述符

有了 CS、DS 等段寄存器中的段选择符，只要再找到全局段表就可以找到该段的段描述符。全局段表的地址由 GDTR 寄存器给出。在 IA32 结构中，GDTR 寄存器是一个 48 比特位的寄存器，其中高 32 位指明全局段表 GDT 的物理位置，低 16 位则指明 GDT 的限长，长度以字节为单位计算。考虑到在＜asm /segment. h＞中只规定了 32 个段，将其全部显示出来。该操作同样需要在内核态下完成，需要添加一个内核模块；将该模块代码命名为 myshowgdt. c。关键代码如下：

```
#define START_KERNEL_map 0xC0000000
char modname[] = "myshowgdt"; loff_t ram_size; unsigned short gdtr[3];
unsigned long gdt_virt_address; unsigned long gdt_phys_address;
static int my_seqshow(struct seq_file *m, void *v)
{
    int n_elts, i; int frame_number,frame_indent;
    struct page *pp;
    unsigned long long *from; unsigned long long descriptor;
    asm(" sgdt gdtr ");                                  //通过汇编指令获得 gdtr 的数值
```

```
    gdt_virt_address = *(unsigned long*)(gdtr+1); //获得 GDT 的基地址
    //计算 GDT 的物理地址
    gdt_phys_address = gdt_virt_address - START_KERNEL_map;
    n_elts = (1 + gdtr[0])/8;                   //计算 GDT 的限长,以及 GDT 中项的个数
    seq_printf(m,  "GDT segment descriptors' number is %d\n", n_elts );
    seq_printf(m,  "gdt_virt_address= %08lX ", gdt_virt_address );
    seq_printf(m,  "gdt_phys_address= %08lX ", gdt_phys_address );
    seq_printf(m,  "\n" );
    ram_size = (loff_t)totalram_pages << PAGE_SHIFT;
    if ( gdt_phys_address >= ram_size ) return 0;      //内存不够可能直接返回
    frame_number = gdt_phys_address / PAGE_SIZE;       //计算物理帧号
    frame_indent = gdt_phys_address % PAGE_SIZE;       //计算帧内偏移
   pp = pfn_to_page( frame_number);
    from = (unsigned long long*)(kmap( pp ) + frame_indent);
    for (i = 0; i < n_elts; i++)     {
        if ( ( i % 4 ) == 0 ) seq_printf(m, "\n %04X: ", i*8 );
        descriptor = *from;
        seq_printf(m,  " %016llX ", descriptor );
        from++;
    }
    seq_printf(m, "\n" );
    kunmap( pp );
    return 0;                                          //must be 0, or will show nothing
}
```

myshowgdt.c 内核模块安装后执行结果如图 17.6 所示。上述代码需要特别说明的是：

(1) gdtr 和 GDT 表项的格式以及处理方法。汇编指令 asm(" sgdt gdtr ")可以获得 GDTR 的数值,并将其保存在 gdtr 变量中。gdtr 定义的是无符号短整型数组,长度为 3,也就是说 gdtr 是长度为 48bit 的变量。所以在获取 GDT 基地址时将 gdtr 数组后两个单元转化为 unsigned long 型即可,而在计算 GDT 表中有多少个段时需要使用 gdtr 的第 0 个单元,即(1 + gdtr[0])/8,之所以除以 8 是因为 gdtr 的限长是以字节为单位的,而 GDT 中每个段描述符需要占用 8 个字节。GDTR 寄存器的格式可参考 Intel 公司的 Intel 64 和 IA-32 架构软件开发者手册。

(2) 从 gdtr 到 GDT 表项的转换过程。从 gdtr 获得的 GDT 的基地址并不是为本程序所能直接访问的页面地址,需要进行转换。这个过程可以分为 3 个步骤。

① 把从 gdtr 获得的 GDT 的基地址转换为物理地址。转换方法是根据内核空间与进程地址空间的关系,把 gdtr 获得的基地址直接减去 START_KERNEL_map,即 0xC0000000,该问题将在 17.4 节进程地址空间中详细讲解。

② 在获得实际的物理地址后,通过 PAGE_SIZE 宏计算相应的物理帧号以及帧内的偏移量,并通过 pfn_to_page 函数把该物理页框映射为页面号：

```
pp = pfn_to_page( frame_number);
```

上述过程中 PAGE_SIZE 为系统定义的物理帧大小,该值与页的大小是相同的,一般情况下为 2^{12},定义在头文件＜asm/page.h＞中。pfn_to_page 宏定义为：

```
#define pfn_to_page(pfn) (mem_map + ((pfn) - PHYS_PFN_OFFSET))
```

其中，mem_map 是在本章 17.1 节提到的存储所有页面的指针数组，其指针类型为 struct page *，而 PHYS_PFN_OFFSET 则是直接映射的第一个页。所以 pfn_to_page 宏的功能是根据给定的物理帧号计算对应的页号。

③ 通过调用 kmap 函数实现映射高端物理内存(ZONE_HIGHMEM)页到内核地址空间的映射，方法如下：

```
from = kmap( pp ) + frame_indent;
```

上述命令中 kmap 函数把 pp 指针对应的 ZONE_NORMAL 内存区域中的页面直接映射到高端物理内存区域 ZONE_HIGHMEM 中。kmap 映射完成后返回的地址直接加上一个页面偏移量，也就是帧内偏移 frame_indent，就得到了最终希望访问的地址，也就是 GDT 表的第一个段描述符的地址。kmap 函数原型如下：

```
void * kmap(struct page * page)
```

kmap 函数实现一个页面的映射后，当该页面不再被使用就可以通过 kunmap 函数将其释放。另外在程序中为了输出方便，在 kmap(pp) + frame_indent 获得地址后将其进行了指针类型强制转换，转换为了(unsigned long long *)类型。这样在 for 循环进行输出时就可以比较方便地操作了。

(3) totalram_pages 是 Linux 3.13.0 内核中提供的一个全局变量，表明可用物理帧的总数。将其左移 PAGE_SHIFT 就得到了总的物理内存大小 ram_size。如果 gdt_phys_address 比 ram_size 还要大，此时直接返回 0。这种情况在使用虚拟机安装的 Linux 中是存在的。

综上所述，myshowgdt.c 内核代码通过获取 GDTR 寄存器的值找到全局段表 GDT 的位置，将其中各个段描述符的内容读出。在这个过程中，由于 GDTR 给出的是内存的物理地址，即使是内核代码也不能直接访问，所以需要使用 pfn_to_page 宏将 GDTR 的物理帧地址转换为页地址 pp。但是此时得到的页地址 pp 仍然是在 ZONE_NORMAL 中，要想使 myshowgdt 模块能够顺利地访问其中的内容，需要将其映射到 myshowgdt 的进程地址空间中。使用 kmap(pp)完成映射后，myshowgdt 读取其中的内容进行显示。本实验虽然代码不多，但是涉及物理内存、内核地址空间、用户地址空间，请读者在学习过 17.4 节后再认真体会。

实验 2：获取 IA32 中的全局段表信息

本次实验通过添加内核模块来获取 GDT 中各个段的段描述，验证 Linux 中段的设置。实验代码为电子资源中"/源代码/ch17/myhshowgdt/"目录下的相关文件。编译、运行该目录下的程序，观察实验现象。实验代码中涉及内存物理地址、虚拟地址以及进程内核空间、用户进程空间的转换。

17.3.3 IA32 Linux 页地址映射

Linux 分页机制是在段机制之后进行的，它进一步将线性地址转换为物理地址。该过程通常涉及两个重要问题，第一个是如何找到页表，第二个则是如何实现页表映射。

1. 从 CR 寄存器提取页表地址

每一个进程都有自己的页全局目录和自己的页表。当发生进程切换时，Linux 把 CR3 控制寄存器的内容保存在前一个执行进程的 task_struct 结构体中，然后把下一个要执行进程的 task_struct 结构体的值装入 CR3 寄存器中。因此，当新进程重新开始在 CPU 上执行时，分页单元就指向一组正确的页表。

由 17.3.2 节内容可知，CR3 用来存放最高级页目录地址。所以内核可以直接从 CR3 寄存器获取当前进程的最高级页目录地址。此时从段地址映射获得的线性地址提取相应的页目录表项，就可以获得该页目录的描述符了。

2. 页表映射机制

分页机制通过把线性地址空间中的页重新定位到物理地址空间来进行管理。之所以要进行多级页表映射，主要是考虑到内存管理的方便。为了应对 32 位和 64 位系统的不同需求，从 2.6.11 内核开始 Linux 采用了一种同时适用于 32 位和 64 位系统的四级分页模型，如图 17.9 所示。图 17.9 中的 4 种页索引页表分别被称为：

- 页全局目录(Page Global Directory，PGD)。
- 页上级目录(Page Upper Directory，PUD)。
- 页中间目录(Page Middle Directory，PMD)。
- 页表(Page Table，PTE)。

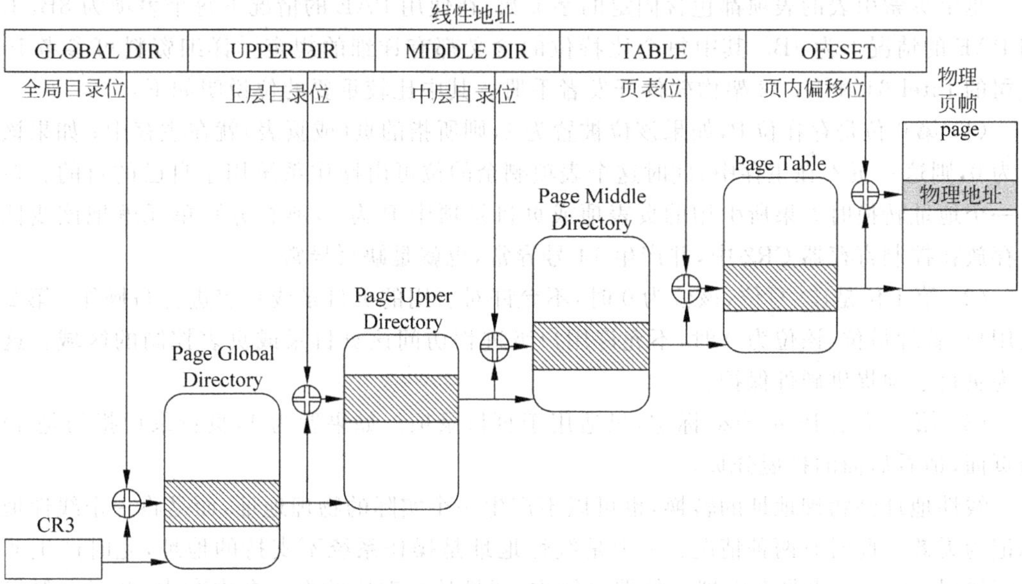

图 17.9 Linux 四级分页模型

页全局目录包含若干页上级目录的地址，页上级目录又依次包含若干页中间目录的地址，而页中间目录又包含若干页表的地址。页表中的每一个页表项指向一个物理页框 page。线性地址因此被分成 5 个部分。图中没有显示位数，因为每一部分的大小与具体的计算机体系结构有关。没有启用 PAE 的 IA32 系统使用两级页表已经足够了；在启用

PAE 的情况下则需要三级页表，当启用的页表级数少于 4 时，需要根据情况将不适用的页表跳过。例如，在使用三级页表时，Linux 把 PUD 的指针设为和 PGD 相同，都指向 PMD，PUD 相当于被跳过，并且 PUD 不再占用 32 位线性地址中的任何位。通过这种设置，Linux 也表机制可以在 32 位和 64 位系统下都能工作，提高了代码的适应性。至于 64 位系统使用三级还是四级分页则取决于硬件对线性地址的位的划分。

每一级页目录都有 3 个重要的宏，即 SHIFT、MASK 和 SIZE。以页表为例，其定义如下：

```
#define PAGE_SHIFT     12
#define PAGE_SIZE      (1 << PAGE_SHIFT)
#define PAGE_SIZE      (1UL << PAGE_SHIFT)
#define PAGE_MASK      (~(PAGE_SIZE - 1))
```

因为每个页面大小为 4KB，并且是作为一个整体进行映射，并且每个页面都采用 4KB 对齐的边界，线性地址的低 12 位经过分页机制直接地作为物理地址的低 12 位使用。该值在 Linux 中被定义为 PAGE_SHIFT，可以认为该值就是此时使用的偏移字段的位数。把 1 左移 PAGE_SHIFT 位可以得到 PAGE_SIZE，而 PAGE_MASK 宏产生的值为 0xFFFFF000，则用于屏蔽偏移字段的所有位。其他各级页表 PGD、PMD、PUD 均有相同性质的定义。但是请读者注意，这些宏定义的具体的大小与 Linux 当前所在的系统架构有关。例如，在笔者的系统上，PGDIR_SHIFT = 30，PUD_SHIFT = 30，PMD_SHIFT = 21，PAGE_SHIFT = 12。

每个页索引表的表项都包含固定的字节数，在使用 PAE 的情况下每个表项为 8B，未使用 PAE 的情况下为 4B。其中每个比特位的含义都有详细的规定。详细资料可参考 Intel 公司的 Intel 64 和 IA-32 架构软件开发者手册。其中比较重要的位说明如下：

(1) 第 0 位是存在位 P，如果该位被置为 1，则所指的页(或页表)就在主存中；如果该标志为 0，则这一页不在主存中，此时这个表项剩余的位可由操作系统用于自己的目的。在执行一个地址转换时如果所引用的页表项或页目录项中 P 为 0，那么分页单元就把该线性地址存放在控制寄存器 CR2 中，并产生 14 号异常，也就是缺页异常。

(2) 第 1 位是读/写位，该位为 0 时，不允许对引用的页目录或页表进行写操作；第 2 位是用户/管理员位，该位为 0 时，不允许用户级进程访问该页目录或页表控制的区域。这两位为页目录项提供硬件保护。

(3) 第 7 位是 Page Size 标志，只适用于页目录项。如果置为 1，页目录项指的是 4MB 的页面，请看后面的扩展分页。

线性地址到物理地址的转换，也可以不产生一个实际的物理地址，而是将一个线性地址标记为无效。此时有两种情况：一个是线性地址是操作系统不支持的地址，此时产生非法访问错误；另一个则是在虚拟存储器系统中，线性地址对应的页不在内存中，此时会触发缺页异常。对于缺页异常来说，不在内存的页是程序可以访问的页，但由于它不在内存中，对这样的页进行访问会触发一个异常，实际上就是通过异常进行缺页中断处理。缺页中断处理根据无效的地址，请求操作系统的虚存管理系统，把存放在磁盘上的相应页传送到内存中，使该页能被程序所访问，并修改页表属性位中 P 位的值。

显然与简化的段机制相比 Linux 的分页技术更为完善。Linux 的进程处理很大程度上依赖于分页机制。通过线性地址到物理地址的转换,每一个进程都可以分配一块不同的物理地址空间,从而防止越界访问,确保了进程之间互不干扰。这也解释了为什么在 Linux 中所有段的基地址都是相同的,但是各个段并未相互覆盖的原因。另外,通过分页机制区分了逻辑页与物理帧之间的不同。这样,虽然逻辑页和物理帧在 Linux 都是使用 struct page 结构体定义的,但在虚拟存储管理中二者就被明显地区分开了。因此 Linux 允许存放在某个物理帧中的页在不需要时交换到磁盘上,当以后需要时重新装入到物理内存中,但可以装入到与上次不同的物理帧中;也运行进程地址空间中某些地址对应的页保留在磁盘上,并不装入内存,只有在使用时才触发缺页中断将其换入某一个物理帧中。这是 Linux 虚拟内存机制的基本要素。虽然 Linux 页映射机制有些复杂,不过目前已经相对比较成熟了。下面通过一个实验来进一步加深理解。

17.3.4 IA32 Linux 页地址映射实验

在前面的实验曾经提到过,在 C 语言中输出的变量地址其实是一个虚拟地址,更准确地说是一个经过段机制变换后的线性地址。看下面的例子:

```
int main()
{
    unsigned long tmp,addr;
    tmp = 0x12345678;   addr = &tmp;
    printf("tmp value is : 0x%08lX\n", tmp);
    printf("tmp address is: 0x%08lX\n", addr);
    return 0;
}
```

上述程序的一次执行中,tmp 的值为 0x12345678,对应的地址 addr 为 0xBFFA7828。程序每次运行 tmp 的值不变,但 addr 每次都可能不同。那么这个地址是什么?又是怎么与物理地址关联上的呢?怎样才能找到它的物理地址呢?

根据本章前述内容,在 IA32 架构的 Linux 中,从 tmp 出发到找到其对应的物理地址需要经过两次变换,一次是段映射,一次是页映射。段映射前面已经学习过了,本节主要分析页映射机制。在通常情况下程序执行时,都是由操作系统完成页映射,程序员并不知道进程在执行期间所发生的地址转换,而且考虑到安全性,用户程序也不能干涉操作系统的页映射过程。为此设计了一个内核模块 logadd2phyadd,该模块将根据输入的进程 pid 以及线性地址去查找该线性地址对应的物理地址。该内核模块仍然以 proc 伪文件作为用户和内核之间交换数据的接口。整个实验分为两部分,一部分是完成分页地址映射的内核代码,一部分是用户测试程序。

第一部分内核代码关键内容如下:

```
/* logadd2phyadd.c 中的 my_seq_show 函数,删除了测试信息等语句 */
static int my_seq_show(struct seq_file *m, void *p)
{
    unsigned int     _cr0, _cr3, _cr4;
    get_pgtable_macro(m);
    vaddr2paddr(m, indata.addr,indata.p);
    asm( " mov %%cr0, %%eax \n mov %%eax, %0 " : "=m" (_cr0) :: "ax" );
```

```
    asm( " mov % %cr3, % %eax \n mov % %eax, %0 " : "=m" (_cr3) :: "ax" );
    asm( " mov % %cr4, % %eax \n mov % %eax, %0 " : "=m" (_cr4) :: "ax" );
    seq_printf(m, "    CR0 = 0x%08lX", _cr0 );
    seq_printf(m, "    CR3 = 0x%08lX", _cr3 );
    seq_printf(m, "    CR4 = 0x%08lX", _cr4 );
    seq_printf(m, "    PE = %X",  (_cr0 >> 1)&1 );
    seq_printf(m, "    PG = %X",  (_cr0 >> 31)&1 );
    seq_printf(m, "    PAE = %X", (_cr4 >> 5)&1 );
    seq_printf(m, "    PSE = %X", (_cr4 >> 4)&1 );
    return 0;
}
```

在 my_seq_show 函数中首先调用了 get_pgtable_macro 函数输出页映射机制中经常使用的宏定义的数值，为读者作为参考。然后调用 vaddr2paddr 函数实现对进程中一个线性地址的映射。然后调用 gcc 汇编 asm 获得 CR0、CR3 和 CR4 的数值，并且将其包含的 PE、PG、PAE 和 PSE 位的值输出。gcc 汇编 asm 的使用方法比较简单，把相应控制寄存器的数值存放到 eax 中，然后把 eax 的数值传递给 C 语言中定义的变量，如_cr0。my_seq_show 函数的核心是 vaddr2paddr 函数，该函数实现代码如下：

```
/* logadd2phyadd.c 中的 vaddr2paddr 函数，删除了错误检测等代码语句 */
static unsigned long vaddr2paddr(struct seq_file *m, unsigned long vaddr, int pid)
{
    pte_t *pte_tmp = NULL;      pmd_t *pmd_tmp = NULL;
    pud_t *pud_tmp = NULL;      pgd_t *pgd_tmp = NULL;
    struct task_struct *pcb_tmp = NULL;      unsigned long paddr = 0;
    pcb_tmp = pid_task(find_get_pid(pid),PIDTYPE_PID);
    pgd_tmp = pgd_offset(pcb_tmp->mm, vaddr);
    pud_tmp = pud_offset(pgd_tmp, vaddr);
    pmd_tmp = pmd_offset(pud_tmp, vaddr);
    pte_tmp = pte_offset_kernel(pmd_tmp, vaddr);
    paddr = (pte_val(*pte_tmp) & PAGE_MASK) | (vaddr & ~PAGE_MASK);
   seq_printf( m, "frame_addr = %lx\n", pte_val(*pte_tmp) & PAGE_MASK);
   seq_printf( m, "frame_offset = %lx\n", vaddr & ~PAGE_MASK);
   seq_printf( m, "the input logic address is = 0x%08lX\n", vaddr);
   seq_printf( m, "the corresponding physical address is= 0x%08lX\n",paddr);
   seq_printf( m, "the content in the corresponding physical address is
= 0x%08lX\n", *(unsigned long *)((char *)paddr + PAGE_OFFSET));
 return paddr;
}
```

vaddr2paddr 函数有以下要点：

首先需要根据传入的参数 pid 进行 find_get_pid 调用，然后再调用 pid_task 获得该进程的 task 结构体指针。之所以如此是因为，当前在 CPU 上运行的是 logadd2phyadd.c 内核模块，并不是需要查找的应用程序；如果不获得该进程的描述符，就不能找到对应进程的页表项。

其次，根据进程的任务描述符进行地址映射。由前述内容可知，目前 Linux 使用的是四级映射机制。与此对应，Linux 定义了多个与页机制对应的变量。pte_t、pmd_t、pud_t 和 pgd_t 分别描述页表项、页中间目录项、页上级目录和页全局目录项的类型格式。pgd_ offset、pud_offset、pmd_offset、pte_offset_kernel 则用于在相应的页目录或页表中获得与该地址对应的项。以 pgd_offset 宏为例，该宏完成对 pgd 目录表地址的映射。该宏接收内存描述符地址 mm 和线性地址 addr 作为参数。这个宏产生地址 addr 在页全局目录 PGD 中相应表项的线性地址；通过内存描述符 mm 内的一个指针可以找到这个页全局目录。pgd_offset 宏定义如下：

```
#define pgd_index(address) (((address) >> PGDIR_SHIFT) & (PTRS_PER_PGD - 1))
#define pgd_offset(mm, address) ((mm)->pgd + pgd_index((address)))
```

在上述宏定义中，可以把 pgd 理解为这样的一个数组：pgd_t[PTRS_PER_PGD]，其中 PTRS_PER_PGD 宏给出了该数组的个数。pgd_index 宏则返回能够控制 address 地址的目录在 pdg 数组中的位置。pgd_offset 宏返回一个 pgd_t * 类型的值。

然后，在四级映射完成之后计算该线性地址对应的物理地址。方法如下：

```
paddr = (pte_val( * pte_tmp) & PAGE_MASK)|(vaddr & ~PAGE_MASK);
```

其中 pte_val(* pte_tmp) & PAGE_MASK 获得的是物理帧号，而 vaddr & ~PAGE_MASK 获得的则是在该物理帧内的偏移量。二者进行或操作后就得到了完整的物理地址。

最后输出物理帧号、帧内偏移量等信息。需要特别注意的是，如果要输出实际物理地址包含的内容，不能直接使用该物理地址，也就是说，使用下列方式输出是错误的：

```
seq_printf( m, "the content in physical address is = 0x%08lX\n", * paddr);
```

这种方式会引发内核异常错误，因为该地址不是进程空间中的地址。一个进程只能访问自己进程地址空间中的地址。正确的方式是进行地址变换后再获取指针所执的内存单元的内容，代码如下：

```
* (unsigned long * )((char * )paddr + PAGE_OFFSET)
```

上述代码的作用是把物理地址 paddr 映射到当前进程的内核空间中，PAGE_OFFSET 的值为 0xc0000000。原理将在 17.4 节讲解。

至此，映射工作的内核代码就完成了。从上面可以看到内核代码需要根据用户程序提供的进程 pid 才能完成该虚拟地址的查找。这就需要由用户空间到内核空间传递数据。所以需要定义以下的 proc 文件操作写函数，其详细原理可参考 13.5 节。

```
/* logadd2phyadd.c 中的 my_write 函数,删除了错误检测等代码语句 */
static ssize_t my_write(struct file * file, const char __user * buffer, size_t count, loff_t
* pos )
{
    char * tmp = kzalloc((count + 1), GFP_KERNEL);
    copy_from_user(tmp, buffer, count);      indata = * (mydata * )tmp;
    kfree(tmp);      return count;
}
```

代码中使用的数据结构定义如下：

```
typedef struct data {
    unsigned long addr; //应用程序线性地址
```

```
    int p;      //应用程序 pid
}mydata;
static mydata indata;
```

第二部分内核代码的测试应用程序 logadd2phyadd_test.c 如下：

```
int main()
{
    unsigned long tmp,addr;      int fd,len;
    mydata wdata;      tmp = 0x12345678;      addr = &tmp;
    printf("tmp value is : 0x%08lX\n", tmp);
    printf("tmp address is: 0x%08lX\n", addr);
    wdata.addr = addr;      wdata.p = getpid();
    printf("the pid is %d\n",getpid());
    fd = open("/proc/logadd2phyadd",O_RDWR);
    write(fd,&wdata,sizeof(mydata));
    len = read(fd, buf, BUFSIZE);
    printf("the read length is %d and the buf content is: \n%s\n",len,buf);
    return 0;
}
```

在添加 logadd2phyadd 内核模块后，执行 logadd2phyadd_test，得到的结果如图 17.10 所示。分析图 17.10 的实验结果可以看到，在 Linux 四级页表映射机制中，PGD、PUD、PMD 和页表的 SHIFT 分别为 30、30、21、12，也就是说，PGD 使用的是线性地址的最高两位，即 30 和 31 位，PUD 未使用任何比特位，PMD 使用的是线性地址中第 21～29 位，而页表使用的则是第 12～20 位，所以响应的全局页目录 PGD 有 $2^2=4$ 项，上级页目录 PUD 有 $2^0=1$ 项，中级页目录和页表则分别有 $2^9=512$ 项。其中 PAGE_SHIFT = 12 表明使用的

```
os@ubuntu:~/ch17/PrintPhysicalAddress$ sudo insmod logadd2phyadd.ko
os@ubuntu:~/ch17/PrintPhysicalAddress$ ./logadd2phyadd_test
tmp value is : 0x12345678
tmp address is: 0xBF88FE38
the pid is 3031
the read length is 676 and the buf content is:
PAGE_OFFSET = 0xc0000000
PGDIR_SHIFT = 30
PUD_SHIFT = 30
PMD_SHIFT = 21
PAGE_SHIFT = 12
PTRS_PER_PGD = 4
PTRS_PER_PUD = 1
PTRS_PER_PMD = 512
PTRS_PER_PTE = 512
PAGE_MASK = 0xfffff000
pgd_tmp = 0xf6a35010
pgd_val(*pgd_tmp) = 0x1435f001
pud_tmp = 0xf6a35010
pud_val(*pud_tmp) = 0x1435f001
pmd_tmp = 0xd435ffe0
pmd_val(*pmd_tmp) = 0x14771067
pte_tmp = 0xd4771478
pte_val(*pte_tmp) = 0x3149a867
frame_addr = 3149a000
frame_offset = e38
the input logic address is = 0xBF88FE38
the corresponding physical address is= 0x3149AE38
the content in the corresponding physical address is =0x12345678
    CR0=0x80050033    CR3=0x36A35000    CR4=0x001407F0    PE=1    PG=1    PAE=1    PSE=1

os@ubuntu:~/ch17/PrintPhysicalAddress$ █
```

图 17.10 添加 logadd2phyadd 内核模块后 logadd2phyadd_test 的执行结果

页面和物理帧的大小均为 4KB。

再看 tmp 的地址映射，其在应用程序中的线性地址为 0xBF88FE38，而输出的物理帧号为 3149a，帧内偏移量为 e38，所以实际的物理地址为 0x3149AE38。该物理地址中存储的数据与应用程序中 tmp 的数值相同，均为 0x12345678。在四级页面映射过程中，PUD 实际上没有发挥作用。PGD、PMD 和 PTE 各个页目录表项中的第一项均被输出，感兴趣的读者可以参考 Intel 公司的 Intel 64 和 IA-32 架构软件开发者手册，理解各个比特位的属性含义。

另外 CR3 的数值为 0x36A35000，而 pgd 的地址为 0xf6a35010，忽略低 12 位的值，两个数字的差值正好为 0xc0000000。0xc0000000 是 ZONE_NORMAL 区域映射的偏移量。图 17.10 中 PE=1、PG=1，表明使用了分段和分页机制；PAE=1 表明使用了 PAE 扩展机制，这与 PGD、PUD、PTE 的个数以及 SHIFT 数值一致；PSE=1 表明可以使用 PSE 扩展，pgd 中的第 7 位 PS 位为 0，表明未使用 2MB 页面，使用的是 4KB 页面。

在上述程序运行过程中每次运行得到的 tmp 的线性地址、映射后的物理地址以及 CR3 的数值都是不同的，但是它们之间的关系保持不变。

为了方便对页目录和页表进行操作，Linux 定义了大量的函数和宏，如针对页目录表项操作的 pgd_index、针对偏移量操作的 pgd_offset、清除表项的 pgd_clear 等，这些函数和宏可能随系统架构的不同而不同，在 IA32 结构上的相关函数可以从 arch/x86/include/asm 目录下的头文件＜pgtable.h＞中获得。

实验 3：获取 C 程序中一个逻辑地址对应的物理地址

本次实验通过添加内核模块来获取一个应用程序变量的物理地址，验证 Linux 中分页机制的设置和实现方法。实验代码为电子资源中"/源代码/ch17/logadd2phyadd/"目录下的相关文件。编译、运行该目录下的程序，观察实验现象。实验代码中涉及内存物理地址、虚拟地址以及进程内核空间、用户进程空间的转换。

17.4 Linux 进程地址空间

前两节讲述了 IA32 以及 Linux 在 IA32 上的内存地址映射机制。有的读者可能会有疑问，既然对每个物理帧都建立了一个 struct page 结构体来管理它，为什么还要使用页表来进行管理呢？原因主要有两个。首先，通过页表可以把逻辑页和物理帧的概念分开，从而实现虚拟存储管理。其次，虽然每个物理帧都有一个对应的 struct page 结构，但内核很难追踪是哪个进程在使用它。事实上，正如 17.3 节 logadd2phyadd 实验中，从虚拟地址到物理地址的映射必须知道该变量来自于哪一个进程，Linux 虚拟存储管理主要是从进程入手的。本节将分别讲述进程的虚拟地址空间及虚拟内存段。

17.4.1 Linux 中进程的虚拟地址空间

在 IA32 架构上，Linux 的线性空间为 4GB 大小。17.3 节 Linux 的段映射机制说明了 Linux 的虚拟地址空间与线性地址空间相同，也是 4GB。Linux 内核将这 4GB 的空间分为两部分。内核使用最高的 1GB（虚地址 0xC0000000～0xFFFFFFFF），称为"内核空间"。而较低的 3GB（虚地址 0x00000000～0xBFFFFFFF）则由各个进程使用，称为"用户空间"。因为每个进程可以通过系统调用进入内核，因此 Linux 内核空间由系统内的所有进程共享。从具体进程的角度来看，每个进程可以拥有 4GB 的虚拟地址空间（也叫虚拟内存）；其中每个进程各自的私有用户空间为前 3GB，这个空间对系统中的其他进程是不可见的，而最高的 1GB 内核空间则为所有用户进程以及内核所共享，如图 17.11 所示。请读者注意，在 IA32 架构下，虽然使用 PAE 的情况下 Linux 可以超过 4GB 的物理内存，但是由于进程虚拟地址空间的限制，Linux 中单个进程的大小增长不能超过 4GB，除非使用 64 位系统。

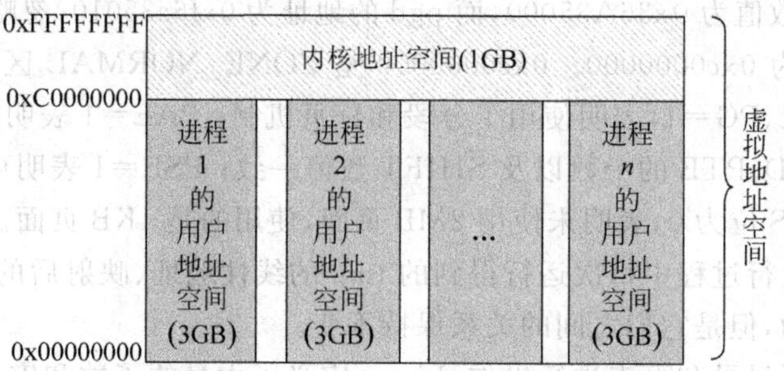

图 17.11 Linux 中的虚拟地址空间

在系统启动时 Linux 内核映像被装入到物理地址 0x00100000 开始的地方，即 1MB 开始的区间，前面 1MB 空间留作他用。但如图 17.11 所示，在进程虚拟地址空间的内核空间中，Linux 内核映像应该处于 0xC0000000～0xFFFFFFFF 范围内。所以链接程序在链接内核映像到进程虚地址空间时在所有符号地址上加一个偏移量 0xC0000000。该偏移量在 Linux 代码中被称为 PAGE_OFFSET，如图 17.11 所示。这样内核映像在进程地址空间的实际起始地址是 0xC0100000。而在从进程虚地址映射到实际物理地址时，进程内核空间的映射总是从最低地址（0x00000000）开始。所以内核映射遵循以下方法：给定一个虚地址 X，其对应的物理地址为“X-PAGE_OFFSET”；反之，给定一个物理地址 Y，则其对应的虚地址为“Y＋ PAGE_OFFSET”，PAGE_OFFSET 为 Linux 定义的内核空间转换偏移量，即 0xC0000000。这也是为什么在前面 myshowgdt 和 logadd2phyadd 两个内核代码中，物理地址和虚拟内核空间地址进行转换时需要加上 PAGE_OFFSET 的原因。

相对于内核空间而言，Linux 中进程的用户空间地址映射就麻烦多了。进程用户地址空间包含的段种类较多，有代码段、数据段、BSS 段、堆、栈、内存映射段等，请参考图 13.4。其中 BSS 段、数据段和代码段是可执行程序编译时形成的分段，栈、堆和内存映射段是运行时形成的。在将应用程序加载到内存空间执行时，操作系统负责代码段、数据段和 BSS 段的加载，并在内存中为这些段分配空间。栈也由操作系统分配和管理，但堆由程序员自己管理，即程序员需要显式地申请和释放堆空间。在内存映射段中则存放映射的磁盘文件（如 mmap 形成的内存映射文件），该区域还用于映射可执行文件用到的动态链接库。在系统加载时代码段的起始地址一般都加载在 0x08048000 处，而堆、内存映射段、栈等加载时每次位置会随机改变。Linux 通过对栈、内存映射段、堆的起始地址加上随机偏移量来打乱布局，以免恶意程序通过计算访问栈、库函数等地址。在 fork 生成新进程时，execve 系统调用负责为进程代码段和数据段建立映射，但真正将代码段和数据段内容读入内存是由系统的缺页异常处理程序按需完成的。

请读者注意，尽管每个用户进程可以拥有 3GB 的用户空间，但这是虚地址空间，用户进程在这个虚拟内存中并不能真正运行,必须把用户空间中的虚地址最终映射到实际的物理空间才行,而这种映射的建立和管理则是由前两节讲述的段机制和页机制完成的。那么系统是如何为一个进程分配内存并管理其使用的内存的呢?第 13 章曾讲到,在 Linux 中进程、线程都是通过 task_struct 结构体来管理的。task_struct 结构体包含了进程、线程生存期间的所有重要信息。显然作为系统最重要的资源之一,内存的相关信息也被包括在 task_struct 结构体中。在 task_struct 中有一个成员变量 mm,其类型为 struct mm_struct。mm_struct 结构体定义在<linux/mm_types.h>头文件中,是 Linux 用于管理进程内存信息的数据结构,也被称为内存描述符,其中各个成员变量给出了进程虚拟地址空间的所有信息,如图 17.12 所示。

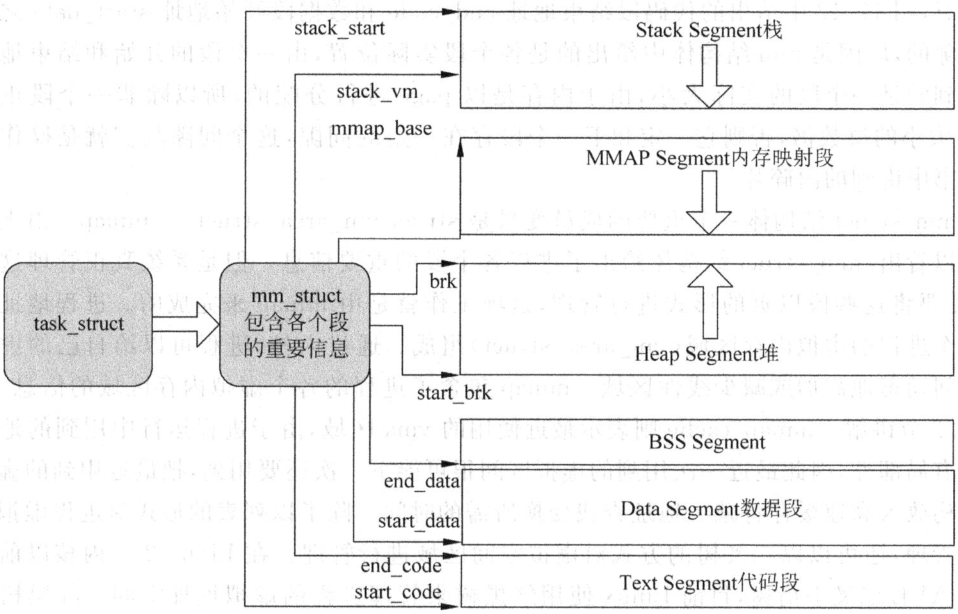

图 17.12 task_struct 中 mm_struct 成员变量与进程虚拟地址空间关系示意图

在 Linux 内核 3.13.0 中,mm_struct 的定义超过了 110 行。下面给出其中比较重要的部分:

```
struct mm_struct {
        struct vm_area_struct * mmap;              /* list of VMAs */
        struct rb_root mm_rb;
        struct vm_area_struct * mmap_cache;        /* last find_vma result */
        atomic_t mm_users;
        atomic_t mm_count;
        int map_count;                             /* number of VMAs */
        pgd_t * pgd;
        unsigned long start_code, end_code, start_data, end_data;
        unsigned long start_brk, brk, start_stack;
        unsigned long arg_start, arg_end, env_start, env_end;
        unsigned long total_vm, locked_vm, shared_vm;
        unsigned long task_size;
        spinlock_t page_table_lock;                /* Protects page tables and some counters */
```

```
    /*…其他成员变量…*/;
};
```

首先解释一下 mm_struct 结构体中比较容易理解的成员变量。pgd 为指向进程页全局目录表的指针；start_code 和 end_code 分别表示进程代码段的开始地址和结束地址；start_data 和 end_data 分别表示进程数据段的起始地址和结束地址；start_brk 和 brk 分别表示堆(heap)的首地址和尾地址；start_stack 表示进程栈的起始地址；arg_start 和 arg_end 分别表示命令行参数的首地址和尾地址；env_start 和 env_end 分别表示环境变量的首地址和尾地址。total_vm、locked_vm、shared_vm 分别表示进程使用的全部页面数、加锁的页面数、共享的页面数；task_size 表示进程 vm 空间的大小；page_table_lock 表示页表锁。请读者注意，图 17.12 中给出的代码段结束地址 end_code 和数据段开始地址 start_data 之间是有空隙的，原因是 mm 结构体中给出的是各个段实际位置，由一个段的开始和结束地址计算得到的是一个段的实际大小，由于内存是以 page 进行分配的，所以除非一个段正好是 page 大小的整数倍，否则它一定和下一个段存在一定的间隙，这个间隙其实就是操作系统教科书中讲到的内碎片。

mm_struct 结构体一个重要的成员变量是 struct vm_area_struct * mmap。由上述分析可以看出，mm_struct 结构体给出了进程各个段的重要信息。但是系统真正管理这些段时，需要将这些段以页的形式进行管理，这项工作就是由 mmap 来完成的。进程地址空间由每个进程的虚拟内存区域(vm_area_struct)组成。通过内核，进程可以给自己的虚拟地址空间动态地添加或减少线性区域。mmap 包含了进程的各个虚拟内存区域的信息，将在 17.4.2 节讲解。mmap_cache 则表示最近使用的 vma 区域，由于进程运行中用到的地址常常具有局部性，因此最近一次用到的虚拟区间很可能下一次还要用到，把最近用到的虚拟区间结构放入高速缓存将减少地址查找变换所需的时间。除了以列表的形式对进程虚拟空间进行管理，还可以以二叉树的方式对虚拟空间区域进行管理。在 Linux 2.4 内核以前使用的是 AVL 二叉平衡树，目前 Linux 使用红黑树来管理进程的虚拟地址空间。红黑树的根结点是 mm_rb。请读者注意，mmap 和 mm_rb 这两个不同的数据结构描述的对象是相同的，都是该进程虚拟地址空间中的全部内存区域。mmap 结构体可以简单、高效地遍历所有元素，而 mm_rb 结构体作为红黑树更适合查找特定的元素。内核可能频繁执行查找包含指定地址的 vma。用链表进行查找操作其时间复杂度为 $O(N)$，而用红黑树则其时间复杂度为 $O(\log N)$。可见，在 N 很大时，用红黑树能极大地节省查找时间。

再看一下 mm_struct 结构体中几个相互关联容易混淆的概念。mm_users 表示正在引用该进程地址空间的线程数目，是一个线程级的计数值。那么 mm_count 表示什么呢？Linux 的用户线程和内核线程都是 task_struct 的实例，唯一的区别是内核线程是没有地址空间的，因此也没有 mm 描述符，所以内核线程的 task→mm 域是空(NULL)。在调度时内核会根据 task→mm 判断即将调度的是用户线程还是内核线程。但是内核线程在运行时同样需要页表来完成自己的地址转换。怎么解决该问题呢？在 Linux 中任何用户进程的内核空间都是完全相同的，所以内核可以“借用”上一个被调用的用户进程的 mm 中的页表来访问内核地址，并且把这个 mm 记录在自己的 task_struct 结构体的 active_mm 成员变量中。概括地说，内核线程使 task→mm 等于 NULL 表示自己内核线程的身份，使用 task→active_mm 借用上一个用户进程的 mm 来访问自己的内核空间；而对于用户线程 task→mm 等于 task

→active_mm。为了支持内核线程的这种行为方式，mm_struct 里面引入了 mm_count。与 mm_users 表示这个进程地址空间被多少线程引用不同，mm_count 则表示这个地址空间被内核线程引用的次数+1。为什么加 1 呢？在头文件<linux/mm_types.h>中关于该值有以下注释：

```
atomic_t mm_count; /* How many references to "struct mm_struct" (users count as 1) */
```

也就是说，用户线程对 mm_struct 的引用不管多少在 mm_count 中都记为 1。举个例子解释，假设父进程创建了 4 个 POSIX 子线程，那么此时 mm_users 的值为 4，而 mm_count 的值为 1。从这个角度来说，mm_count 可以看做是进程级的计数。维护这样两个不同的计数值有何好处呢？就是为了防止在一个进程退出时，也就是 mm_users 为 0 但仍然有内核线程使用其页表时，该进程的 mm_struct 被销毁。内核只会当 mm_count 为 0 时才会释放 mm_struct，因为这个时候既没有用户进程使用这个地址空间，也没有内核线程引用这个地址空间了。

17.4.2 获取进程虚拟地址空间信息

本实验主要是为了验证 Linux 进程虚拟地址空间管理使用的结构体 mm_struct 的重要信息。实验包括两部分：一部分是内核代码；另一部分则是测试程序。先看内核代码 mm.c 的关键部分，本部分代码主要是 mm 信息的显示，比较容易理解。

```
/* mm.c 中的 my_seq_show 函数，删除了错误检测等代码语句 */
static int my_seq_show(struct seq_file *m, void *p)
{
    struct task_struct    *tsk = current;     struct mm_struct     *mm = tsk->mm;
    unsigned long     stack_size = (mm->stack_vm << PAGE_SHIFT);
    unsigned long     down_to = mm->start_stack - stack_size;
    seq_printf( m, "\nInfo from the Memory Management structure " );
    seq_printf( m, "for task \'%s\' ", tsk->comm );
    seq_printf( m, "(pid=%d) \n", tsk->pid );
    seq_printf( m, "   pgd=%08lX  ", (unsigned long)mm->pgd );
    seq_printf( m, "mmap=%08lX  ", (unsigned long)mm->mmap );
    seq_printf( m, "map_count=%d  ", mm->map_count );
    seq_printf( m, "mm_users=%d  ", mm->mm_users.counter );
    seq_printf( m, "mm_count=%d  ", mm->mm_count.counter );
    seq_printf( m, "   task_size=0x%08lX  ", mm->task_size );
    seq_printf( m, "    start_code=%08lX  ", mm->start_code );
    seq_printf( m, " end_code=%08lX\n", mm->end_code );
    seq_printf( m, "    start_data=%08lX  ", mm->start_data );
    seq_printf( m, " end_data=%08lX\n", mm->end_data );
    seq_printf( m, "     start_brk=%08lX  ", mm->start_brk );
    seq_printf( m, "       brk=%08lX\n", mm->brk );
    seq_printf( m, "     arg_start=%08lX  ", mm->arg_start );
    seq_printf( m, "  arg_end=%08lX\n", mm->arg_end );
    seq_printf( m, "     env_start=%08lX  ", mm->env_start );
    seq_printf( m, "  env_end=%08lX\n", mm->env_end );
    seq_printf( m, "   start_stack=%08lX  ", mm->start_stack );
    seq_printf( m, "  down_to=%08lX ", down_to );
```

```
    seq_printf( m, "<--- stack grows downward\n" );
    seq_printf( m, "\n" );
    return    0;
}
```

测试程序为 mm_test.c,父、子进程分别读取/proc/mm 显示自己的内存空间信息。测试代码如下：

```
/ * mm_test.c, 删除了错误检测等代码语句 * /
int main()
{
    int len; int pid; char buf[BUFSIZE]; int fd;
    pid = fork();
    if(pid == 0){
        fd = open("/proc/mm",O_RDONLY);
        printf("This is child pid % d\n",getpid());
        len = read(fd, buf, BUFSIZE);     printf(" % s\n",buf);  close(fd);
    }
    else if(pid> 0){
        fd = open("/proc/mm",O_RDONLY);
        printf("This is parent pid % d\n",getpid());
        len = read(fd, buf, BUFSIZE);     printf(" % s\n",buf);   close(fd);
    }
    return 0;
}
```

添加内核模块 mm.ko 后 mm_test 测试结果如图 17.13 所示。可以看到在图 17.13 中,父、子进程的 pid 不同,但是二者显示的进程名称相同,都是 mm_test。另外,父、子进程的 start_code、start_stack 等参数都是完全相同的,但是父、子进程的全局页目录地址 pgd、虚拟存储区域的首地址 mmap 等都是不同的。另外,读者还可以直接运行 cat /proc/mm 命令,获得的将是 cat 进程的 mm_struct 信息。对比 cat 和 mm_test 的执行结果可以得出以下结论：首先,虽然不同进程的虚拟地址空间范围都是相同的,图 17.13 中的 task_size 都是 0xc0000000,但在具体分布上会因进程的不同而不同；其次,通过 fork 函数形成的父、子进程,虽然二者的进程地址空间分布相同,但由于 pgd、mmap 的不同,最终它们指向的是不同的物理帧。

实验 4：显示进程的虚拟内存地址空间分布信息

本次实验通过添加内核模块来获取一个进程的 mm_struct 结构体信息。实验代码为电子资源中"/源代码/ch17/mm/"目录下的相关文件。编译、运行该目录下的程序,观察实验现象,分析并理解不同进程的 mm_struct 结构体信息之间的异同。

17.4.3 Linux 中进程的虚拟存储区域 vma

一个虚存存储区域 vma 是虚存空间中的一个连续区域,这个区域中的信息具有相同的操作和访问权限。因此在某些参考资料中,vma 也被称为线性地址区。每个虚拟区域用一个 vm_area_struct 结构体变量进行描述,定义如下：

```
struct vm_area_struct {            /*<linux/mm_types.h>*/
    struct mm_struct *vm_mm;     /* The address space we belong to. */
    unsigned long vm_start;      /* Our start address within vm_mm. */
    unsigned long vm_end;        /* The first byte after our end address within vm_mm. */
    struct vm_area_struct *vm_next, *vm_prev;
    struct rb_node vm_rb;
    pgprot_t vm_page_prot;       /* Access permissions of this VMA. */
    unsigned long vm_flags;      /* Flags, see mm.h. */
    const struct vm_operations_struct *vm_ops;
        /*其他成员变量*/;
};
```

```
os@ubuntu:~/ch17/mm$ sudo insmod mm.ko
os@ubuntu:~/ch17/mm$ ./mm_test
This is parent pid 4384
Info from the Memory Management structure for task 'mm_test' (pid=4384)
   pgd=D43EE000  mmap=D68EAC60  map_count=14  mm_users=1  mm_count=1
   task_size=0xC0000000
    start_code=08048000    end_code=08048938
    start_data=08049F08    end_data=0804A044
     start_brk=08CA1000         brk=08CA1000
     arg_start=BFB9F381     arg_end=BFB9F38B
     env_start=BFB9F38B     env_end=BFB9FFF2
   start_stack=BFB9E8E0     down_to=BFB7C8E0   <--- stack grows downward
os@ubuntu:~/ch17/mm$ This is child pid 4385
Info from the Memory Management structure for task 'mm_test' (pid=4385)
   pgd=F1F19000  mmap=D17F5DE0  map_count=15  mm_users=1  mm_count=1
   task_size=0xC0000000
    start_code=08048000    end_code=08048938
    start_data=08049F08    end_data=0804A044
     start_brk=08CA1000         brk=08CA1000
     arg_start=BFB9F381     arg_end=BFB9F38B
     env_start=BFB9F38B     env_end=BFB9FFF2
   start_stack=BFB9E8E0     down_to=BFB7C8E0   <--- stack grows downward
```

图 17.13　父、子进程的虚拟内存空间对比

在 Linux 3.13.0 内核中，vm_area_struct 的定义也超过了 60 行。重点讲解以下几个参数。vm_start 指向 vma 区域的首地址，vm_end 指向该 vma 尾地址之后的第一个字节，也就是说，vm_end 是线性区域的结束地址。vm_mm 域指向拥有该 vma 区域的 mm_struct 结构体。每个用户进程都有唯一的 mm_struct，每个 vma 对一个进程、或者说一个 mm_struct 结构体来说都是唯一的。即使两个独立的进程将同一个文件映射到各自的进程地址空间，它们分别都会有一个 vm_area_struct 结构体来标识该文件所映射的区域。如果隶属于同一个进程的两个线程共享该进程的地址空间，那么这两个线程也同时共享其中的所有 vm_area_struct 结构体。vm_flags 指出了虚存区域的操作特性，常见的标识符有 VM_READ、VM_WRITE、VM_EXEC、VM_SHARED，分别表示该 vma 区域的读、写、执行和共享属性，这些标识符定义在<linux/mm.h>头文件中。vm_next 和 vm_prev 用于指明在 mmap 列表中该 vma 区域的前一个和后一个相邻区域。vm_rb 则指明在 mm_struct 的红黑树上该 vma 区域所在的结点。vm_page_prot 参数则指明 vma 区域的访问权限。

struct vm_operations_struct *vm_ops 指向 vma 的函数操作集。struct vm_operations_struct 定义在头文件<linux/mm.h>中，代码如下：

```
struct vm_operations_struct {
    void ( * open)(struct vm_area_struct * area);
    void ( * close)(struct vm_area_struct * area);
    int ( * fault)(struct vm_area_struct * vma, struct vm_fault * vmf);
    …
    }
```

当把一个 vma 加入到某个进程的 mmap 列表时调用 open 函数，而 close 则执行反向操作。当进程试图访问不在物理内存中的某页，但该页的线性地址属于此 vma 时，由缺页异常处理程序调用 fault 函数，将该页从磁盘文件读入到内存中。另外，Linux 还定义了 find_vma、vma_growsdown、vm_is_stack 等一系列针对 vma 的操作函数，这些函数定义在<linux/mm.h>头文件中，包括 vma 的查找、属性判断以及合并、迁移等操作。

最后说一下为什么要把进程的用户空间划分为一个个的 vma 区域。首先，这是因为进程中的每个虚存区域可能来源不同，而且访问权限不同。有的区域可能来自可执行映像，有的可能来自共享库，有的可能来自动态分配的内存区，而这些区域往往有不同的访问权限和不同的操作函数，因此 Linux 需要把进程的用户空间分割管理。其次，mm_struct 结构体管理的是进程各段的实际信息，但是这些段在真正使用时必须映射到页面，以页的方式与物理内存关联，vma 实际上是比虚存页更高一级的虚存管理单位。从以上角度来看，Linux 的 vma 与操作系统教科书中的段在概念上有相通之处，虽然二者在地址映射中的角色差别很大。

17.4.4 获取进程的虚拟内存区域信息

本实验主要是为了验证 Linux 进程虚拟内存区域管理使用的结构体 vm_area_struct 的重要信息。实验包括两部分，一部分是内核代码，另一部分则是测试程序。先看内核代码 vma.c 的关键部分，本部分代码主要是 vma 信息的显示，比较容易理解。考虑到 proc 文件内核代码已经使用多次了，此处直接看 proc 的显示函数。

```
/ * vma.c 中的 my_seq_show 函数，删除了错误检测等代码语句 * /
static int my_seq_show(struct seq_file * m, void * p)
{
    struct task_struct      * tsk = current;
    struct vm_area_struct      * vma;    unsigned long ptdb; int i = 0;
    seq_printf( m, "\n\nList of the Virtual Memory Areas " );
    seq_printf( m, "for task \' % s\' ", tsk -> comm );
     seq_printf( m, "(pid= % d)\n", tsk -> pid );
    vma = tsk -> mm -> mmap;
    while ( vma ){
        char    ch;
        seq_printf( m, "\n% 3d ", ++i );
        seq_printf( m, " vm_start = % 08lX ", vma -> vm_start );
        seq_printf( m, " vm_end = % 08lX   ", vma -> vm_end );
        ch = ( vma -> vm_flags & VM_READ ) ? 'r' : '-';
        seq_printf( m, " % c", ch );
        ch = ( vma -> vm_flags & VM_WRITE ) ? 'w' : '-';
        seq_printf( m, " % c", ch );
```

```
            ch = ( vma -> vm_flags & VM_EXEC ) ? 'x' : '-';
            seq_printf( m, " %c", ch );
            ch = ( vma -> vm_flags & VM_SHARED ) ? 's' : 'p';
            seq_printf( m, " %c", ch );
            vma = vma -> vm_next;
        }
        seq_printf( m, "\n" );
        asm(" movl %%cr3, %%ecx \n movl %%ecx, %0 " : "=m" (ptdb) );
        seq_printf( m, "\nCR3 = %08lX ", ptdb );
        seq_printf( m, " mm -> pgd = %p ", tsk -> mm -> pgd );
        seq_printf( m, " mm -> map_count = %d ", tsk -> mm -> map_count );
        seq_printf( m, "\n\n" );
        return    0;
}
```

上述代码中从 mm_struct 的 mmap 地址出发遍历 vma 队列，输出每个 vma 区域的起始地址以及相应的属性。内核模块 vma.ko 安装后，运行 cat /proc/vma 命令可以查看 cat 进程的 vma 遍历结果。通过一个类似于 17.4.2 节 mm_test 的测试程序 vma_test 对父、子进程的 vma 区域和 mm_struct 进行了对比，测试结果如图 17.14 所示。

```
Info from the Memory Management structure for task 'vma_test' (pid=4918)
   pgd=D9DA4000  mmap=F39BBF00  map_count=14  mm_users=1  mm_count=1
    start_code=08048000   end_code=080489E8
    start_data=08049F08   end_data=0804A04C
     start_brk=08116000        brk=08116000
     arg_start=BFD0A36D    arg_end=BFD0A378
     env_start=BFD0A378    env_end=BFD0AFF1
   start_stack=BFD09DA0    down_to=BFCE7DA0  <--- stack grows downward
List of the Virtual Memory Areas for task 'vma_test' (pid=4918)
  1  vm_start=08048000  vm_end=08049000  r-xp   vma_test
  2  vm_start=08049000  vm_end=0804A000  r--p   vma_test
  3  vm_start=0804A000  vm_end=0804B000  rw-p   vma_test
  4  vm_start=B75B7000  vm_end=B75B8000  rw-p   annoymous
  5  vm_start=B75B8000  vm_end=B7761000  r-xp   libc-2.19.so
  6  vm_start=B7761000  vm_end=B7763000  r--p   libc-2.19.so
  7  vm_start=B7763000  vm_end=B7764000  rw-p   libc-2.19.so
  8  vm_start=B7764000  vm_end=B7767000  rw-p   annoymous
  9  vm_start=B777A000  vm_end=B777D000  rw-p   annoymous
 10  vm_start=B777D000  vm_end=B777E000  r-xp   annoymous
 11  vm_start=B777E000  vm_end=B779E000  r-xp   ld-2.19.so
 12  vm_start=B779E000  vm_end=B779F000  r--p   ld-2.19.so
 13  vm_start=B779F000  vm_end=B77A0000  rw-p   ld-2.19.so
 14  vm_start=BFCE9000  vm_end=BFD0B000  rw-p   annoymous
CR3=19DA4000  mm->pgd=d9da4000  mm->map_count=14
```

```
Info from the Memory Management structure for task 'vma_test' (pid=4919)
   pgd=F0AD5000  mmap=C9136A20  map_count=15  mm_users=1  mm_count=1
    start_code=08048000   end_code=080489E8
    start_data=08049F08   end_data=0804A04C
     start_brk=08116000        brk=08116000
     arg_start=BFD0A36D    arg_end=BFD0A378
     env_start=BFD0A378    env_end=BFD0AFF1
   start_stack=BFD09DA0    down_to=BFCE7DA0  <--- stack grows downward
List of the Virtual Memory Areas for task 'vma_test' (pid=4919)
  1  vm_start=08048000  vm_end=08049000  r-xp   vma_test
  2  vm_start=08049000  vm_end=0804A000  r--p   vma_test
  3  vm_start=0804A000  vm_end=0804B000  rw-p   vma_test
  4  vm_start=B75B7000  vm_end=B75B8000  rw-p   annoymous
  5  vm_start=B75B8000  vm_end=B7761000  r-xp   libc-2.19.so
  6  vm_start=B7761000  vm_end=B7763000  r--p   libc-2.19.so
  7  vm_start=B7763000  vm_end=B7764000  rw-p   libc-2.19.so
  8  vm_start=B7764000  vm_end=B7767000  rw-p   annoymous
  9  vm_start=B777A000  vm_end=B777B000  rw-p   annoymous
 10  vm_start=B777B000  vm_end=B777D000  rw-p   annoymous
 11  vm_start=B777D000  vm_end=B777E000  r-xp   annoymous
 12  vm_start=B777E000  vm_end=B779E000  r-xp   ld-2.19.so
 13  vm_start=B779E000  vm_end=B779F000  r--p   ld-2.19.so
 14  vm_start=B779F000  vm_end=B77A0000  rw-p   ld-2.19.so
 15  vm_start=BFCE9000  vm_end=BFD0B000  rw-p   annoymous
CR3=30AD5000  mm->pgd=f0ad5000  mm->map_count=15
```

图 17.14　父(左)、子(右)进程的 vma 和 mm_struct 信息对比

对比图 17.14 中父、子进程的输出结果可以得出以下结论：

首先一个进程的 vma 区域大小都是页面大小的整数倍，也就是说，vma 都是按 4KB 边界进行对齐的。由于一个执行镜像可能因为属性不同会分裂为不同的 vma，如执行文件 vma_size_test 根据 r、w 和 x 属性分裂成了 3 个 vma 区域，占用了 12KB 的虚拟地址空间，而实际上程序的代码段的大小 code size 为 end_code～start_code，即 0x080489E8～0804800，只有 2536B，同样可以计算数据段的大小只有 308B。这就产生了内存使用中的内碎片。

其次，可以看到测试程序原文件本身只有不到 1KB，但是生成进程后整个进程的 vma 区域的总大小超过了 2000KB，其中只有少量字节是测试程序的镜像文件，大部分都是由于进程执行时需要的链接库文件、匿名映射以及堆、栈产生的。其中堆的大小为 0，因此测试程序 vma_test 没有调用 malloc 等函数从堆中分配内存；而栈空间不为 0，因为栈存储的是进程运行时的信息以及本地静态变量。这从一个侧面反映了程序和进程的差异。

对比父、子进程的 mm_struct 信息和 vma 信息可以看到父、子进程的进程地址空间几乎是完全相同的。一个差别是父进程有 14 个 vma 区域,而子进程有 15 个 vma 区域。对比图 17.14 中父子进程的 vma 信息可以发现,差别在于子进程把父进程中第 9 个 vma 区域拆成了两个。这主要是由于子进程在使用父进程中的具有相同名称的变量,根据 copy-on-write 的原则,子进程需要重新建立这些数据的 copy。这从一个侧面反映了 fork 创建子进程时的原理。

最后,虽然父子进程的 vma 区域几乎都是相同的,但二者的全局页表 pgd、控制寄存器 CR3 的数值完全不同。所以说 vma 反映的是进程的虚拟地址空间的分布信息,一个进程的所有的 vma 构成了该进程形成的虚拟地址空间。而从虚拟地址空间要访问物理地址需要经过分页机制的映射才能完成。

实验 5:获取一个进程的虚拟存储区域信息

本次实验通过添加内核模块来获取一个进程的 vm_area_struct 结构体信息。实验代码为电子资源中"/源代码/ch17/vma/"目录下的相关文件。编译、运行该目录下的程序,观察实验现象,分析并理解不同进程的 vm_area_struct 结构体信息之间的异同。另外,vma 目录以下还有 domalloc 测试文件,用于测试 malloc 函数对 vma 区域的影响。

17.4.5 Linux 中进程、内存和文件的关系

至此本章已经介绍了 Linux 物理内存管理、段页式映射机制以及进程虚拟内存管理。一个总的示意图如图 17.15 所示。

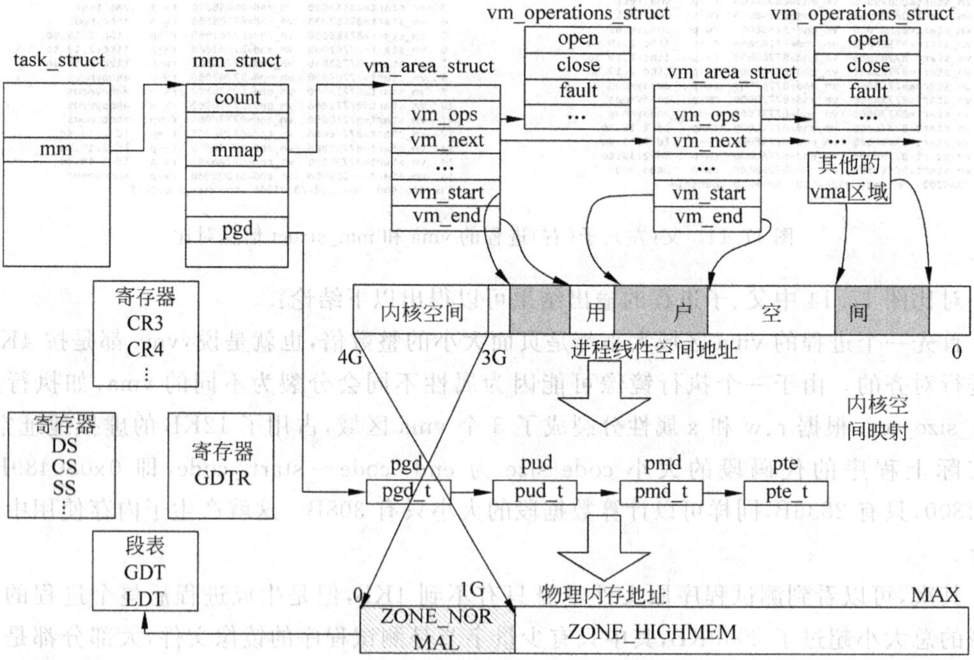

图 17.15 进程、物理内存和虚拟内存关系示意图

为了与 Intel 的 x86 架构兼容，在内存寻址中 Linux 首先采用简化的段机制将 CPU 发出的逻辑地址映射为线性地址。之所以说 Linux 使用的是简化的段机制，是因为 Linux 将用户代码段、数据段及内核代码段、数据段等赋予固定的段号，而且所有段的偏移量都设置为 0。这样 CPU 发出的逻辑地址中的偏移量就等于线性地址。各个段的信息可以通过存储在内核空间的 GDT、LDT 等段表中取得。GDTR 寄存器给出了全局段表 GDT 的物理位置。CS、DS、SS 等段寄存器则给出了对应的段选择符。在 CPU 执行指令时，CPU 的当前特权级要与 CS、DS、SS 等段寄存器中给出的段的特权级一致。另外，在 x86 架构中 CR0、CR4 等寄存器则给出了内存管理是否使用 PAE、PSE，是否使用分页、分段机制等信息。CR3 给出了当前运行进程的全局页目录表的物理位置。

Linux 使用进程控制块 task_struct 管理进程的所有信息，包括内存信息。内核通过进程对内存的管理主要是从虚存角度出发。Linux 将进程的线性地址空间范围设定为 4GB。其中前 3GB 为进程用户地址空间，而后 1GB 则为内核地址空间。也就是说，用户自己的代码段、数据段、栈、堆等都映射在前 3GB 空间中，而内核例程、内核空间映射等一般都映射到 3～4GB 的内核空间中。

进程的 task_struct 结构包含一个 mm 域，它指向一个 mm_struct 结构体。进程的 mm_struct 结构体包含了进程的可执行映像信息、进程的页全局目录指针 pgd、指向 vm_area_struct 列表的指针等信息。每个 vm_area_struct 代表进程的一个虚拟内存区域。系统以用户虚拟内存地址的降序排列 vm_area_struct。进程在运行时要经常分配虚存区，因此访问虚存区耗费的时间就成了系统性能的关键指标。为此，除链表结构外，Linux 还利用红黑树来组织 vm_area_struct。通过这种树结构，Linux 可以快速定位某个虚存区 vma。每一个进程有一个唯一的 mm_struct 结构体，其中包含的 vma 列表集合给出了该进程全部的虚拟内存区域分布信息。当进程需要对一个用户地址空间的数据进行操作时，操作系统需要首先判断该数据的地址隶属于哪个虚存区，然后通过分页机制将其映射为实际的物理地址。而对与属于内核空间地址范围的地址映射则非常简单，直接将其地址减去 0xC0000000 即可得到其物理位置。

相应地，Linux 把物理内存划分为 node、zone、section 和 page 等多个层次进行管理。其中 zone 包括了 ZONE_DMA、ZONE_NORMAL、ZONE_HIGHMEM 等 3 种不同的类型，其中 ZONE_NORMAL 为内核频繁使用的地址空间，被直接映射到线性地址空间的内核空间部分，如图 17.15 所示。事实上，ZONE_NORMAL 的范围为 16～896MB，其中前 1GB 内存中的最后 128MB 的线性空间用来动态映射所有剩下的物理内存，即 ZONE_HIGHMEM，到内核地址空间。所有的物理内存都被划分为 page 结构进行管理。请读者注意，此处使用的 page 实际上在操作系统教科书中被称为页框或帧，英文为 frame。而在进程的虚拟内存管理中，如页表，其使用的 page 才是操作系统教科书中所称的页面。

虽然在现代操作系统中进程是最重要的概念之一，是了解和把握操作系统的主线，但从操作系统各模块的运行、组织和管理来看，内存处于这些模块的中心位置。一方面所有的进程都必须在装入内存后才能运行，另一方面无论是从上层的应用程序出发还是从底层硬件出发，无论是从文件或设备角度出发还是从进程角度出发，最终它们都需要在内存中汇合。因此从内存在操作系统中的位置出发，来看一下进程、文件、设备、内存之间的关系，如图 17.16 所示。

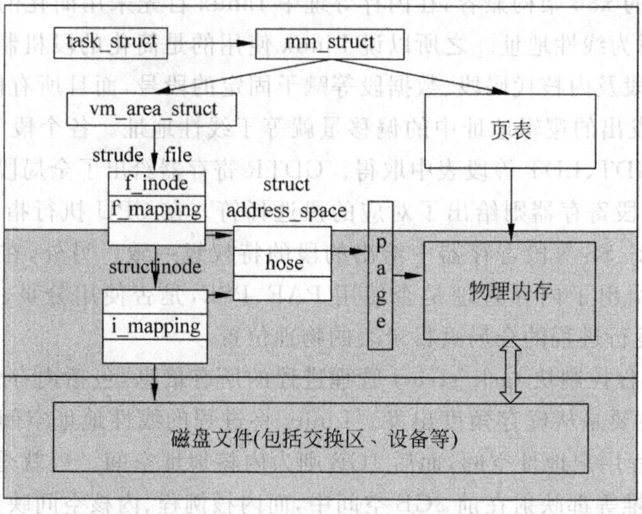

图 17.16 进程、进程虚拟空间、物理内存与文件系统的关系示意图

进程从 task_struct 出发，通过 mm_struct 来管理自己使用的内存空间，其中 vma 区域用于管理进程所有的虚拟区域，而 pgd 则指向进程使用的页表。通过 vma 和 pgd 进程就可以实现虚拟地址和物理地址之间的转换。在 Linux 操作系统中，几乎一切对象都可以看做是文件，通过对文件的操作实现对普通文件、设备、管道、套接字等对象的管理。而这些对象在文件系统中都有一个对应的 inode 结构体对其进行描述，inode 结构体与文件结构体 file 相关联。这样操作系统通过文件结构屏蔽了硬件实现的细节。在 file 和 inode 结构体中都有一个 address_space 结构体，该结构体包含了其使用的内存页 page，这些 page 来自于物理内存。任何进程要想访问一个文件或者一个设备，它必须将其映射到自己的进程地址空间，也就是这些设备或者文件建立一个 vma 区域，进程访问这些 vma 区域中的地址时要通过页表映射完成地址转换，找到对应的物理地址。这样在内存管理中，内核为文件分配物理内存，进程通过把文件映射到 vma 区域并通过页表机制访问实际的物理内存获得数据，从而实现内存的高效管理。

17.5 本章小结

内存是计算机体系结构中非常重要的组成部分，所有进程要运行都必须首先装入到内存中。在现代操作系统中，内存管理既要考虑到能够支持多个用户任务和内核任务并发、高效、安全地运行，还要考虑到内存的容量限制以及使用效率。内存向上联系着用户进程、向下联系着各种 IO 设备，既是各种任务赖以存在的物理基础，也是各种数据的存储地址。Linux 在内存管理上包括物理内存和虚拟内存两个方面。本章重点如下：

(1) Linux 把物理内存分为 node、zone 和 page 这 3 个层次进行管理。在新版本中又在 zone 和 page 之间加入了 section 层次。请读者注意的是，大多数操作系统教材都把物理内存的帧 frame 和虚拟内存的页 page 两个概念分开来讲述。但在 Linux 中每个物理帧由一个 page 结构体来描述，所以在 Linux 内存管理中，有时提到 page 可能强调的是其物理性质，即帧的特性，有时提到page则强调的是其逻辑页的属性，这根据上下文环境来确定。

(2) 内存管理往往与内核所在的计算机架构具有密切联系。考虑到目前PC的主流依然是IA32结构，所以17.2节重点介绍了IA32架构，包括与内存管理密切相关的寄存器、分段机制、分页机制以及PAE、PSE机制。

(3) 为了与IA32架构兼容，Linux也采用了段机制，但是考虑到Linux的移植性，Linux采用了简化的段机制。之所以是简化的，是因为Linux把用户代码段、数据段以及内核代码段、数据段等段的编号都固定在GDT表中，而且每段的起始地址都为0。也就是说，经过Linux段机制映射后，CPU发出的逻辑地址段＋偏移量就映射为固定的段号＋段的起始地址0＋线性地址。换句话说，在Linux中CPU发出的指令所包含的段内偏移量其实就是线性地址。

(4) Linux非常重视页面映射机制的设计。在目前大多数操作系统教材中仍然讲述的是常见的两层页表机制，32位线性地址被分为3部分，即页内偏移量为12位、二级页表10位、一级页表10位。而在Linux中，考虑到目前32位和64位系统并存的情况，Linux采用了四层映射机制。在支持PAE扩展情况下，当页面尺寸为4K时，在IA32结构上Linux的全局页目录PGD使用2位，上层页目录PUD不使用，中层页目录PMD使用9位，页表PTE使用9位，12位为页内偏移。

(5) 针对32位线性空间，Linux为每个用户进程规定了4GB的进程虚拟地址空间，其中用户地址空间占据3GB以下位置，内核地址空间为最高的1GB空间。所有的进程共享内核地址空间，但每个进程的用户地址空间各自独立。Linux每个段的逻辑地址是4GB，与进程地址空间相同。因此在访问物理地址时，内核地址空间的映射就极为简单，只要将其内核空间地址减去0xc0000000(在Linux中该值定义为PAGE_OFFSET)，就可以得到对应的物理地址了；反之亦然。但是用户空间的地址与物理地址就不能直接映射了，必须经过页表才能实现转换。

(6) 为了能够对每个进程使用的内存进行追踪，Linux在每个进程控制块task_struct中加入了一个mm_struct结构体类型的成员变量，该变量包含了进程所使用的内存信息，mm_struct结构体中包含的vm_area_struct成员变量则指明了进程的虚拟内存区域链表，成员变量pgd则指明了进程全局页表目录的物理内存位置。vm_area_struct列表给出了进程地址空间分布的具体信息。

(7) 总的来说，Linux在管理进程内存上主要是从虚拟内存的角度出发，而在实际分配内存时则是从物理内存角度出发。考虑到篇幅限制，本书并未介绍Linux物理内存分配机制、高速缓存机制。感兴趣的读者可以参考文献[12,13]。

习题

17-1　Linux把物理内存分为几个层次进行管理？各个层次使用什么结构体进行表示？

17-2　概述IA32的段机制和页机制。IA32如何实现超过4GB的寻址？

17-3　Linux段机制有何特点？

17-4　Linux分页机制有何特点？

17-5 在 IA32 结构下,Linux 进程地址空间最大是多少? Linux 进程地址空间包含哪两部分? 各有什么特点?

17-6 虚拟内存区域 vma 是 Linux 虚存管理的重要结构体。请查阅资料,确定 vma 结构体各个成员变量的含义。

17-7 结合 Linux 进程地址空间、分页机制、mm_struct 结构体和 vm_area_struct 结构体,分析一下 Linux 是如何实现虚拟内存管理机制的。

练习

17-1 在本章实验 4 和实验 5 中,只给出了相关段的起始和结束位置。计算 vma 每个 vma 区域的大小,以及代码段和数据段的大小,并通过测试程序显示。

17-2 vma 区域的遍历可以红黑树的方式来进行,请写一个内核模块——红黑树的方式——遍历 vma 区域并输出其信息。(提示:请回顾数据结构中二叉树的遍历算法;Linux 提供了一个 Container_of 宏,用于从包含在某个结构中的指针获得结构本身的指针,可以使用该宏从红黑树提取单个 vma 结点。)

17-3 vma 区域中有一个成员变量 struct file * vm_file,通过它可以获得该区域映射文件的名称。在图 13.4 所示进程地址空间中,内存映射段很多时候是匿名的,如果是匿名段请标明 anonymous。请修改 vma.c 内核代码:①只输出映像文件的名称;②输出映像文件的绝对路径(提示:请查资料确定 struct file 的使用方法,本题可在学习第 19 章文件系统后进行)。

第18章 Linux设备驱动程序

如果说CPU的主要工作就是计算，是对数据的处理，那么内存则是计算处理工作所必需的“车间”，而IO(Input-Output)则是为这种处理工作输送“原材料”和输出“产品”的途径。因此IO系统是所有计算机设备不可或缺的部分。一个IO设备工作的关键是其驱动程序。操作系统为了屏蔽各种外部设备的差异，设计了精巧的设备管理模块。Linux设备管理模块使用设备文件提供统一的、与具体设备无关的驱动。本章重点讲述Linux设备驱动程序的实现原理、重要函数及其使用方法。

本章学习目标

- 掌握Linux设备驱动程序基本原理
- 掌握Linux字符设备驱动的创建流程
- 掌握Linux字符设备驱动的常见函数
- 理解Linux设备驱动的内存映射机制

18.1 概述

第17章最后分析了操作系统中进程、内存、文件等的关系，并提到了在Linux中一切皆是文件的设计思路，图17.16展示了设备通过文件接口将数据输送到内存并为进程所使用的路径。文件操作是对设备操作的一种组织和抽象，而设备操作则是对文件操作的最终实现。

18.1.1 设备管理基本概念

Linux外部设备可以分成三大类：字符设备、块设备和网络设备。

字符设备：支持按字节/字符读取数据，能提供连续的数据流，应用程序可对其进行顺序读取，通常不支持随机存取。典型字符设备包括键盘、鼠标等。

块设备：应用程序可以寻址设备上的任何位置，随机访问设备数据，并由此读取数据。典型的块设备包括硬盘、光盘等。

网络设备：在操作系统中是一种特殊设备，是随着网络兴起而添加的一种IO设备。网络设备不同于字符设备和块设备之处在于网络设备在收发数据时必须使用协议。在网络设备接收数据时，内核必须按照各层协议的标准对数据进行分析，然后才能将有效数据传递给应用程序；反之亦然。Linux使用套接字socket访问网络设备。在Linux中，套接字也被作为一种文件描述符进行处理。

Linux内核的设备管理是由一组运行在内核态的驱动程序来完成的。设备管理的一个基本特征是设备处理的抽象性，即所有硬件设备都被看作文件，可以使用与操作普通文件相同的系统调用来打开、关闭、读取和写入设备。设备驱动程序是处理和管理硬件控制器的软件。设备驱动程序的任务是支持应用程序通过设备文件实现与设备的通信。

系统中每个设备都用一种设备文件来表示。当用户进程发出IO命令时，系统首先确定这是针对哪个文件进行的请求，并把该请求处理传递给文件系统，文件系统通过设备文件查找相应的驱动程序，并调用驱动程序提供的接口执行相应的操作，驱动程序根据需要对设备控制器进行操作，设备控制器再去控制设备本身。通过这种机制，Linux内核对用户进程屏蔽了设备的各种细节特性，使用户的操作简单、方便、统一，像操作普通文件一样去操作设备。设备控制器对设备本身的控制不是操作系统所关心的事情。换句话说，操作系统IO模块所关心的重点就是驱动程序，而驱动程序往往是以设备文件的操作函数来呈现的。

那么什么是设备文件呢？Linux设备文件就是一个真正的文件，就像普通的文档或者图片文件一样。与其他文件的差异是在文件类型上，设备文件的文件类型不是文档，也不是图片，而是“设备”。一个设备文件表示一个设备。设备文件一般在设备驱动加载时创建，在设备驱动卸载时移除。有了设备文件，对设备进行的操作就转换为对设备文件的操作。这种操作的转换是通过驱动程序实现的，对设备文件的操作会触发内核调用相应的设备驱动程序，再由驱动程序去操作硬件设备。因为设备文件是一个文件，所以标准C库、GNU C库中对文件的各种操作，包括打开、写、读、定位等，均对设备文件有效。换句话说，设备驱动的作用就是将这些对设备文件的打开、读、写、定位等操作转化为对相应硬件设备的打开、读、写、定位等操作，参数传递的路径如图18.1所示。

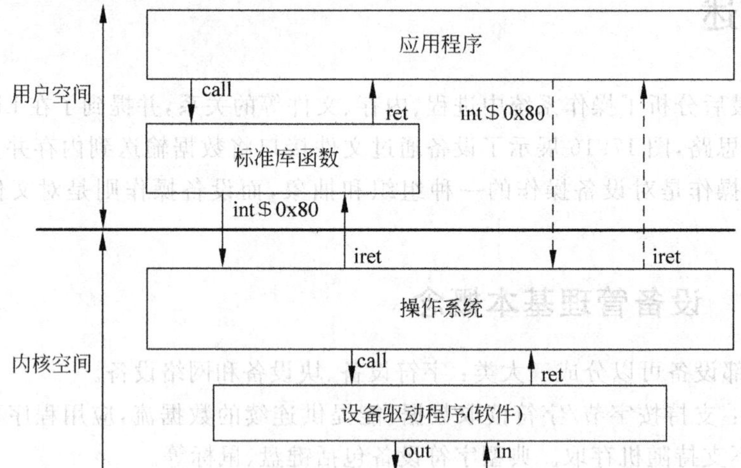

图18.1 从应用程序到设备驱动程序的参数传递示意图

当应用程序调用open、read、write或其他函数操作一个设备时，首先必须确定该设备已经被安装上了。如果设备没有被安装，那么就不能使用该设备。如果设备已经安装，那么应用程序的调用将沿图18.1所示的路径进行，并返回一个调用结果。当应用程序发出设备操作指令时，如 open、mmap 等，这些指令有两种方式传递给操作系统。一种是调用标准库函数，如 ANSI C 库或 GNU C 库，然后由库函数调用 int ＄0x80 指令陷入内核态；另一种则是直接调用 int ＄0x80 指令陷入内核态，最终由内核调用已注册的相应设备驱动函数，这种情况一般发生在调用函数不是标准库函数时。int ＄0x80 是一条 AT&T 语法的中断指令，用于实现系统调用。陷入内核态后，内核将根据访问的对象判断是针对哪种设备的操作，并调用驱动程序提供的对应的 API 函数。设备文件中的函数操作会把相应的参数传递给物理设备。获得结果后再层层返回直到传递给应用程序。在这个过程中设备驱动程序要负责检查 IO 请求参数的合法性，读取并检查设备的状态，设置相关 IO 设备参数并启动 IO 设备。如果操作 IO 设备过程中出现了错误，驱动程序首先自己进行处理。例如，在读取光盘数据时如果一次未能成功，则驱动程序会再次进行读取尝试解决问题；直到驱动程序发现错误无法处理时，才把相应的错误类型返回给应用程序。事实上，本书第 1 章中提到的系统调用模型，以及应用程序中所使用的系统调用函数，如 open、printf 等，基本上都遵循了图 18.1 所示的参数传入和返回路径。因此读者可以结合本章的内容加深对系统调用的理解。

综上所述，在 Linux 中对设备的管理实际上是通过设备文件进行的。设备文件是实现设备管理的关键，驱动程序往往以设备文件的操作函数的形式来呈现。

18.1.2 Linux 字符设备管理

所有 Linux 设备都有一个设备号。设备号是系统为设备分配的一个编号，包括主设备和次设备号。其中主设备号用来标识与设备文件相关联的驱动程序，反映设备的类型；而次设备号则被驱动程序用来辨别操作的是哪个设备，因为同类型的设备可能有多个，如一台计算机有多个 USB 设备。设备文件需要设备号才能创建，设备驱动也需要设备号才能加载。Linux 在头文件<linux/kdev_t.h>中定义了主设备号、次设备号的格式，具体如下：

```
#define MINORBITS      20
#define MINORMASK      ((1U << MINORBITS) - 1)
#define MAJOR(dev)      ((unsigned int) ((dev) >> MINORBITS))
#define MINOR(dev)      ((unsigned int) ((dev) & MINORMASK))
```

Linux 设备号使用 dev_t 类型的变量来表示。dev_t 定义在<linux/types.h>中，实际上就是无符号 32 位整型。由上述定义可以看出，主设备号为 dev_t 中的高 12 位，次设备号为低 20 位。通过 cat /proc/devices 命令可以查看当前系统中字符设备和块设备，通过 ls -al /dev/命令可以查看系统中所有设备的主设备号和次设备号。

有了设备号就可以定义设备了。以字符设备为例，字符设备使用的设备文件类型为 cdev，该结构体定义在头文件<linux/cdev.h>中，代码如下：

```
struct cdev
{
  struct kobject kobj;                         //内嵌的 kobject 对象
  struct module * owner;                       //指向实现驱动的模块
  const struct file_operations * ops;          //操作这个字符设备文件的函数集合
  struct list_head list;
  dev_t dev;                                   //设备号
  unsigned int count;
};
```

该结构体中比较重要的几个变量如下：

(1) 在 Linux 内核里，kobject 是组成 Linux 设备模型的基础，一个 kobject 对应 sysfs 里的一个目录。sysfs 文件系统是一个类似于 proc 的特殊文件系统，用于将系统中的设备组织成层次结构，并向用户程序提供设备的内核数据结构信息。具体的 sysfs 信息可看一下系统根目录下的 sys 文件夹，就会有一个直观的认识。从面向对象的角度来说，kobject 可以看作是所有设备对象的基类。但是 C 语言并没有面向对象的语法，特别是 Linus 本人特别反对在 Linux 内核中使用 C++语法，所以 Linux 内核往往都是通过 C 语言的结构体来实现面向对象的概念。怎么实现呢？方法是把 kobject 内嵌到其他结构体里来起到基类的作用，其他结构体可以看作是 kobject 的“派生类”。kobject 为 Linux 设备模型提供了很多有用的功能，如引用计数、接口抽象、父子关系等。感兴趣的读者可以阅读参考文献[5,6,8]了解更多信息。

(2) dev 表示设备号，是一个无符号 32 位整型变量，其中高 12 位为主设备号，低 20 位为次设备号。

(3) ops 是一个 struct file_operations 类型的指针，它是字符设备驱动程序实现的主体。在和字符设备驱动程序交互时，应用程序通过系统调用陷入到内核空间，执行该设备的驱动程序。ops 所指向的 file_operations 结构体就是该字符设备驱动程序为应用程序调用而实现的操作函数的集合。

在<linux/cdev.h>中还定义了一组对字符设备进行操作的函数，其中比较常用的如下：

```
void cdev_init(struct cdev *,struct file_operations *);   //初始化 cdev 的成员
struct cdev * cdev_alloc(void);                           //动态申请一个 cdev 的内存空间/
int cdev_add(struct cdev *,dev_t,unsigned);               //添加一个 cdev 字符设备
void cdev_del(struct cdev *);                             //删除一个 cdev 字符设备
```

这些函数的使用方法请参考本章后续实验。

在调用 cdev_add 函数后，内核把已分配字符设备号的字符设备对象 cdev 记录在一个名为 cdev_map 的全局对象中。另外，系统中还有一个名为 chrdevs 的散列表。该散列表中的每一个元素都是一个 char_device_struct 结构体，主要记录的是字符设备的设备号。cdev_map 和 char_device_struct 结构体都定义在<fs/char_dev.c>文件中，代码如下：

```
static struct kobj_map * cdev_map;
static struct char_device_struct {
        struct char_device_struct * next;    // 指向散列冲突链表中的下一个元素的指针
        unsigned int major;                  // 主设备号
        unsigned int baseminor;              // 起始次设备号
        int minorct;                         // 设备编号的范围大小
        char name[64];                       // 处理该设备编号范围内的设备驱动的名称
        struct cdev * cdev;                  /* will die */
    } * chrdevs[CHRDEV_MAJOR_HASH_SIZE];
```

cdev_map 和 char_device_struct 散列表的大小都是 255，散列算法是把每组字符设备编号范围的主设备号以 255 取模插入相应的散列桶中。同一个散列桶中的字符设备编号范围是按起始次设备号递增排序的。以散列表方式组织的 cdev_map 效率很高，系统将 Hash 值

相等的 kobject 用 next 字段连接成一个链表；当使用一个字符设备时通过 Hash 值找到链表，然后遍历链表进行精确比对找到需要的 cdev 结构体，并使用 cdev 结构体中的 file_operations 字段替换字符设备默认的 file_operations 字段，至此用户就可以用 cdev 注册的函数来操作字符设备了。cdev_map 是在调用 cdev_add 时使用的。chrdevs 散列表则是在设备注册时使用的。

在调用 cdev_add 函数向系统注册字符设备之前，应该先向系统申请或注册设备号。内核提供了 3 个函数来注册一组字符设备编号，这 3 个函数分别是 register_chrdev_region()、alloc_chrdev_region()和 register_chrdev()。其中，register_chrdev_region()是为提前知道设备的主、次设备号的设备分配设备编号。alloc_chrdev_region()是动态分配主次设备号。register_chrdev()是老版本的设备号注册方式，只分配主设备号。这些函数的原型如下：

```
int register_chrdev_region(dev_t from, unsigned count, const char * name);
int alloc_chrdev_region(dev_t * dev,unsigned baseminor,unsigned count,const char * name)
int register_chardev (unsigned int major, const char * name, struct file_operations * fops)
```

在系统调用 cdev_del 函数从系统注销字符设备后应该释放之前申请的设备号，函数原型如下：

```
unregister_chrdev_region(dev_t from, unsigned count)
int unregister_chrdev (unsigned int major,  const char * name) //老版本
```

这些函数的具体使用方法将在后续各节陆续介绍。

在设备驱动程序开发中所有与设备相关的操作都必须在内核态下才能完成。用户程序是无法直接访问设备的。所以必须创建一个 Linux 设备驱动内核模块来进行相关设备的操作，其基本框架如图 18.2 所示。内核模块的初始化函数中需要对设备进行注册，撤销内核模块时需要撤销设备。注册的字符设备需要提供设备操作函数。这些函数需要在 file_operations 结构体中进行声明，并在内核模块中实现。

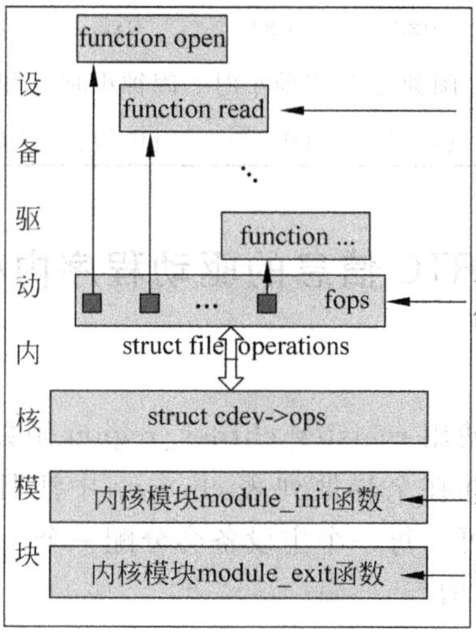

图 18.2　Linux 字符设备驱动程序基本框架

需要提醒读者的是，设备驱动内核模块中定义的设备操作函数需要与Linux中规定的file_operations的函数原型一致，除非用户自己规定一个函数。一般情况下Linux提供的操作函数就够用了。file_operations结构体在前面章节中已经使用过多次了，详细信息请读者参阅第19章。

18.2 字符设备CMOS驱动程序

因为设备的不同，设备驱动程序也会呈现很大的差异，但设备驱动程序开发框架是基本不变的。一个设备驱动程序大体上包括4个步骤：注册设备号、初始化cdev设备文件并添加到系统、实现cdev的操作函数、创建设备结点。本节以一个简单的设备CMOS来作为例子进行讲解。

18.2.1 CMOS RTC信息

计算机上都会有一个CMOS(Complementary Metal-Oxide Semiconductor)部件，它包含一个实时时钟(Real Time Clock，RTC)。RTC的信息包含在CMOS的前10个地址中，其信息格式如表18.1所示。需要注意的是，星期一数值为1，星期天数值为7；1月份为1，12月份为12。月份信息也就是地址为0x8的数据，使用的是BCD格式，即以4位二进制表示一位十进制数，在显示时需要进行转换。

如何从硬件设备中获得所需要的信息呢？获取方法需要根据硬件和系统的具体情况来确定。每一个厂商都会提供相关设备的说明书。CMOS中的RTC信息可以通过IO端口0x70和0x71来进行访问，其中0x70是地址端口，0x71是数据端口。头文件<asm/io.h>定义的宏inb和outb使这种端口访问变得非常简单。inb和outb的使用实例请参考本小节实验代码。对inb和outb更多资料感兴趣的读者可以参考计算机组成原理相关教材。

表18.1 CMOS前10个地址中存储的信息及其数据格式

地址	0x0	0x1	0x2	0x3	0x4	0x5	0x6	0x7	0x8	0x9
字段	当前秒	闹钟秒	当前分	闹钟分	当前小时	闹钟小时	星期	日期	月份	年
取值	[0 59]	[0 59]	[0 59]	[0 59]	[0 59]	[0 59]	[1 7]	[1 31]	[1 12]	[0 99]

18.2.2 获取CMOS RTC信息的驱动程序内核模块

1. 注册、撤销设备号

在知道设备号的情况下可以使用register_chrdev_region函数来注册设备，该函数会生成一个char_device_struct结构，并在全局散列表chrdevs中注册一组设备编号范围，当然设备只需要使用其中一个编号即可。每一个主设备会分配一个char_device_struct结构，可以有多个次设备号，次设备依次递增。

```
char devname[] = "cmos";                    //设备文件名
int     my_major = 70;                      //设备主ID号
```

```
static int __ init my_init( void )
{
    int ret; dev_t devno;
    devno = MKDEV(my_major, 0);
    ret = register_chrdev_region(devno, 1, devname );
    cmos_setup_cdev();
    return 0;
}
static void __ exit my_exit(void )
{
        cdev_del(&cmos_dev);
        unregister_chrdev_region(MKDEV(my_major, 0), 1);
}
```

上述代码中 MKDEV 宏根据给定的主设备号生成 devno，在调用 register_chrdev_region 函数时，第一个参数为要分配的设备编号范围的初始值，第二个参数为连续编号范围，第三个参数为设备名称。unregister_chrdev_region 则执行反向操作。

2. 初始化 cdev 设备文件

内核中每个字符设备都对应一个 cdev 结构的变量。对其进行初始化有两种方法。一种是静态的，如上述代码所示：首先声明设备文件 cmos_dev，然后调用 cdev_init 对 cmos_dev 进行初始化，并建立其与操作函数集合 my_fops 的联系。代码如下：

```
struct cdev cmos_dev;
static void cmos_setup_cdev(void)
{
    int err, devno;
    devno = MKDEV(my_major, 0);
    cdev_init(&cmos_dev, &my_fops);
    cmos_dev.owner = THIS_MODULE;
    err = cdev_add(&cmos_dev, devno, 1);
}
```

另一种则是使用 cdev_alloc 函数进行动态创建，代码如下：

```
struct cdev * cmos_dev = cdev_alloc();
cmos_dev ->ops = &fops;
cmos_dev ->owner = THIS_MODULE;
```

初始化完成后就可以调用 cdev_add 将设备文件 cmos_dev 添加到系统中。此时 cdev_add 将 cmos_dev 添加到全局散列数组 cdev_map 中。

3. 实现 cdev 设备文件的操作函数

在 cdev_init 初始化设备文件时需要将其与操作函数集合关联起来。如果不使用默认的函数就需要读者自己定义。一个针对 cmos_dev 设备文件的 my_read 函数示例如下：

```
struct file_operations my_fops = {
    owner:     THIS_MODULE,
    llseek:      my_llseek,
```

```
    write:    my_write,
    read:     my_read,
};
ssize_t my_read( struct file * file, char * buf, size_t len, loff_t * pos )
{
    unsigned char    data;
    if ( * pos >= cmos_size ) return 0;
    outb( * pos, 0x70 );  data = inb( 0x71 );
    if ( put_user( data, buf ) ) return - EFAULT;
    * pos += 1;
    return 1;
}
```

其中 outb 向地址端口 0x70 写入地址 * pos,inb 则从数据端口 0x71 返回 * pos 地址包含的数据。请读者注意,由于要从内核空间向用户空间传递数据,所以使用了 put_user 函数,该函数实现单数据的传输,其中 data 是位于内核空间的数据,而 buf 则是用户空间的地址。

4. 创建设备结点

创建设备结点也有两种方式,一种是自动创建,可以通过调用 class_create()函数创建一个类,这个类将存放于 sysfs 下面,然后再调用 device_create()函数,从而在/dev 目录下创建相应的设备结点。另一种方法则是使用手动创建,示例如下:

```
sudo  mknod /dev/cmos c 70 0
sudo chmod a + rw /dev/cmos
```

mknod 命令在/dev/目录下创建 cmos 文件,其中 c 指明是字符设备,70 为主设备号,与内核代码一致,0 是次设备号。chmod 改变创建设备的读写权限;否则用户程序将无法操作该设备。

18.2.3 CMOS RTC 驱动程序内核模块测试

编辑测试程序 cmos_test.c,关键代码如下:

```
char * day[] = { "", "MON", "TUE", "WED", "THU", "FRI", "SAT", "SUN" };
char * month[] = { "", "JAN", "FEB", "MAR", "APR", "MAY", "JUN",
        "JUL", "AUG", "SEP", "OCT", "NOV", "DEC" };
main () {
    fd1 = open("/dev/cmos",O_RDWR);
    while (i<10) {
        len = read(fd1, &ch, 1);
        buf[i] = ch;    i++;
    }
    printf("\n\t CMOS Real - Time Clock/Calendar:" );
    printf(" % 02X", buf[4] );                // current hour
    printf(": % 02X", buf[2] );               // current minutes
    printf( ": % 02X", buf[0] );              // current seconds
    printf(" on" );
```

```
    printf( " %s, ", day[ buf[6] ] );              // day - name
    printf( " %02X", buf[7] );                     // day - number
    month_index = ((buf[ 8 ] & 0xF0)>>4) * 10 + (buf[ 8 ] & 0x0F);
    printf( " %s", month[ month_index ] );         // month - name
    printf( " 20%02X\n ", buf[9] );                // year - number
}
```

测试程序首先像打开一个普通文件一样使用 open 函数打开/dev/cmos 设备。然后调用 read 函数读取设备中的前 9 个地址的信息。当读取信息完成后，根据 CMOS 中 RTC 信息的格式对其进行格式化后输出显示。CMOS RTC 驱动程序内核模块测试结果如图 18.3 所示。其中涂黑部分是添加 CMOS RTC 驱动程序内核模块、添加设备文件结点的操作。

```
os@ubuntu:~/ch18/cmosdev$ make
make -C /lib/modules/3.13.0-24-generic/build SUBDIRS=/home/os/ch18/cmosdev modul
es
make[1]: Entering directory `/usr/src/linux-headers-3.13.0-24-generic'
  CC [M]  /home/os/ch18/cmosdev/cmos.o
  Building modules, stage 2.
  MODPOST 1 modules
  CC      /home/os/ch18/cmosdev/cmos.mod.o
  LD [M]  /home/os/ch18/cmosdev/cmos.ko
make[1]: Leaving directory `/usr/src/linux-headers-3.13.0-24-generic'
rm -r -f .tmp_versions *.mod.c .*.cmd *.o *.symvers
os@ubuntu:~/ch18/cmosdev$ sudo insmod cmos.ko
os@ubuntu:~/ch18/cmosdev$ sudo  mknod /dev/cmos c 70 0
os@ubuntu:~/ch18/cmosdev$  sudo chmod a+rw /dev/cmos
os@ubuntu:~/ch18/cmosdev$ ./cmos_test

         CMOS Real-Time Clock/Calendar: 06:24:23 on WED, 31 JAN 2015

         CMOS Real-Time Clock/Calendar: 06:24:23 on SAT, 31 JAN 2006

         CMOS Real-Time Clock/Calendar: 06:24:23 on WED, 31 JAN 2015
 os@ubuntu:~/ch18/cmosdev$ █
```

图 18.3　CMOS RTC 驱动程序测试结果

如果在 cmos 内核模块代码中实现了定位、写等功能，那么就可以对其进行相应的操作。一个对 cmos 中年份进行修改的示例代码如下：

```
lseek(fd1, 9, SEEK_SET);
year = (unsigned char)6;      sprintf(bufw," %s",&year);
write(fd1,bufw,strlen(bufw));
```

测试时，需要首先编译 CMOS RTC 驱动程序内核模块，并添加该模块、创建设备结点，命令如下：

```
$ sudo insmod cmos.ko
$ sudo  mknod /dev/cmos c 70 0
$ sudo chmod a+rw /dev/cmos
```

然后运行测试程序 cmos_test，如图 18.3 所示，结果显示首先输出当前信息，然后将年份修改为 2006 年再次读取，最后再次修改为 2015 年并显示信息。

从测试程序来看，添加的 CMOS 驱动程序内核模块正确地提取了 RTC 信息。不过在显示时需要测试程序重新将数据进行格式化。CMOS 驱动程序提供的是与标准 read、write、lseek 函数语义一致的操作函数。读者可以在此基础上进一步封装，获得高级 API，如已经格式化正确的 RTC 日期。

实验 1：实现读取 CMOS 实时时钟信息的驱动程序

本次实验通过添加内核模块来实现一个 CMOS RTC 设备的驱动程序，该驱动程序可以读取和修改 CMOS RTC 时间信息。实验代码为电子资源中"/源代码/ch18/cmosdev/"目录下的相关文件。编译、运行该目录下的程序，观察实验现象，分析并理解设备文件的创建、注册和撤销过程，理解并掌握设备文件操作函数的实现方法。

18.3 基于内存映射的杂项设备驱动程序

考虑到设备的多样性，Linux 把很多难以详细归类的设备定义为杂项设备 miscdevice，杂项设备具有使用灵活的特点。在用户进程与驱动程序进行数据交换方面，除了 18.2.2 节使用的 get_user 和 put_user 函数外，还可以直接使用内存映射的方法实现用户进程和设备驱动程序之间的高效数据传输。本节将介绍基于内存映射的杂项设备驱动程序的实现。

18.3.1 Linux 中的杂项设备

Linux 把无法归类的各种类型的设备定义为杂项设备。所有的杂项设备共享一个主设备号 MISC_MAJOR，即 10，但每个杂项设备的次设备号不同。所有的杂项设备形成一个链表。对杂项设备访问时内核将根据次设备号查找对应的设备，然后调用其 file_operations 结构中注册的文件操作函数接口进行操作。杂项设备定义在＜linux/miscdevice. h＞头文件中，代码如下：

```
struct miscdevice  {
    int minor;                                  //杂项设备的次设备号
    const char * name;                          //设备名称
    const struct file_operations * fops;        //操作函数集合
    struct list_head list;
    struct device * parent;
    struct device * this_device;
    const char * nodename;
    umode_t mode;
};
```

18.3.2 设备驱动中的内存映射

第 16 章曾经介绍了使用内存映射实现对内存文件映射，实现父、子进程通信以及无关进程间的通信。从本质上看，内存映射就是把一段物理内存映射到用户进程的地址空间之内，用户进程就可以直接使用该地址空间进行输入输出。在第 16 章的例子中内存映射可以通过打开的文件描述符 fd 进行，也可以进行匿名映射。由于设备也可以看做是一种文件，所以设备文件也支持基于内存映射的数据传输方式。在＜linux/fs. h＞定义的 file_operations 结构体中，映射函数具有以下原型：

```
int ( * mmap) (struct file * , struct vm_area_struct * );
```

与第 16 章的 mmap 函数对比，可以发现用户进程使用的 mmap 函数与内核设备文件使用的 mmap 函数有较大差异。事实上，在使用时用户程序首先调用第 16 章的 mmap 函数，内核根据 mmap 中的参数生成一个 struct vm_area_struct 结构体，并将该结构体传递给设备驱动程序使用的 mmap 函数作为参数，最终由设备驱动程序中的 mmap 函数完成映射工作。

设备驱动程序在调用其 mmap 函数完成从内核空间到用户空间的映射时，必须要建立相应的页表。建立页表可以使用 remap_pfn_range 函数数，原型如下：

```
int remap_pfn_range(struct vm_area_struct * vma, unsigned long virt_addr, unsigned long pfn,
unsigned long size, pgprot_t prot);
```

该函数的功能是根据物理帧号建立页表，并映射到用户进程空间。第一个参数 vma 是内核根据用户进程的 mmap 请求来填写的，读者不用去关心它的设置过程。第二个参数 virt_addr 表示内存映射开始处的虚拟地址，第 4 个参数 size 为映射的区间长度，也就是说该函数将为虚拟地址空间 virt_addr 至 virt_addr＋size 构造页表。第三个参数 pfn(Page Fram Number)是虚拟地址映射到物理内存的帧号。最后一个参数 prot 是新建立的页的保护属性。

在驱动程序中可以使用 remap_pfn_range 函数映射内存保留页和设备 I/O 内存。如果想把设备驱动程序通过 kmalloc 申请的内存映射到用户进程空间，就需要把要映射的内存设置为保留属性，该操作可以通过 SetPageReserved 宏完成。

18.3.3　基于内存映射的杂项设备驱动程序

本驱动程序主要包括以下步骤：首先实现杂项设备的注册以及内存的分配和预留；然后是内存映射函数的设置和实现；最后则是杂项设备的撤销和内存的回收。

1. 杂项设备的注册以及内存的分配和预留

主要代码如下：

```
static unsigned char * buffer;
static struct miscdevice misc = {
    .minor = MISC_DYNAMIC_MINOR,
    .name = DEVICE_NAME,
    .fops = &dev_fops,
};
static int __init dev_init(void)
{
    int ret;
    ret = misc_register(&misc);                                   //注册混杂设备
    buffer = (unsigned char * )kmalloc(PAGE_SIZE,GFP_KERNEL);   //内存分配
    SetPageReserved(virt_to_page(buffer));                        //将该段内存设置为保留
    return ret;
}
```

在上述代码中，杂项设备的次设备号被设置为 MISC_DYNAMIC_MINOR，表示由系统自动分配。fops 指明杂项设备使用的文件操作函数集合。注册杂项设备的函数为 misc_register。请注意与 18.2.2 节字符设备注册使用的 register_chrdev_region 不同，misc_ register 函数不仅实现了杂项设备的注册，同时实现了设备结点的安装。也就是说，在使用 misc_register 函数进行杂项设备的注册后，不必再手动进行 mknod 操作了。另外，模块初始化代码调用 kmalloc 函数分配一页内存，然后 virt_to_page 宏通过内核空间地址获得该地址对应的 struct page 指针，最后 SetPageReserved 将该页设置为保留属性。请注意，内核代码也是以 Linux 任务的形式运行，所以其使用的地址也是虚拟地址，只不过是在内核空间的地址范围内。

2. 内存映射函数的设置和实现

代码如下：

```
static struct file_operations dev_fops = {
    .owner    = THIS_MODULE,
    .open     = my_open,
    .mmap     = my_map,
};
```

dev_fops 中的 mmap 函数接口由 my_map 函数实现，代码如下：

```
static int my_map(struct file *filp, struct vm_area_struct *vma)
{                                   //vma 的各个字段由内核根据用户进程调用请求的参数设置
    unsigned long page;
    unsigned long start = (unsigned long)vma->vm_start;
    unsigned long size = (unsigned long)(vma->vm_end - vma->vm_start);
    vma->vm_flags |= VM_IO;
    vma->vm_flags |= (VM_DONTEXPAND | VM_DONTDUMP);
    page = virt_to_phys(buffer);//得到物理地址
    //将用户空间的一个 vma 虚拟内存区映射到以 page 开始的一段连续物理页面上
    remap_pfn_range(vma,start,page>>PAGE_SHIFT,size,PAGE_SHARED);
    sprintf(buffer, "%s", DEVICE_INFO);          //往该内存写数据
    return 0;
}
```

上述代码中的核心是把内核分配的内存映射到由用户空间传递来的 vma 上。vma 结构体请参考第 17 章。之所以为 vma 添加属性 VM_IO 以及(VM_DONTEXPAND|VM_DONTDUMP)是为了向系统表明，该 vma 具有 IO 映射属性，不能随意被换出内存。原因是在虚拟内存管理中，在物理内存紧张时一些页面就会被换出，而设备驱动中的虚拟页和物理帧之间的映射关系应该是长期的，应该被保护起来，不能随意被别的虚拟页所替换。virt_to_phys 宏把内核分配的内存转换为物理地址，然后通过 remap_pfn_range 函数把该物理地址映射到 vma 虚拟内存区域的开始处，长度为 vma 区域的大小。其中 remap_pfn_range 第三个参数为物理帧的帧号，由物理地址右移 PAGE_SHIFT 得到。最后向内存映射区域写入一段话，是为了后续的测试工作。

3. 杂项设备的撤销和内存的回收

示例如下：

```
static void __exit dev_exit(void)
```

```
{
    misc_deregister(&misc);                          //注销设备
    ClearPageReserved(virt_to_page(buffer));         //清除保留属性
    kfree(buffer);                                   //释放内存
}
```

18.3.4 测试

测试代码如下：

```
#define PAGE_SIZE 4096
int main(int argc, char *argv[])
{
    int fd1;  unsigned char *p_map;
    fd1 = open("/dev/mymap",O_RDWR);                 //打开设备
    p_map = (unsigned char *)mmap(0, PAGE_SIZE, PROT_READ | PROT_WRITE,MAP_SHARED,fd1, 0);
                                                     //内存映射
    printf("%s\n",p_map);                            //打印映射后的内存字符串
    munmap(p_map, PAGE_SIZE);
    return 0;
}
```

上述代码首先以读写方式打开设备/dev/mymap，然后调用 mmap 函数对打开的文件描述符 fd 进行内存映射，之后直接输出内存映射区域的字符串。退出前调用 munmap 解除映射。测试结果如图 18.4 所示。可以看到在添加杂项设备驱动程序内核模块后，虽然不需要进行设备结点的手动安装，但是需要通过 sudo chmod a+rw /dev/mymap 命令来修改 mymap 设备属性为 UGO 均可读写。测试结果显示应用程序成功地读取了 mymap 设备驱动程序向内存映射区域中写入的字符串。

```
os@ubuntu:~/ch18/shmdriver$ sudo insmod miscdev_map.ko
[sudo] password for os:
os@ubuntu:~/ch18/shmdriver$ sudo chmod a+rw /dev/mymap
os@ubuntu:~/ch18/shmdriver$ ./miscdev_maptest
I am the devive mymap, this is my test output
os@ubuntu:~/ch18/shmdriver$
```

图 18.4　基于内存映射的杂项设备驱动程序测试结果

实验 2：实现一个基于内存映射的设备驱动程序

本次实验通过添加内核模块来实现一个基于内存映射的杂项设备驱动程序。实验代码为电子资源中"/源代码/ch18/mmapdriver/"目录下的相关文件。编译、运行该目录下的程序，观察实验现象，分析并理解杂项设备文件的创建、注册和撤销过程，理解并掌握设备文件实现内存映射的原理和方法。

18.4 本章小结

本章重点如下：

(1) Linux 设备管理架构。Linux 设备管理的核心思想是以文件方式实现对设备的管

理,即设备文件。设备文件在建立过程中,需要设备号,需要与设备文件相关联的文件操作函数集合。从本质上看,这些与设备文件相关联的文件操作函数实际上构成了设备驱动程序的实现。设备驱动程序在整个内核系统中起到了“承上启下”的作用。“承上”是指驱动程序负责对用户进程传递给内核的对该设备的操作请求进行响应,换句话说就是为用户进程提供操作设备的API接口;“启下”则是指驱动程序负责管理硬件设备,包括设备的初始化、读写控制等。为了使设备对系统和用户可见,设备文件必须要向内核进行注册操作,并且对应的设备结点必须要进行创建,并设置适合的访问权限。

(2) Linux设备大体上可以分为三大类:字符设备、块设备和网络设备。本章重点讲述了字符设备驱动程序开发所使用的相关变量、函数和方法。

(3) 设备驱动程序与用户进程之间进行通信的方式大体上有两大类。一类是使用缓冲区,这需要在用户进程地址空间和内核地址空间之间交换数据,根据传递数据的多少可以分别使用put_user、get_user或copy_to_user、copy_from_user函数。另一类则是使用内存映射机制实现,需要根据设备驱动要求重写设备文件的mmap函数。

(4) 驱动程序负责管理硬件设备。本章实验2建立的是虚设备,实验1 CMOS RTC驱动则是直接对硬件设备CMOS进行操控。对硬件设备进行操控的关键是需要了解硬件设备的详细信息,包括地址端口、数据端口等。CMOS使用0x70、0x71端口作为其地址端口和数据端口,可以通过inb和outb指令对其进行操作。更为复杂的IO设备也是基于相同的原理开发驱动程序的。

设备驱动程序开发是Linux开发中的一个重要组成部分,本书给出了几个典型场景下的示例,主要是用于诠释操作系统中设备驱动、设备管理的主要概念、原理和方法。更多关于Linux设备驱动开发的资料请读者查阅相关资料。

习题

18-1 Linux有哪几种常见的设备?

18-2 什么是设备驱动程序?什么是设备文件?二者有何关系?

18-3 请描述应用程序读取一个设备的过程。

18-4 为一个字符设备添加驱动程序大体上可以分为几个步骤?

18-5 注册设备有哪几个常见函数?

18-6 字符设备添加函数cdev_add把设备添加到什么地方?

练习

18-1 在验证实验2 mmapdriver内核模块测试时,只显示了内存映射区域的信息。如果想把当前进程在内存映射后vma区域的变化显示出来,应该如何测试?(提示:使用第17章中的vma内核模块。)

18-2 mmapdriver只测试了从映射内存区域读取信息,请测试向其写入信息并显示。如果测试进程连续运行多次向映射内存区域写入数据,会出现什么问题?

18-3　在验证实验 2 mmapdriver 中，如果同时运行两个测试程序向内存映射区域写入数据，那么第一个进程写入的数据将被覆盖。一个策略是使用信号量机制来实现访问的互斥，那么应该是在应用程序中使用信号量还是在内核驱动程序中使用信号量呢？请根据选择的机制改写验证实验 2 mmapdriver 的相关代码，实现多个进程并发访问共享内存映射区域的互斥操作。

第19章 Linux虚拟文件系统

在 Linux 系统中有一句名言,“一切皆是文件”。Linux 使用文件的方式对几乎所有内核对象进行管理。通常,一个完整的 Linux 系统由数以千计至数以百万计的文件组成,其数据存储在硬盘或其他块设备上(如软驱、光盘等),采用层次化的目录结构对文件进行组织,并将其他元信息(如所有者、访问权限等)与实际数据关联起来。为了可靠且高效地执行所需任务,Linux 系统除了支持标准的文件系统 ext2/3/4 外,还支持 procfs、xfs、fat32 等文件系统。为此,Linux 内核在用户进程和文件系统实现之间引入了一个抽象层。该抽象层称为虚拟文件系统(Virtual Filesystem Switch,VFS)。

本章实验讨论 Linux 虚拟文件系统的结构,并分析讨论 proc 文件系统的结构与操作,以及它是如何与 VFS 建立关联的。

本章学习目标

- 理解虚拟文件系统在 Linux 系统中的作用和地位
- 理解虚拟文件系统的基本结构和操作
- 熟悉 proc 文件系统的结构与管理方式

19.1 概述

这里所说的虚拟文件系统是用户进程与文件系统之间的一个软件抽象层,是一种软件机制。然而在英文表达的全称并不是 Virtual File System,却是 Virtual Filesystem Switch,直译过来就是虚拟文件系统交换机制,简称为 VFS,负责 Linux 文件系统的管理。一方面,作为所有实体文件系统的管理者,它必须兼容各种具体的文件系统;另一方面,它用来为内核其他子系统提供文件处理的通用接口。图 19.1 描述了 VFS 在 Linux 内核中的逻辑关系。

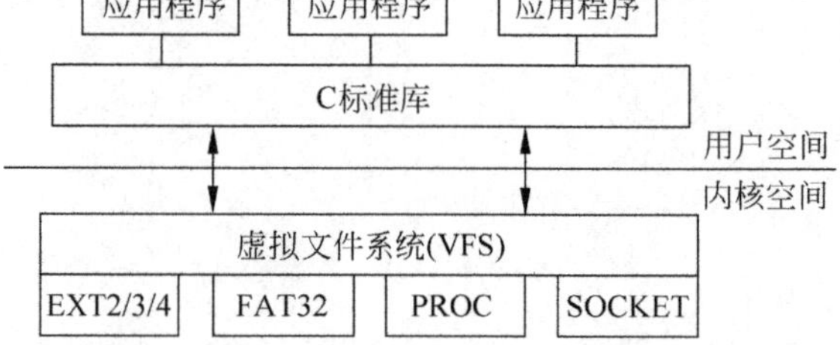

图 19.1 用作文件系统抽象的 VFS 层

19.1.1 VFS 在 Linux 中的作用

在介绍 VFS 之前，请读者以下面的一个例子理解 VFS 在 Linux 系统中的作用。利用 cp 命令将 os/ch19/tmp.txt 文件复制到 MSDOS 文件系统的 U 盘中，假定这里 U 盘的名字为 CC3A-106A，那么可以通过图 19.2 所示的命令实现上述任务。

```
os@ubuntu14:~$ cp os/ch19/tmp.txt /media/os/CC3A-106A/cptmp.txt
os@ubuntu14:~$
```

图 19.2 复制文件到 U 盘

对于 cp 命令而言，它不需要知道 os/ch19/和/media/os/CC3A-106A/是什么文件系统类型，它通过 VFS 提供的系统调用接口进行文件操作，VFS 所起的作用如图 19.3 所示。

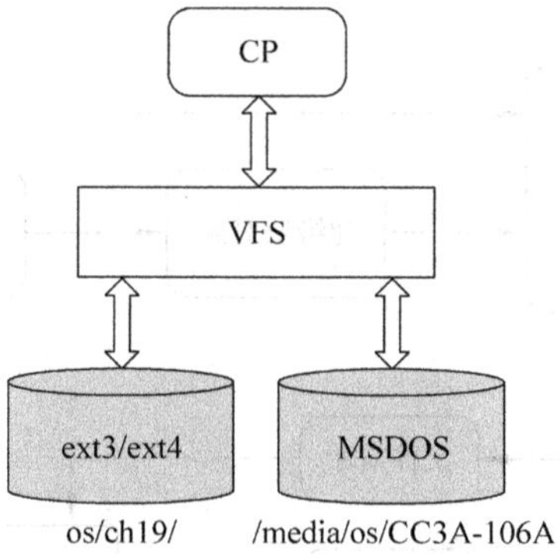

图 19.3 VFS 在不同文件系统间复制文件中的作用

19.1.2 VFS 支持的文件系统类型

在 Linux 系统中，VFS 支持的文件系统在 Linux 内核源代码中的可以分为 3 种主要类型：基于磁盘的文件系统、特殊文件系统和网络文件系统。

(1) 基于磁盘的文件系统。管理在非易失介质上存储的文件。这类文件系统数目最多，最常见的有：ext2/ext3/ext4 文件系统；resierfs 文件系统 SGI 的 XFS 文件系统；jffs2、yaffs、ubifs 等 Flash 文件系统；crasmfs、squashfs 等只读文件系统；fat、ntfs 等 Windows 文件系统。这类文件系统大部分都是基于块设备的文件系统，文件系统的数据和元数据都保存在块设备上。

(2) 特殊文件系统。在内核中生成，是一种使用户应用程序与用户通信的方法。例如，第 13 章中提到的 proc 文件系统，它不需要在任何种类的硬件设备上分配存储空间；相反，内核建立了一个层次化的文件结构，其中包含了与系统特定部分相关的信息。此外，还有 pipefs 和 sockfs 文件系统等，将在 19.3 节学习 proc 的相关内容。

(3) 网络文件系统。这是基于磁盘的文件系统和特殊文件系统之间的折中。这种文件系统允许访问另一台计算机上的数据，该计算机通过网络连接到本地计算机。在这种情况下，数据实际存储在一个不同系统的硬件设备上。这意味着 Linux 内核无须关注文件存取、数据组织和硬件通信的细节，这些由远程计算机的内核处理。

正是由于 VFS 抽象层的存在,用户空间进程不会看到本地文件系统与其他文件系统之间的区别。

19.1.3 VFS 的基本数据结构

VFS 的基本思想是引入一个通用文件模型,包含了一个强大文件系统所应具备的所有组件。但该模型只存在于物理内存中,必须使用各种对象和函数指针与每种文件系统适配。所有文件系统的实现都必须提供与 VFS 定义的结构配合的例程,以弥合两种视图之间的差异。

VFS 通用文件模型中包含了 4 种基本数据结构:超级块对象、索引结点对象、目录项对象和文件对象。从结构上来说,它们可以分为文件和文件系统两类,它们之间的关系如图 19.4 所示。

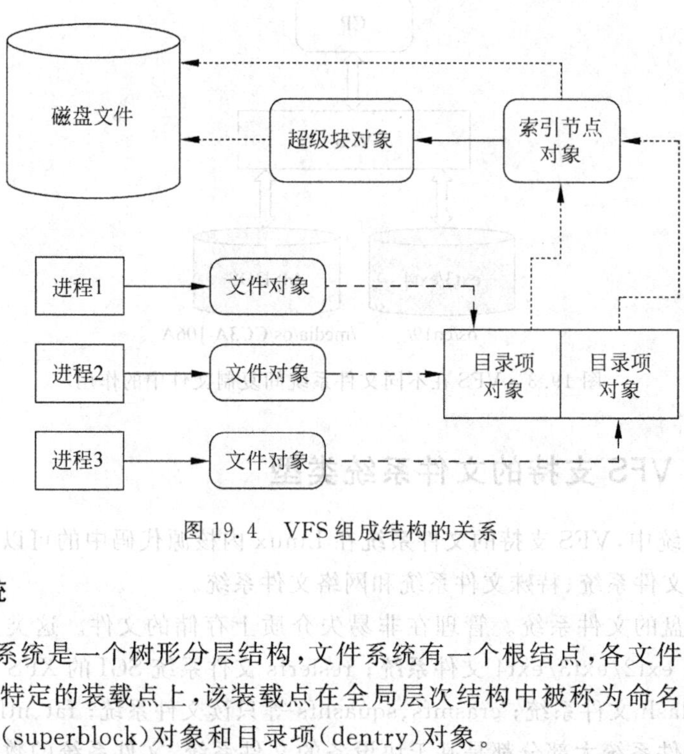

图 19.4 VFS 组成结构的关系

1. 文件系统

Linux 文件系统是一个树形分层结构,文件系统有一个根结点,各文件系统在根结点之下被装载到某个特定的装载点上,该装载点在全局层次结构中被称为命名空间。文件系统主要涉及超级块(superblock)对象和目录项(dentry)对象。

一个已经装载的文件系统的装载点由超级块对象代表,超级块对象存储着系统中已安装的文件系统信息。对于基于磁盘的文件系统,超级块对象一般对应于存放在磁盘上的文件系统控制块。也就是说,每个实体文件系统都应该有一个超级块对象,超级块对象由结构体 super_block 表示,被定义在<include/linux/fs.h>文件中,结构如下。

```
struct super_block {
    …
    const struct super_operations * s_op;
    …
};
```

文件系统装载时,内核调用 alloc_super()函数,创建并初始化超级块,同时将其信息填充到内存超级块对象中。超级块结构中的 s_op 域指向了一个超级块操作函数表结构体，超级块操作执行文件系统和索引结点对象的底层操作，其中一些函数根据不同的文件系统是可选的，可以将不需要的操作函数指针置为 NULL。

```
struct super_operations {
    struct inode * ( * alloc_inode)(struct super_block * sb);
    …
};
```

在 Linux 中，目录属于文件对象，但每个目录项属于目录项对象。通过目录项对象及其操作可以方便、快速地进行路径名的查找和解析。目录项对象用于保存文件名、上级目录等信息，它形成了所看到的 Linux 文件组织的树形结构。目录项对象完全是在内存中的，会根据实际需要动态建立，在文件访问过程中使用。目录项对象有 3 种状态：

(1) 被使用。对应一个有效的索引结点，并且正在使用。

(2) 未被使用。对应一个有效的索引结点，但目前未用。

(3) 负状态。无对应索引结点，以备以后再用。

目录项对象由 dentry 结构体表示，具体如下：

```
struct dentry {
    unsigned int d_flags;                        /* protected by d_lock */
    …
    const struct dentry_operations * d_op;
    …
};
```

2. 文件

文件的表示主要涉及索引结点(inode)对象和文件(file)对象。索引结点对象用于保存具体文件的一般信息。对于基于磁盘的文件系统，索引结点对象一般对应于保存在磁盘中的文件控制块(FCB)。也就是说，每个文件都应该有一个索引结点对象。每个索引结点对象都有一个索引结点号，用于唯一标识某个实体文件系统中的一个具体文件。

索引结点对象由 inode 结构体表示，被定义在<include/linux/fs. h>文件中，代码如下：

```
struct inode {
    …
    const struct inode_operations      * i_op;
    …
};
struct inode_operations {
    …
    int ( * create) (struct inode * ,struct dentry * , umode_t, bool);
    int ( * atomic_open)(struct inode * , struct dentry * ,struct file * , unsigned open_flag,
umode_t create_mode, int * opened);
    …
};
```

inode结构体中包含了索引结点对象对应的一组操作inode_operations。用户的系统调用create和open就是调用了inode_operations中的create操作为对应的目录项建立inode结点。

文件对象用于保存已打开的文件与进程之间进行交互的信息。这类信息也是完全保存在内存中的,且仅当进程访问文件期间才有效。也就是说,当进程打开文件就会创建一个文件对象,当进程关闭文件时,对应的文件对象就会被释放。由于多个进程可以同时以不同方式打开和操作同一个文件,所以一个打开的文件可以同时对应多个文件对象,但多个进程通过它都指向同一目录对象进而指向同一个inode结点对象。文件对象由file结构体表示,被定义在<include/linux/fs.h>文件中,具体内容如下:

```
struct file {
    …
    const struct file_operations  * f_op;
    …
};
```

其中,f_op域指向文件操作函数表file_operations,它包含了文件对象的所有操作方法,这些正是所熟悉的文件系统调用的内核表示。

```
struct file_operations {
    struct module * owner;
    loff_t ( * llseek) (struct file * , loff_t, int);
    ssize_t ( * read) (struct file * , char __user * , size_t, loff_t * );
    ssize_t ( * write) (struct file * , const char __user * , size_t, loff_t * );
    int ( * open) (struct inode * , struct file * );
    int ( * flush) (struct file * , fl_owner_t id);
    …
};
```

19.2 VFS对象的操作

在19.1.3节中,学习了VFS抽象层的工作基本数据结构。本节将介绍在上述数据结构的基础上,VFS对象是如何操作的。首先关注文件系统的装载和文件系统注册以及文件的相关操作。

19.2.1 注册文件系统

在向Linux内核注册文件系统时,文件系统要么被编译为模块,要么被持久编译到内核中,两者没有什么差别,都是使用下面的系统调用接口:

```
extern int register_filesystem(struct file_system_type * );
```

该函数的结构非常简单。在Linux中,所有文件系统都保存在一个链表file_systems中。该链表被以全局变量的形式定义在<fs/filesystems.c>文件中,在这里,各个文件系统的名称存储为字符串。在新的文件系统注册到内核时,将逐元素扫描该链表,直至到达链表尾部或找到所需的文件系统。如果在链表中找到所需文件系统,会返回一个适当的错误信息,这是因为一个文件系统不能注册两次;否则将描述新文件系统的对象置于链表末尾,这样就完成了文件系统的注册。

在Linux文件系统中,文件系统都会以struct file_system_type数据结构来表示,即文件系统注册函数register_filesystem的形参和链表file_systems的数据类型。该结构被定义在<include/linux/fs.h>文件中,具体如下:

```
struct file_system_type {
    const char *name;
    int fs_flags;
    struct dentry *(*mount) (struct file_system_type *, int,const char *, void *);
    void (*kill_sb) (struct super_block *);
    struct module *owner;
    struct file_system_type * next;
    struct hlist_head fs_supers;
    …
};
```

结构体中,name是一个字符串,保存了文件系统的名称,如ext3。fs_flags表示使用的标志,如FS_REQUIRES_DEV、FS_BINARY_MOUNTDATA等。owner是一个指向module结构的指针,仅当文件系统以模块形式加载时,owner才包含有意义的值,如果其值为NULL,表示文件系统已经持久编译到内核中。各个可用的文件系统通过next成员连接起来。

相应地,Linux内核也提供了注销文件系统的系统调用接口,代码如下:

```
extern int unregister_filesystem(struct file_system_type *);
```

注销文件系统时,首先在链表file_systems中找到要注销的文件系统名称,然后将其从链表中删除。

19.2.2 文件系统装载

文件系统的装载与卸载要比注册文件系统复杂得多,因为注册文件系统只需向一个链表添加对象,而装载则需要对内核的内部数据结构执行很多操作,所以要复杂得多。

当将一个设备装载到文件空间的一个目录时,VFS将调用相应文件系统所实现的mount()方法。接着,被装载点的目录结构将指向新文件系统的根inode结点。

在file_system_type结构体中,函数指针mount指向的函数用于从底层存储介质读取超级块,该函数依赖具体的文件系统。超级块对象和指向超级块的指针都是在调用mount()之后创建的。函数指针mount的原型定义为:

```
struct dentry *(*mount) (struct file_system_type *, int,const char *, void *);
```

其中,第一个参数是以file_system_type结构体描述的文件系统,第二个参数表示了使用标志,第三个参数表示装载的设备名称,第四个参数为装载属性选项,通常为ASCII码字符串。

当某个文件系统被装载时,将有一个文件系统能够装载点数据结构vfsmount被创建。它记录该文件系统的根目录、超级块等信息。

```
struct vfsmount {
    struct dentry * mnt_root;                    /* root of the mounted tree */
    struct super_block * mnt_sb;                 /* pointer to superblock */
    int mnt_flags;
};
```

对于每个已经装载的文件系统，在内存中都创建了一个超级块结构。该结构保存了文件系统本身和装载点的有关信息。由于 Linux 内核可以装载几个同一类型的文件系统，如 home 分区和 root 分区，因此同一文件系统类型可能对应了多个超级块结构，这些超级块聚集在一个链表中。file_system_type 结构体中的 fs_supers 即是对应的表头。

19.2.3 与进程相关的文件系统数据结构

Linux 系统中每一个进程都有一组与其相关的打开文件，如执行文件要访问的数据文件、当前工作目录、装载点等。有 3 个数据结构将 VFS 和进程相关的文件联系到一起，进程可以通过它们访问到与自己有关的文件环境。

1. files_struct 结构

第一个数据结构是 files_struct 结构，主要用于描述进程打开文件对象。进程描述表 task_struct 中的 files 指针指向该结构，将进程与其相关的打开文件关联。该结构被定义在 <include/linux/fdtable.h> 文件中。

```
struct fdtable {
    unsigned int max_fds;
    struct file   rcu ** fd;                   /* current fd array */
    unsigned long * close_on_exec;
    unsigned long * open_fds;
    struct rcu_head rcu;
};
struct files_struct {
    …
    struct fdtable fdtab;
    …
    struct file __ rcu * fd_array[NR_OPEN_DEFAULT];
};
```

fd_array 指针指向一组已打开的文件对象。fdtab 中的 fd 初始指向 f_array，当打开的文件个数多于 NR_OPEN_DEFAULT 的值时，内核会分配新的 struct_file 数组并将 fd 指向新数组。

2. fs_struct 结构

第二个数据结构是 fs_struct 结构，主要用于描述进程文件系统信息。进程描述表 task_struct 中的 fs 指针指向该结构，该结构被定义在<include/linux/fs_struct.h>文件中。

```
struct fs_struct {
    int users;
```

```
    spinlock_t lock;
    seqcount_t seq;
    int umask;
    int in_exec;
    struct path root, pwd;
};
```

其中,struct path 结构描述了该进程的装载点、根目录项和当前目录项对象:

```
struct path {
    struct vfsmount * mnt;
    struct dentry * dentry;
};
```

通过进程的 fs 指针,可以找到与该进程有关的目录项、索引结点、装载点以及超级块信息。

3. mnt_namespace 结构

第三个数据结构是 namespace 结构,主要为了进程可以共享同样的命名空间。进程描述表 task_struct 中的 namespace 指针指向该结构。该结构被定义在<fs/mount. h>文件中。

```
struct mnt_namespace {
    atomic_t              count;
    unsigned int             proc_inum;
    struct mount *         root;
    struct list_head        list;
    struct user_namespace        * user_ns;
    u64                  seq;                    /* Sequence number to prevent loops */
    wait_queue_head_t poll;
    int event;
};
```

其中的 list 域是链接已装载文件系统的双向链表,由它可以遍历到全体装载文件系统的命名空间。

19.2.4 从当前进程访问 Linux 内核 VFS 文件系统

通过以上对 VFS 文件系统的分析可以发现,可以从当前进程探测和操纵 VFS 文件系统。下面以一段代码说明如何获取当前进程所处文件系统的块长和文件系统类型。该文件 process_vfs. c 存储在电子资源的"源代码/ch19/exp1"目录下。

```
int sys_get_files_info( char * filesystem_type, unsigned long blk_size )
{
    struct fs_struct * fs;
    struct vfsmount * mnt;
    struct super_block * mnt_sb;
    struct file_system_type * s_type;
    read_lock(&current->fs->lock);
    fs = current->fs;
```

```
    mnt = (&fs->pwd)->mnt;
    mnt_sb = mnt->mnt_sb;
    s_type = mnt_sb->s_type;
    printk("PWD File System Type is: %s\n", s_type->name);
    filesystem_type = s_type->name;
    printk("PWD File System Block Size = %ld\n", mnt_sb->s_blocksize);
    blk_size = mnt_sb->s_blocksize;
    read_unlock(&current->fs->lock);
    return 0;
}
```

当在用户主文件夹下执行调用该函数的程序时，会显示：

```
PWD File System Type is : ext4
PWD File System Block Size = 4096
```

当插入一个使用 Windows 系统的 FAT32 格式的 U 盘，在 U 盘目录下执行调用该函数的程序时，会显示：

```
PWD File System Type is : vfat
PWD File System Block Size = 512
```

实验 1：访问 Linux 内核虚拟文件系统

本实验的目标是熟悉 VFS 的基本结构，请读者验证上述程序查询该程序所在文件系统的类型和块大小信息。

19.3 proc 文件系统

通过第 13 章中的实验，可以了解到 proc 文件系统是 Linux 系统的进程文件系统，是一种仅存在于内存中的伪文件系统，通过它可以查看运行中的内核，访问进程信息，为用户空间与内核交换数据提供修改系统行为的接口。通过对第 13 章中 proc 文件系统的学习，了解了如何创建 proc 文件、通过 seq_file 机制读写 proc 文件等。本节将从文件系统的角度学习 proc 文件系统的结构及其与 VFS 的对应关系。

19.3.1 主要数据结构

VFS 通用文件模型包含有 4 种基本的数据结构：超级块、目录项、索引结点和文件。相应地，proc 文件系统也需要有对应的数据结构。

1. 超级块

proc 文件系统中没有自身独立的超级块表示，这是由于 proc 使用 VFS 的超级块就可以表示其信息了。proc 的超级块是在 proc 文件系统装载时动态分配得到的，感兴趣的同学可以查阅 Linux 内核源码<fs/proc/root.c>文件中 proc_mount 函数及相关的 sget 函数。从下面所示的 proc_mount 函数定义可以看出，该函数与 file_system_type 结构体中的 mount 函数指针声明是一致的。

```
static struct dentry *proc_mount(struct file_system_type *fs_type,
int flags, const char *dev_name, void *data)
{
…
    sb = sget(fs_type, proc_test_super, proc_set_super, flags, ns);
    …
}
```

同样地，proc 文件系统也定义了与 VFS 的 super_operations 相对应的超级块操作，被定义在<fs/proc/inode.c>文件中，即 proc_sops，代码如下：

```
static const struct super_operations proc_sops = {
    .alloc_inode      = proc_alloc_inode,
    .destroy_inode    = proc_destroy_inode,
    .drop_inode       = generic_delete_inode,
    .evict_inode      = proc_evict_inode,
    .statfs           = simple_statfs,
    .remount_fs       = proc_remount,
    .show_options     = proc_show_options,
};
```

2. inode 结点

proc 文件系统中的 proc_inode 结构体内嵌了 inode 结点的数据结构 proc_dir_entry，proc_inode 结构体和 proc_dir_entry 结构体都被定义在<fs/proc/internal.h>文件中，它们的结构体定义如下：

```
struct proc_inode {
    struct pid *pid;
    int fd;
    union proc_op op;
    struct proc_dir_entry *pde;
    struct ctl_table_header *sysctl;
    struct ctl_table *sysctl_entry;
    struct proc_ns ns;
    struct inode vfs_inode;
};
struct proc_dir_entry {
    unsigned int low_ino;
    umode_t mode;
    nlink_t nlink;
    kuid_t uid;
    kgid_t gid;
    loff_t size;
    const struct inode_operations *proc_iops;
    const struct file_operations *proc_fops;
    struct proc_dir_entry *next, *parent, *subdir;
    void *data;
    atomic_t count;             /* use count */
    atomic_t in_use;            /* number of callers into module in progress; */
                                /* negative -> it's going away RSN */
    struct completion *pde_unload_completion;
```

```
    struct list_head pde_openers;  /* who did ->open, but not ->release */
    spinlock_t pde_unload_lock;    /* proc_fops checks and pde_users bumps */
    u8 namelen;
    char name[];
};
```

proc_dir_entry 表示每一个 inode 结点（即 proc_inode）的实例，proc_dir_entry 包含了 proc 文件所需要的信息。每一个 proc 文件都有一个 inode 结点，也都有一个 proc_dir_entry 实例，该实例的首地址存放在相应的 inode 的 u. generic_ip 成员中。

proc 文件系统中的 inode 结点的相关操作与 proc 文件类型有关。从 proc_register 函数中可以看出，inode 结点的相关操作主要有 3 种情况，分别是 proc_dir_inode_operations（目录文件）、proc_link_inode_operations（链接文件）和 proc_file_inode_operations（普通文件）。它们是 VFS 通用文件模型中 inode 结点相关操作列表的一个子集。

3. 目录项和文件对象

与超级块类似，proc 文件系统也没有独立的目录项和文件对象结构体类型。但是从 proc_dir_entry 结构体的定义发现，proc 文件系统包含有文件对象的相关操作，即 proc_fops。但是从 proc_register 函数来看，只有 proc 文件类型为目录文件时，proc_fops 才有值。感兴趣的读者可以在 Linux 源代码<fs/proc/generic. c>文件中查阅 proc_fops 的相关定义。

19.3.2 proc 文件系统的操作

proc 文件系统使用全局变量 proc_fs_type 表示其数据类型，其定义如下：

```
static struct file_system_type proc_fs_type = {
    .name       = "proc",
    .mount      = proc_mount,
    .kill_sb    = proc_kill_sb,
    .fs_flags   = FS_USERNS_MOUNT,
};
```

在 proc 文件系统的初始化函数 proc_root_init 中，通过调用 register_filesystem(&proc_fs_type)向内核注册 proc 文件系统类型。

proc 文件系统在命名空间结构体 pid_namespace 中定义了指向 vfsmount 实例的指针 proc_mnt。它通过调用 kern_mount_data(&proc_fs_type, ns)进行初始化，这里的 ns 为命名空间的实例，并且 proc_mnt 有一个成员包含了 proc 文件系统超级块的信息（proc_mnt .mnt_sb）。此外，proc_mnt 也包含了一个 dentry 实例 proc_mnt. mnt_root。proc 文件系统通过实例化 vfsmount 方便了 VFS 对 proc 文件的管理。

相对于其他逻辑文件系统的具体文件组织形式（如 ext4 文件系统的 inode），proc 文件系统也有自己的组织结构，那就是 proc_dir_entry 结构，所有属于 proc 文件系统的文件，都对应一个 proc_dir_entry 结构，并且在 VFS 需要读取 proc 文件的时候，把这个结构和 VFS 的 inode 建立链接（即由 inode→u. generic_ip 指向该 prc_dir_entry 结构）。因此，proc 文件系统实现了一套对 proc_dir_entry 结构的管理。主要的 proc 文件系统操作如创建 proc 文件等已在第 13 章中介绍，读者若要查阅更多的函数操作请参考源代码。

实验 2：加载 newproc 文件系统

本实验的目标是掌握文件系统的加载过程，Linux 系统在启动时会默认加载一个 proc 文件系统，用于查看运行中的内核信息，第 13 章中通过 proc 获取的进程信息就是在该 proc 文件系统基础上完成的。下面请读者在系统启动后，利用模块新加载一个 newproc 文件系统，示例代码请参考电子资源的“源代码/ch19/exp2”目录下的文件。

19.4 本章小结

本章学习重点如下：

(1) 虚拟文件系统是用户进程与文件系统之间的一个软件抽象层，兼容支持 3 种主要的文件系统类型：基于磁盘的文件系统、特殊文件系统和网络文件系统。其通用文件模型包含了超级块、目录项、索引结点和文件对象 4 种基本数据结构。

(2) proc 文件系统是一种仅存在于内存中的进程文件系统。在结构上与虚拟文件系统的通用文件模型类似，除了内嵌的结点数据结构 proc_dir_entry，其他 3 种结构都采用通用文件模型中定义的结构。

操作系统往往是以一个整体出现的。例如，进程管理中一定会包含内存管理、文件管理，而内存管理、文件管理又离不开进程管理模块的支持。所以当学完本章后，建议读者对第二部分的内容进行一个整体的梳理。另外，还有一些基于较早 Linux 内核版本的教材从不同的角度设计了 Linux 的内核实验，读者可以将其作为参考。操作系统的存在是为了能够更好地支持应用程序的运行，完成用户的任务，所以也请读者在完成本章的学习后，从系统的角度出发对本书第一部分的内容有一个进一步的理解，这对读者设计，实现更好、更快、更鲁棒的应用系统将是极为有益的。

习题

19-1 虚拟文件系统在 Linux 内核中起什么作用？

19-2 描述虚拟文件系统的通用文件模型中 4 种基本数据结构的用途。

19-3 如何利用 proc 文件系统获取内核的信息？

练习

19-1 编写一个名为 get_fat_boot 的内核函数，通过系统调用或动态模块调用它可以提取和显示出 FAT 文件系统盘的引导扇区信息。这些信息的格式定义在内核文件 <include/uapi/linux/msdos_fs.h>的fat_boot_sector 结构体中。

19-2 在验证实验 exp1 程序的基础上，获取程序所在文件系统的装载点。

19-3 请在新加载的 proc 文件系统基础上，挑选第 13 章中部分 proc 相关实验重新实现。

参 考 文 献

[1] Michael Kerrisk. The Linux Programming Interface[M]. San Francisco：No Starch Press，2010.

[2] 赵鑫磊，[加]张洁. Linux就是这个范儿[M]. 北京：人民邮电出版社，2014.

[3] [英]Neil Matthew，[英]Richard Stones. Linux程序设计[M]. 4版. 陈健，宋健建译. 北京：人民邮电出版社，2010.

[4] [加]Jasmin Blanchette，[英]Mark Summerfield. C++GUI Qt 4编程[M]. 2版. 闫峰欣，等译. 北京：电子工业出版社，2013.

[5] [英]Mark Summerfield. Qt高级编程[M]. 白建平，等译. 北京：电子工业出版社，2011.

[6] 霍亚飞. Qt Creator快速入门[M]. 北京：北京航空航天大学出版社，2012.

[7] [韩]尹锡训，等. ARM Linux内核源码剖析[M]. 崔范松译. 北京：人民邮电出版社，2014.

[8] Abraham Silberschatz，Peter Baer Gaivin，Greg Gagne. 操作系统概念(影印版)[M]. 7版. 北京：高等教育出版社，2007.

[9] 汤小丹，等. 计算机操作系统[M]. 3版. 西安：西安电子科技大学出版社，2007.

[10] 张尧学，宋虹，张高. 计算机操作系统[M]. 4版. 北京：清华大学出版社，2013.

[11] [荷]Andre S. Tanenbaum. 现代操作系统[M]. 3版. 陈向群，等译. 北京：机械工业出版社，2009.

[12] [美]Robert Love. Linux内核设计与实现[M]. 3版. 陈莉君，康华译. 北京：机械工业出版社，2011.

[13] [美]Daniel P. Bovet，[美]Marco Cesati. 深入理解Linux内核[M]. 陈莉君，张琼声，张宏伟译. 北京：中国电力出版社，2007.

[14] [德]Wolfgang Mauerer. 深入Linux内核架构[M]. 郭旭译. 北京：人民邮电出版社，2010.

[15] Linux系列教材编写组. Linux操作系统分析与实践[M]. 北京：清华大学出版社，2008.

[16] 李善平，等. 边干边学——Linux内核指导[M]. 2版. 杭州：浙江大学出版社，2002.

[17] 《Linux操作系统实训教程》编委会. Linux操作系统实训教程[M]. 北京：中国电力出版社，2008.

[18] 李善平，季江民，尹康凯. 操作系统课程设计[M]. 杭州：浙江大学出版社，2009.

图书资源支持

感谢您一直以来对清华版图书的支持和爱护。为了配合本书的使用，本书提供配套的素材，有需求的用户请到清华大学出版社主页(http://www.tup.com.cn)上查询和下载，也可以拨打电话或发送电子邮件咨询。

如果您在使用本书的过程中遇到了什么问题，或者有相关图书出版计划，也请您发邮件告诉我们，以便我们更好地为您服务。

我们的联系方式：

地　　址：北京海淀区双清路学研大厦 A 座 707

邮　　编：100084

电　　话：010－62770175－4604

资源下载：http://www.tup.com.cn

电子邮件：weijj@tup.tsinghua.edu.cn

QQ：883604(请写明您的单位和姓名)

扫一扫

资源下载、样书申请

新书推荐、技术交流

用微信扫一扫右边的二维码，即可关注清华大学出版社公众号"书圈"。